KB181666

[자목련]
*Magnolia liliiflora*

[능소화]
*Campsis grandiflora*

[뿔남천]
*Mahonia japonica*

269종 수목의 다양한 꽃 수록

# 나무에 피는 꽃도감

이광만 지음

[아그배나무]
*Malus sieboldii*

[굴피나무]
*Platycarya strobilacea*

[자귀나무]
*Albizia julibrissin*

[계수나무]
*Cercidiphyllum japonicum*

[삼나무]
*Cryptomeria japonica*

[장미]
*Rosa hybrida*

나무와문화 연구소

나무에 피는 **꽃도감**

●

발행일 · 2022년 8월 16일
지은이 · 이광만
발　행 · 이광만
출　판 · 나무와문화 연구소

●

등　록 · 제2010-000034호
카　페 · cafe.naver.com/namuro
e-mail · visiongm@naver.com
ISBN · 979-11-964254-8-7 16480

정　가 · 30,000원

※ 이 책은 대구출판산업지원센터의 '2022년 대구지역 우수출판 콘텐츠 제작 지원 사업'에 선정되어 발행되었습니다.

PREFACE

# 머 리 말

"자세히 보아야 예쁘다
오래보아야 사랑스럽다"

나태주 시인의 '풀꽃1'이라는 시의 한 구절입니다. 풀꽃은 크기도 작고 발아래 피기 때문에 잘 보이지 않아서 사람들의 주목을 받지 못합니다. 그래서 자세히 보아야 예쁘고, 오래 보아야 더 정이 간다고 한 것입니다.

나무에 피는 꽃이라 하면, 대부분 공원이나 정원에 심은 화려하고 예쁜 꽃나무의 꽃만 떠올립니다. 그리고 이런 나무에만 꽃이 피는 줄 아는 사람도 있습니다. 어떤 이는 "느티나무에도 꽃이 핍니까?" 하고 묻습니다. 물론 느티나무뿐 아니라, 모든 나무는 꽃을 피우고 그리고 열매를 맺습니다. 꽃을 피우고 번식을 준비하는 것은 자연의 법칙입니다.

나무에 피는 꽃들도 풀꽃처럼 대부분 작습니다. 또 높은 곳에 피기 때문에 특별히 관심을 가지고 보지 않으면 꽃이 피는지조차도 알지 못합니다. 그래서 우리가 이들에게 더 많은 관심을 가지고 자세히 그리고 오래 바라본다면, 이들도 더 예쁘게 진화할지도 모릅니다.

'나무와 문화 연구소'에서는 지금까지 나무도감 시리즈로 〈나뭇잎 도감〉, 〈겨울눈 도감〉, 〈핸드북 나무도감〉을 발간하였습니다. 그리고 2년에 걸친 준비를 끝내고 〈나무에 피는 꽃 도감〉을 출간하게 되었습니다. 전국의 많은 수목원과 식물원을 찾아다니면서 269종의 나무에 피는 꽃을 촬영하고 분류하여 실었습니다.

각 종류마다 꽃의 성, 꽃차례, 꽃모양, 수분법, 개화기 등을 아이콘으로 나타내어 누구나 한눈에 쉽게 이해할 수 있게 구성하였습니다. 그리고 꽃을 설명하는 글도 가능한 한 쉬운 용어를 써서 초보자라도 쉽게 알아볼 수 있게 하였습니다. 아무쪼록 이 책이 나무를 공부하는 사람이나 나무에 관심이 많은 일반인들에게 도움이 되었으면 합니다.

2022년 8월 **이 광 만**

# 저 | 자 | 소 | 개

PROFILE

**이 광 만** _나무와문화 연구소 소장

경북대학교 전자공학과에서 학사 및 석사학위를 받았다. 그 후 20년 동안 이와 관련된 분야에서 근무하였으며, 2005년부터 2017년까지 조경수 농장을 운영하였다. 2012년 경북대학교 조경학과에서 석사학위를 받았으며, 현재 조경 관련 일과 나무와 관련된 책 집필 및 '나무 스토리텔링' 강연활동을 하고 있다.
숲해설가, 산림치유지도사, 문화재수리기술자(조경).
저서로는 《나뭇잎 도감》, 《겨울눈 도감》, 《핸드북 나무 도감》, 《한국의 조경수(1), (2)》, 《그림으로 보는 식물용어사전》, 《나무 스토리텔링》, 《성경 속 나무 스토리텔링》, 《그리스신화 속 꽃 스토리텔링》, 《우리나라 조경수 이야기》, 《전원주택 정원 만들기》, 《문화재수리기술자(조경)》, 《한방약 가이드북》 등이 있다.

# 카 | 페 | 소 | 개

Cafe Information

**나무와문화 연구소** _cafe.naver.com/namuro

조경수, 정원, 식물도감 등 조경에 대한 종합적인 정보를 제공하는 사이트로, 이 책의 각 페이지에 표시된 QR코드는 카페의 상세 정보와 링크되어 있다.

# 책의 구성

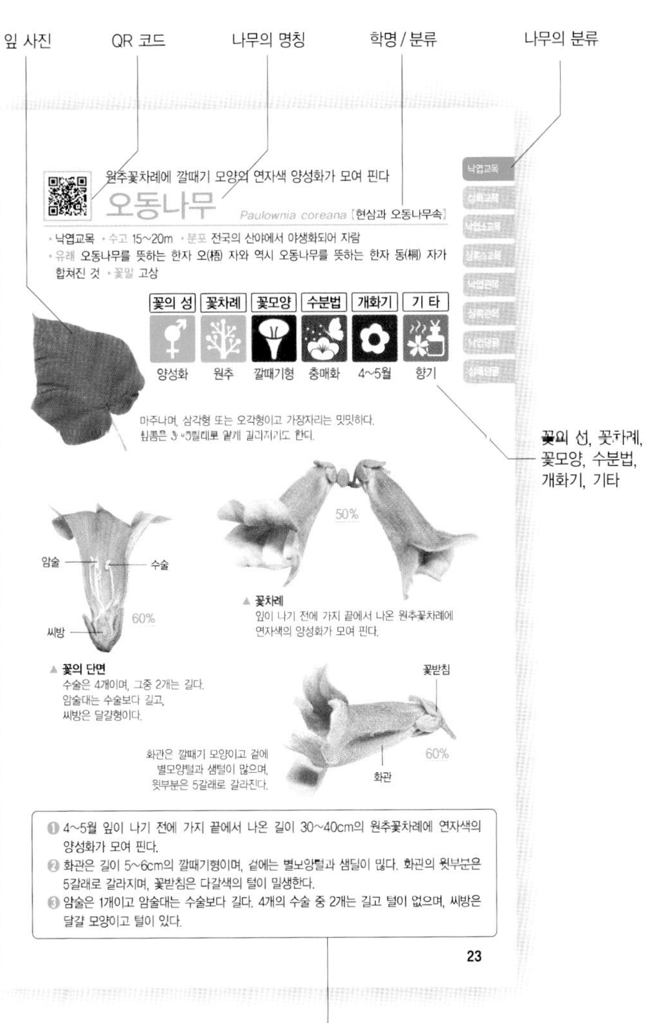


원추꽃차례에 깔때기 모양의 연자색 양성화가 모여 핀다

## 오동나무

*Paulownia coreana* [현삼과 오동나무속]

낙엽교목 · 상록교목 · 낙엽소교목 · 상록소교목 · 낙엽관목 · 상록관목 · 낙엽덩굴 · 상록덩굴

- 낙엽교목 · 수고 15~20m · 분포 전국의 산야에서 야생화되어 자람
- 유래 오동나무를 뜻하는 한자 오(梧) 자와 역시 오동나무를 뜻하는 한자 동(桐) 자가 합쳐진 것 · 꽃말 고상

| 꽃의 성 | 꽃차례 | 꽃모양 | 수분법 | 개화기 | 기 타 |
|---|---|---|---|---|---|
| 양성화 | 원추 | 깔때기형 | 충매화 | 4~5월 | 향기 |

마주나며, 삼각형 또는 오각형이고 가장자리는 밋밋하다. 잎몸은 3~5갈래로 얕게 갈라지기도 한다.

암술 · 수술 · 씨방 · 60%

▲ 꽃의 단면
수술은 4개이며, 그중 2개는 길다. 암술대는 수술보다 길고, 씨방은 달걀형이다.

50%

▲ 꽃차례
잎이 나기 전에 가지 끝에서 나온 원추꽃차례에 연자색의 양성화가 모여 핀다.

꽃받침 · 화관 · 60%

화관은 깔때기 모양이고 겉에 별모양털과 샘털이 많으며, 윗부분은 5갈래로 갈라진다.

1. 4~5월 잎이 나기 전에 가지 끝에서 나온 길이 30~40cm의 원추꽃차례에 연자색의 양성화가 모여 핀다.
2. 화관은 길이 5~6cm의 깔때기형이며, 겉에는 별모양털과 샘털이 많다. 화관의 윗부분은 5갈래로 갈라지며, 꽃받침은 다갈색의 털이 밀생한다.
3. 암술은 1개이고 암술대는 수술보다 길다. 4개의 수술 중 2개는 길고 털이 없으며, 씨방은 달걀 모양이고 털이 있다.

23

꽃에 대한 상세 설명

## 아이콘 설명

### 꽃의 성

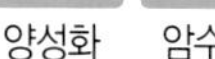

양성화 암수한 암수딴 수양한 수양딴 암양딴

### 꽃차례

총상 수상 미상 산방 산형 두상 취산 은두

원추 단정

### 꽃모양

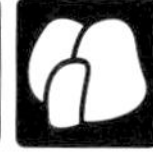

깔때기형 나비형 장미형 항아리형 고배형 종형 통형 입술형

### 개화기 기 타

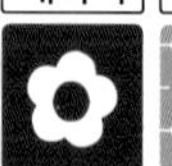

4~6월 밀원 향기 꽃가루

### 수분법

풍매화 충매화 조매화 풍충매화

# 책의 목차

01. 개오동
02. 귀룽나무
03. 노각나무
04. 느릅나무
05. 말채나무
06. 망개나무
07. 멀구슬나무
08. 목련
09. 백목련
10. 백합나무
11. 산딸나무
12. 산벚나무
13. 아까시나무
14. 오동나무
15. 왕벚나무
16. 일본목련
17. 참느릅나무
18. 층층나무
19. 팥배나무
20. 피나무
21. 헛개나무
22. 회화나무
23. 가래나무
24. 갈참나무
25. 감나무
26. 굴참나무
27. 굴피나무
28. 낙우송
29. 느티나무
30. 대왕참나무
31. 떡갈나무
32. 메타세쿼이아
33. 무환자나무
34. 물박달나무
35. 물오리나무
36. 밤나무
37. 벽오동
38. 상수리나무
39. 서어나무
40. 신갈나무
41. 양버즘나무
42. 오구나무
43. 일본잎갈나무
44. 자작나무
45. 졸참나무
46. 주엽나무
47. 중국굴피나무
48. 푸조나무
49. 호두나무
50. 가죽나무
51. 계수나무
52. 고욤나무
53. 두충
54. 버드나무
55. 비목나무
56. 뽕나무
57. 수양버들
58. 쉬나무
59. 옻나무
60. 왕버들
61. 은행나무
62. 이나무
63. 고로쇠나무
64. 단풍나무
65. 시무나무
66. 음나무
67. 중국단풍
68. 칠엽수
69. 팽나무
70. 물푸레나무
71. 복자기
72. 이팝나무

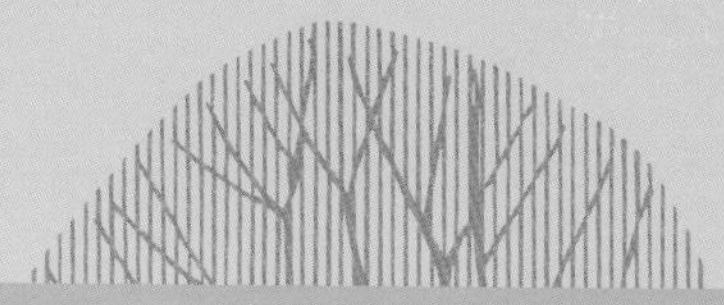

# Chapter 01 낙엽교목

성장하면 수고가 8m이상이고 주간과 가지의 구별이 비교적 뚜렷하며, 겨울에 일제히 잎을 떨어뜨리는 나무

원추꽃차례에 깔때기형의 백색 양성화가 모여 핀다

# 개오동

*Catalpa ovata*【능소화과 개오동속】

- 낙엽교목 • 수고 10~15m • 분포 전국의 공원 및 정원, 주택에 간혹 식재
- 유래 오동나무와 비슷한데, 오동나무만큼 쓸모가 있는 나무가 아니기 때문에 붙인 이름
- 꽃말 견고, 비밀, 상상, 생각, 젊음

| 꽃의 성 | 꽃차례 | 꽃모양 | 수분법 | 개화기 |
|---|---|---|---|---|
| 양성화 | 원추 | 깔때기형 | 충매화 | 6~7월 |

마주나며, 갈래잎이다. 가장자리는 밋밋하고 3~5갈래로 얕게 갈라진다.

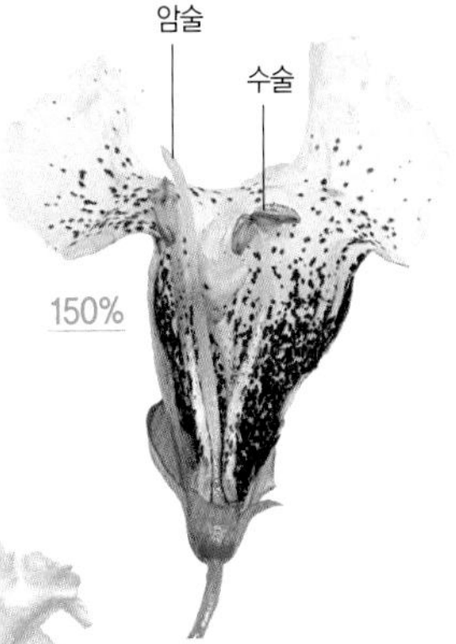

암술

수술

150%

▲ **꽃의 단면**

화관은 넓은 깔때기형이며, 위쪽은 2갈래로 아래쪽은 3갈래로 갈라진다. 화관 안쪽에 암자색 반점이 있다.

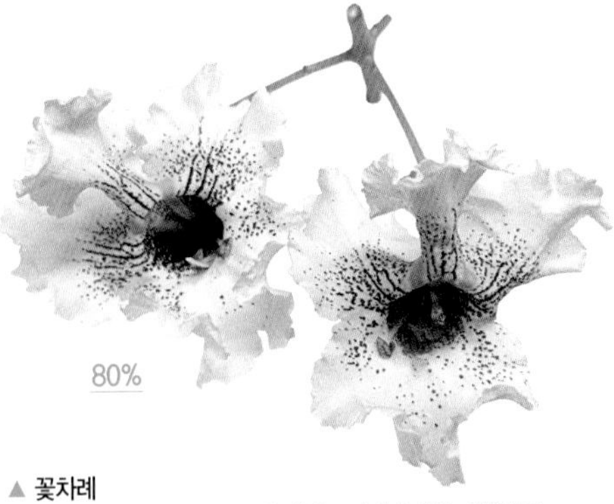

80%

▲ **꽃차례**

6~7월에 가지 끝에서 나온 원추꽃차례에 연한 황백색의 양성화가 몇 개씩 모여 핀다.

❶ 6~7월에 가지 끝에서 나온 길이 10~25cm의 원추꽃차례에 연한 황백색의 양성화가 몇 개씩 모여 핀다.

❷ 화관은 위쪽이 5갈래로 갈라진 넓은 깔때기형이다. 위쪽은 2갈래로 아래쪽은 3갈래로 갈라지며, 안쪽에 암자색 반점(밀표)이 있다.

❸ 수술은 5개이며, 아래쪽의 2개는 완전하고 위쪽의 3개는 꽃밥이 없는 헛수술이다. 암술대는 수술과 길이가 같으며, 암술머리는 2갈래로 갈라진다.

새 가지 끝의 총상꽃차례에 백색의 양성화가 모여 핀다

# 귀룽나무

*Prunus padus*【장미과 벚나무속】

- 낙엽교목 • 수고 15m • 분포 지리산 이북의 산지 계곡가에서 흔하게 자람
- 유래 하얀 꽃이 마치 뭉게구름과 같다 하여 '구름나무'로 부르다가 귀룽나무가 된 것
- 꽃말 사색, 상념

| 꽃의 성 | 꽃차례 | 꽃모양 | 수분법 | 개화기 |
|---|---|---|---|---|
|  |  |  |  |  |
| 양성화 | 총상 | 장미형 | 충매화 | 4~6월 |

어긋나며, 긴 타원형 또는 거꿀달걀형이다. 잎자루 윗부분에 1쌍의 꿀샘이 있다.

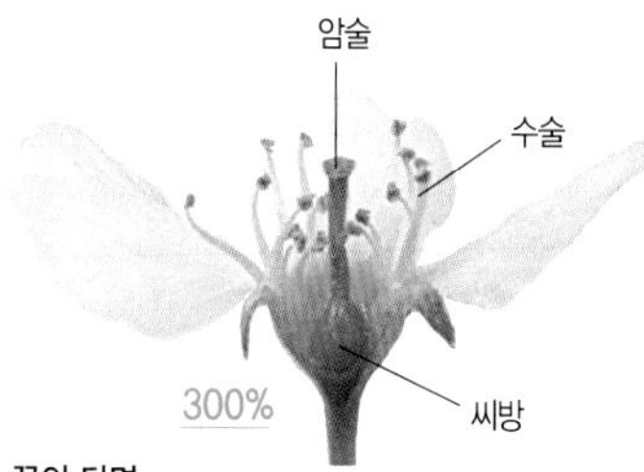


▲ **꽃의 단면**
암술은 1개이고 수술은 많으며, 씨방에는 털이 없다.

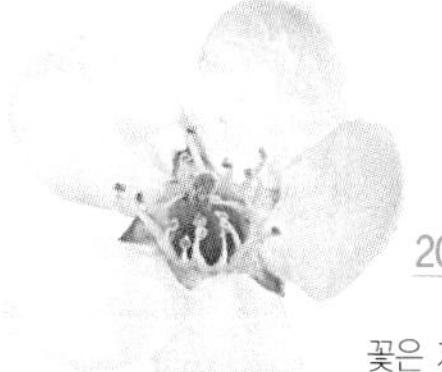


꽃은 지름 1~1.5cm이며, 꽃잎은 5개이고 거꿀달걀형이다.

▲ **꽃차례**
잎이 나기 전에, 새 가지 끝에 나온 총상꽃차례에 백색의 양성화가 밀집해서 핀다.

❶ 4~6월 잎이 나기 전에, 새 가지 끝에 나온 길이 10~20cm의 총상꽃차례에 백색의 양성화가 모여 핀다.

❷ 꽃은 지름 1~1.5cm이며, 꽃잎은 거꿀달걀형이고 5개이다. 작은꽃자루는 길이 1~1.5cm이고 털이 없다.

❸ 암술은 1개이고 꽃잎보다 짧고 수술은 많다. 씨방에는 털이 없다.

꽃이 동백꽃을 닮았으며, 여름에 피기 때문에 여름동백이라고도 한다

# 노각나무

*Stewartia koreana* 【차나무과 노각나무속】

• 낙엽교목 • 수고 7~15m • 분포 경북, 충남 이남의 산지 • 유래 수피가 사슴의 뿔을 닮았다 하여 '녹각(鹿角)나무'라 부르다가 부르기 쉬운 노각나무가 된 것 • 꽃말 견고, 정의

어긋나며,
반듯한 타원형이고
가장자리에
얕고 둔한 톱니가 있다.

| 꽃의 성 | 꽃모양 | 수분법 | 개화기 |
|---|---|---|---|
| 양성화 | 장미형 | 충매화 | 6~8월 |

70%

꽃잎은 5~6개이고
거꿀달걀형이며,
가장자리는 약간 물결 모양이고
가는 톱니가 있다.

100%

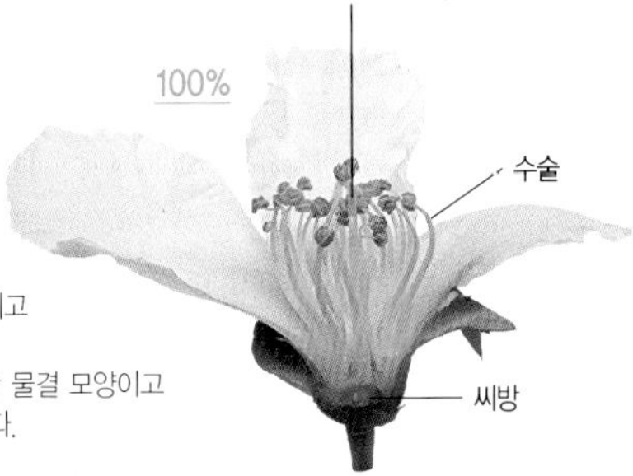

암술
수술
씨방

▲ **꽃의 단면**
수술은 다수이고 암술은 1개이며,
암술대에 털이 밀생한다.

60%

6~8월에 새 가지의 잎겨드랑이에
지름 5~6cm의 백색 양성화가 핀다.

1. 6~8월에 새 가지의 잎겨드랑이에 지름 5~6cm의 백색 양성화가 핀다.
2. 꽃잎은 5~6개이고 거꿀달걀형이다. 가장자리는 약간 물결 모양이고 가는 톱니가 있으며, 바깥쪽에는 백색 털이 밀생한다.
3. 암술은 1개이고 수술은 여러 개이며, 암술대에 털이 밀생한다.

전년지의 잎겨드랑이에서 나온 취산꽃차례에 양성화가 모여 핀다

# 느릅나무

*Ulmus davidiana var. japonica*
[느릅나무과 느릅나무속]



• 낙엽교목 • 수고 15m • 분포 전국의 산지 또는 하천변에 흔하게 자람 • 유래 이 나무의 뿌리껍질이나 속껍질을 삶으면 느른해지는데서 '느름나무'라 하다가 느릅나무로 변한 것
• 꽃말 고귀함, 위엄, 존경

| 꽃의 성 | 꽃차례 | 수분법 | 개화기 |
|---|---|---|---|
| 양성화 | 취산 | 풍충매화 | 3~4월 |

어긋나며, 긴 타원형이고 촉감이 까칠까칠하다. 잎의 좌우와 밑 부분이 비대칭인 경우가 많다.

400%
수술
암술

암술대는 2갈래로 갈라지고 흰색 털이 밀생한다. 수술은 4개이고, 꽃밥은 적갈색이다.

300%

250%

◀ **꽃봉오리**

▲ **꽃차례**
잎이 나기 전에 전년지의 잎겨드랑이에서 나온 취산꽃차례에 양성화가 모여 핀다.

① 3~4월 잎이 나기 전에 전년지의 잎겨드랑이에서 나온 취산꽃차례에 양성화가 모여 핀다.
② 화피는 길이 3mm 정도의 종 모양이고, 위쪽은 4갈래로 얕게 갈라진다.
③ 암술대는 2갈래로 갈라지고 흰색 털이 밀생한다. 수술은 4개이며, 꽃밥은 적갈색이고 화분을 방출한 후에는 암갈색으로 변한다.

산방꽃차례에 백색의 작은 양성화가 빽빽이 모여 핀다

# 말채나무

*Cornus walteri* 【층층나무과 층층나무속】

- 낙엽교목 • 수고 10~15m • 분포 평남 및 강원도 이남의 산지
- 유래 봄에 한창 물이 오른 나뭇가지를 말채찍으로 사용한 데서 유래된 이름
- 꽃말 보호

마주나며, 타원형 또는 넓은 달걀형이고 잎끝이 길게 뾰족하다.

| 꽃의 성 | 꽃차례 | 수분법 | 개화기 |
| --- | --- | --- | --- |
|  |  |  |  |
| 양성화 | 산방 | 충매화 | 5~6월 |

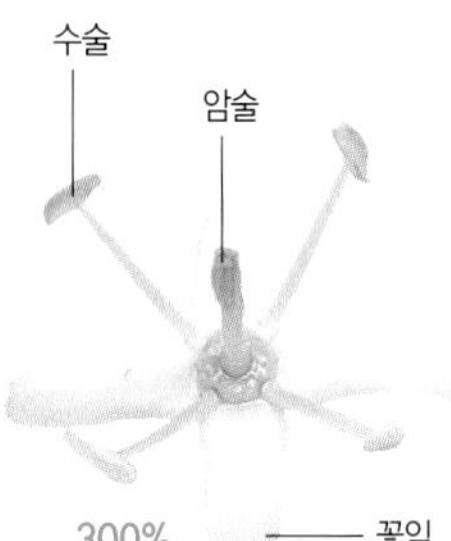


꽃잎은 4개이고 긴 타원형이다. 암술대는 1개이고 길이 3mm 정도이며, 수술은 4개이고 꽃잎보다 길다.

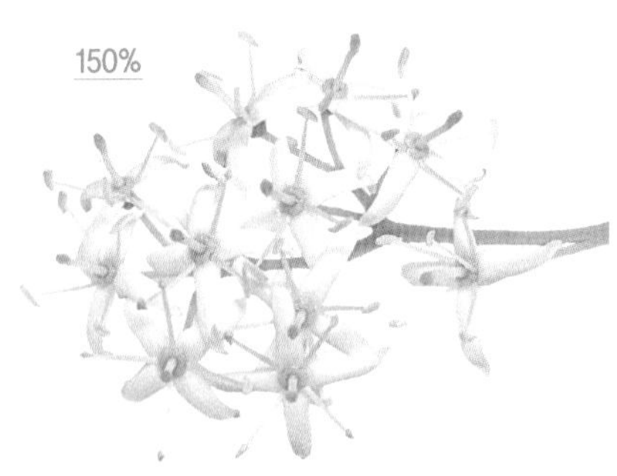


▲ **꽃차례**
5~6월에 새 가지 끝에 나온 지름 7~10cm의 산방꽃차례에 백색의 양성화가 모여 핀다.

❶ 5~6월에 새 가지 끝에 나온 지름 7~10cm의 산방꽃차례에 백색의 작은 양성화가 빽빽하게 모여 핀다.

❷ 꽃잎은 4개이고 길이 5~6mm의 긴 타원형이다. 꽃받침은 길이 1.5mm이고 흰 털이 많다.

❸ 암술대는 1개이고 길이 3mm 정도이며, 암술은 끝이 굵어져 곤봉 모양이다. 수술은 4개이고 꽃잎보다 길다.

취산꽃차례에 황록색의 양성화가 모여 핀다

# 망개나무

*Berchemia berchemiaefolia*
【갈매나무과 망개나무속】

- 낙엽교목 • 수고 10~15m • 분포 충북 속리산, 월악산, 경북 내연산 등의 계곡 및 산지
- 유래 빨간 열매를 방언으로 '망개'라고 하는 것에서 유래된 이름
- 꽃말 장난

| 꽃의 성 | 꽃차례 | 수분법 | 개화기 |
|---|---|---|---|
|  |  |  |  |
| 양성화 | 취산 | 충매화 | 6~7월 |

어긋나며, 달걀 모양의 긴 타원형이고
가장자리에 물결 모양의 굴곡이 있다.

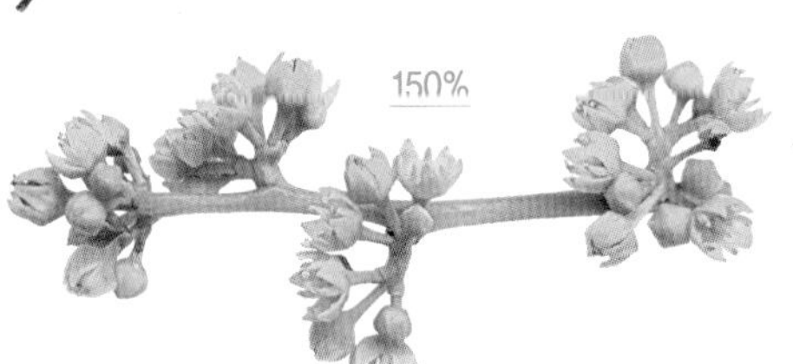


◀ **꽃차례**
6~7월에 가지 끝 또는 잎겨드랑이에서 나온 취산꽃차례에 황록색의 양성화가 모여 핀다.

꽃잎과 꽃받침은 각각 5개이며,
꽃잎은 안쪽으로 말려서 수술을 둘러싼다.

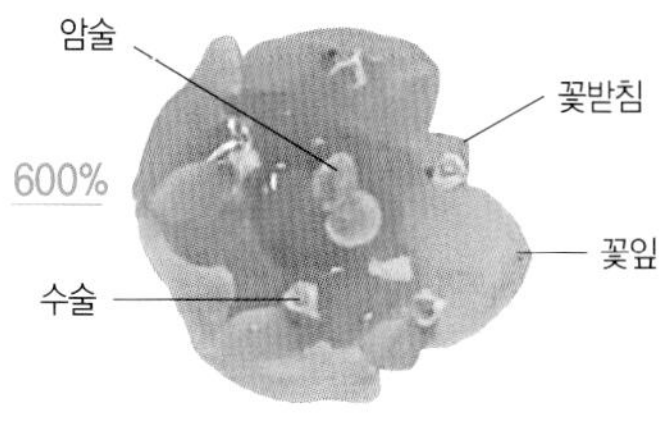


암술머리는 2~3갈래로 갈라지며,
수술은 바깥쪽에 5개가 있다.

❶ 6~7월에 가지 끝 또는 가지 끝 부근의 잎겨드랑이에서 나온 취산꽃차례에 황록색의 양성화가 모여 핀다.

❷ 꽃은 지름 3~4mm이며, 꽃잎과 꽃받침은 각각 5개이다. 꽃잎은 안쪽으로 말려서 수술을 둘러싼다.

❸ 암술대는 길이 1~2mm이고 암술머리는 2~3갈래로 갈라지며, 수술은 바깥쪽에 5개가 있다.

10개의 수술이 합착되어 자주색 수술통을 이룬다

# 멀구슬나무

*Melia azedarach*
【멀구슬나무과 멀구슬나무속】

• 낙엽교목 • 수고 10~15m • 분포 전남, 경남 및 제주도의 민가 주변에 야생화되어 자람
• 유래 나무에 멀건 구슬 모양의 열매가 열리기 때문에 붙인 이름 • 꽃말 경계

| 꽃의 성 | 꽃차례 | 수분법 | 개화기 | 기 타 |
|---|---|---|---|---|
| 양성화 | 원추 | 충매화 | 5~6월 | 향기 |

깃꼴겹잎에
다시 깃꼴겹잎이
붙는 2~3회깃꼴겹잎이다.
작은잎은 달걀형 또는
타원형이다.

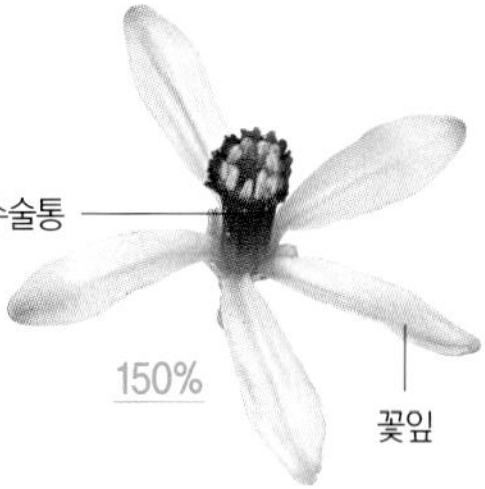

수술통
150%
꽃잎

꽃잎은 5개이고 긴 타원형이며,
꽃받침조각은 5~6개이고
달걀 모양의 타원형이다.

100%

▲ 꽃차례
5~6월에 가지 끝의 잎겨드랑이에서 나온 원추꽃차례에
연한 자색의 양성화가 모여 핀다.

암술
수술통
250%
꽃잎

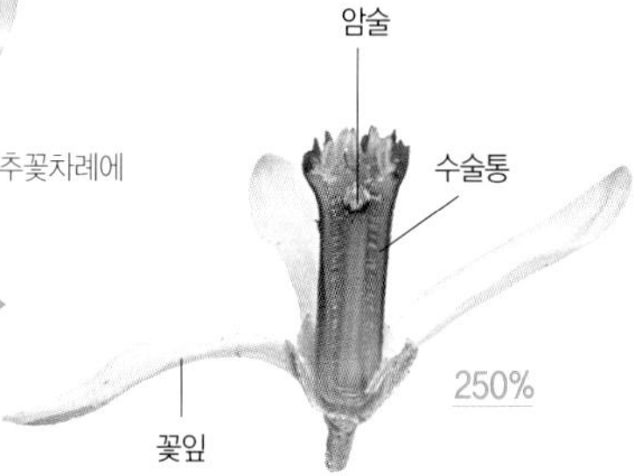

꽃의 단면 ▶
수술은 10개가 합착되어
자주색의 수술통을 이룬다.
그 가운데 1개의 암술이 들어 있다.

❶ 5~6월에 가지 끝의 잎겨드랑이에서 나온 길이 10~15cm의 원추꽃차례에 연한 자주색의 양성화가 모여 핀다.

❷ 꽃잎은 5개이고 길이 8~10mm의 긴 타원형이다. 꽃받침조각은 5~6개이고 길이 2mm 가량의 달걀 모양의 타원형이다.

❸ 수술은 10개가 합착되어 길이 7~8mm의 자주색 수술통을 이룬다. 암술은 수술통보다 짧으며, 암술머리는 둥글고 5갈래로 얕게 갈라진다.

잎이 나기 전에 향기가 강한 백색 양성화가 핀다

# 목련

*Magnolia kobus* 【목련과 목련속】

- 낙엽교목 • 수고 10~15m • 분포 제주도 숲속에 자생하며, 전국에 식재
- 유래 목련꽃이 나무에 핀 난초와 같다고 하여, 목란(木蘭)이라 하다가 목련으로 변한 것
- 꽃말 은혜, 존경, 고귀함

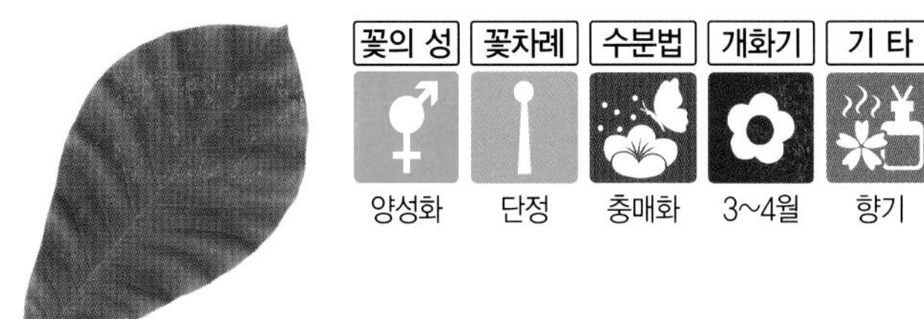


어긋나며, 넓은 거꿀달걀형이고
가장자리는 밋밋하다.
잎끝이 급히 뾰족해진다.

수술

50%

50%

3~4월, 잎이 나기 전에
백색 양성화가 핀다.
화피조각의 아랫부분에
연한 홍색이 돌기도 한다.

화피조각(꽃잎 모양)

100%

화피조각
(꽃받침 모양)

화피조각은 보통 9개인데,
안쪽 6개는 꽃잎 모양이고
크며 바깥쪽 3개는
꽃받침 모양이고 작다.

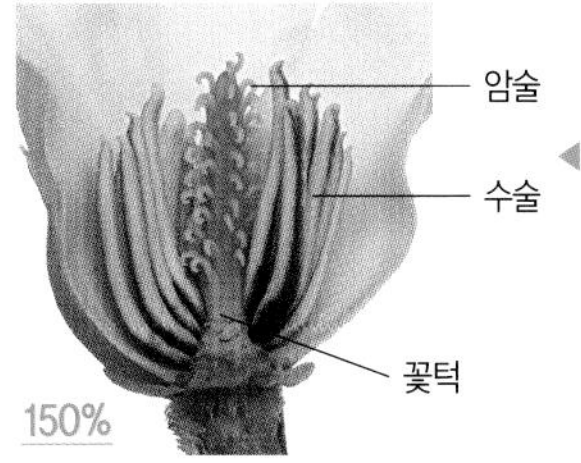


◀ **꽃의 단면**
암술은 녹색의
원추형 기둥에
여러 개가 모여 붙으며,
수술은 30~40개이고
나선형으로 붙는다.

① 3~4월에 잎이 나기 전에, 지름 7~10cm의 백색 양성화가 핀다. 아랫부분에 연한 적색이 돌기도 하며, 꽃에는 향기가 있다.

② 화피조각은 보통 9개인데, 안쪽 6개는 꽃잎 모양이고 크며 바깥쪽 3개는 꽃받침 모양이고 작다.

③ 암술은 꽃턱이 길어진 녹색의 원추형 기둥에 여러 개가 모여 붙는다. 수술은 30~40개이고 나선형으로 붙으며, 꽃밥과 수술대의 뒷면이 적색이다.

꽃이 북쪽을 향해 피기 때문에 '북향화'라고도 부른다

# 백목련

*Magnolia denudata* 【목련과 목련속】

- 낙엽교목 • 수고 10~20m • 분포 전국의 공원 및 정원에 식재
- 유래 목련속 나무이고, 흰색 꽃이 풍성하게 피기 때문에 붙인 이름
- 꽃말 이루어질 수 없는 사랑

| 꽃의 성 | 꽃차례 | 꽃모양 | 수분법 | 개화기 | 기 타 |
|---|---|---|---|---|---|
| 양성화 | 단정 | 종형 | 충매화 | 3~4월 | 향기 |

어긋나며, 거꿀달걀형이고 가장자리는 밋밋하다. 잎 끝이 급하게 뾰족해진다.

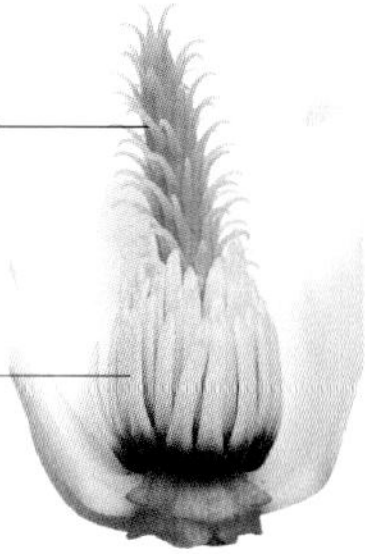

40%

잎이 나기 전에 지름 약 10cm의 백색 양성화가 풍성하게 핀다. 화피조각은 6~9개이다.

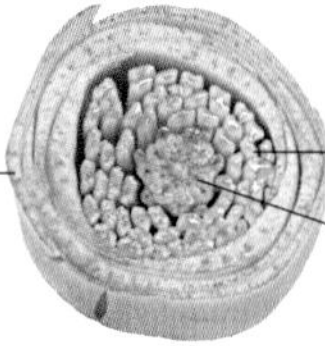

암술

100%

수술

▲ 꽃의 내부

수술은 꽃턱에 나선상으로 붙으며, 암술은 긴 원추형의 꽃턱에 여러 개가 모여 붙는다.

화피

수술

꽃턱

▲ 꽃봉오리의 단면

30%

▲ 별목련

❶ 3~4월, 잎이 나기 전에 지름 약 10cm의 종 모양의 백색 양성화가 풍성하게 핀다. 꽃향기가 좋다.

❷ 꽃에는 좁은 거꿀달걀형의 화피조각이 6~9개 있으며, 화피는 개화 절정기에도 활짝 벌어지지 않는다.

❸ 수술은 많고 선형이며 꽃턱에 나선상으로 붙는다. 암술은 꽃턱이 길어진 원추형의 기둥에 여러 개가 모여 붙는다.

❹ 별목련(*Magnolia stellata*) : 꽃잎이 12~18개로 목련이나 백목련보다 많고 폭이 좁다.

새 가지 끝에 튤립 꽃을 닮은 황록색 양성화가 1개씩 핀다

# 백합나무

*Liriodendron tulipifera*
【목련과 백합나무속】

• 낙엽교목 • 수고 30~40m • 분포 전국에 가로수 및 공원수로 널리 식재
• 유래 백합과 비슷한 꽃이 피기 때문에 붙인 이름이며, 튤립나무(Tulip tree)라고도 부른다.
• 꽃말 조용

| 꽃의 성 | 꽃차례 | 수분법 | 개화기 |
|---|---|---|---|
|  |  |  |  |
| 양성화 | 단정 | 충매화 | 5~6월 |

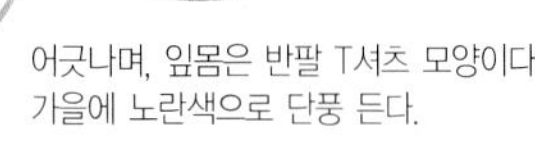

어긋나며, 잎몸은 반팔 T셔츠 모양이다.
가을에 노란색으로 단풍 든다.

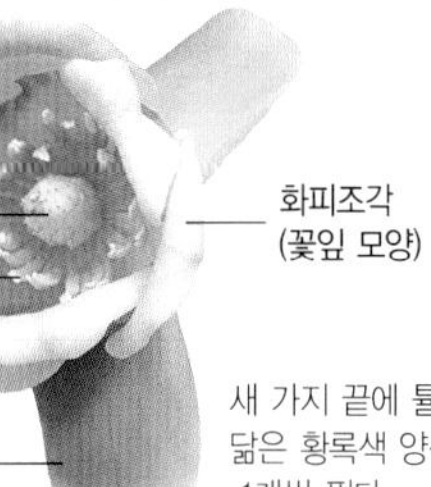


새 가지 끝에 튤립을 닮은 황록색 양성화가 1개씩 핀다.

바깥쪽의 화피조각 3개는 꽃받침 모양이다. 안쪽의 화피조각 6개는 꽃잎 모양이며, 아랫부분에 오렌지색의 무늬가 있다.

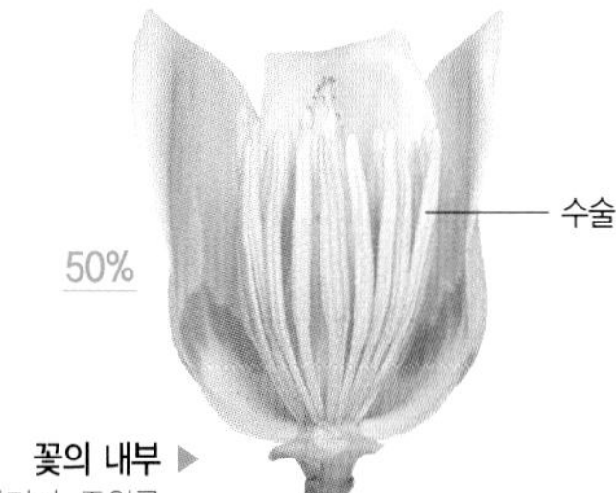


**꽃의 내부** ▶
암술은 꽃턱에 여러 개가 달리며, 주위를 선형의 수술이 둘러싸고 있다.

❶ 5~6월, 새 가지 끝에 지름 5~6cm의 튤립을 닮은 황록색 양성화가 1개씩 핀다.
❷ 꽃에는 화피조각이 9개가 있다. 그중에 바깥쪽의 3개는 녹백색이고 꽃받침 모양이며, 안쪽의 6개는 꽃잎 모양이고 아랫부분에 오렌지색의 무늬가 있다.
❸ 암술은 원추형의 기둥(꽃턱)에 여러 개가 달리고 주위를 선형의 수술이 둘러싸고 있다.

작은 양성화가 빽빽하게 모여 피며, 주위의 총포는 꽃잎처럼 보인다

# 산딸나무

*Cornus kousa* 【층층나무과 층층나무속】

• 낙엽교목 • 수고 7~15m • 분포 경기도 및 충청도 이남의 산지
• 유래 산에서 자라며, 익은 열매의 모양이 딸기와 비슷하여 붙인 이름
• 꽃말 견고, 희망의 속삭임, 희생

| 꽃의 성 | 꽃차례 | 수분법 | 개화기 |
|---|---|---|---|
| 양성화 | 두상 | 충매화 | 5~7월 |

마주나며, 달걀형이고 톱니는 없다.
4~5쌍의 측맥이 잎끝을 향해 둥글게 뻗어 있다.

총포조각

꽃

60%

두상꽃차례에 연한 황백색의 작은 양성화가 20~30개씩 빽빽하게 모여 핀다.

수술

꽃잎

암술

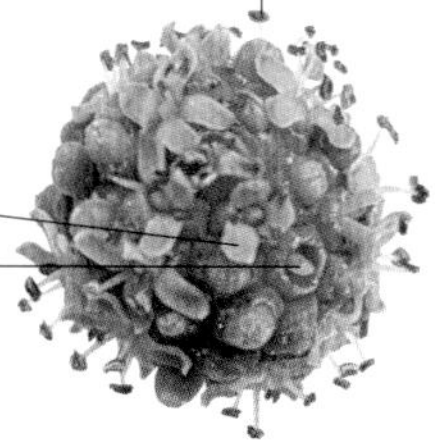

300%

◀ **꽃봉오리**
주위를 둘러싼 4개의 백색 총포 가운데에 작은 양성화가 20~30개씩 모여 핀다.

▲ **꽃송이**
꽃은 지름 약 3mm이며, 꽃잎과 수술은 각각 4개이고 암술대는 1개이다.

❶ 5~7월, 지름 약 8mm의 두상꽃차례에 연한 황백색의 작은 양성화가 20~30개씩 빽빽하게 모여 핀다.
❷ 주위를 둘러싸고 있는 4개의 백색 총포는 길이 3~8cm의 좁은 달걀형이며, 마치 꽃잎처럼 보인다.
❸ 하나의 꽃은 지름 약 3mm이며, 꽃잎과 수술은 각각 4개이고 암술대는 1개이다.

산형꽃차례에 연홍색의 양성화가 2~4개씩 핀다

# 산벚나무

*Prunus sargentii* 【장미과 벚나무속】

- 낙엽교목 • 수고 20m • 분포 덕유산, 지리산 이북 등의 백두대간에 주로 분포
- 유래 산에서 자라는 벚나무라는 뜻에서 붙인 이름
- 꽃말 당신에게 미소를, 고상, 담백, 미려

| 꽃의 성 | 꽃차례 | 꽃모양 | 수분법 | 개화기 |
|---|---|---|---|---|
|  |  |  |  |  |
| 양성화 | 산형 | 장미형 | 충매화 | 4~5월 |

어긋나며, 타원형이고 날카로운 겹톱니가 있다.
잎자루 윗부분에 1쌍의 붉은색 꿀샘이 있다.

꽃은 지름 2.5~3.5cm이며, 꽃잎은 넓은 거꿀달걀형이고 끝이 둥글거나 오목하다.

▲ **꽃차례**
잎이 나면서 동시에 연홍색 또는 백색의 양성화가 산형꽃차례에 2~4개씩 핀다.

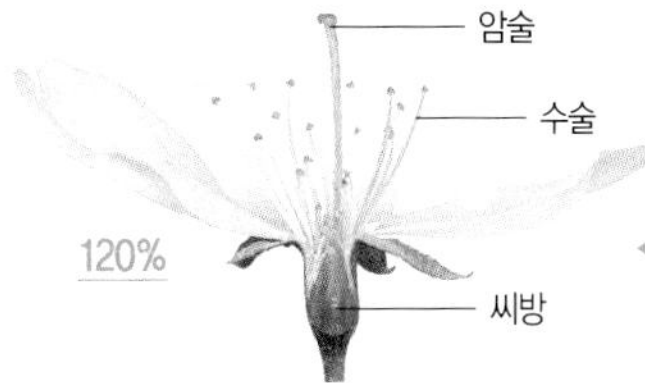


◀ **꽃의 단면**
수술은 35~40개이고 암술대, 암술머리, 씨방, 꽃받침은 털이 없다.

❶ 4~5월에 잎이 나면서 동시에 전년지의 잎겨드랑이에서 나온 산형꽃차례에 연홍색 또는 백색의 양성화가 2~4개씩 핀다.

❷ 꽃차례는 자루가 없거나 길이 1~5mm 정도의 아주 짧은 자루가 있으며 털이 없다. 꽃은 지름 2.5~3.5cm이며, 꽃잎은 넓은 거꿀달걀형이고 끝이 둥글거나 오목하다.

❸ 암술은 1개이고 수술은 35~40개이며, 암술은 수술보다 길다. 암술대, 암술머리, 씨방, 꽃받침은 털이 없다.

기판의 중앙 밑 부분에 연황색의 밀표가 있다

# 아까시나무

*Robinia pseudoacacia*
【콩과 아까시나무속】

• 낙엽교목 • 수고 15~25m • 분포 전국의 산야에 식재되어 자생하는 것처럼 자람
• 유래 열대 혹은 아열대 지방에서 자라는 아카시아(acasia)와 닮은 나무로, 그것과 구별하기 위해 붙인 이름 • 꽃말 비밀스러운 사랑, 품위, 친교, 깨끗한 마음, 우정

어긋나며, 4~9쌍의 작은잎으로 이루어진 홀수깃꼴겹잎이다. 잎자루 밑 부분에 턱잎이 변한 1쌍의 가시가 있다.

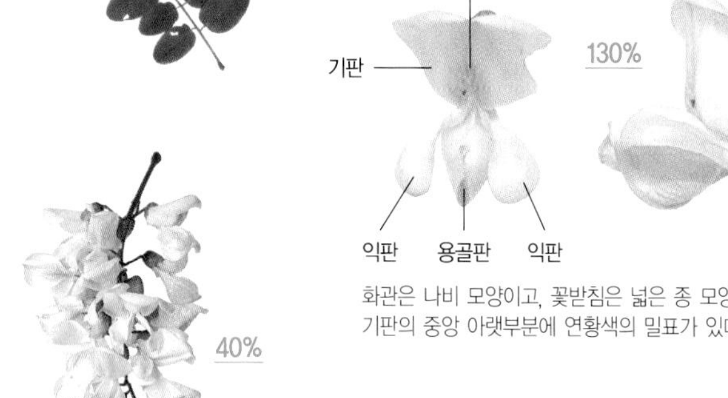


화관은 나비 모양이고, 꽃받침은 넓은 종 모양이다. 기판의 중앙 아랫부분에 연황색의 밀표가 있다.

▲ 꽃차례
새 가지의 잎겨드랑이에서 나온 총상꽃차례에 향기가 좋은 백색의 양성화가 모여 핀다.

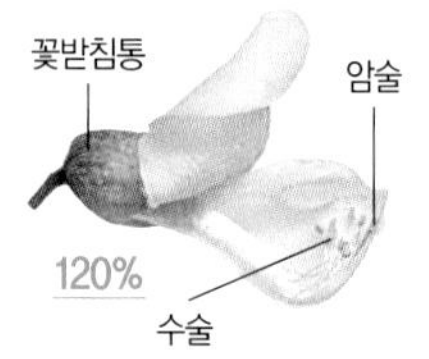


암술은 1개이고 수술은 10개이다. 암술과 수술은 아랫부분이 합착되지 있지만, 수술 1개가 따로 떨어져 있다.

❶ 5~6월에 새 가지의 잎겨드랑이에서 나온 길이 10~20cm의 총상꽃차례에 향기가 좋은 백색의 양성화가 모여 핀다.
❷ 화관은 나비 모양이고 길이는 약 2cm이다. 꽃받침은 넓은 종 모양이며, 길이 7~9mm 이고 위쪽은 5갈래로 갈라진다. 기판의 중앙 아랫부분에 연황색의 밀표가 있다.
❸ 암술은 1개이고 연녹색이며, 수술은 10개이고 꽃밥은 연황색이다. 암술과 수술은 밑 부분이 합착되지 있지만, 수술 1개가 따로 떨어져 있다.

원추꽃차례에 깔때기 모양의 연자색 양성화가 모여 핀다

# 오동나무

*Paulownia coreana* 【현삼과 오동나무속】

• 낙엽교목 • 수고 15~20m • 분포 전국의 산야에서 야생화되어 자람
• 유래 오동나무를 뜻하는 한자 오(梧) 자와 역시 오동나무를 뜻하는 한자 동(桐) 자가 합쳐진 것 • 꽃말 고상

| 꽃의 성 | 꽃차례 | 꽃모양 | 수분법 | 개화기 | 기 타 |
|---|---|---|---|---|---|
| 양성화 | 원추 | 깔때기형 | 충매화 | 4~5월 | 향기 |

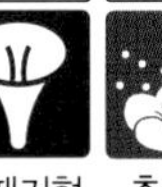

마주나며, 삼각형 또는 오각형이고 가장자리는 밋밋하다. 잎몸은 3~5갈래로 얕게 갈라지기도 한다.

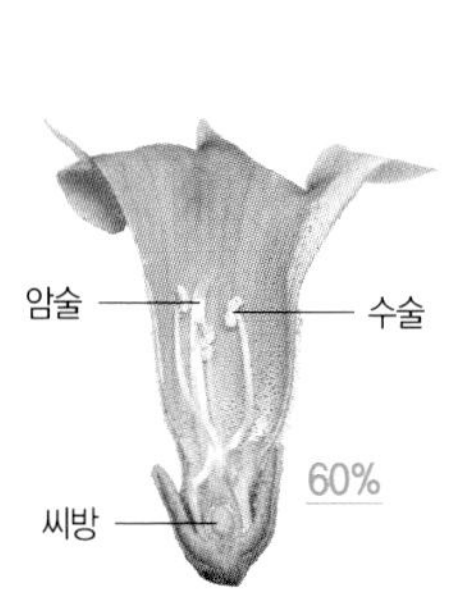


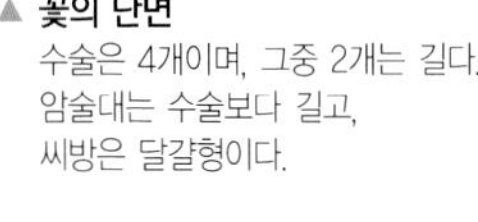

▲ **꽃의 단면**
수술은 4개이며, 그중 2개는 길다. 암술대는 수술보다 길고, 씨방은 달걀형이다.

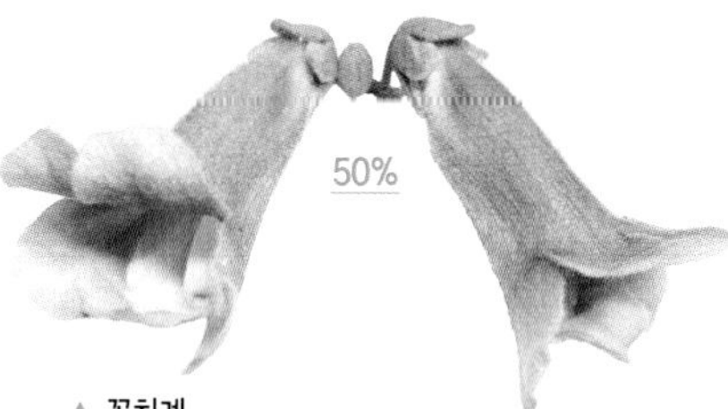


▲ **꽃차례**
잎이 나기 전에 가지 끝에서 나온 원추꽃차례에 연자색의 양성화가 모여 핀다.

화관은 깔때기 모양이고 겉에 별모양털과 샘털이 많으며, 윗부분은 5갈래로 갈라진다.

❶ 4~5월 잎이 나기 전에 가지 끝에서 나온 길이 30~40cm의 원추꽃차례에 연자색의 양성화가 모여 핀다.
❷ 화관은 길이 5~6cm의 깔때기형이며, 겉에는 별모양털과 샘털이 많다. 화관의 윗부분은 5갈래로 갈라지며, 꽃받침은 다갈색의 털이 밀생한다.
❸ 암술은 1개이고 암술대는 수술보다 길다. 4개의 수술 중 2개는 길고 털이 없으며, 씨방은 달걀 모양이고 털이 있다.

암술대의 하단부에 털이 성기게 나며, 꽃받침에는 털이 많다

# 왕벚나무

*Prunus yedoensis* 【장미과 벚나무속】

- 낙엽교목 • 수고 10~15m • 분포 전국적으로 가로수 또는 풍치수로 식재
- 유래 다른 벚나무 종류에 비해 꽃 모양이 크고 아름답다는 뜻으로 붙인 이름
- 꽃말 순결, 뛰어난 미인

| 꽃의 성 | 꽃차례 | 꽃모양 | 수분법 | 개화기 | 기 타 |
|---|---|---|---|---|---|
| 양성화 | 산방 | 장미형 | 충매화 | 3~4월 | 밀원 |

어긋나며, 달걀 모양의 타원형이고
가장자리에 예리한 겹톱니가 있다.
잎몸 밑에 보통 0~4개의 꿀샘이 있다.

꽃은 지름 약 4cm이며, 꽃잎은 5개이고
넓은 타원형이며 끝이 움푹 들어간다.

▲ **꽃차례**
잎이 나기 전에 전년지의 잎겨드랑이에서
나온 산방꽃차례에 연홍색 또는
백색의 양성화가 3~5개씩 핀다.

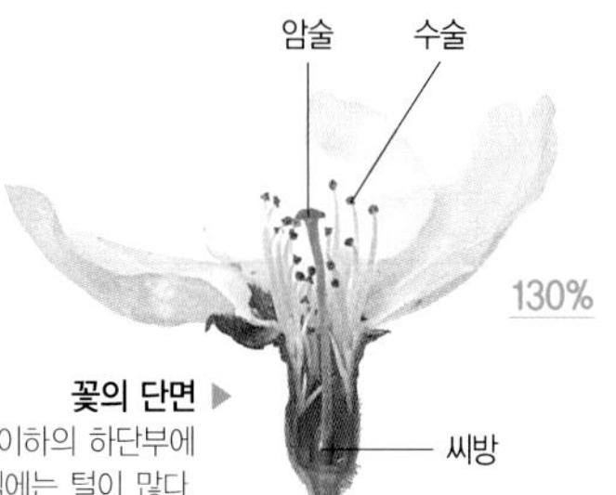


**꽃의 단면** ▶
암술대는 중간 이하의 하단부에
털이 성기게 나며, 꽃받침에는 털이 많다.

❶ 3~4월 잎이 나기 전에 전년지의 잎겨드랑이에서 나온 산방꽃차례에 연홍색 또는 백색의 양성화가 3~5개씩 핀다.

❷ 꽃은 지름 약 4cm이며, 꽃잎은 5개이고 넓은 타원형이며 끝이 움푹 들어간다. 꽃자루는 매우 짧고, 작은꽃자루는 길이 6~30mm이고 털이 밀생한다.

❸ 수술은 30~35개이고 암술은 1개이며, 암술대는 중간 이하의 아랫부분에 털이 성기게 난다. 꽃받침에는 털이 많다.

지름 15cm 정도의 대형 황백색 양성화가 위를 향해 핀다

# 일본목련

*Magnolia obovata* 【목련과 목련속】

- 낙엽교목 • 수고 20m • 분포 중부 이남에 공원수 및 정원수로 식재
- 유래 목련속에 속하며, 원산지가 일본이기 때문에 붙인 이름
- 꽃말 연모, 숭고한 정신, 자연의 애정

| 꽃의 성 | 꽃차례 | 수분법 | 개화기 | 기 타 |
|---|---|---|---|---|
| 양성화 | 단정 | 충매화 | 5~6월 | 향기 |

어긋나지만 가지 끝에서는 모여난다. 목련과 중에서 가장 큰 잎을 가지고 있다.

암술

80%

수술

수술은 꽃턱 아래쪽으로 빙 돌아가며 달리며, 수술대는 적색이고 꽃밥은 황백색이다.

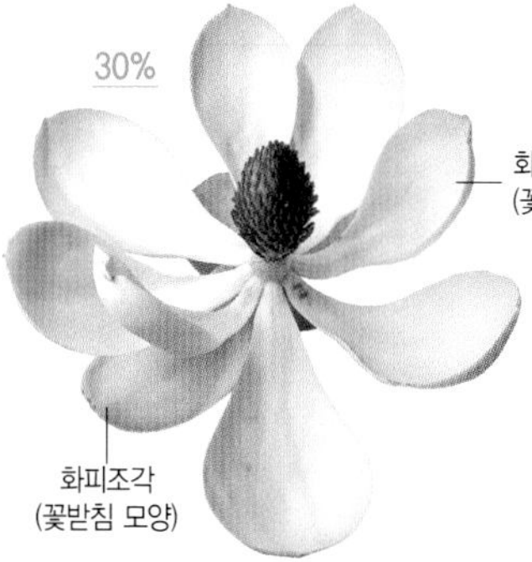

30%

화피조각 (꽃잎 모양)

화피조각 (꽃받침 모양)

5~6월 잎이 난 후에, 강한 향기가 나는 황백색의 양성화가 핀다. 자가수분을 피하기 위해 암술이 먼저 성숙한다(자성선숙).

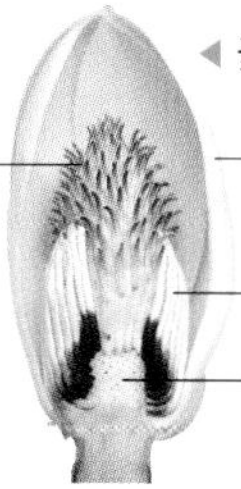

◀ 꽃봉오리의 단면

암술

화피

40%

수술

꽃턱

❶ 5~6월 잎이 난 후에, 강한 향기가 나는 황백색의 양성화가 핀다.

❷ 꽃은 지름 15cm 정도로 크며, 위를 향해 핀다. 화피조각은 9~12개이며, 바깥쪽 3개는 꽃받침 모양이고 짧고 안쪽의 6~9개는 꽃잎 모양이다.

❸ 수술은 꽃턱의 아래쪽으로 빙 돌아가며 달리고, 수술대는 적색이고 꽃밥은 황백색이다. 개화와 동시에 암술이 성숙하여 다른 꽃의 꽃가루를 받은 후 오므라지면, 아래쪽의 수술이 꽃밥을 열어 다른 꽃으로 꽃가루를 보낸다(자성선숙).

새 가지의 잎겨드랑이에 양성화가 4~6개씩 모여 핀다

# 참느릅나무

*Ulmus parvifolia* 【느릅나무과 느릅나무속】

- 낙엽교목 • 수고 10~15m • 분포 경기도 이남의 숲가장자리 및 하천변
- 유래 느릅나무 종류이면서, 쓰임새이 크다는 뜻의 접두사 '참'을 붙여 만든 이름
- 꽃말 위엄, 존경

| 꽃의 성 | 꽃차례 | 수분법 | 개화기 |
| --- | --- | --- | --- |
| 양성화 | 취산 | 풍충매화 | 9~10월 |

어긋나며, 긴 타원형이고
가장자리에 잔 톱니가 있다.
가지 아래로 갈수록 잎이 작아진다.

250%

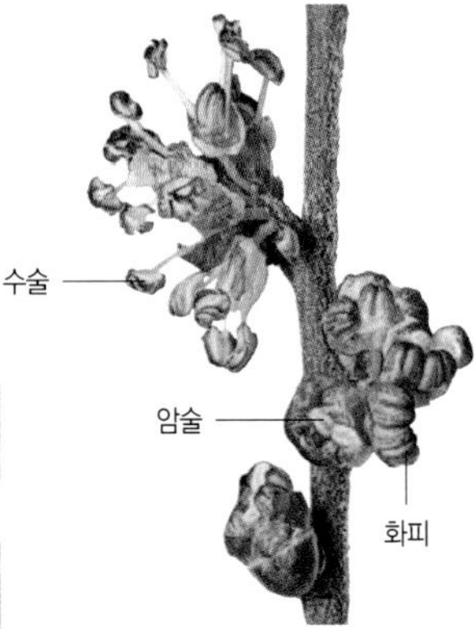

수술
암술
화피

수술은 4개이고 꽃밥은 적색이다.
암술대는 2갈래로 깊게 갈라지고
암술머리에는 백색 털이 밀생한다.

200%

▲ **꽃차례**
새 가지의 잎겨드랑이에 양성화가 4~6개씩 모여 달린다.
화피는 종 모양이고 아래에서 4갈래로 갈라지며,
화피조각은 긴 타원형이다.

❶ 9~10월에 새 가지의 잎겨드랑이에 양성화가 4~6개씩 모여 핀다.
❷ 화피는 종 모양이고 아랫부분에서 4갈래로 갈라진다. 화피조각은 길이 2.5mm 정도의 긴 타원형이다.
❸ 수술은 4개이고 꽃밥은 적색이다. 암술대는 2갈래로 깊게 갈라지고 암술머리에는 백색 털이 밀생한다.

새 가지 끝에서 나온 산방꽃차례에 백색의 양성화가 빽빽이 모여 핀다

# 층층나무

*Cornus controversa*
【층층나무과 층층나무속】

- 낙엽교목 • 수고 15~20m • 분포 전국의 산지
- 유래 여러 개의 가지가 수평으로 돌려나서 층을 이루기 때문에 붙인 이름
- 꽃말 인내력

어긋나며, 달걀형이고 가장자리는 밋밋하다. 측맥이 잎끝을 향해 둥글게 뻗어 있다.

| 꽃의 성 | 꽃차례 | 수분법 | 개화기 |
|---|---|---|---|
|  양성화 |  산방 |  충매화 | 5~6월 |

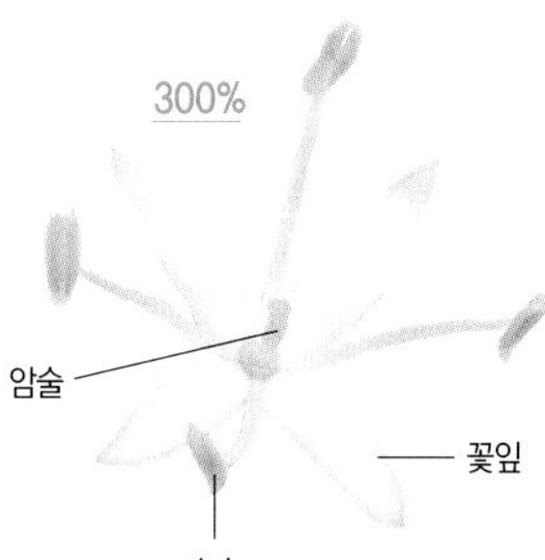


꽃잎은 4개이고 긴 타원형이며, 꽃받침은 톱니 모양이다. 암술대는 1개이며, 수술은 4개이고 꽃잎보다 길다.

◀ **꽃차례**
새 가지 끝에서 나온 산방꽃차례에 백색의 작은 양성화가 빽빽이 모여 핀다.

❶ 5~6월에 새 가지 끝에서 나온 지름 5~14cm의 산방꽃차례에 백색의 작은 양성화가 빽빽이 모여 핀다.
❷ 꽃잎은 4개이고 길이 5~6mm의 긴 타원형이며, 꽃받침은 톱니 모양이고 길이 0.5mm 정도로 작다. 꽃차례의 가지는 열매가 익을 무렵에 붉게 변한다.
❸ 암술대는 1개이고 길이 약 3mm이며, 수술은 4개이고 꽃잎보다 길다.

새 가지 끝의 복산방꽃차례에 백색의 양성화가 5~20개씩 모여 핀다

# 팥배나무

*Sorbus alnifolia* 【장미과 마가목속】

- 낙엽교목 • 수고 15~20m • 분포 전국의 산지
- 유래 배나무 꽃과 비슷한 흰색의 꽃이 피고, 열매가 팥알을 닮아서 붙인 이름
- 꽃말 매혹

어긋나며, 달걀형 또는 거의 둥근형이고 가장자리에 불규칙한 겹톱니가 있다.

| 꽃의 성 | 꽃차례 | 꽃모양 | 수분법 | 개화기 | 기 타 |
|---|---|---|---|---|---|
| 양성화 | 산방 | 장미형 | 충매화 | 4~6월 | 밀원 |

130%

꽃잎

수술

암술

꽃잎은 원형이고 꽃받침조각은 삼각형이다. 꽃차례 축과 작은꽃자루에는 털이 있다.

100%

▲ **꽃차례**
새 가지 끝에서 나온 복산방꽃차례에 백색의 양성화가 5~20개씩 모여 핀다.

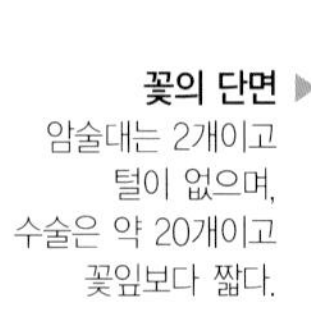

**꽃의 단면** ▶
암술대는 2개이고 털이 없으며, 수술은 약 20개이고 꽃잎보다 짧다.

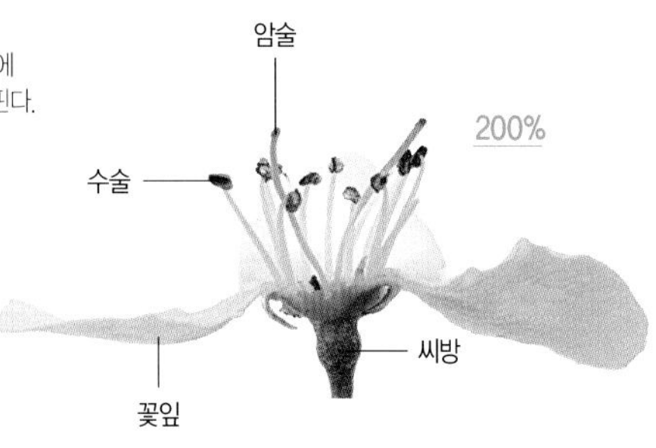


❶ 4~6월에 새 가지 끝에서 나온 복산방꽃차례에 백색의 양성화가 5~20개씩 모여 핀다.
❷ 꽃은 지름 1~1.5cm이며, 꽃잎은 길이 5~7mm의 아원형이다. 꽃받침조각은 길이 2~3mm의 삼각형이고 꽃차례 축과 작은꽃자루에는 털이 있다.
❸ 암술대는 2개이고 털이 없으며, 수술은 약 20개이고 꽃잎보다 짧다.

취산꽃차례에 양성화가 모여 피며, 수술은 20개 정도이고 꽃 밖으로 돌출한다

# 피나무

*Tilia amurensis* 【피나무과 피나무속】

• 낙엽교목 • 수고 20m • 분포 전국의 산지
• 유래 나무껍질을 섬유로 사용했기 때문에 '피목(皮木)'이라 부르다가 피나무가 된 것
• 꽃말 부부애

| 꽃의 성 | 꽃차례 | 수분법 | 개화기 | 기 타 | 기 타 |
|---|---|---|---|---|---|
|  |  |  |  |  |  |
| 양성화 | 취산 | 충매화 | 6~7월 | 향기 | 밀원 |

어긋나며, 하트 모양이고
잎맥의 겨드랑이에 갈색 털이 뭉쳐있다.

▲ **꽃차례**
잎겨드랑이에서 나온 취산꽃차례에
백색 양성화가 3~20개 정도 모여 핀다.

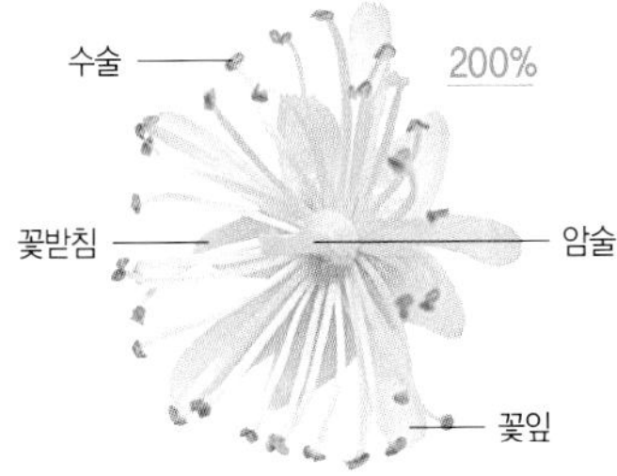


꽃잎은 피침형이며,
꽃받침조각은 넓은 피침형이다.
포는 좁고 긴 타원상이며
피나무의 특징이다.

200%

수술은 20개 정도이고 꽃 밖으로 돌출하며,
꽃잎 모양의 헛수술이 5개 있다.

❶ 6~7월에 잎겨드랑이에서 나온 길이 5~8cm의 취산꽃차례에 백색 양성화가 3~20개 정도 모여 핀다.

❷ 꽃잎은 피침형이고 길이 6~7mm이며, 꽃받침조각은 길이 5~6mm의 넓은 피침형이고 뒷면에 털이 있다. 포는 길이 3~7cm의 좁고 긴 타원상이며, 피나무의 특징이다.

❸ 수술은 20개 정도이고 꽃 밖으로 돌출하며, 꽃잎 모양의 헛수술이 5개 있다. 암술대는 길이 5mm 정도이고 씨방에는 털이 밀생한다.

취산꽃차례에 녹백색의 양성화가 모여 핀다

# 헛개나무

*Hovenia dulcis* 【갈매나무과 헛개나무속】

• 낙엽교목 • 수고 10~15m • 분포 황해도 및 경기도 이남의 산지 • 유래 열매가 숙취해소에 효과가 있기 때문에, '술 마신 것이 헛것이 되어버린다' 해서 붙인 이름
• 꽃말 결속

| 꽃의 성 | 꽃차례 | 수분법 | 개화기 | 기 타 |
|---|---|---|---|---|
| 양성화 | 취산 | 충매화 | 6~7월 | 밀원 |

어긋나며, 넓은 달걀형이다.
잎몸 밑 부분이 삼각형으로 돌출해있다.

**꽃차례 ▶**
가지 끝 또는 잎겨드랑이에서 나온 취산꽃차례에 녹백색의 양성화가 모여 핀다.

150%

꽃받침
암술
꽃잎
(이 속에 수술이 있다)

500%

수술
암술
꽃잎
꽃받침

암술은 1개이고 3갈래로 갈라지며, 수술은 처음에는 꽃잎에 싸여있다. 꽃잎, 꽃받침조각, 수술은 모두 5개씩이다.

❶ 6~7월에 가지 끝 또는 잎겨드랑이에서 나온 취산꽃차례에 녹백색의 양성화가 모여 핀다.

❷ 꽃은 지름 7mm 정도이며, 꽃잎은 주걱형이고 꽃받침조각과 길이가 비슷하다. 꽃받침은 길이 2~2.5mm이며, 달걀 모양의 삼각형이고 뒤로 젖혀진다. 꽃잎과 꽃받침조각은 각각 5개씩이다.

❸ 수술은 5개이며 처음에는 꽃잎에 싸여있다. 암술은 1개이고 3갈래로 갈라지며, 씨방은 구형이다.

원추꽃차례에 나비 모양의 황백색 양성화가 모여 핀다

# 회화나무

*Sophora japonica* 【콩과 회화나무속】

• 낙엽교목 • 수고 25~30m • 분포 전국적으로 정원수 및 가로수로 식재 • 유래 중국 이름은 괴화(槐花)인데, '괴'의 중국발음이 '홰' 또는 '회'여서 회화나무가 된 것
• 꽃말 망향

어긋나며, 4~8쌍의 작은잎을 가진 홀수깃꼴겹잎이다.
아까시나무의 잎과는 달리 잎끝이 뾰족하다.

| 꽃의 성 | 꽃차례 | 꽃모양 | 수분법 | 개화기 |
|---|---|---|---|---|
|  양성화 |  원추 | 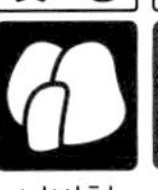 나비형 |  충매화 | 7~8월 |

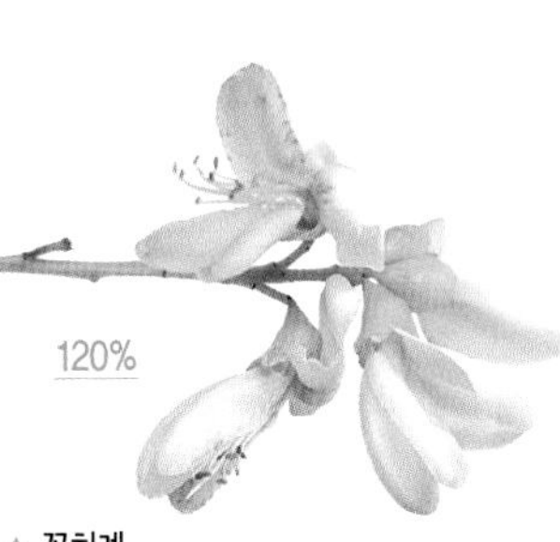


▲ **꽃차례**
새 가지 끝에서 나온 원추꽃차례에 황백색의 양성화가 모여 핀다.

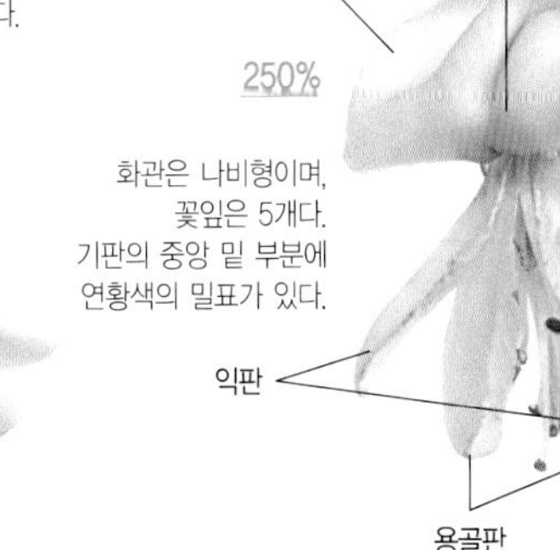


화관은 나비형이며, 꽃잎은 5개다. 기판의 중앙 밑 부분에 연황색의 밀표가 있다.

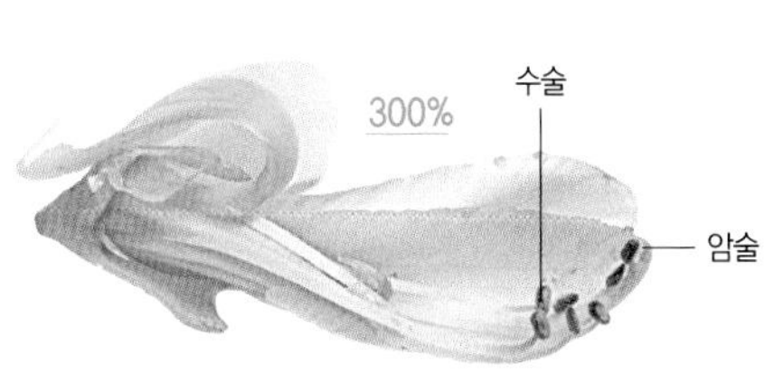


**꽃의 단면** ▶
수술은 10개이며, 암술은 1개이고 씨방에는 털이 없다.

❶ 7~8월에 새 가지 끝에 길이 30cm 정도의 원추꽃차례에 황백색의 양성화가 모여 핀다.
❷ 꽃은 길이 12~15mm이고 나비형이며, 꽃잎은 5개(기판 1개, 익판 2개, 용골판 2개)이다. 기판의 중앙 밑 부분에 연황색의 밀표가 있다.
❸ 수술은 10개이며, 암술은 1개이고 씨방에는 털이 없다.

암꽃은 위로 직립하며, 수꽃은 미상꽃차례이고 아래로 드리운다

# 가래나무

*Juglans mandshurica* 【가래나무과 가래나무속】

• 낙엽교목 • 수고 15~20m • 분포 경북(팔공산, 주왕산) 이북의 산지 계곡가
• 유래 둘로 갈라진 씨앗이 농기구로 쓰이는 가래와 비슷하게 생겨서 붙여진 이름
• 꽃말 지성

| 꽃의 성 | 꽃차례 | 수분법 | 개화기 | 기 타 |
|---|---|---|---|---|
| 암수한 | 미상(↑) | 풍충매화 | 4~5월 | 꽃가루 |

어긋나며, 작은잎이 5~9쌍인 홀수깃꼴겹잎이다. 작은잎은 밑으로 갈수록 작아진다.

90%

◀ **암꽃차례**
새 가지 끝에서 위로 직립하며, 암술머리는 적색이고 2갈래로 갈라진다.

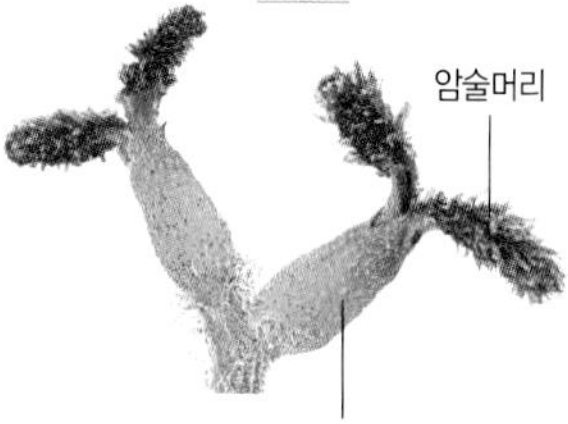

160%

암술머리

씨방

40%

수꽃

◀ **수꽃차례**
전년지의 잎겨드랑이에서 나온 미상꽃차례에 작은 꽃이 밀집해서 핀다.

❶ 암수한그루이며, 4~5월에 잎이 나오면서 동시에 꽃이 핀다.
❷ 암꽃차례는 길이 6~13cm이고 새 가지 끝에서 위로 직립하며, 4~5개의 꽃이 성기게 핀다. 암술머리는 적색이고 2갈래로 갈라지며, 씨방에는 샘털이 밀생한다.
❸ 수꽃차례는 전년지의 잎겨드랑이에서 나온 길이 10~22cm의 긴 원통형 미상꽃차례에 작은 꽃이 밀집해서 핀다. 수술은 12~20개이다.

암수한그루이며, 4~5월에 잎이 나면서 동시에 꽃이 핀다

# 갈참나무

*Quercus aliena* 【참나무과 참나무속】

• 낙엽교목 • 수고 20~25m • 분포 함경남도를 제외한 전국의 해발고도가 낮은 산지
• 유래 단풍잎을 늦가을까지 달고 있어서 '가을 참나무'라 하다가 갈참나무로 변한 것
• 꽃말 번영

| 꽃의 성 | 꽃차례 | 수분법 | 개화기 | 기 타 |
|---|---|---|---|---|
|  암수한 | 미상(↕) | 풍매화 | 4~5월 |  꽃가루 |

어긋나며, 거꿀달걀형 또는 긴 타원형이고
가장자리에 치아 모양의 톱니가 있다.

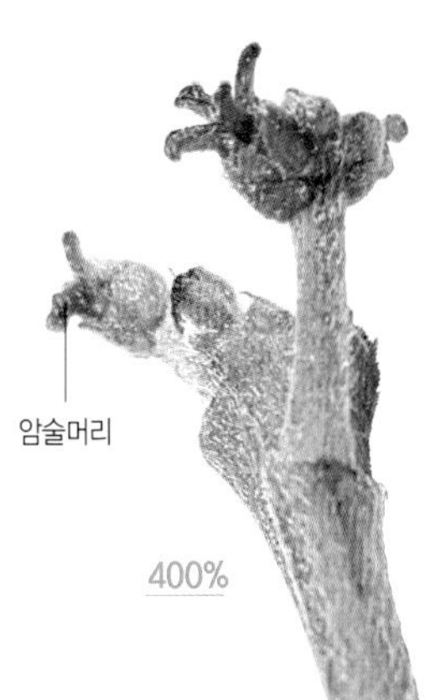


▲ **암꽃차례**
새 가지의 잎겨드랑이에 곧추서며,
작은 암꽃이 몇 개 붙는다.
암꽃에는 2~4개의 암술머리가 있다.

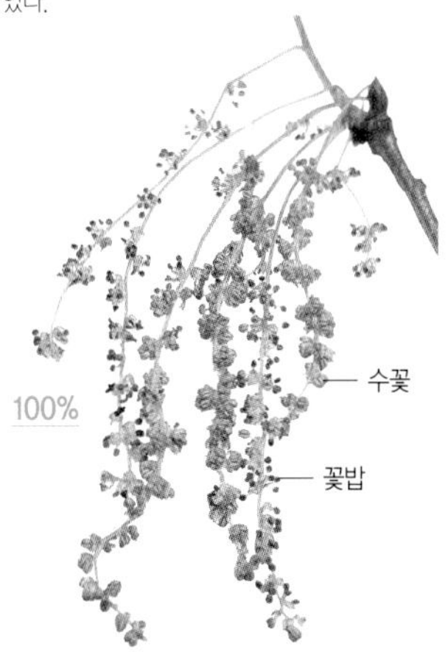


▲ **수꽃차례**
새 가지 밑 부분에서 미상꽃차례를 이루어
아래로 드리운다. 수꽃의 위쪽은
불규칙하게 갈라지며, 수술은 6~9개다.

❶ 암수한그루이며, 4~5월에 잎이 나면서 동시에 꽃이 핀다.
❷ 암꽃차례는 새 가지의 잎겨드랑이에 곧추서며, 암꽃이 1개 또는 여러 개가 모여 핀다. 암꽃은 6개의 화피조각과 2~4개의 암술머리가 있다.
❸ 수꽃차례는 새 가지의 밑 부분에서 길이 5~7cm의 미상꽃차례를 이어 아래로 드리운다. 수꽃의 화피는 지름 2.5mm 정도이고 위쪽은 불규칙하게 갈라지며, 수술은 6~9개이다.

5~6월에 새 가지 끝에서 항아리형의 연황색 꽃이 핀다

# 감나무

*Diospyros kaki* 【감나무과 감나무속】

- 낙엽교목 • 수고 10~15m • 분포 오래전부터 경기도 이남에 재배
- 유래 감은 달콤한 맛이 나는 과일이기 때문에, 달다는 뜻의 한자 감(甘)이 붙어 감나무가 된 것
- 꽃말 자애, 자연미

| 꽃의 성 | 꽃차례 | 꽃모양 | 수분법 | 개화기 | 기 타 |
|---|---|---|---|---|---|
| 암수한 | 취산(♂) | 항아리형 | 충매화 | 5~6월 | 밀원 |

어긋나며, 타원형 또는 긴 타원형이다.
겨울에 붉게 물드는 단풍이 아름답다.

90%

150%

암술머리

헛수술

씨방

배주

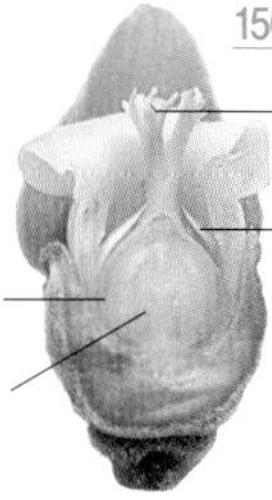

◀ **암꽃**
화관은 항아리형이며,
4갈래로 갈라져서 뒤로 젖혀진다.
암술 1개와 헛수술 8개가 있다.

200%

200%

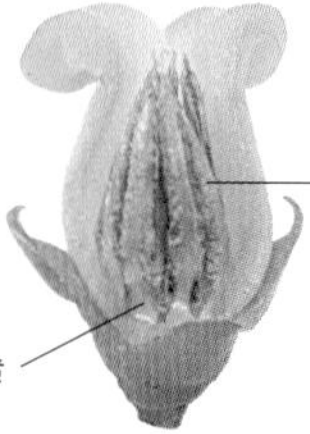

수술

헛암술

◀ **수꽃**
화관은 항아리형이며, 끝이
4갈래로 갈라져서 뒤로 젖혀진다.
수술은 16개이다.

❶ 암수한그루(간혹 암수딴그루)이며, 5~6월에 새 가지 끝에서 연황색 또는 적황색 꽃이 핀다.

❷ 암꽃은 지름 1.2~1.6cm의 항아리형이다. 암술은 1개이고 암술머리는 4갈래로 갈라지며, 퇴화된 수술(헛수술)은 8개이다. 씨방에는 털이 거의 없다.

❸ 수꽃은 암꽃보다 작고 3~5개씩 모여 피며, 길이 5~10mm의 항아리형이고 화관은 4갈래로 갈라진다. 수술은 16개이다.

암꽃은 위로 곧추서고, 수꽃차례는 아래로 드리워 핀다

# 굴참나무 *Quercus variabilis* [참나무과 참나무속]

• 낙엽교목 • 수고 25~30m • 분포 함북을 제외한 전국의 낮은 산지
• 유래 수피에 깊은 골이 패기 때문에, '골이 지는 참나무'에서 굴참나무가 된 것
• 꽃말 번영

| 꽃의 성 | 꽃차례 | 수분법 | 개화기 | 기 타 |
|---|---|---|---|---|
| 암수한 | 미상(↑) | 풍매화 | 4~5월 | 꽃가루 |

어긋나며, 달걀 모양의 타원형 또는 긴 타원형이다. 가장자리에 바늘 모양의 예리한 톱니가 있다.

90%

수꽃

250%

암술머리

600%

▲ **암꽃차례**
암꽃은 새 가지의 위쪽 잎겨드랑이에서 1개씩 위로 곧추서 핀다.

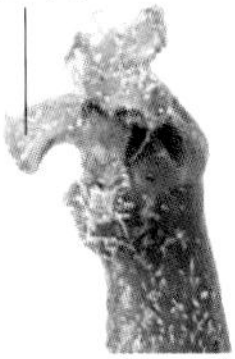

▲ **암꽃**

▲ **수꽃차례**
수꽃차례는 새 가지의 아래쪽에서 아래로 드리워 핀다. 수꽃의 화피는 지름 약 2.5mm이며, 수술은 3~4개다.

❶ 암수한그루이며, 4~5월에 잎이 나면서 동시에 황록색 꽃이 핀다.
❷ 암꽃은 위로 곧추서며, 새 가지의 위쪽 잎겨드랑이에서 1개씩 핀다. 암꽃은 길이 1mm 정도의 자루가 있고, 암술대는 3개다.
❸ 수꽃차례는 길이 약 10cm이고, 새 가지의 아래쪽에서 아래로 드리워 핀다. 수꽃의 수술은 3~4개이며, 화피는 지름 약 2.5mm이다.

암꽃차례는 긴 타원형이고, 수꽃차례는 직립하거나 옆으로 퍼진다

# 굴피나무

*Platycarya strobilacea* 〔가래나무과 굴피나무속〕

• 낙엽교목 • 수고 12~15m • 분포 경기 이남의 산지. 난온대 지역에서 흔하게 자람
• 유래 수피로 그물을 만들거나 물을 들였기 때문에, 그물피나무라 부르다가 굴피나무로 변한 것
• 꽃말 속박

| 꽃의 성 | 꽃차례 | 수분법 | 개화기 |
|---|---|---|---|
| 암수한 | 총상 | 풍충매화 | 6월 |

작은잎이 5~7쌍의 홀수깃꼴겹잎이다. 겹잎은 어긋나고 작은잎은 마주난다.

200%

암꽃차례 ▶
길이 3~5cm이고 긴 타원형이다. 암꽃의 암술대는 짧고 암술머리는 2갈래로 갈라진다.

80%

수꽃차례

암꽃차례

▲ 꽃차례
가운데에 암꽃차례가 있고 둘레에 수꽃차례가 주위를 둘러싸고 있다.

◀ 수꽃차례
길이 4~10cm이고 10개 정도가 모여 위를 향해 직립하거나 옆으로 퍼진다.

80%

❶ 암수한그루이며, 6월에 황록색 꽃이 새 가지 끝의 총상꽃차례에 모여 핀다.
❷ 암꽃차례는 길이 3~5cm이고 긴 타원형이다. 암꽃에는 화피가 없으며, 암술대는 짧고 암술머리는 2갈래로 갈라진다.
❸ 수꽃차례는 길이 4~10cm이며, 10개 정도가 모여 위를 향해 직립하거나 옆으로 퍼진다. 수꽃의 포는 길이 약 2.5mm의 달걀 모양의 피침형이다.

암꽃은 녹색이고 가지 끝에 모여 피며, 수꽃은 갈색이고 아래를 향해 핀다

# 낙우송

*Taxodium distichum* 【측백나무과 낙우송속】

- 낙엽교목 • 수고 30~50m • 분포 전국에 가로수 및 정원수로 식재
- 유래 잎가지가 깃털(羽)처럼 생겼고, 가을에 낙엽이 떨어지기(落) 때문에 붙인 이름
- 꽃말 남을 위한 삶

| 꽃의 성 | 꽃차례 | 수분법 | 개화기 |
|---|---|---|---|
|  |  |  |  |
| 암수한 | 총상(↕) | 풍매화 | 3~4월 |

가는 잎이 2장씩 어긋나며, 곁가지도 2개씩 어긋난다.
침엽수이지만 가을에 단풍 들고 낙엽 진다.

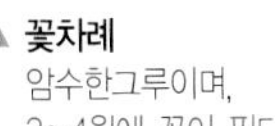

▲ **꽃차례**
암수한그루이며,
3~4월에 꽃이 핀다.

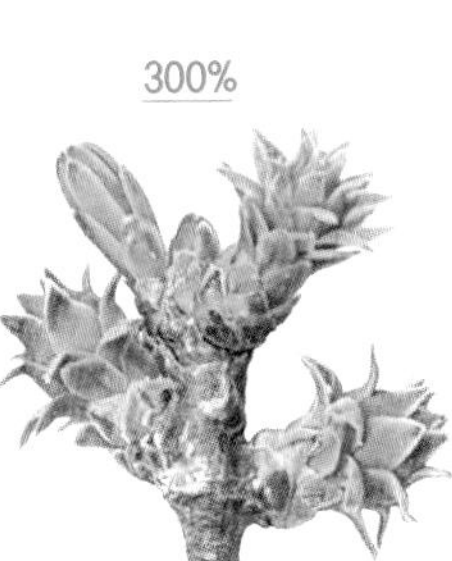


▲ **암꽃차례**
암꽃은 구형이고 녹색을 띠며,
어린 가지 끝에 몇 개씩
모여 핀다.

▲ **수꽃차례**
수꽃은 어린가지 끝에서
나온 총상꽃차례에 모여 핀다.
타원형이고 갈색을 띤다.

❶ 암수한그루이며, 3~4월에 꽃이 핀다.
❷ 암꽃은 지름 5mm 정도의 구형이고 녹색을 띠며, 어린 가지 끝에 몇 개씩 모여 핀다.
❸ 수꽃은 어린가지 끝에서 나온 길이 5~12cm의 총상꽃차례에 모여 핀다. 타원형이고 갈색을 띠며, 짧은 자루가 있다.

암수한그루이며, 4~5월에 잎이 나오면서 동시에 꽃이 핀다

# 느티나무

*Zelkova serrata* 【느릅나무과 느티나무속】

• 낙엽교목 • 수고 30~40m • 분포 전국에 분포하며 주로 산지의 계곡부에 자람
• 유래 자라면서 줄기껍질이 일어나고 누르스름해져서, 누르스름한 티를 내는 나무라는 뜻에서 붙인 이름 • 꽃말 운명

| 꽃의 성 | 꽃차례 | 수분법 | 개화기 |
|---|---|---|---|
| 암수한 | 취산 | 풍충매화 | 4~5월 |

어긋나며, 긴 타원형이고 잎끝이 커브 모양이다.
가을에 적색 또는 황색의 단풍이 든다.

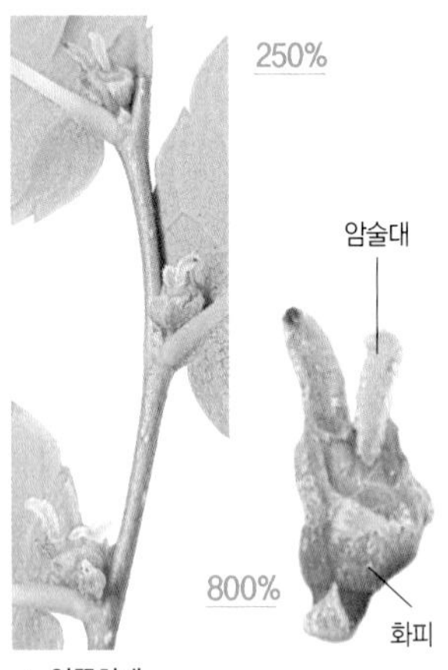


▲ **암꽃차례**
암꽃은 암술대가 2갈래로 깊게 갈라지고, 화피는 4~5개로 갈라진다.

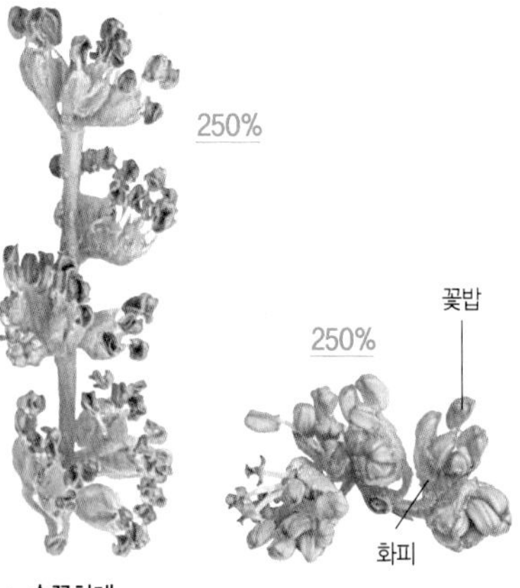


▲ **수꽃차례**
수꽃은 지름 3mm 정도이고 짧은 자루가 있다. 수술은 4~6개이고, 화피조각은 5~8개로 갈라진다.

❶ 암수한그루이며, 4~5월에 잎이 나오면서 꽃이 동시에 핀다. 암꽃은 새 가지 위쪽 잎겨드랑이에, 수꽃은 새 가지의 아래쪽에 핀다.

❷ 암꽃은 지름 1.5mm 정도이고 자루가 없으며, 암술대는 2갈래로 깊게 갈라진다. 화피는 4~5개로 갈라진다.

❸ 수꽃은 지름 3mm 정도이고 짧은 자루가 있다. 수술은 4~6개이고, 화피조각은 5~8개로 갈라진다.

암수한그루이며, 4~5월에 잎이 나면서 동시에 꽃이 핀다

# 대왕참나무

*Quercus palustris*
【참나무과 참나무속】

• 낙엽교목 • 수고 20~30m • 분포 전국에 가로수 및 공원수로 식재
• 유래 참나무속이면서, 다른 참나무 종류보다 키가 크기 때문에 붙인 이름
• 꽃말 번영

| 꽃의 성 | 꽃차례 | 수분법 | 개화기 | 기 타 |
|---|---|---|---|---|
| 암수한 | 미상(♂) | 풍매화 | 4~5월 | 꽃가루 |

어긋나며, 5~7개의 열편이 있고 열편 끝에 가시 같은 침이 있다. 단풍은 청동색 또는 붉은색을 띤다.

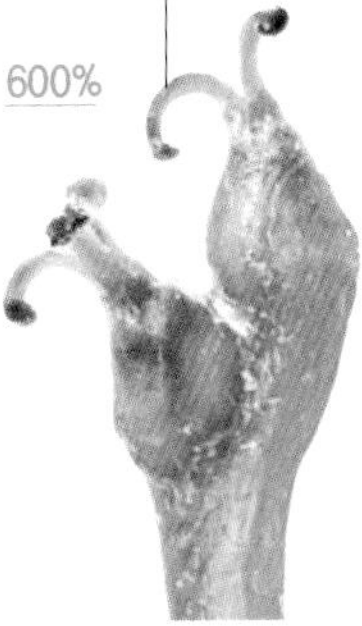

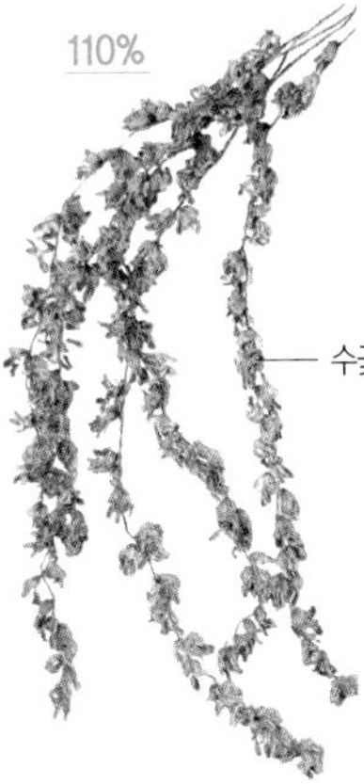

170%

110%

암술머리

600%

수꽃

▲ **암꽃차례**
새 가지의 잎겨드랑이에 곧추서며, 작아서 눈에 잘 띄지 않는다. 암꽃에는 2~4개의 암술머리가 있다.

▲ **수꽃차례**
황갈색을 띠고 미상꽃차례를 이루며, 새 가지의 밑 부분에서 아래로 드리운다.

❶ 암수한그루이며, 4~5월에 잎이 나면서 동시에 꽃이 핀다.
❷ 암꽃차례는 새 가지 끝의 잎겨드랑이에 달리는데, 작아서 눈에 잘 띄지 않는다.
❸ 수꽃차례는 길이 5~7cm이고 황갈색을 띠며, 미상꽃차례를 이루어 새 가지의 밑 부분에서 아래로 드리운다.

수꽃차례는 새 가지 밑에서 아래로 드리우며, 꽃가루가 많이 발생한다

# 떡갈나무

*Quercus dentata* 【참나무과 참나무속】

- 낙엽교목 • 수고 20m • 분포 전국의 해발고도가 낮은 산지
- 유래 넓은 잎으로 떡이나 음식을 싸거나, 떡을 찔 때 시루 밑에 깔았다 하여 붙인 이름
- 꽃말 공명정대, 강건, 독립, 용기

어긋나며, 거꿀달걀형이고
가장자리에 크고 둥근 톱니가 있다.
잎자루는 매우 짧다.

▲ **암꽃차례**
위로 곧추서며, 새 가지 끝의 잎겨드랑이에서 5~6개씩 모여 핀다. 암술대는 3개이다.

▲ **수꽃차례**
길이 10~15cm이며, 새 가지의 밑 부분에서 아래로 드리워 핀다.

❶ 암수한그루이며, 4~5월에 잎이 나면서 동시에 황록색의 꽃이 핀다.
❷ 암꽃차례는 위로 곧추서며, 새 가지 끝의 잎겨드랑이에 5~6개씩 모여 핀다. 암꽃의 암술대는 3개이다.
❸ 수꽃차례는 길이 10~15cm이며, 새 가지의 밑 부분에서 아래로 드리워 핀다. 수꽃의 화피는 지름 약 2mm이다.

암수한그루이며, 2~4월 잎이 나기 전에 꽃이 핀다

# 메타세쿼이아 *Metasequoia glyptostroboides*

【측백나무과 메타세쿼이아속】

- 낙엽교목 • 수고 20~35m • 분포 전국에 가로수 및 공원수로 식재
- 유래 속명 메타세쿼이아(*Metasequoia*)를 그대로 따서 붙인 이름
- 꽃말 영원한 친구

| 꽃의 성 | 꽃차례 | 수분법 | 개화기 |
|---|---|---|---|
|  |  |  | |
| 암수한 | 총상(♂) | 풍매화 | 2~4월 |

가는 잎이 2장씩 마주나서 깃 모양을 이룬다. 침엽수이지만 가을에 단풍 들고 낙엽 진다.

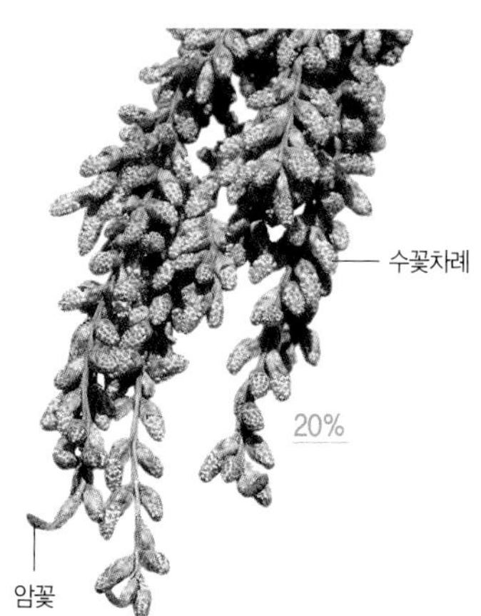

▲ **꽃차례**
암수한그루이며, 2~4월 잎이 나기 전에 꽃이 핀다.

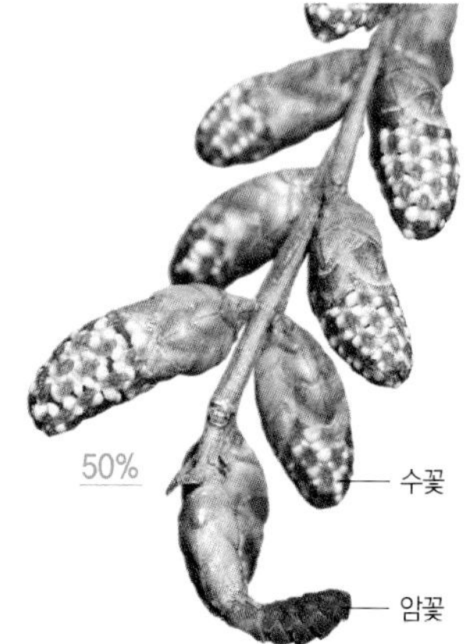


암꽃은 녹색이고 짧은 가지 끝에 1개씩 피며, 수꽃은 타원형이고 가지 끝에서 아래로 드리운 긴 꽃차례에 다수가 모여 핀다.

① 암수한그루이며, 2~4월 잎이 나기 전에 꽃이 핀다.
② 암꽃은 녹색이고 길이 1cm 정도이며, 짧은 가지 끝에 1개씩 핀다.
③ 수꽃은 길이 약 5mm 정도의 타원형이며, 가지 끝에서 아래로 드리운 긴 꽃차례에 여러 개가 모여 핀다.

암수한그루이며, 새 가지 끝의 원추꽃차례에 황백색 꽃이 모여 핀다

# 무환자나무

*Sapindus mukorossi*
【무환자나무과 무환자나무속】

• 낙엽교목 • 수고 20~25m • 분포 제주도, 전라도 및 경상도의 인가 주변에 식재
• 유래 이 나무를 심으면 집안에 우환이 생기지 않는다고 하여 붙인 이름
• 꽃말 염원

| 꽃의 성 | 꽃차례 | 수분법 | 개화기 | 기 타 |
|---|---|---|---|---|
| 암수한 | 원추 | 충매화 | 6~7월 | 밀원 |

어긋나며, 4~6쌍의 작은잎으로 이루어진 짝수깃꼴겹잎이다. 작은잎은 긴 타원형이다.

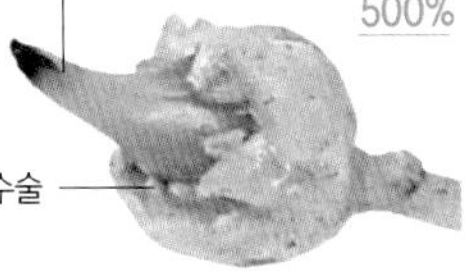

▲ **암꽃**
수술이 짧고, 씨방은 녹색이며 털이 없다.

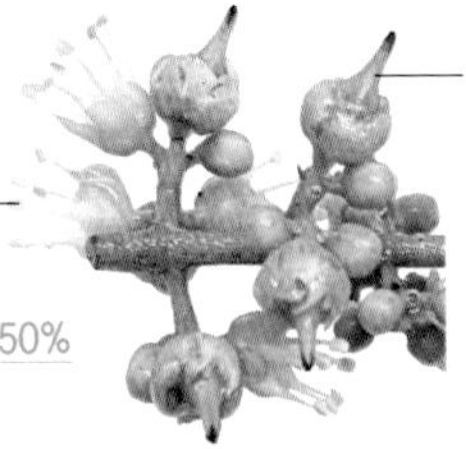

▲ **꽃차례**
암수한그루이며, 새 가지 끝에서 나온 원추꽃차례에 황백색 꽃이 모여 핀다. 꽃잎과 꽃받침조각은 4~5개다.

▲ **수꽃**
수술이 8~10개이고, 중간 이하 하단부에 긴 털이 밀생하다.

❶ 암수한그루이며, 6~7월에 새 가지 끝에서 나온 길이 20~30cm의 원추꽃차례에 황백색 꽃이 모여 핀다.
❷ 꽃잎과 꽃받침은 각각 4~5개다. 꽃받침조각은 길이 2mm 정도이고 바깥쪽 아랫부분에 털이 밀생한다.
❸ 암꽃은 수술이 짧고, 씨방은 녹색이며 털이 없다. 수꽃은 수술이 8~10개이고 중간 이하 하단부에 긴 털이 많다.

수꽃차례는 긴 원통형이며, 긴 가지 끝에서 아래로 드리워 핀다

# 물박달나무

*Betula davurica*
【자작나무과 자작나무속】



- 낙엽교목 • 수고 10~20m • 분포 일부 남부 지역을 제외한 전국의 산지
- 유래 박달나무와 비슷하고 물가에서 잘 자라기 때문에 붙인 이름
- 꽃말 당신을 기다립니다.

| 꽃의 성 | 꽃차례 | 수분법 | 개화기 | 기 타 |
|---|---|---|---|---|
|  |  |  |  | 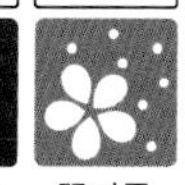 |
| 암수한 | 미상(↕) | 풍매화 | 4~5월 | 꽃가루 |

어긋나며, 달걀형 또는
마름모형이고 잎 뒷면에 샘점이 많다.

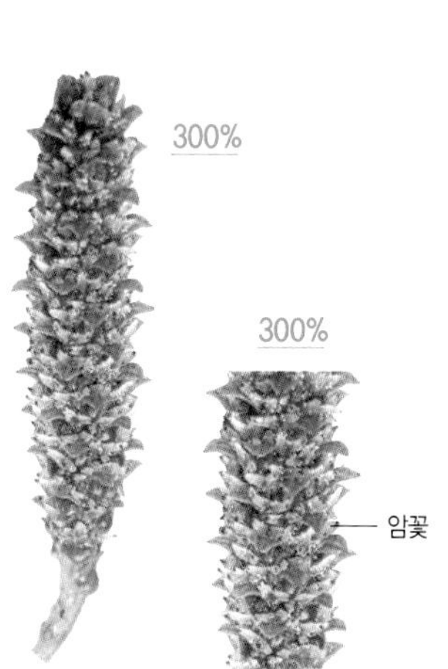


▲ **암꽃차례**
길이 2~2.5cm이며,
짧은 가지의 끝에서 위를 향해 곧추선다.

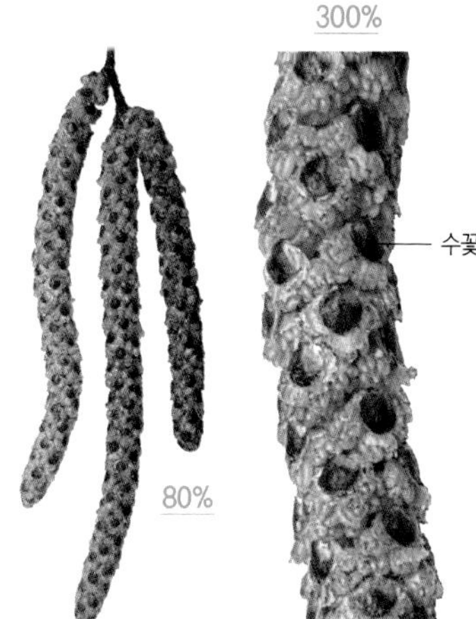


▲ **수꽃차례**
길이 6~7cm의 긴 원통형이며,
긴 가지 끝에서 2~3개씩 아래를 향해 드리운다.

❶ 암수한그루이며, 4~5월에 잎이 나면서 동시에 꽃이 핀다.
❷ 암꽃차례는 길이 2~2.5cm이며, 짧은 가지 끝에서 위를 향해 곧추선다. 암꽃은 녹색 포의 아랫부분에 3개씩 붙는다.
❸ 수꽃차례는 길이 6~7cm의 긴 원통형이며, 긴 가지 끝에서 2~3개씩 아래를 향해 드리운다. 수꽃은 수술이 2개이고 수술대가 짧다.

암꽃차례는 긴 타원형이며, 수꽃차례는 긴 원통형이고 아래로 처진다

# 물오리나무

*Alnus hirsuta*【자작나무과 오리나무속】

• 낙엽교목 • 수고 20m • 분포 전국의 산지에 흔히 자람
• 유래 오리나무와 비슷하고, 산지의 계곡이나 물기가 많은 곳에서 자라기 때문에 붙인 이름
• 꽃말 위로

| 꽃의 성 | 꽃차례 | 수분법 | 개화기 | 기 타 | 기 타 |
|---|---|---|---|---|---|
| 암수한 | 총상(우) | 풍매화 | 3~4월 | 밀원 | 꽃가루 |

어긋나며, 넓은 달걀형 또는 타원형이다. 가장자리에 얕은 결각과 겹톱니가 있다.

70%

암꽃차례

수꽃차례

암수한그루이며, 3~4월 잎이 나기 전에 꽃이 핀다.

100%

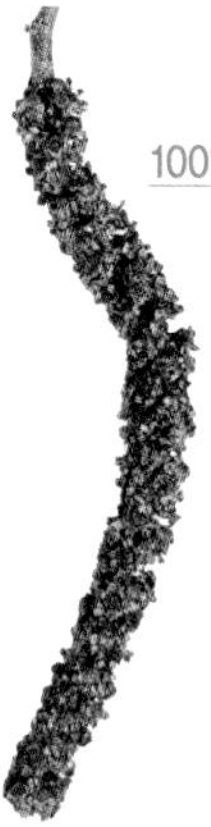

▲ **수꽃차례**
수꽃차례는 긴 원통형이며, 가지 끝에서 2~4개씩 아래를 향해 드리운다.

250%

◀ **암꽃차례**
암꽃차례는 긴 타원형이며, 수꽃차례의 위쪽에 핀다.

❶ 암수한그루이며, 3~4월 잎이 나기 전에 꽃이 핀다.
❷ 암꽃차례는 긴 타원형이고 길이 1~2cm이며, 수꽃차례의 위쪽에 핀다.
❸ 수꽃차례는 길이 7~9cm의 긴 원통형이고 꽃자루가 있으며, 가지 끝에서 2~4개씩 아래를 향해 드리운다.

꽃차례의 위쪽에 수꽃이 아래쪽에 암꽃이 피며, 대표적인 밀원수다

# 밤나무

*Castanea crenata* 【참나무과 밤나무속】

- 낙엽교목 • 수고 15m • 분포 주로 중부 이남에서 식재
- 유래 옛날에 밤이 중요한 먹거리여서 '밥나무'라 부르다가 밤나무가 된 것
- 꽃말 포근한 사랑, 정의, 공평

| 꽃의 성 | 꽃차례 | 수분법 | 개화기 | 기 타 | 기 타 |
|---|---|---|---|---|---|
| 암수한 | 미상(♂) | 풍충매화 | 5~6월 | 향기 | 밀원 |

어긋나며, 긴 타원 모양의 피침형이다. 가장자리에 가시 같은 톱니가 있다.

◀ **수꽃차례**
길이 7~20cm의 선형이며, 수꽃의 수술은 10개 정도이고 화피 밖으로 길게 나온다.

50%

어린 수꽃

200%

350%

총포 암술대

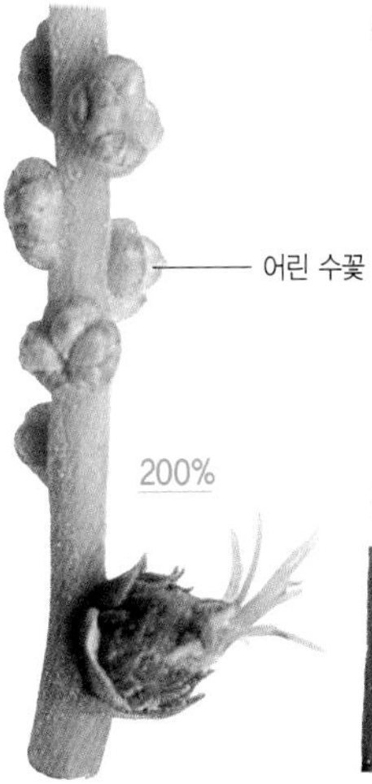

◀ **암꽃**
녹색의 총포에 싸여 있으며, 그 속에 보통 3개씩 모여 난다. 암술대는 바늘 모양이고 총포 밖으로 길게 나온다.

❶ 암수한그루이며, 꽃은 5~6월에 핀다. 꽃차례의 위쪽에 수꽃이 피고, 아래쪽에 바늘 모양의 암술대가 밖으로 길게 나온 암꽃이 핀다.

❷ 암꽃은 지름 3mm 정도의 구형이고 녹색의 총포에 싸여 있으며, 그 속에 보통 3개씩 모여 난다. 암술대는 길이 3mm 정도의 바늘 모양이고 총포 밖으로 길게 나온다.

❸ 수꽃차례는 길이 7~20cm의 선형이며, 수꽃의 수술은 10개 정도이고 화피 밖으로 길게 나온다.

암꽃의 암술머리는 5갈래로 갈라지고, 수꽃의 수술대는 합착하여 통형이다

# 벽오동

*Firmiana simplex* 【벽오동과 벽오동속】

- 낙엽교목 • 수고 15m • 분포 경기도 이남의 공원 및 정원에 식재
- 유래 오동나무와 모양이 비슷하며, 수피가 벽색(碧色, 짙은 푸른빛)을 띤다 하여 붙인 이름
- 꽃말 그리움, 사모, 옛님

| 꽃의 성 | 꽃차례 | 수분법 | 개화기 |
|---|---|---|---|
| 암수한 | 원추 | 충매화 | 6~7월 |

어긋나며, 갈래잎이고 윗부분이 3~5갈래로 갈라진다. 오동나무 잎과 비슷하다.

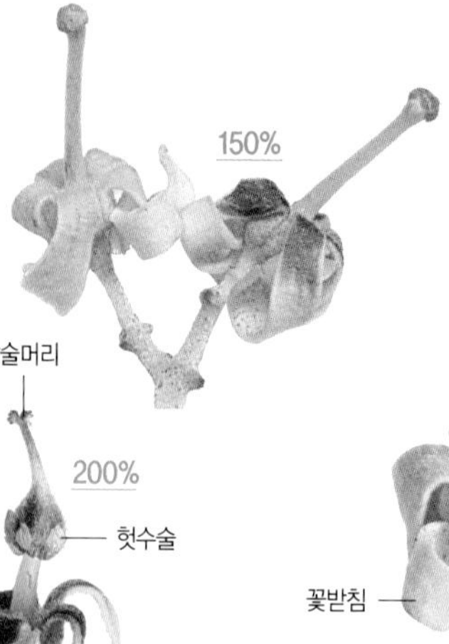

150%

◀ **꽃차례**
가지 끝에서 나온 대형 원추꽃차례에 연황색의 꽃을 피운다. 꽃잎은 없고, 꽃받침은 5갈래로 갈라지며 뒤로 말린다.

꽃밥

수술대

200%

꽃받침

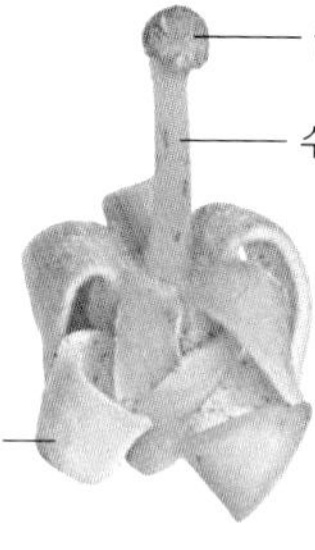

◀ **수꽃**
수술대는 합착하여 통형이며, 꽃밥은 15개 정도이고 끝이 둥글다.

암술머리

200%

헛수술

꽃받침

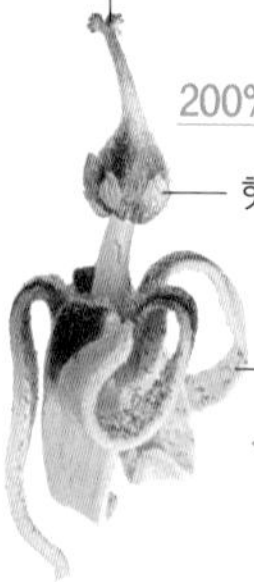

◀ **암꽃**
암술머리는 원뿔 모양이고 5갈래로 얕게 갈라지며, 씨방 주위에 헛수술이 붙어있다.

❶ 암수한그루이며, 6~7월 가지 끝에서 나온 길이 20~50cm의 대형 원추꽃차례에 연황색 꽃이 핀다. 꽃잎은 없고, 꽃받침조각은 5갈래로 갈라지며 뒤로 말린다.

❷ 암꽃의 암술머리는 원뿔 모양이고 5갈래로 얕게 갈라진다. 씨방은 둥글고 털이 밀생하며, 주위에 퇴화된 수술(헛수술)이 붙어있다.

❸ 수꽃의 수술대는 합착하여 통형이며, 꽃밥은 15개 정도이고 끝이 둥글다. 암술은 퇴화되어 있다.

수꽃차례는 아래로 드리워 피며, 꽃가루가 많이 발생한다

# 상수리나무

*Quercus acutissima*
【참나무과 참나무속】

• 낙엽교목 • 수고 20~25m • 분포 함경남도를 제외한 전국의 낮은 산지
• 유래 임진왜란 때 선조 임금의 수라상에 상수리나무 도토리묵을 올렸다 하여 '상수라'라 하다가 '상수리'가 된 것 • 꽃말 번영

어긋나며, 긴 타원형이고 가장자리에 바늘처럼 뾰족한 톱니가 있다.

| 꽃의 성 | 꽃차례 | 수분법 | 개화기 | 기 타 |
|---|---|---|---|---|
| | |  | 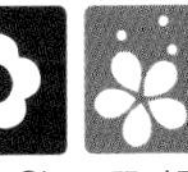 | |
| 암수한 | 미상(♂) | 풍매화 | 4~5월 | 꽃가루 |

100%

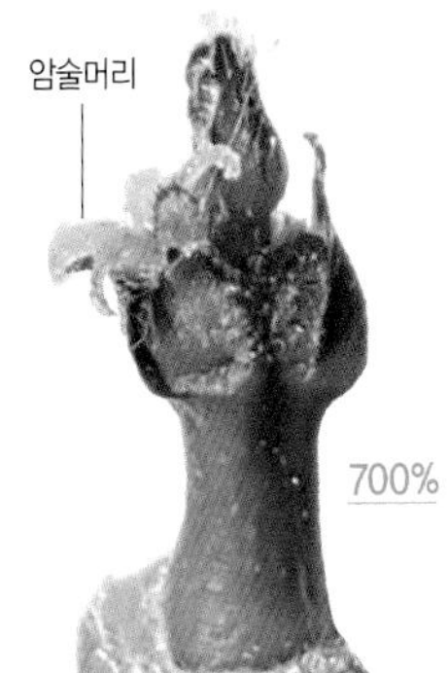


수꽃

▲ **암꽃차례**
암꽃이 새 가지의 잎겨드랑이에 1개 또는 몇 개가 모여 붙는다.
암꽃에는 2~4개의 암술머리가 있다.

▲ **수꽃차례**
길이 약 10cm이며, 새 가지의 아랫부분에서 미상꽃차례로 아래로 드리운다.
수꽃의 수술은 3~6개이다.

❶ 암수한그루이며, 4~5월에 잎이 나면서 동시에 꽃이 핀다.
❷ 암꽃차례는 새 가지의 위쪽 잎겨드랑이에 1개 또는 몇 개가 모여 곧추서서 붙는다. 암꽃에는 2~4개의 암술머리가 있다.
❸ 수꽃차례는 길이 약 10cm이고, 새 가지의 아랫부분에서 미상꽃차례로 아래로 드리운다. 수술은 3~6개다.

암수한그루이며, 잎이 나면서 동시에 꽃이 핀다

# 서어나무

*Carpinus laxiflora* 〔자작나무과 서어나무속〕

• 낙엽교목 • 수고 15m • 분포 강원도와 황해도 이남의 산지
• 유래 서쪽에 심는 나무라서 한자로 서목(西木)이라 하던 것이 서나무로 변하고, 이것이 다시 서어나무가 된 것 • 꽃말 재물

| 꽃의 성 | 꽃차례 | 수분법 | 개화기 |
|---|---|---|---|
| 암수한 | 미상 | 풍매화 | 4~5월 |

어긋나며, 타원형이고 가장자리에 날카로운 겹톱니가 있다. 잎 끝은 길게 뾰족하다.

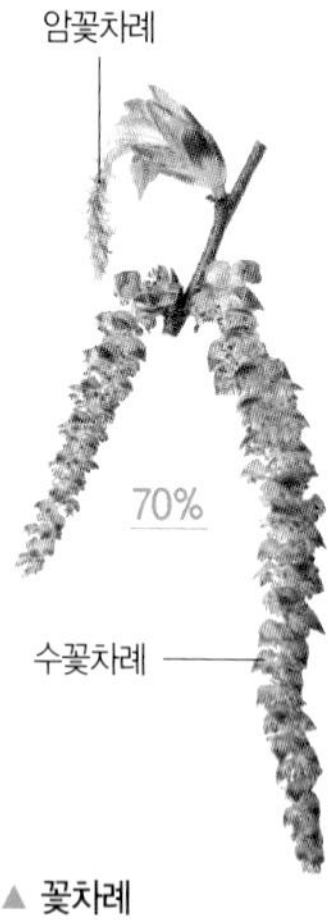

암꽃차례

70%

수꽃차례

▲ 꽃차례
암수한그루이며, 4~5월에 잎이 나면서 동시에 꽃이 핀다.

150%

암꽃

포

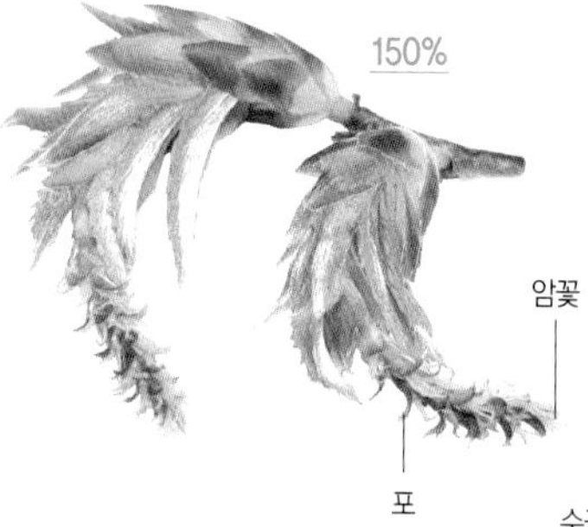

▲ 암꽃차례
암꽃은 포 안에 2개씩 피며, 포는 달걀 모양의 피침형이다.

150%

포

수꽃

▲ 수꽃차례
수꽃은 포 안에 3개씩 피며, 수술은 8개이고 수술대는 2갈래로 갈라진다.

❶ 암수한그루이며, 4~5월에 잎이 나면서 동시에 꽃이 핀다.
❷ 암꽃차례는 새 가지나 짧은 가지에서 아래로 드리워 핀다. 암꽃은 포 안에 2개씩 피며, 포는 달걀 모양의 피침형이다.
❸ 수꽃차례는 황적색이고 길이 5cm 정도이며, 전년지에서 아래로 드리워 핀다. 수꽃은 포 안에 3개씩 피며, 수술은 8개이고 수술대는 2갈래로 갈라진다. 꽃밥의 끝에는 털이 밀생한다.

수꽃차례는 아래로 드리워 피며, 꽃가루가 많이 발생한다

# 신갈나무 *Quercus mongolica* 【참나무과 참나무속】

• 낙엽교목 • 수고 30m • 분포 전국의 해발고도가 높은 산지의 중턱 이상
• 유래 예전에 나뭇잎을 헤어진 짚신 안쪽에 갈아 깔았다 하여 '신갈이나무'라 하다가 신갈나무가 된 것 • 꽃말 번영

암술머리

▲ **암꽃차례**
새 가지의 잎겨드랑이에 곧추서며,
작은 암꽃이 몇 개 모여 붙는다.
암꽃에는 2~4개의 암술머리가 있다.

▲ **수꽃차례**
새 가지 밑부분에서 아래로 드리워 핀다.
수꽃의 윗부분은 불규칙하게 갈라지며,
수술은 5~8개다.

❶ 암수한그루이며, 4~5월에 잎이 나면서 동시에 꽃이 핀다.
❷ 암꽃차례는 길이 0.5~2cm이며, 새 가지 끝의 잎겨드랑이에 곧추서서 핀다. 암꽃에는 2~4개의 암술머리가 있다.
❸ 수꽃차례는 길이 6.5~8cm이고 미상꽃차례를 이루며, 새 가지 아랫부분에서 아래로 드리워 핀다. 수술은 5~8개다.

암수한그루이며, 구형의 두상꽃차례에 꽃이 빽빽하게 모여 핀다

# 양버즘나무

*Platanus occidentalis*

【버즘나무과 버즘나무속】

- 낙엽교목 • 수고 40~50m • 분포 전국적으로 가로수 및 공원수로 식재
- 유래 줄기가 버짐이 핀 것처럼 얼룩덜룩하고, 서양에서 들여온 나무라는 뜻에서 붙인 이름
- 꽃말 천재

어긋나며, 갈래잎이고 3~5갈래로 갈라진다.
잎자루의 밑 부분이 부풀어 있고,
이 속에 겨울눈이 들어 있다.

| 꽃의 성 | 꽃차례 | 수분법 | 개화기 |
|---|---|---|---|
| 암수한 | 두상 | 풍충매화 | 4~5월 |

200%

▲ **수꽃차례**
지름 1.5~2cm이고 잎겨드랑이에 달린다.
수꽃의 수술은 4~6개이고 수술대가 매우 짧다.

200%

▲ **암꽃차례**
지름 1~1.5cm이고 새 가지 끝에
1~2개씩 달린다.
암술의 끝은 적갈색을 띤다.

200%

◀ **수꽃봉오리**

1. 암수한그루이며, 4~5월에 지름 1.5cm 정도의 구형의 두상꽃차례에 꽃이 빽빽하게 모여 핀다.
2. 암꽃차례는 지름 1~1.5cm이고 새 가지 끝에 1~2개씩 달린다. 암술의 끝은 적갈색을 띠며, 꽃잎과 꽃받침조각은 각각 4~6개이다.
3. 수꽃차례는 지름 1.5~2cm이고 잎겨드랑이에 달린다. 수꽃의 수술은 4~6개이고 수술대가 매우 짧다.

총상꽃차례의 위쪽에는 수꽃이, 아래쪽에는 암꽃이 핀다

# 오구나무

*Triadica sebifera* 【대극과 오구나무속】

- 낙엽교목 • 수고 10~15m • 분포 전남, 충남, 제주도에 드물게 식재
- 유래 나뭇잎의 끝부분이 까마귀(烏)의 부리(口)를 닮았다 하여 붙인 이름
- 꽃말 등불

어긋나며, 마름모꼴이고
잎 끝이 새의 부리처럼 뾰족하다.

| 꽃의 성 | 꽃차례 | 수분법 | 개화기 |
|---|---|---|---|
|  |  |  |  |
| 암수한 | 총상 | 충매화 | 7~8월 |

▲ **꽃차례**
암수한그루이며, 가지 끝에서 나온 총상꽃차례에 황록색의 작은 꽃이 모여 핀다.

▲ **암꽃차례**
꽃차례의 아래쪽에는 0~여러 개의 암꽃이 핀다. 암꽃은 암술대가 3개이고 3mm 정도의 자루가 있다.

▲ **수꽃차례**
꽃차례의 위쪽에는 많은 수꽃이 촘촘히 핀다. 수꽃은 수술이 2개이고, 꽃받침은 3갈래로 얕게 갈라진다.

❶ 암수한그루이며, 7~8월에 가지 끝에서 나온 6~18cm의 총상꽃차례에 황록색의 작은 꽃이 모여 핀다.

❷ 꽃차례의 아래쪽에 0~여러 개의 암꽃이 핀다. 암꽃은 3mm 정도의 자루가 있고 암술대는 3개이며, 씨방은 길이 약 2mm이다. 꽃받침은 3갈래로 갈라진다.

❸ 꽃차례의 위쪽에는 여러 개의 수꽃이 촘촘히 핀다. 수꽃은 수술이 2개이고 길이 2~3mm의 자루가 있으며, 꽃받침은 3갈래로 얕게 갈라진다.

암수한그루이며, 4~5월에 잎이 나오면서 동시에 꽃이 핀다

# 일본잎갈나무 *Larix kaempferi* 【소나무과 잎갈나무속】

- 낙엽교목 • 수고 30m • 분포 전국 산지에 조림수 및 용재수로 널리 식재
- 유래 일본에서 들여왔으며, 침엽수이지만 '잎을 가는 나무' 라는 뜻에서 붙인 이름
- 꽃말 대담, 용기

| 꽃의 성 | 수분법 | 개화기 | 기 타 |
| --- | --- | --- | --- |
| 암수한 | 풍매화 | 4~5월 | 꽃가루 |

선형이며, 밝은 녹색을 띤다.
긴 가지에는 1개씩 나지만,
짧은 가지에는 20~30개씩 모여난다.

▲ **꽃차례**
암수한그루이며, 잎이 나오면서 동시에 꽃이 핀다.

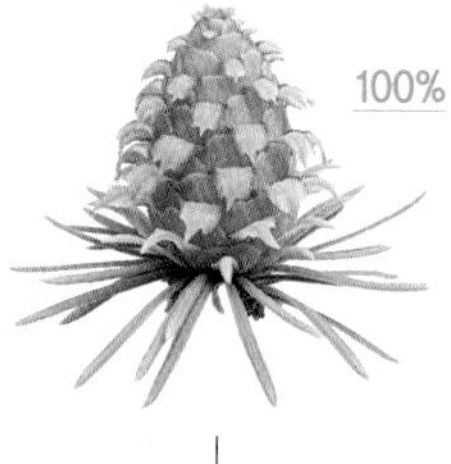

▲ **암꽃차례**
연홍색이고 솔방울 모양이며, 잎이 달리는 짧은 가지 끝에서 위를 향해 핀다.

▲ **수꽃차례**
황록색이고 긴 타원형이며, 짧은 가지에서 아래를 향해 핀다.

1. 암수한그루이며, 4~5월에 잎이 나오면서 동시에 꽃이 핀다.
2. 암꽃차례는 연홍색이고 솔방울 모양이며, 잎이 달리는 짧은 가지 끝에서 위를 향해 핀다.
3. 수꽃차례는 황록색이고 긴 타원형이며, 짧은 가지에서 아래를 향해 핀다.

암꽃차례는 위를 향해 달리고, 수꽃차례는 아래로 드리운다

# 자작나무

*Betula pendula* 【자작나무과 자작나무속】

- 낙엽교목 • 수고 10~25cm • 분포 평북, 함북, 함남의 높은 지대
- 유래 나무에 기름 성분이 많아서 불에 탈 때, '자작자작' 소리를 내기 때문에 붙인 이름
- 꽃말 기다림, 당신을 기다립니다

| 꽃의 성 | 꽃차례 | 수분법 | 개화기 | 기 타 |
|---|---|---|---|---|
|  |  |  |  |  |
| 암수한 | 수상 | 풍매화 | 4~5월 | 꽃가루 |

어긋나며, 삼각상의 넓은 달걀형이고 가장자리에 겹톱니가 있다. 짧은 가지에 2장씩 모여 달린다.

150%

400%

암꽃

◀ **암꽃차례**
길이 1~3cm의 긴 타원형이고, 짧은 가지의 앞쪽에서 위를 향해 핀다.

130%

수꽃차례

암꽃차례

▲ **꽃차례**
암수한그루이며, 잎이 나면서 동시에 꽃이 핀다.

90%

200%

수꽃

◀ **수꽃차례**
길이 3~5cm이고, 긴 가지의 끝에서 1~2개씩 아래로 드리워 핀다.

① 암수한그루이며, 4~5월에 잎이 나면서 동시에 꽃이 핀다.
② 암꽃차례는 길이 1~3cm의 긴 타원형이고, 짧은 가지의 앞쪽에서 위를 향해 달린다.
③ 수꽃차례는 길이 3~5cm이고, 긴 가지의 끝에서 1~2개씩 아래로 드리워 달린다. 수꽃은 포의 가장자리에 3개씩 나며, 화피조각은 1개이고 거꿀달걀형이다.

암수한그루이며, 잎이 나면서 동시에 꽃이 핀다

# 졸참나무

*Quercus serrata* 【참나무과 참나무속】

• 낙엽교목 • 수고 30m • 분포 전국에 분포. 주로 중부 이남의 낮은 산지
• 유래 참나무속 나무 중에서 잎과 열매가 가장 작아서 붙인 이름
• 꽃말 진실

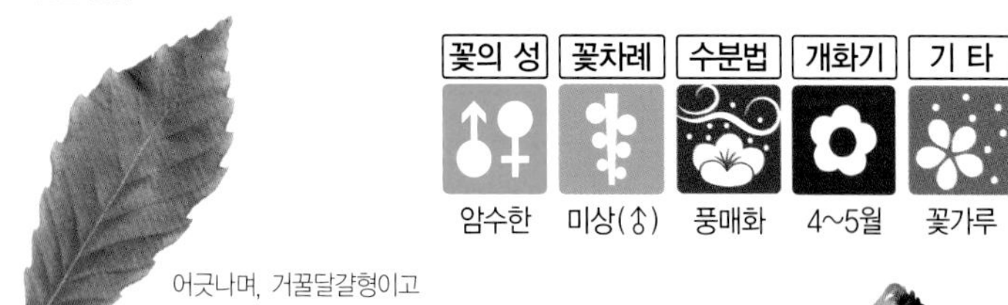


어긋나며, 거꿀달걀형이고
가장자리에 뾰족한 톱니가
잎끝을 향해 나 있다.
참나무류 중에서 잎이 가장 작다.

▲ **암꽃차례**
새 가지의 윗부분 잎겨드랑이에 달린다. 암꽃은 1개 또는 여러 개씩 모여 피며, 암술대는 3개다.

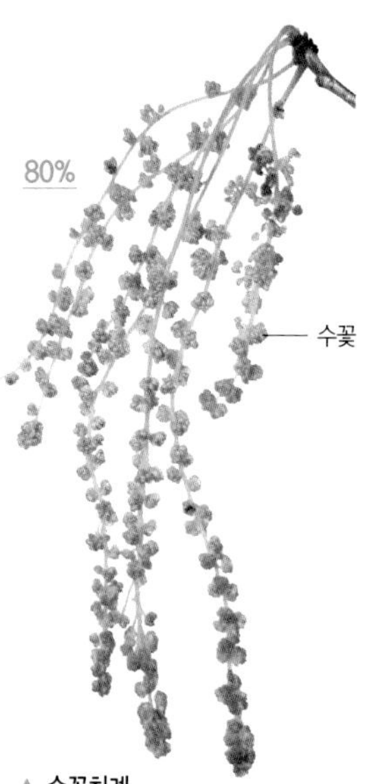


▲ **수꽃차례**
새 가지 아랫부분에서 여러 개가 아래로 드리워 피며, 수술은 4~6개다.

❶ 암수한그루이며, 4~5월에 잎이 나면서 동시에 꽃이 핀다.
❷ 암꽃차례는 길이 1.5~3cm이며, 새 가지의 윗부분 잎겨드랑이에 달린다. 암꽃은 1개 또는 여러 개씩 모여 피며, 암술대는 3개이고 털이 밀생한다.
❸ 수꽃차례는 길이 2~6cm이고 새 가지 아랫부분에서 여러 개가 아래로 드리워 피며, 수술은 4~6개다.

암수한그루이며, 가지 끝의 수상꽃차례에 황록색 꽃이 모여 핀다

# 주엽나무

*Gleditsia japonica* 【콩과 주엽나무속】

• 낙엽교목 • 수고 15~20m • 분포 전국의 낮은 지대 계곡 및 하천 가장자리
• 유래 주엽나무 열매는 조협(皁莢)이라 하여 약재로 썼으며, 여기서 조협나무라 하다가 주엽나무가 된 것 • 꽃말 소식

| 꽃의 성 | 꽃차례 | 수분법 | 개화기 |
|---|---|---|---|
|  | |  |  |
| 암수한 | 수상 | 충매화 | 5~6월 |

어긋나며, 5~12쌍의 작은잎으로 이루어진 짝수깃꼴겹잎이다. 작은잎은 긴 타원형이다.

▲ **암꽃차례**
암꽃은 암술이 1개이고 헛수술이 4~8개이다. 암술대는 많이 뒤틀린 모양이고 암술머리는 부풀어 있다.

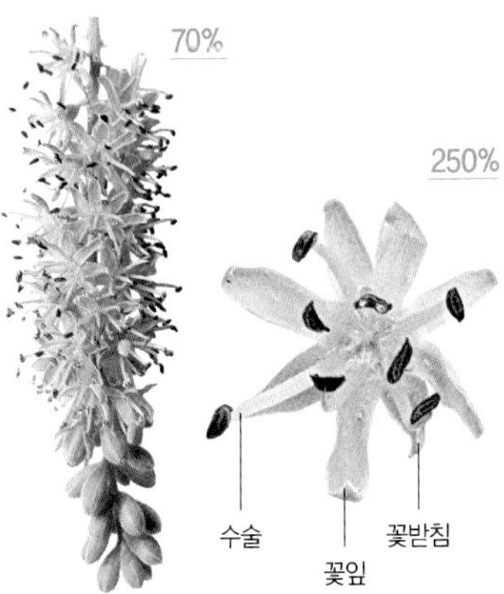


▲ **수꽃차례**
수꽃은 암꽃보다 조금 작으며, 꽃잎과 꽃받침조각은 각각 4개이고 수술은 6~13개다.

❶ 암수한그루(간혹 암수딴그루)이며, 5~6월에 짧은 가지 끝에서 나온 길이 10~15cm의 수상꽃차례에 황록색 꽃이 모여 핀다.

❷ 암꽃은 지름 7~8mm이며, 헛수술이 4~8개 있고 씨방에 털이 없다. 암술대는 많이 뒤틀린 모양이며 암술머리가 부풀어 있다.

❸ 수꽃은 지름 5~6mm으로 암꽃보다 조금 작으며, 꽃잎과 꽃받침조각은 각각 4개이고 수술은 6~13개다.

암수꽃차례 모두 미상꽃차례로 아래로 드리운다

# 중국굴피나무

*Pterocarya stenoptera*
【가래나무과 개굴피나무속】

- 낙엽교목 • 수고 30m • 분포 전국적으로 공원수 및 정원수로 식재
- 유래 굴피나무 종류이면서, 원산지가 중국이기 때문에 붙인 이름
- 꽃말 속박

어긋나며, 4~12쌍의 작은잎으로 이루어진 홀수깃꼴겹잎이다. 잎축에 좁은 날개가 있다.

| 꽃의 성 | 꽃차례 | 수분법 | 개화기 |
|---|---|---|---|
| 암수한 | 미상 | 풍충매화 | 4월 |

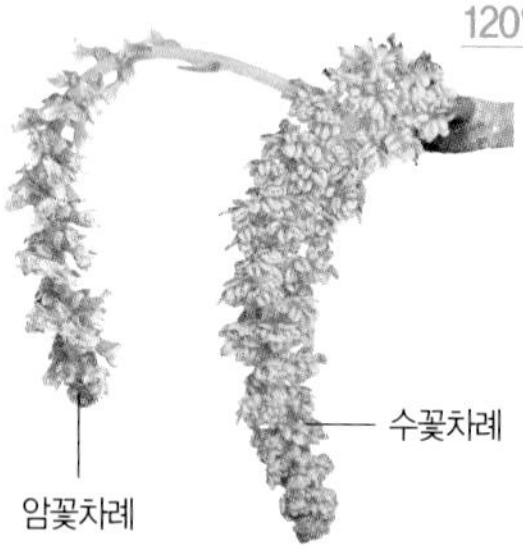

120%

암꽃차례

수꽃차례

▲ **꽃차례**
암수한그루이며, 수꽃차례도 암꽃차례도 모두 미상꽃차례로 아래로 드리운다.

100%

수꽃

**수꽃차례** ▶
황록색이고 길이 5~7cm이며, 포는 피침형이고 아래쪽에 6~18개의 수술이 달린다.

200%

암꽃

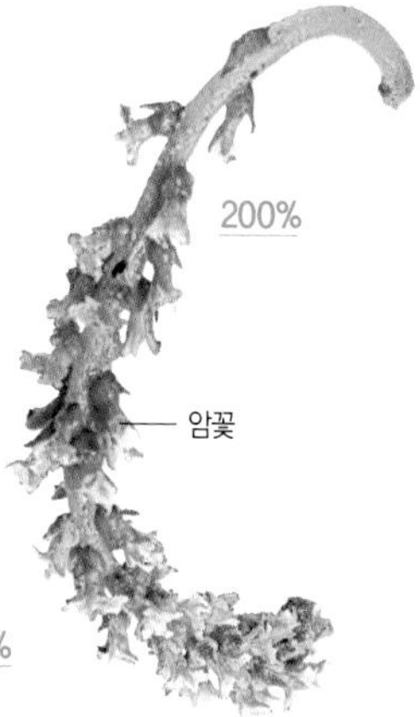

▲ **암꽃차례**
길이 5~8cm이며, 암술대는 2갈래로 갈라지고 뒤로 젖혀진다.

① 암수한그루이며, 4월에 작은 꽃이 핀다. 암꽃차례도 수꽃차례도 모두 미상꽃차례로 아래로 드리운다.

② 암꽃차례는 길이 5~8cm이다. 암꽃의 암술대는 2갈래로 갈라지고 뒤로 젖혀지며, 암술머리는 연한 적색을 띠고 윗면에 작은 돌기가 많다.

③ 수꽃차례는 황록색이고 길이 5~7cm이다. 수꽃의 포는 피침형이며, 포의 아래쪽에 6~18개의 수술이 달린다.

암꽃은 새 가지 위쪽의 1개씩 피며, 수꽃은 새 가지의 아래쪽에 모여 핀다

# 푸조나무 *Aphananthe aspera* 【팽나무과 푸조나무속】

• 낙엽교목 • 수고 20~30m • 분포 전남, 경남의 도서지역, 제주도, 울릉도
• 유래 검푸르게 익은 대추를 '푸른 대추'라 하여 '풀조' 또는 '풋조'라고 불렀는데, 이것이 이 나무의 열매와 비슷하다 하여 붙인 이름 • 꽃말 소중함

| 꽃의 성 | 꽃차례 | 수분법 | 개화기 |
|---|---|---|---|
|  |  |  |  |
| 암수한 | 취산(♂) | 풍충매화 | 4~5월 |

어긋나며, 달걀형 또는 긴 타원형이고 잔 톱니가 있다. 잎 표면은 매우 꺼칠꺼칠하다.

▲ **꽃차례**
암수한그루이며, 암꽃은 새 가지 위쪽의 잎겨드랑이에 1개씩 피고 수꽃은 새 가지 아래쪽에 모여 핀다.

▲ **암꽃차례**
화피조각은 5개이고 통형이며, 암술대는 2갈래로 갈라지고 씨방에는 백색 털이 밀생한다.

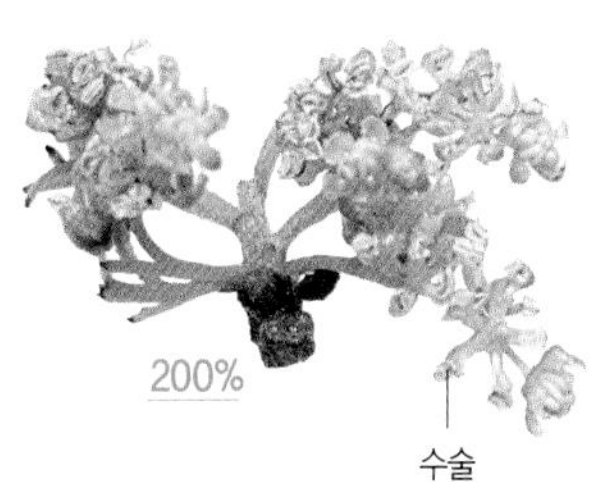


◀ **수꽃차례**
수술은 4~5개이고 화피조각은 길이 2mm 정도의 타원형이다.

❶ 암수한그루이며, 4~5월에 잎이 나면서 동시에 꽃이 핀다.
❷ 암꽃은 새 가지 위쪽의 잎겨드랑이에 1개씩 피며, 화피조각은 5개이고 길이 3mm 정도의 통형이다. 암술대는 2갈래로 갈라지고, 씨방에는 백색 털이 밀생한다.
❸ 수꽃은 새 가지 아래쪽에 모여 피며, 수술은 4~5개이고 화피조각은 길이 2mm 정도의 타원형이다.

암꽃은 위로 직립하며, 수꽃은 미상꽃차례이고 아래로 드리운다

# 호두나무

*Juglans regia* 【가래나무과 가래나무속】

• 낙엽교목 • 수고 10~20m • 분포 경기도 이남에서 재배
• 유래 오랑캐(胡) 나라에서 들여온 복숭아(桃)처럼 생긴 열매라는 뜻에서 붙인 이름
• 꽃말 지성

어긋나며, 2~3쌍의 작은잎을 가진 홀수깃꼴겹잎이다. 작은잎은 밑으로 내려갈수록 작아진다.

| 꽃의 성 | 꽃차례 | 수분법 | 개화기 | 기 타 |
|---|---|---|---|---|
|  |  |  | | |
| 암수한 | 미상(↕) | 풍충매화 | 4~5월 | 꽃가루 |

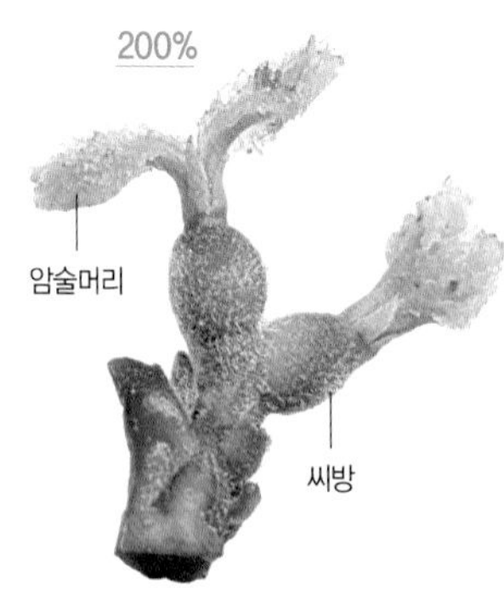


▲ **암꽃차례**
새 가지 끝에 2~3개씩 직립해서 핀다. 암술머리는 황색이고 작은 돌기가 많으며, 암술대는 2갈래로 갈라진다.

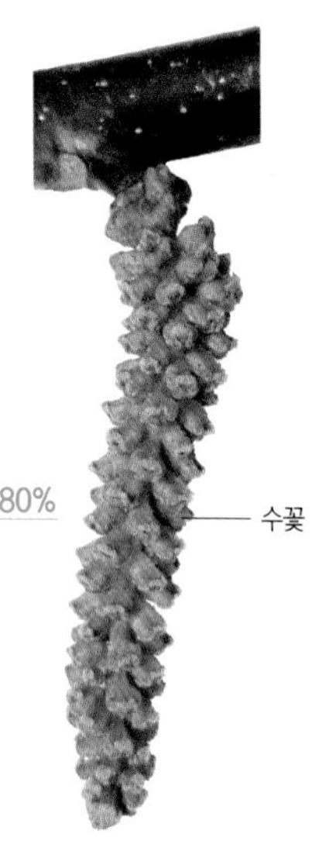


▲ **수꽃차례**
전년지의 잎겨드랑이에서 아래로 드리우며, 길이 10~15cm이고 6~30개의 수꽃이 핀다.

❶ 암수한그루이며, 4~5월에 잎이 나면서 동시에 꽃이 핀다.
❷ 암꽃차례는 새 가지 끝에 2~3개씩 직립해서 핀다. 암술대는 2갈래로 갈라지며, 암술머리는 황색이고 작은 돌기가 많다. 씨방에는 흰색 샘털이 밀생한다.
❸ 수꽃차례는 전년지의 잎겨드랑이에서 아래로 드리우며, 길이 10~15cm이고 6~30개의 수꽃이 핀다.

녹백색 꽃이 가지 끝에서 원추꽃차례에 모여 핀다

# 가죽나무

*Toxicodendron altissimum*
【소태나무과 가죽나무속】

• 낙엽교목 • 수고 20~25m • 분포 전국의 민가 인근 주변에 야생화되어 자란다.
• 유래 참죽나무와는 달리, 어린 순을 먹을 수 없는 나무라는 뜻의 '가짜 중(죽)나무'에서 가죽나무로 변한 것 • 꽃말 누명

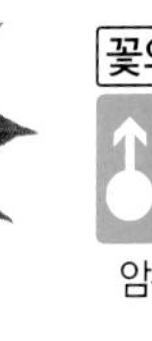

| 꽃의 성 | 꽃차례 | 수분법 | 개화기 | 기 타 |
|---|---|---|---|---|
| 암수딴 | 원추 | 충매화 | 5~6월 | 밀원 |

어긋나며, 6~13쌍의 작은잎으로 이루어진 홀수깃꼴겹잎이다.

100%

▲ 암꽃차례

400%

암술머리
헛수술
씨방
꽃잎

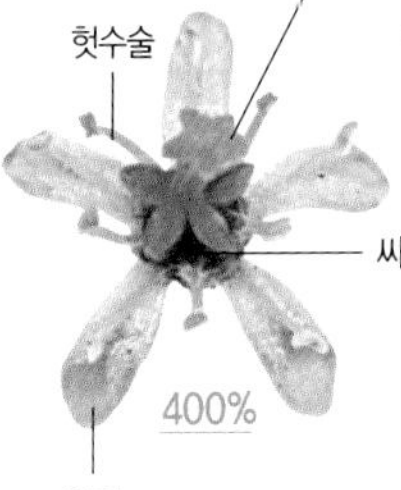

◀ **암꽃**
암꽃은 헛수술이 10개이고, 암술머리는 5갈래로 갈라진다.

100%

**수꽃차례** ▶

300%

수술
헛암술
꽃잎

**수꽃** ▶
수꽃에는 꽃잎보다 긴 수술 10개와 퇴화된 헛암술 1개가 있다.

❶ 암수딴그루이며, 5~6월에 가지 끝에서 나온 길이 10~20cm의 원추꽃차례에 녹백색의 작은 꽃이 모여 핀다. 꽃잎과 꽃받침은 각각 5개이다. 꽃잎은 길이 3mm 정도의 긴 타원형이고 아랫부분에 흰색 털이 밀생한다.
❷ 암꽃은 헛수술이 10개이며, 암술머리는 5갈래로 갈라지고 씨방은 5개이다.
❸ 수꽃은 수술이 10개이고 꽃잎보다 길며, 수술대의 하반부에 긴 털이 밀생한다.

암꽃의 암술머리는 적색이고, 수꽃의 꽃밥은 홍자색이다

# 계수나무

*Cercidiphyllum japonicum*
【계수나무과 계수나무속】

• 낙엽교목 • 수고 25~30m • 분포 전국적으로 공원이나 정원에 조경수로 식재
• 유래 일본 이름 가쓰라(カツラ, 桂)가 우리나라에 들어오면서 그대로 계수나무라고 한 것
• 꽃말 명예, 승리의 영광

마주나며, 하트 모양이고 잔물결 같은 둥근 톱니가 있다. 가을철에 노란 단풍이 아름답다.

| 꽃의 성 | 수분법 | 개화기 | 기 타 |
|---|---|---|---|
|  | |  |  |
| 암수딴 | 풍충매화 | 3~4월 | 향기 |

200%

암술머리

▲ **암꽃차례**
암수꽃 모두 꽃잎과 꽃받침이 없으며, 암꽃은 3~5개의 암술로 이루어져 있다.

▲ **수꽃차례**
암수딴그루이며, 3~4월에 잎이 나기 전에 꽃이 핀다.

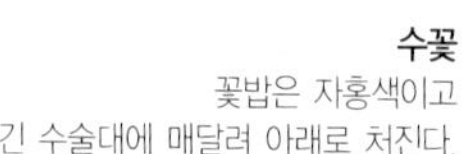

**수꽃** ▶
꽃밥은 자홍색이고 긴 수술대에 매달려 아래로 처진다.

❶ 암수딴그루이며, 3~4월 잎이 나기 전에 잎겨드랑이에서 꽃이 핀다. 암꽃과 수꽃 모두 꽃잎과 꽃받침이 없으며, 아랫부분은 막질의 포로 싸여 있다.
❷ 암꽃은 암술이 3~5개 있고 암술머리는 적색이다.
❸ 수꽃의 꽃밥은 홍자색이고 길이 5mm 정도이며, 긴 수술대에 매달려 아래로 처진다.

암수딴그루이고 꽃은 항아리형이며, 감꽃에 비해 1/3 정도로 작다

# 고욤나무 *Diospyros lotus* 【감나무과 감나무속】

- 낙엽교목 • 수고 10~15m • 분포 전국의 민가 부근에서 야생화되어 자람
- 유래 작은 감(小柹)에서 유래된 '고'와 어미의 옛말인 '욤'의 합성어에서 비롯된 이름
- 꽃말 경의, 소박, 자애

어긋나며, 타원형 또는 긴 타원형이고 가장자리는 밋밋하다.

| 꽃의 성 | 꽃모양 | 수분법 | 개화기 |
| --- | --- | --- | --- |
| 암수딴 | 항아리형 | 충매화 | 6월 |

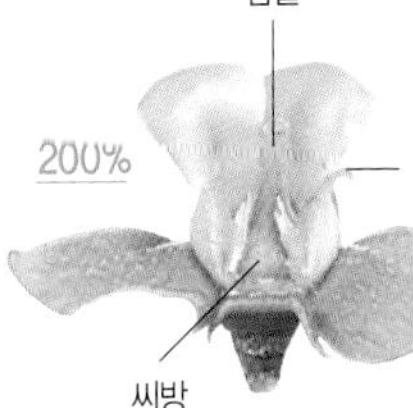


▲ **암꽃**
항아리형이며, 화관의 끝은 4갈래로 얕게 갈라져서 뒤로 젖혀진다. 암술 1개와 헛수술 8개가 있다.

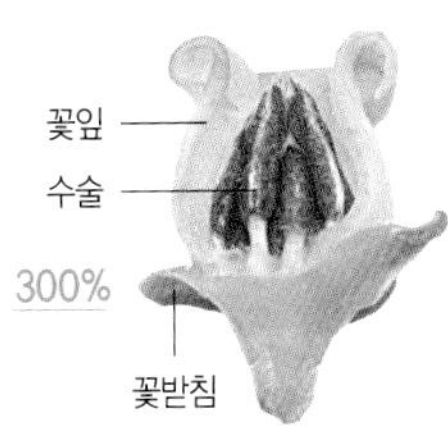


▲ **수꽃**
항아리형이며, 끝은 4갈래로 얕게 갈라져서 뒤로 젖혀진다. 수술은 16개 정도이다.

❶ 암수딴그루이며, 6월에 햇가지의 잎겨드랑이에서 연한 황백색 또는 적황색의 꽃이 핀다. 감꽃에 비해 1/3 정도로 작다.

❷ 암꽃은 1개씩 달리고 지름 6~7mm의 항아리형이며, 끝은 4갈래로 얕게 갈라져서 뒤로 젖혀진다. 퇴화된 수술(헛수술)이 8개 있으며, 암술대는 4갈래로 갈라진다.

❸ 수꽃은 1~3개씩 모여 피며, 화통은 길이 4mm의 항아리형이다. 화관의 끝은 4갈래로 얕게 갈라져서 뒤로 젖혀지며, 수술이 16개 정도이다.

암수딴그루이며, 4월에 잎이 나면서 거의 동시에 꽃이 핀다

# 두충

*Eucommia ulmoides* 【두충과 두충속】

- 낙엽교목 • 수고 15~20m • 분포 전국적으로 재배
- 유래 옛날 두중(杜仲)이라는 중국의 도인이 이 나무의 잎을 차로 만들어 마신 후에 득도했다 하여 붙인 이름 • 꽃말 안심

어긋나며, 달걀형 또는 긴 타원형이고 끝이 길게 뾰족하다. 가장자리에 날카로운 톱니가 있다.

| 꽃의 성 | 수분법 | 개화기 |
| --- | --- | --- |
| 암수딴 | 풍충매화 | 4월 |

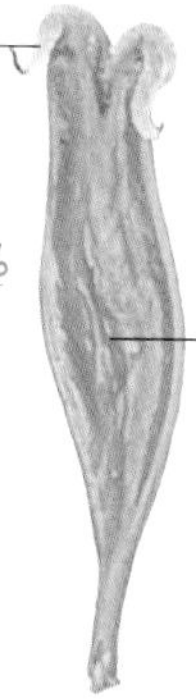

암술머리

300%

씨방

**암꽃** ▶
암꽃은 새 가지의 아랫부분에 피며, 암술이 1개이고 암술머리는 2갈래로 갈라진다.

200%

▲ **암꽃차례**
암수딴그루이며, 잎이 나면서 거의 동시에 꽃이 핀다. 수꽃과 암꽃은 모두 꽃잎과 꽃받침은 없다.

수술

150%

**수꽃차례** ▶
수꽃은 꽃잎이 없으며, 4~10개의 기다란 수술이 짧은 꽃자루에 달린다.

❶ 암수딴그루이며, 4월에 잎이 나면서 거의 동시에 꽃이 핀다. 수꽃과 암꽃은 모두 꽃잎과 꽃받침은 없다.

❷ 암꽃은 새 가지의 아랫부분에 피며, 암술이 1개이고 암술머리는 2갈래로 갈라진다. 주걱형의 씨방 선단에 짧은 암술대가 있다.

❸ 수꽃의 수술은 4~16개이고 길이 1cm 정도이다. 수술대는 아주 짧고, 꽃밥은 길이 1cm 정도이고 적갈색을 띤다.

암수딴그루이며, 잎이 나면서 동시에 꽃이 핀다

# 버드나무

*Salix pierotii*【버드나무과 버드나무속】

• 낙엽교목 • 수고 10~20m • 분포 제주도를 제외한 전국의 계곡, 하천가 및 저수지 등 습지에 흔히 자람 • 유래 조금만 바람이 불어도 가지와 잎이 부들부들 떤다고 하여 '부들나무'라 했다가 '버들나무'가 된 것 • 꽃말 태평세월, 자유

| 꽃의 성 | 꽃차례 | 수분법 | 개화기 | 기 타 |
|---|---|---|---|---|
|  |  |  | 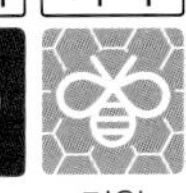 |  |
| 암수딴 | 미상 | 풍매화 | 4월 | 밀원 |

어긋나며, 피침형이고 잔 톱니가 있다.
잎뒷면은 분백색이고 털이 약간 있다.

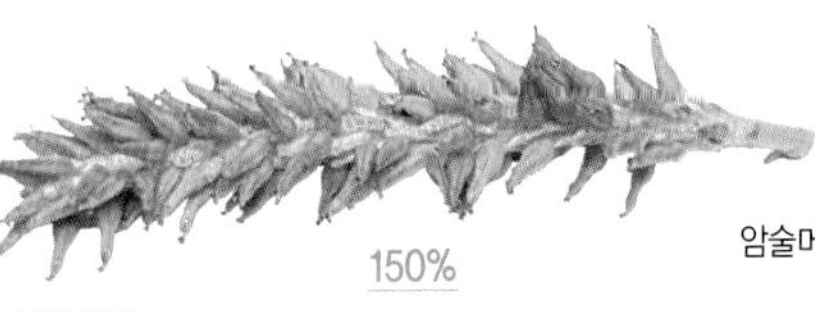


▲ **암꽃차례**
황록색이고 원통형~원추형이다.

▲ **암꽃차례의 단면**
암술대는 다소 길고,
암술머리는 2갈래로 갈라지며
바깥쪽으로 굽는다.

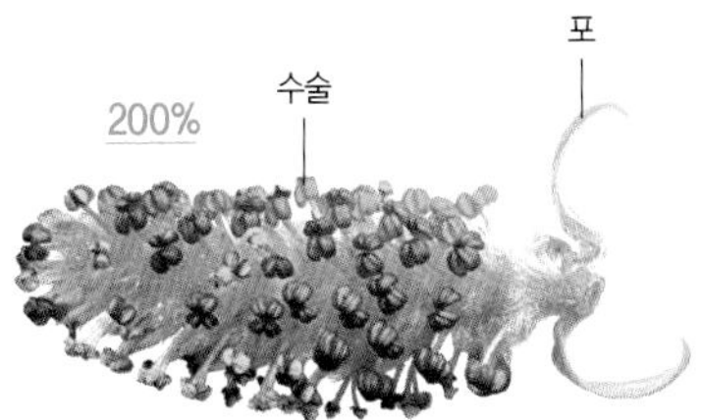


▲ **수꽃차례**
긴 타원형이며, 포는 달걀형이고 표면에 털이 있다.

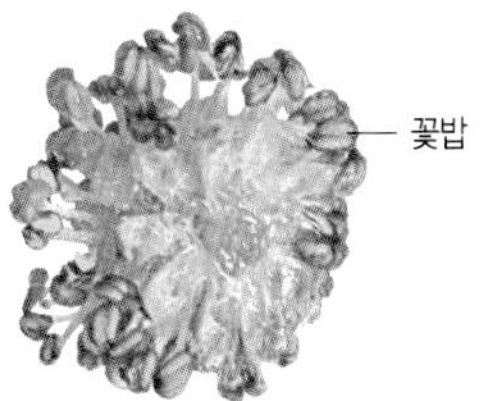


▲ **수꽃차례의 단면**
수술은 2개이고 아랫부분에 선체가 2개 있으며, 꽃밥은 적색이다.

❶ 암수딴그루이며, 4월에 잎이 나면서 동시에 미상꽃차례에 꽃이 핀다.
❷ 암꽃차례는 황록색이고 원통형~원추형이다. 암술대는 다소 길고, 암술머리는 2갈래로 갈라지며 바깥쪽으로 굽는다. 씨방은 달걀형이고 긴 털이 밀생한다.
❸ 수꽃차례는 길이 1~2.5cm의 긴 타원형이며, 포는 달걀형이고 표면에 털이 있다. 수술은 2개이고 아랫부분에 주황색의 선체가 2개 있으며, 꽃밥은 적색이다.

암꽃에는 암술대 1개와 헛수술 9개가 있고, 수꽃에는 수술 9개가 있다

# 비목나무

*Lindera erythrocarpa* 【녹나무과 생강나무속】

• 낙엽교목 • 수고 15m • 분포 중부 이남의 산지, 경기도 서해안
• 유래 수피가 흰빛을 띠기 때문에, 백목(白木) 또는 보얀목이라 하다가 비목나무로 변한 것
• 꽃말 아픈 기억

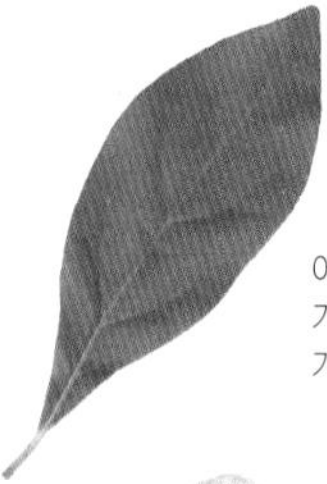

어긋나며, 긴 타원형이고 가장자리는 밋밋하다. 가을에 노란색으로 단풍 든다.

| 꽃의 성 | 꽃차례 | 수분법 | 개화기 |
|---|---|---|---|
| 암수딴 | 산형 | 충매화 | 4~5월 |

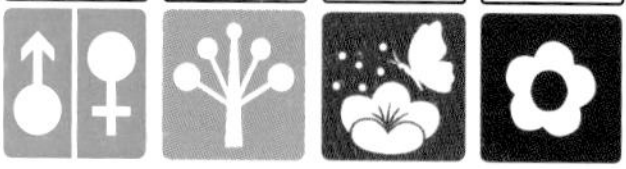

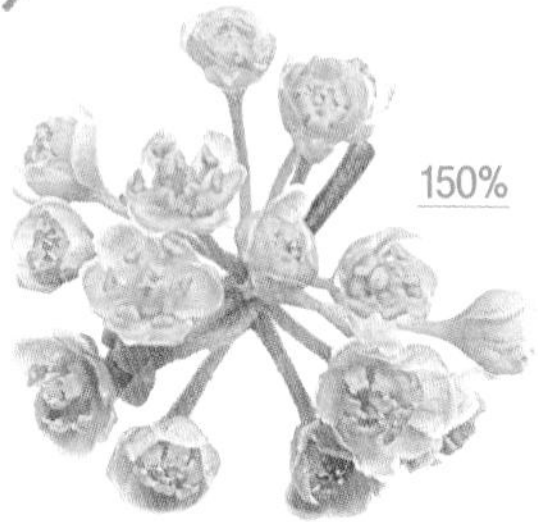

150%

▲ 암꽃차례

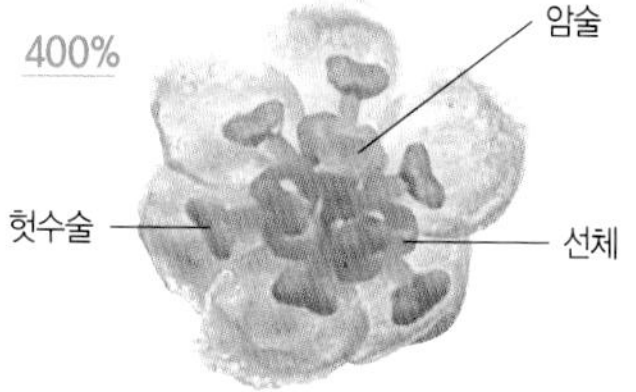

400%



▲ **암꽃**
암꽃에는 1개의 암술대와 9개의 헛수술이 있으며, 선체는 안쪽 헛수술의 아랫부분에 붙는다.

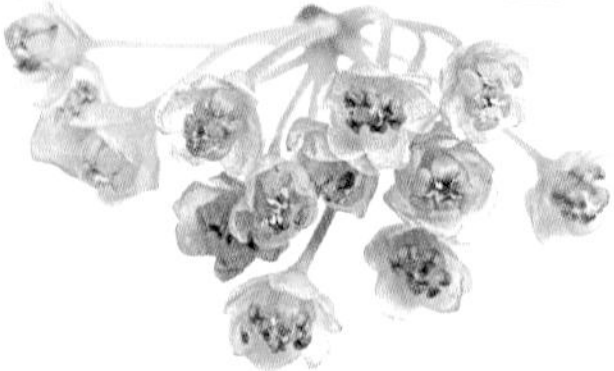

150%

▲ 수꽃차례

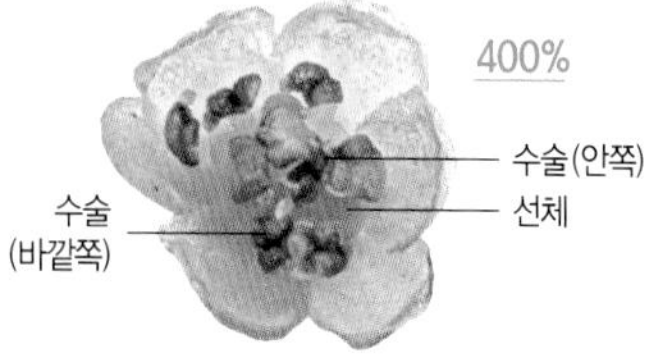

400%



▲ **수꽃**
수꽃에는 바깥쪽에 6개, 안쪽에 3개의 수술이 있으며, 안쪽에 있는 수술 아랫부분에 황색의 선체가 있다.

❶ 암수딴그루이며, 4~5월에 잎이 나면서 새 가지 밑의 잎겨드랑이에서 나온 산형꽃차례에 연황색 꽃이 모여 핀다.

❷ 암꽃에는 암술대 1개와 헛수술 9개가 있다. 선체는 안쪽에 있는 헛수술의 아랫부분에 붙는다.

❸ 수꽃에는 바깥쪽에 6개, 안쪽에 3개의 수술이 있다. 그중에서 안쪽에 있는 3개의 수술 아랫부분에 황색의 선체가 있다.

암꽃의 암술대는 짧고 암술머리가 2개이며, 수꽃차례는 원통형이다

# 뽕나무

*Morus alba*【뽕나무과 뽕나무속】

- 낙엽교목 • 수고 5~15m • 분포 전국의 민가 주변에 야생화되어 자람
- 유래 열매를 먹으면 소화가 잘되어 방귀가 '뽕뽕' 나온다고 하여 붙인 이름
- 꽃말 지혜, 못 이룬 사랑, 봉사

어긋나며, 갈래잎이다. 어릴 때는 3~5갈래의 불규칙한 결각이 있으나 점차 사라진다.

| 꽃의 성 | 꽃차례 | 수분법 | 개화기 |
|---|---|---|---|
|  |  |  |   |
| 암수딴 | 미상(↕) | 풍충매화 | 5월 |

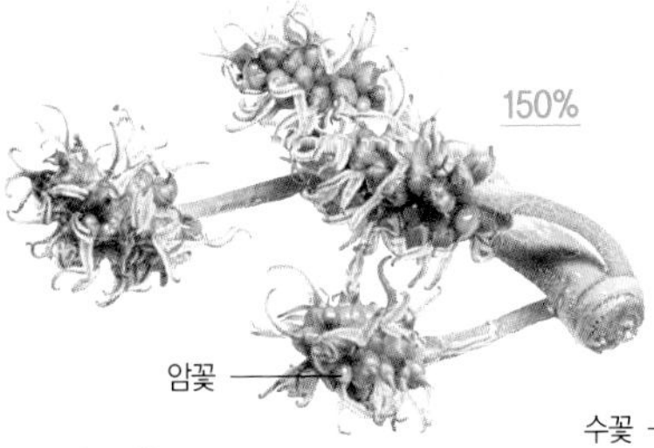

150%

암꽃

150%

수꽃

수술

200%

200%

암술머리

▲ **암꽃차례**
암꽃의 암술대는 아주 짧고 암술머리는 2개이다. 씨방은 달걀형이다.

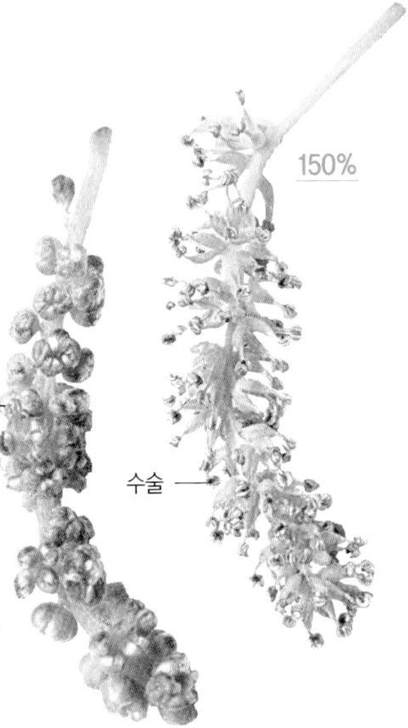

▲ **수꽃차례**
수꽃차례는 원통형이고, 수꽃의 꽃받침조각은 넓은 타원형이다. 수술대는 약간 아래로 굽는다.

① 암수딴그루(간혹 암수한그루)이며, 5월에 새 가지의 잎겨드랑이에 꽃차례가 하나씩 붙는다.

② 암꽃차례는 길이 1~1.5cm이며, 암술대는 아주 짧고 암술머리는 2개이다. 씨방은 달걀 모양이다.

③ 수꽃차례는 길이 3~5cm의 원통형이다. 수꽃의 꽃받침조각은 넓은 타원형이며, 수술대는 약간 아래로 굽는다.

암수딴그루이며, 꽃차례는 꼬리 모양의 원통형이다

# 수양버들

*Salix babylonica* [버드나무과 버드나무속]

• 낙엽교목 • 수고 15~20m • 분포 전국적으로 공원수 및 풍치수로 식재
• 유래 가느다란 줄기가 아래쪽으로 드리워지는(垂) 버드나무(楊)라는 뜻에서 유래된 것
• 꽃말 비애, 추도

어긋나며, 길고 늘씬한 좁은 피침형이고 가장자리에 잔 톱니가 있다.

| 꽃의 성 | 꽃차례 | 수분법 | 개화기 |
|---|---|---|---|
| 암수딴 | 미상 | 풍매화 | 3~4월 |

200%

▲ 암꽃차례
암꽃은 황록색이며, 암술대는 짧고 암술머리는 2~4갈래로 갈라진다.

암술머리
암술대

70%

▲ 수꽃차례
암수딴그루이며, 잎보다 먼저 혹은 동시에 꽃이 핀다.
꽃차례는 꼬리 모양의 원통형이다.

암꽃차례의 단면 ▶

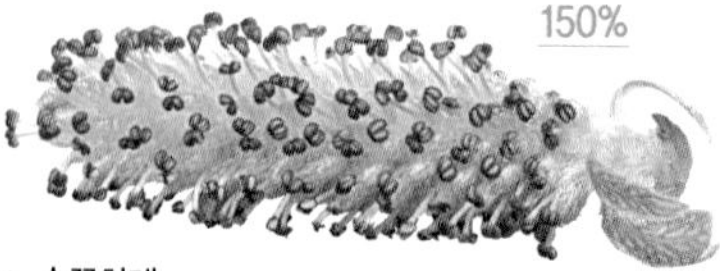

150%

▲ 수꽃차례
수꽃은 수술이 2개이고 꽃밥은 황색이며, 아랫부분에 황색의 선체가 2개 있다.

꽃밥

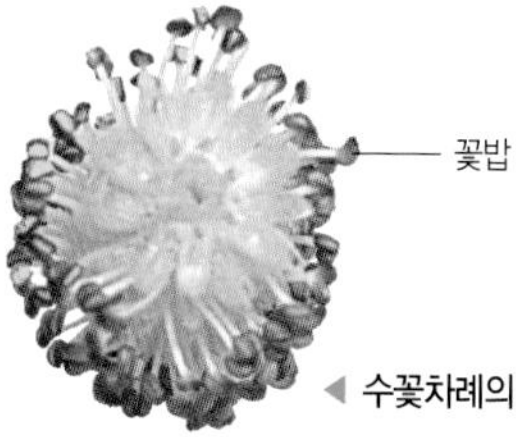

◀ 수꽃차례의 단면

❶ 암수딴그루이며, 3~4월에 잎보다 먼저 혹은 동시에 꽃이 핀다. 미상꽃차례이고 원통형이다.
❷ 암꽃차례는 황록색이며, 수꽃차례보다 조금 작고 원통형이다. 암술대는 짧고 암술머리는 2~4갈래로 갈라진다. 씨방은 타원형이고 털이 없거나 아랫부분에 약간 있다.
❸ 수꽃차례는 길이 2~3cm의 원통형이며, 짧은 자루가 있다. 수꽃은 수술이 2개이고 꽃밥은 황색이며, 아랫부분에 황색의 선체가 2개 있다.

암수딴그루이며, 새 가지 끝의 산방꽃차례에 백색 꽃이 모여 핀다

# 쉬나무

*Tetradium daniellii* 〔운향과 오수유속〕

- 낙엽교목 • 수고 7~15m • 분포 전국의 해발고도가 낮은 산지 및 민가 주변
- 유래 오수유(吳茱萸)에서 나라 이름 '오'가 빠지고 수유나무로 불리다 쉬나무가 된 것
- 꽃말 신중, 진중, 번식

| 꽃의 성 | 꽃차례 | 수분법 | 개화기 | 기 타 |
|---|---|---|---|---|
|  |  |  |  |  |
| 암수딴 | 산방 | 충매화 | 7~8월 | 밀원 |

어긋나며, 작은잎이 2~5쌍 붙는 홀수깃꼴겹잎이다.
작은잎은 타원형 또는 넓은 달걀형이다.

▲ 암꽃차례

▲ 수꽃차례

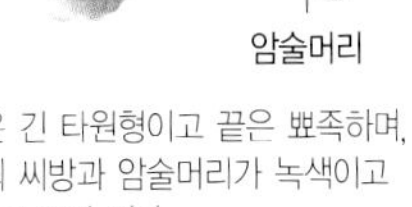


▲ 암꽃
꽃잎은 긴 타원형이고 끝은 뾰족하며,
암꽃의 씨방과 암술머리가 녹색이고
5갈래로 골이 진다.

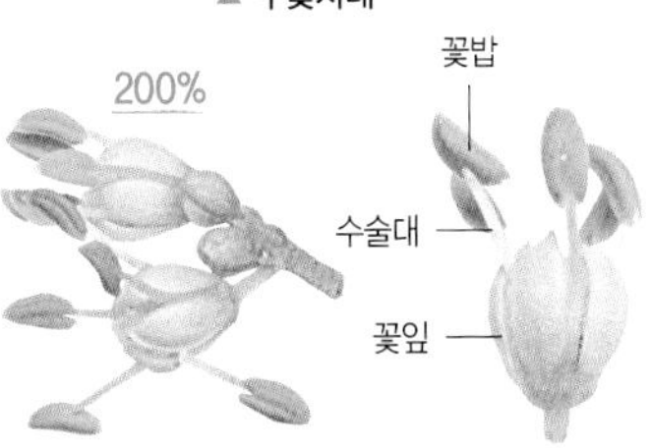


▲ 수꽃
백색 꽃잎 가운데에 5개의 수술이 있고,
꽃밥은 연황색이다.

❶ 암수딴그루이며, 7~8월에 새 가지 끝에서 나온 산방꽃차례에 백색의 꽃이 모여 핀다. 꽃잎과 꽃받침조각은 각각 4~5개이며, 꽃잎은 길이 약 4mm의 긴 타원형이고 끝은 뾰족하다.

❷ 암꽃의 씨방과 암술머리가 녹색이고 5갈래로 골이 진다.

❸ 수꽃은 꽃잎의 안쪽에 털이 많으며, 꽃밥은 연황색이다.

암수딴그루이며, 원추꽃차례에 황록색의 꽃이 모여 핀다

# 옻나무

*Toxicodendron vernicifluum* 【옻나무과 옻나무속】

• 낙엽교목 • 수고 15~20m • 분포 전국(함북 청천강 이남)에서 재배
• 유래 이 나무의 수액을 옻이라 하는데, 옻을 채취할 수 있는 나무라는 뜻에서 붙인 이름
• 꽃말 현명

| 꽃의 성 | 꽃차례 | 수분법 | 개화기 | 기 타 |
|---|---|---|---|---|
| 암수딴 | 원추 | 풍매화 | 5월 | 밀원 |

어긋나며, 달걀형의 작은잎이 3~6쌍인 홀수깃꼴겹잎이다. 잎축에 날개가 없다.

200%

▲ 암꽃차례

550%

헛수술
암술
꽃잎

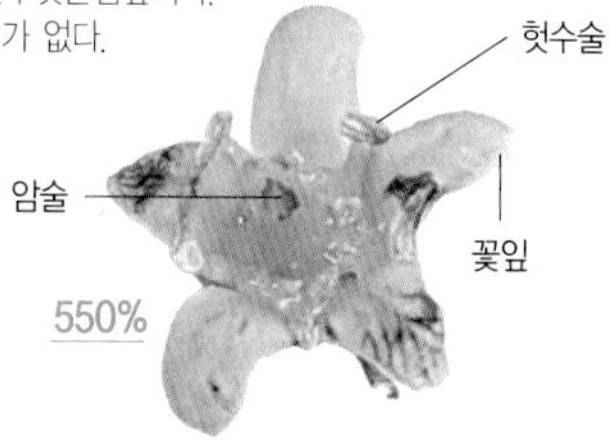

▲ **암꽃**
암꽃은 5개의 작은 헛수술이 있으며, 암술머리는 3갈래로 갈라진다. 씨방에는 털이 없다.

200%

▲ **수꽃차례**

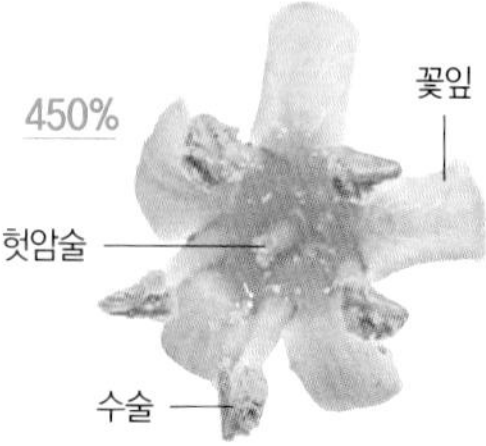

450%

꽃잎
헛암술
수술

◀ **수꽃**
수꽃은 수술이 5개 있고 꽃 바깥으로 길게 나오며, 암술은 흔적만 있다.

❶ 암수딴그루이며, 5월에 줄기 끝의 잎겨드랑이에서 나온 길이 15~30cm의 원추꽃차례에 황록색의 꽃이 모여 핀다. 꽃잎은 5개이고 긴 타원형이며, 약간 뒤로 젖혀진다. 꽃받침조각은 5개이고 달걀형이다.
❷ 암꽃은 5개의 작은 헛수술이 있으며, 암술머리는 3갈래로 갈라진다. 씨방에는 털이 없다.
❸ 수꽃은 길이 2.5~3mm의 수술이 5개가 있으며, 꽃 바깥으로 길게 나온다. 암술은 흔적만 남아있다.

암수딴그루이며, 버드나무류 중에서 개화기가 가장 늦다

# 왕버들 *Salix chaenomeloides* 〔버드나무과 버드나무속〕

• 낙엽교목 • 수고 20m • 분포 강원도 이남의 습지 및 하천가
• 유래 다른 버드나무 종류보다 수형이 크고 잎이 넓고 오래 살기 때문에 붙인 이름
• 꽃말 자유, 솔직

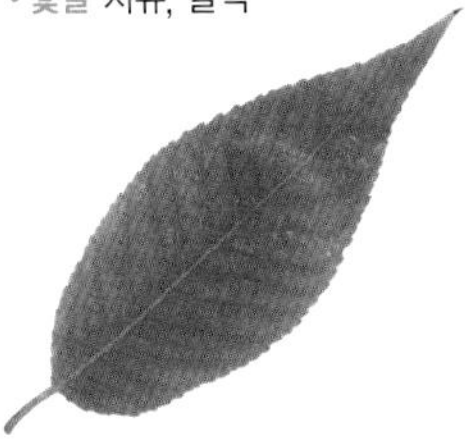

| 꽃의 성 | 꽃차례 | 수분법 | 개화기 |
|---|---|---|---|
| 암수딴 | 미상 | 풍매화 | 4월 |

어긋나며, 타원형이고 귀 모양의 턱잎이 1쌍 붙어있다.

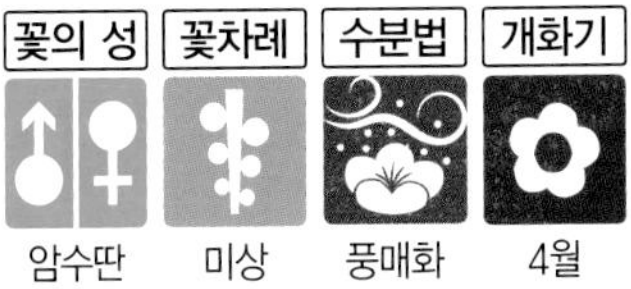

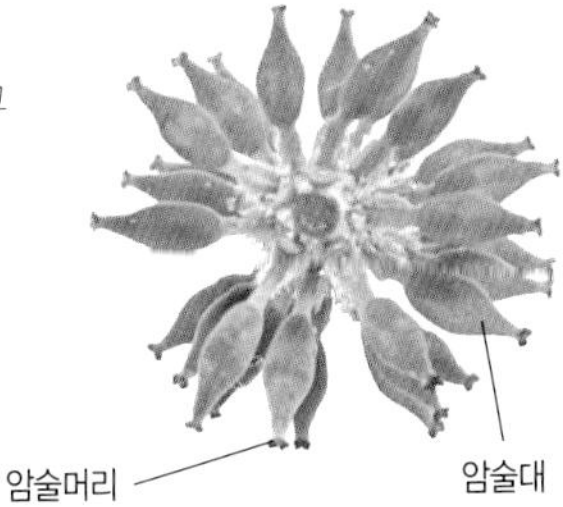

▲ **암꽃의 단면**
암꽃차례는 좁은 원통형이며, 씨방은 좁은 달걀형이고 털이 없다.

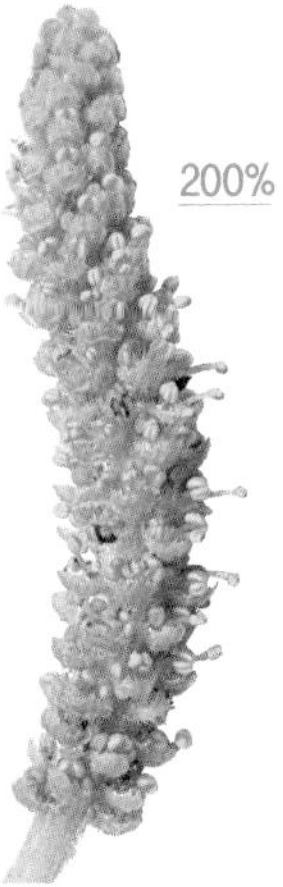

200%

▲ **암꽃차례**

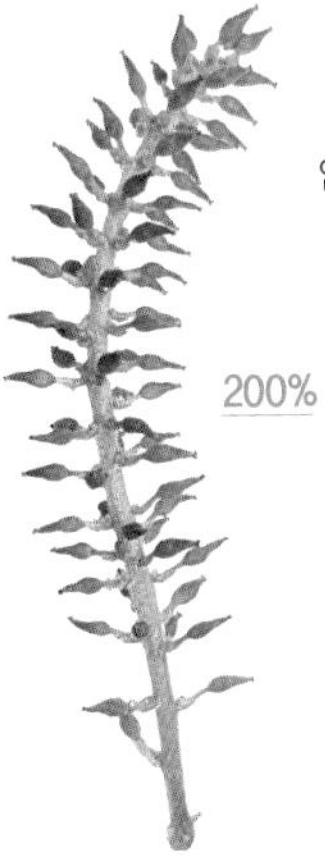

200%

▲ **수꽃차례**

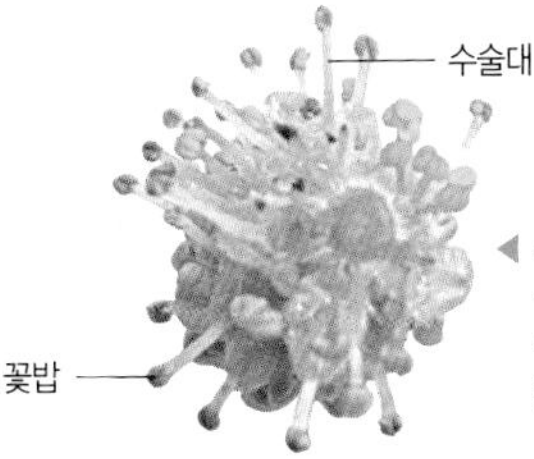

◀ **수꽃의 단면**
수꽃차례는 긴 원추형이며, 수술은 3~5개이고 꽃밥은 황색이다.

❶ 암수딴그루이며, 4월에 잎이 나오면서 동시에 꽃이 핀다. 버드나무류 중에서 가장 늦게 개화한다.
❷ 암꽃차례는 길이 2~4cm의 좁은 원통형이며, 암술대는 짧고 암술머리는 2개이다. 씨방은 좁은 달걀형이고 털이 없다.
❸ 수꽃차례는 길이 약 7cm의 긴 원추형이며, 수술은 3~5개이다. 꽃밥은 황색이며, 2개의 황색 선체는 서로 합착되어 있다.

수나무의 수꽃의 정충이 바람을 타고 날아가 암나무의 암꽃에 수정된다

# 은행나무

*Ginkgo biloba*【은행나무과 은행나무속】

• 낙엽교목 • 수고 30~40m • 분포 전국적으로 가로수 및 공원수로 널리 식재
• 유래 열매 모양이 살구(杏)를 닮았고 씨앗껍질이 은(銀)빛을 띠기 때문에 붙인 이름
• 꽃말 장엄, 장수, 정숙

긴 가지에는 어긋나며, 짧은 가지에는 3~5개씩 돌려난다.
잎 모양이 오리발을 닮아서 압각수라고도 한다.

| 꽃의 성 | 꽃차례 | 수분법 | 개화기 | 기 타 |
|---|---|---|---|---|
|  |  |  |  |  |
| 암수딴 | 미상(♂) | 풍매화 | 4월 | 꽃가루 |

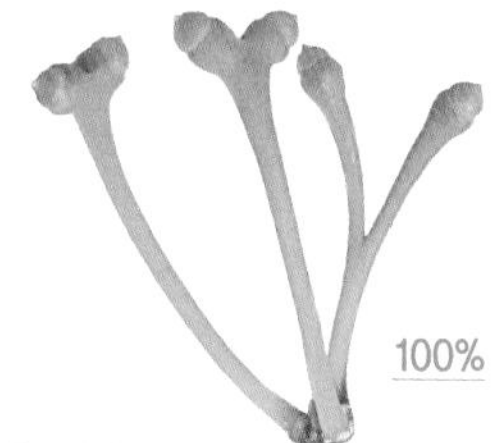

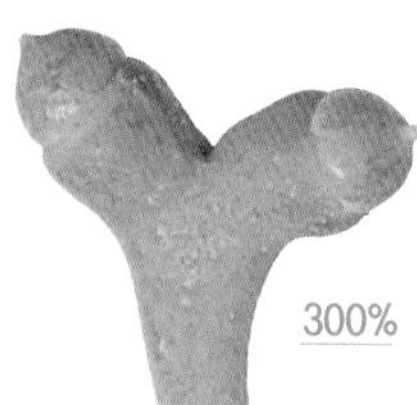

▲ **암꽃차례**
짧은 가지 끝의 잎겨드랑이에서 나온 길이 2cm 가량의 자루 끝에 1~2개씩 핀다.

▲ **수꽃차례**
원통형이고 연한 황록색을 띤다. 수꽃에서 나온 정충이 바람을 타고 날아가 암나무의 암꽃에 수정된다.

❶ 암수딴그루이며, 4월에 짧은 가지에 잎이 나오면서 동시에 꽃이 핀다.
❷ 암꽃차례은 짧은 가지 끝의 잎겨드랑이에서 나온 길이 2cm 가량의 자루 끝에 1~2개씩 핀다. 크기가 작고 녹색이라서 눈에 잘 띄지 않는다.
❸ 수꽃차례는 연한 황록색이고 길이 3~4cm의 원통형이다. 수나무의 수꽃에서 나온 정충(精蟲)이 바람을 타고 날아가 암나무의 암꽃에 수정된다.

암수딴그루이며, 원추꽃차례에 황록색 꽃이 모여 핀다

# 이나무

*Idesia polycarpa*【이나무과 이나무속】

- 낙엽교목 • 수고 10~15m • 분포 전라도 및 제주도의 산지
- 유래 중국 이름 의수(椅樹)를 빌려와, 쉽게 발음할 수 있도록 변화시킨 것
- 꽃말 질긴 인연

어긋나며, 잎 모양은 하트형이고 잎맥은 밑 부분에서 5갈래로 갈라진다. 붉고 긴 잎자루에는 꿀샘이 여러 개가 있다.

| 꽃의 성 | 꽃차례 | 수분법 | 개화기 | 기 타 |
|---|---|---|---|---|
|  |  |  |  |  |
| 암수딴 | 원추 | 충매화 | 4~5월 | 향기 |

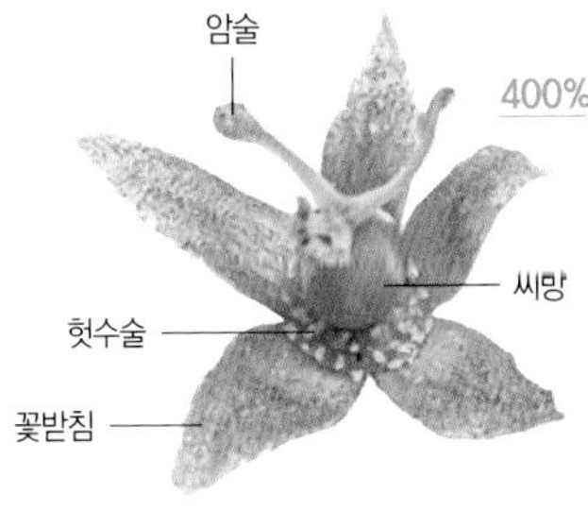


▲ **암꽃**
암술대는 3~6개이고 수술은 퇴화되어 작으며, 씨방은 구형이고 털이 없다.

▲ **암꽃차례**

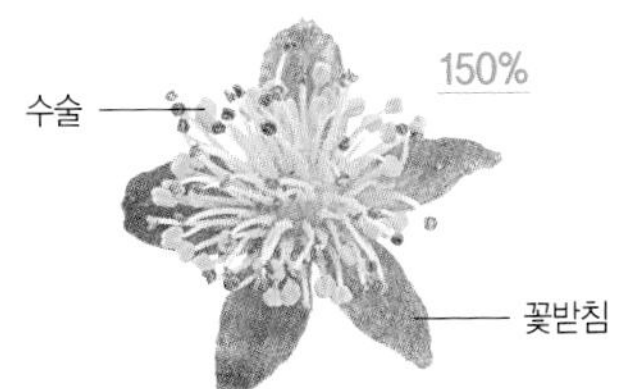


▲ **수꽃**
지름 약 1.5cm이며, 수술은 길이 5~6mm이고 여러 개가 모여 난다.

▲ **수꽃차례**

❶ 암수딴그루이며, 4~5월에 새 가지에서 나온 길이 20~30cm의 원추꽃차례에 황록색 꽃이 모여 핀다.

❷ 암꽃은 지름 약 8mm이고, 암술대는 3~6개이다. 수술은 퇴화되어 작으며, 씨방은 구형이고 털이 없다. 꽃받침조각은 길이 8~9mm의 긴 달걀형이다.

❸ 수꽃은 지름 약 1.5cm이며, 수술은 길이 5~6mm이고 여러 개가 모여 난다. 꽃받침조각은 길이 5~6mm의 타원형이고 양면에 털이 밀생한다.

수꽃양성화한그루이며, 원추꽃차례에 황록색의 꽃이 모여 핀다

# 고로쇠나무

*Acer pictum var. mono*
【단풍나무과 단풍나무속】

• 낙엽교목 • 수고 15~20m • 분포 전국의 산지 • 유래 뼈에 좋은 수액이 나오는 나무라서 골리수(骨利樹)로 불렸는데, 이것이 나중에 고로쇠로 변한 것
• 꽃말 영원한 행복

| 꽃의 성 | 꽃차례 | 수분법 | 개화기 |
|---|---|---|---|
| 수양한 | 원추 | 충매화 | 4~5월 |

마주나며, 갈래잎이고 5~7갈래로 얕게 갈라진다.

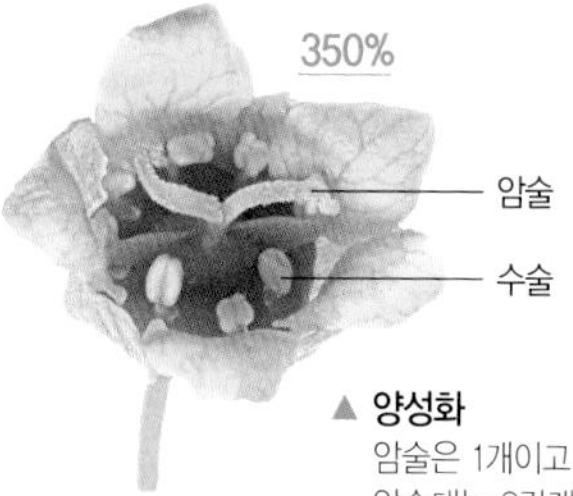

350%

암술
수술

▲ **양성화**
암술은 1개이고 암술대는 2갈래로 갈라져 뒤로 젖혀지며, 수술은 8개이다.

암술의 흔적
250%
꽃받침
수술
꽃잎

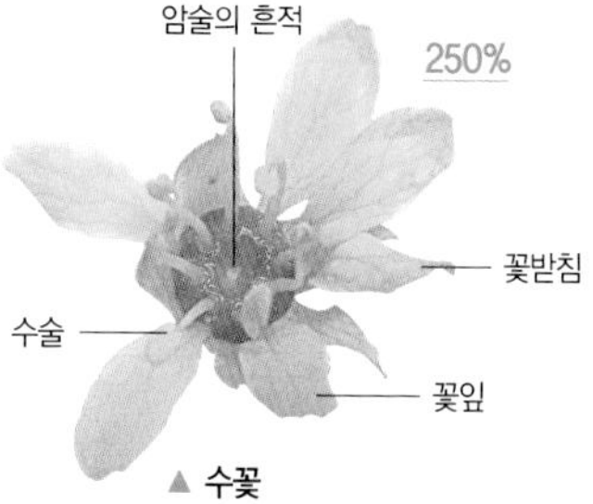

▲ **수꽃**
수술이 8개이고, 암술은 흔적만 남아있다.

200%

◀ **양성꽃차례**
4~5월 원추꽃차례에 황록색의 꽃이 모여 핀다. 꽃잎과 꽃받침은 각각 5개이다.

❶ 수꽃양성화한그루이며, 4~5월에 새 가지 끝의 원추꽃차례에 황록색의 꽃이 모여 핀다. 꽃은 지름 5~7mm이며, 꽃잎과 꽃받침은 각각 5개이다.
❷ 양성화의 암술은 1개이고 암술대는 2갈래로 갈라져 뒤로 젖혀지며, 수술은 8개이다.
❸ 수꽃은 수술이 8개이고 꽃잎보다 약간 짧으며, 암술은 흔적만 남아있다.

수꽃양성화한그루이며, 새 가지 끝의 복산방꽃차례에 황록색 꽃이 모여 핀다

# 단풍나무

*Acer palmatum* 〔단풍나무과 단풍나무속〕

- 낙엽교목 • 수고 10~15m • 분포 전라도, 경상도, 제주도의 산지
- 유래 가을에 잎이 붉은 색으로 물들기 때문에 붙여진 이름
- 꽃말 변치 않는 귀여움, 사양, 은둔

마주나며, 5~7갈래로 갈라지는 갈래잎이다. 이름처럼 가을 단풍이 아름답다.

| 꽃의 성 | 꽃차례 | 수분법 | 개화기 |
|---|---|---|---|
|  |  |  | |
| 수양한 | 산방 | 풍매화 | 4~5월 |

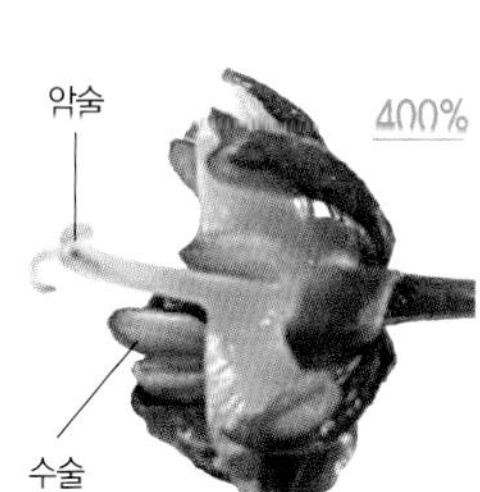


▲ **양성화**
암술대는 2갈래로 깊게 갈라지며 밖으로 굽는다.

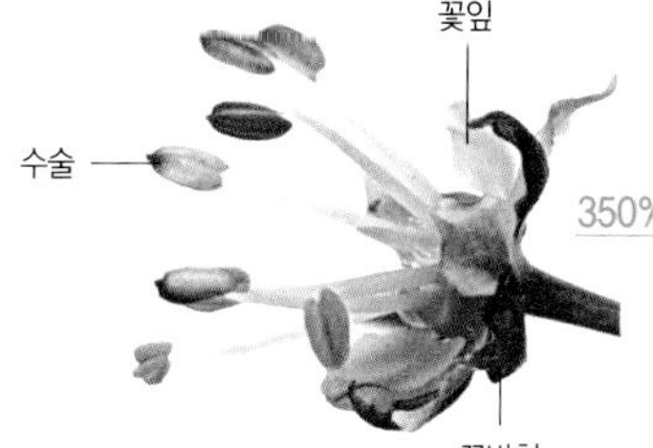


▲ **수꽃**
수술은 8개이고, 꽃받침조각과 꽃잎은 각각 5개다.

◀ **꽃차례**
수꽃양성화한그루이며, 새 가지 끝의 복산방꽃차례에서 10~20개 꽃이 모여 핀다.

❶ 수꽃양성화한그루이며, 4~5월에 새 가지 끝의 복산방꽃차례에서 10~20개 꽃이 모여 핀다.

❷ 꽃은 지름 4~6mm이며, 꽃받침조각과 꽃잎은 각각 5개다. 꽃받침조각은 길이 3mm 정도의 달걀형이고 붉은색을 띤다.

❸ 수술은 보통 8개이고, 암술대는 2갈래로 깊게 갈라지며 밖으로 굽는다.

수꽃양성화한그루이며, 양성화는 잎겨드랑이에 1~4개씩 핀다

# 시무나무

*Hemiptelea davidii* 【느릅나무과 시무나무속】

• 낙엽교목 • 수고 15m • 분포 전국의 숲가장자리 및 하천 가장자리에 주로 분포 • 유래 예전에 20리마다 이 나무를 이정표로 심었다 하여, '스무나무'라 하다가 시무나무로 변한 것
• 꽃말 약속, 믿음

어긋나며, 긴 타원형이고 톱니가 느티나무처럼 둥그스름하다.

| 꽃의 성 | 수분법 | 개화기 |
|---|---|---|
| 수양한 | 충매화 | 4~5월 |

▲ 꽃차례
수꽃양성화한그루이며, 양성화는 가지 윗부분의 잎겨드랑이에 피고 수꽃은 가지의 아랫부분에 핀다.

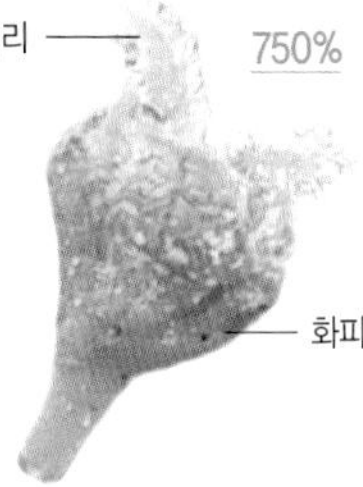

▲ 양성화
화피조각은 4개로 갈라지고, 암술대는 2갈래로 갈라지며 씨방은 1개다.

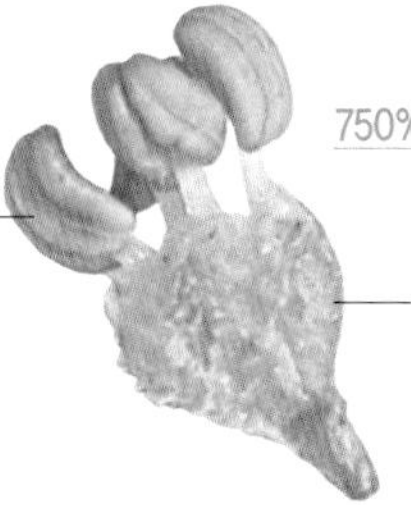

▲ 수꽃
수술은 4개이며, 꽃자루에는 털이 없다.

❶ 수꽃양성화한그루이며, 4~5월에 꽃이 핀다.
❷ 양성화는 가지 윗부분의 잎겨드랑이에 1~4개씩 핀다. 화피조각은 1~2mm이며 4갈래로 갈라지며, 암술대는 2갈래로 갈라지고 씨방은 1개다.
❸ 수꽃은 가지의 아랫부분에 피며, 수술은 4개다. 꽃자루는 길이 1~1.5mm이고 털이 없다.

구형의 산형꽃차례에 황록색의 작은 꽃이 모여 핀다

# 음나무 *Kalopanax septemlobus* 〔두릅나무과 음나무속〕

- 낙엽교목 • 수고 25m • 분포 전국의 해안 및 산지 중턱
- 유래 음나무의 날카로운 가시가 무서워 '엄(嚴)나무'라 부르다가 음나무로 변한 것
- 꽃말 경계, 방어

어긋나며, 5~9갈래로 갈라지는 갈래잎이다. 잎을 비비면 특유의 냄새가 난다.

| 꽃의 성 | 꽃차례 | 수분법 | 개화기 | 기 타 |
|---|---|---|---|---|
|  | |  | | |
| 수양한 | 산형 | 충매화 | 7~8월 | 밀원 |

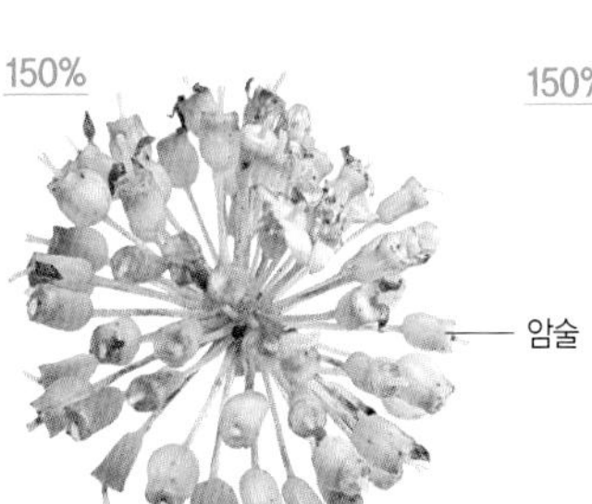


150%

수술

▲ **수꽃차례**
꽃잎은 5개이고 길이 약 2mm의 타원형이다. 수술은 5개이고 꽃밥은 적자색이다.

▲ **양성꽃차례(암술기)**
수꽃양성화한그루이며, 산방상취산꽃차례의 중앙에 있는 산형꽃차례에는 양성화가 피고 그 주위의 산형꽃차례에는 수꽃이 핀다.

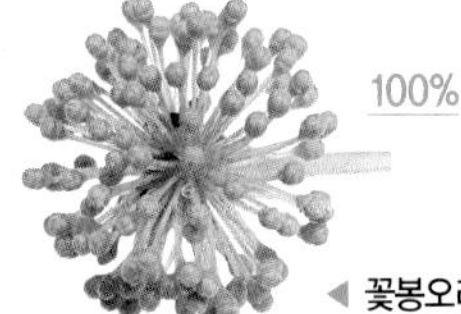


◀ **꽃봉오리**

❶ 수꽃양성화한그루이며, 7~8월에 가지 끝에서 나온 구형의 산형꽃차례에 황록색의 작은 꽃을 모여 핀다.

❷ 산방상취산꽃차례의 중앙에 있는 산형꽃차례에 양성화가 피며, 그 주위의 산형꽃차례에는 수꽃이 핀다.

❸ 꽃잎은 5개이며, 길이 약 2mm의 타원형이다. 수술은 5개이고 꽃밥은 적자색이며, 암술대는 끝이 2갈래로 갈라진다.

수꽃양성화한그루이며, 하나의 꽃차례에 양성화와 수꽃이 혼생한다

# 중국단풍

*Acer buergerianum* 【단풍나무과 단풍나무속】

• 낙엽교목 • 수고 15~20m • 분포 전국에 가로수 및 공원수로 식재
• 유래 단풍나무 종류이면서, 원산지가 중국이여서 붙인 이름
• 꽃말 게으름뱅이

| 꽃의 성 | 꽃차례 | 수분법 | 개화기 |
|---|---|---|---|
| 수양한 | 산방 | 풍매화 | 4~5월 |

마주나며, 3갈래로 갈라진 오리발 모양의 갈래잎이다.



◀ **꽃차례**
새 가지 끝에 황록색의 꽃이 모여 피며, 하나의 꽃차례에 수꽃과 양성화가 섞여있다.

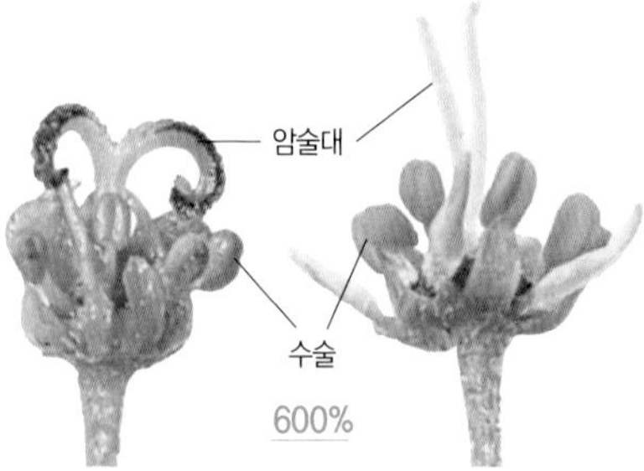

▲ **양성화**
양성화의 암술 끝은 2갈래로 깊게 갈라져 뒤로 젖혀진다. 씨방에는 백색 털이 밀생한다.

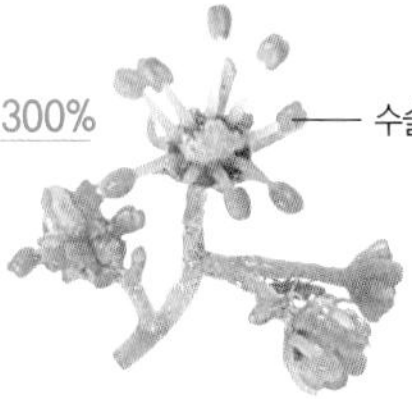

▲ **수꽃차례**
수꽃은 수술이 8개이고 꽃잎보다 길며, 꽃받침조각과 꽃잎은 각각 5개이다.

❶ 수꽃양성화한그루이며, 4~5월에 새 가지 끝에 황록색의 꽃이 모여 핀다. 하나의 꽃차례에 수꽃과 양성화가 섞여있다.
❷ 양성화의 암술 끝은 2갈래로 깊게 갈라져 뒤로 젖혀지며, 씨방에는 백색 털이 밀생한다.
❸ 수꽃은 수술이 8개이고 꽃잎보다 길다. 꽃받침조각과 꽃잎은 각각 5개이며, 꽃잎은 길이 2mm 정도의 좁은 피침형이다.

양성화에는 길게 돌출한 수술 7개와 암술대가 긴 암술 1개가 있다

# 칠엽수

*Aesculus turbinata*【칠엽수과 칠엽수속】

- 낙엽교목 • 수고 20~30m • 분포 전국적으로 공원수, 가로수, 녹음수로 식재
- 유래 작은 잎이 7장 전후로 모여 손바닥 모양의 큰 나뭇잎을 이루기 때문에 붙인 이름
- 꽃말 낭만, 정열

마주나며, 5~9장의 작은잎을 가진 손꼴겹잎이다. 작은잎은 잎자루가 없으며 가운데 잎이 가장 크다.

| 꽃의 성 | 꽃차례 | 수분법 | 개화기 | 기 타 |
|---|---|---|---|---|
|  |  |  |  |  |
| 수양한 | 원추 | 충매화 | 5~6월 | 밀원 |

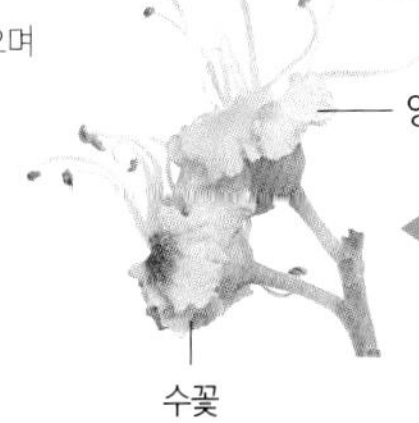


◀ **양성화와 수꽃**
꽃잎은 4개이고 뒤로 젖혀지며, 꽃받침은 불규칙하게 5갈래로 갈라진다.

15%

▲ **꽃차례**
수꽃양성화한그루이며, 가지 끝에서 나온 원추꽃차례에 연황색 또는 백색의 꽃을 여러 개 피운다.

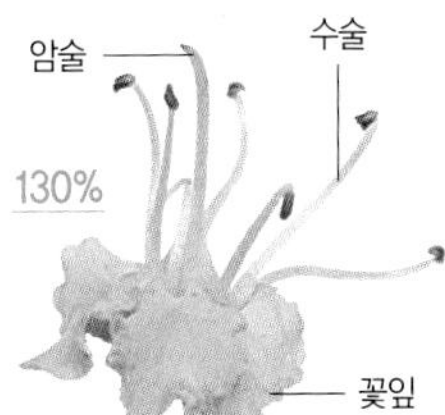


▲ **양성화**
꽃에서 길게 돌출한 수술 7개와 암술대가 긴 암술이 1개 있다.

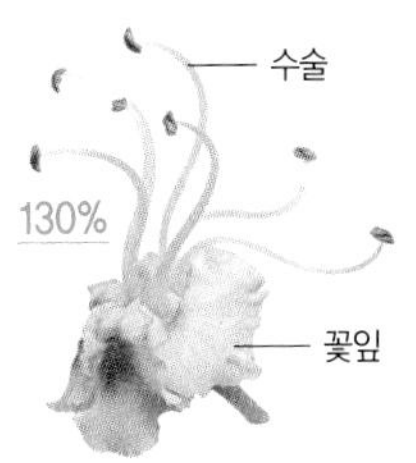


▲ **수꽃**
암술이 퇴화된 작은 백색의 돌기 흔적이 남아있다.

❶ 수꽃양성화한그루이며, 5~6월에 가지 끝에서 나온 길이 12~25cm의 원추꽃차례에 지름 1.5cm의 연황색 또는 백색의 꽃을 여러 개 피운다. 꽃은 대부분 수꽃이고 꽃차례의 아래쪽에 적은 수의 양성화가 핀다.

❷ 꽃잎은 4개이고 뒤로 젖혀지며 아랫부분에 연홍색 또는 황색의 얼룩무늬가 있다. 꽃받침은 불규칙하게 5갈래로 갈라진다.

❸ 양성화에는 꽃에서 길게 돌출한 7개의 수술과 암술대가 긴 암술이 1개 있다. 수꽃은 암술이 퇴화된 작은 백색의 돌기 흔적이 남아있다.

수꽃양성화한그루이며, 잎이 나면서 동시에 꽃이 핀다

# 팽나무

*Celtis sinensis* 【팽나무과 팽나무속】

• 낙엽교목 • 수고 20m • 분포 전국적으로 분포하며, 주로 바닷가 및 남부 지방에서 자람
• 유래 열매가 새총의 총알로 사용되었으며, 새총을 쏘면 '팽~' 하고 날아간다 하여 붙인 이름
• 꽃말 고귀함

어긋나며, 넓은 타원형이고 잎의 상반부에만 톱니가 있다.

| 꽃의 성 | 꽃차례 | 수분법 | 개화기 |
| --- | --- | --- | --- |
| 수양한 | 취산(⚥) | 풍충매화 | 4~5월 |

200%

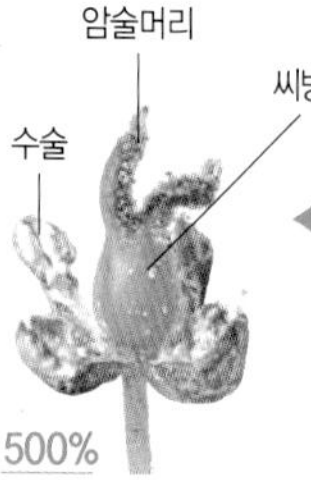

암술머리

씨방

수술

500%

◀ **양성꽃차례**
수술은 4개이고 암술 1개이며, 암술대는 2갈래로 갈라지고 암술머리에 백색 털이 밀생한다.

양성화

수꽃

250%

200%

300%

수술

▲ **꽃차례**
수꽃양성화한그루이며, 양성화는 가지 위쪽의 잎겨드랑이에, 수꽃은 가지 아래쪽에 핀다.

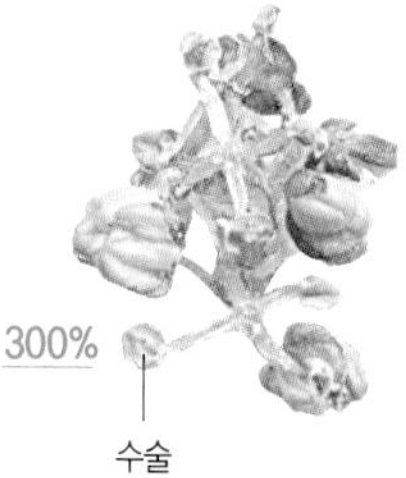

▲ **수꽃차례**
수술과 화피조각은 각각 4개이며, 화피조각은 타원상 피침형이고 가장자리에 백색 털이 있다.

❶ 수꽃양성화한그루이며, 4~5월에 잎이 나면서 동시에 꽃이 핀다.
❷ 양성화는 새 가지 위쪽의 잎겨드랑이에 피며, 화피조각과 수술은 각각 4개이고 암술은 1개이다. 암술대는 2갈래로 갈라지고 암술머리에 백색 털이 밀생한다.
❸ 수꽃은 새 가지의 아랫부분에 모여 피며, 수술과 화피조각은 각각 4개이다. 화피조각은 타원상 피침형이고 수술과 마주나며 가장자리에 백색의 털이 있다.

수꽃양성화딴그루이며, 새 가지 끝에서 나온 원추꽃차례에 꽃이 모여 핀다

# 물푸레나무

*Fraxinus rhynchophylla*
[물푸레나무과 물푸레나무속]

• 낙엽교목 • 수고 10~20m • 분포 전국의 산과 들
• 유래 가지를 꺾어 물에 담그면 물이 푸른색으로 보이기 때문에 붙인 이름
• 꽃말 열심

마주나며, 3~4쌍의 작은잎으로 이루어진 홀수깃꼴겹잎이다. 작은잎은 밑으로 내려갈수록 작아진다.

| 꽃의 성 | 꽃차례 | 수분법 | 개화기 |
|---|---|---|---|
|  |  |  |  |
| 수양딴 | 원추 | 풍충매화 | 4~5월 |

▲ **양성꽃차례**
새 가지 끝에서 나온 원추꽃차례에 꽃이 모여 핀다. 양성화는 2개의 짧은 수술과 1개의 암술대가 있다.

▲ **수꽃차례**
수꽃은 수술이 2개이며, 꽃밥은 성숙함에 따라 자갈색에서 황록색으로 변한다.

▲ **수꽃봉오리**

❶ 수꽃양성화딴그루이며, 4~5월에 새 가지 끝에서 나온 길이 5~10cm의 원추꽃차례에 꽃이 모여 핀다.
❷ 꽃에는 꽃잎이 없다. 양성화는 2개의 짧은 수술과 1개의 암술대가 있고, 암술머리는 얕게 2갈래로 갈라진다.
❸ 수꽃은 수술이 2개이고 암술은 없다. 꽃밥은 성숙함에 따라 자갈색에서 황록색으로 변한다.

수꽃양성화딴그루이며, 새 가지 끝의 산방꽃차례에 황록색 꽃이 모여 핀다

# 복자기

*Acer triflorum* 【단풍나무과 단풍나무속】

• 낙엽교목 • 수고 15~20m • 분포 전국에 분포하며, 주로 중부 이북의 산지
• 유래 가을에 붉게 물든 단풍을 '불그스름하다', '볼그장하다'라고 하였는데 이것이 변해서 복자기가 된 것 • 꽃말 약속

마주나며, 단풍나무속이지만 하나의 잎자루에 3개의 잎이 붙은 세겹잎이다. 가을의 붉은 단풍이 아름답다.

| 꽃의 성 | 꽃차례 | 수분법 | 개화기 |
|---|---|---|---|
|  |  | |  |
| 수양딴 | 산방 | 풍매화 | 4~5월 |

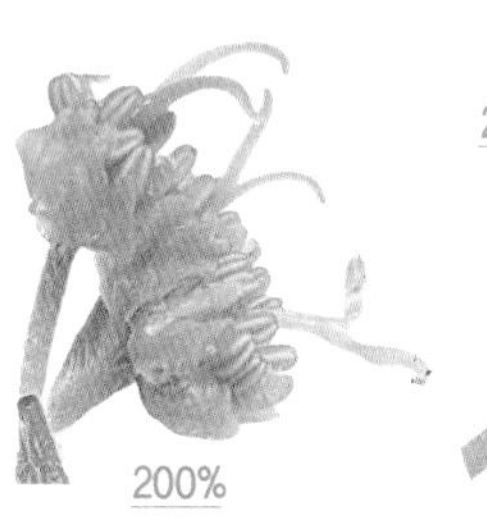


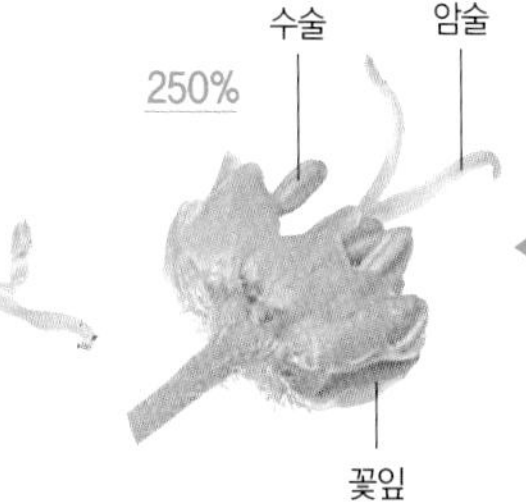


◀ **양성화**
양성꽃차례에는 1~3개의 꽃이 핀다. 암술대는 2갈래로 갈라지며, 씨방에는 털이 밀생한다.

▲ **수꽃차례**
수꽃차례에는 보통 3~5개의 꽃이 핀다. 수술은 보통 12개이고, 꽃잎보다 길다.

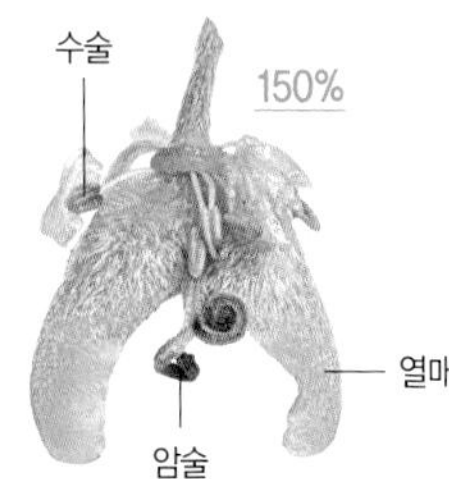


▲ **어린 열매**

❶ 수꽃양성화딴그루이며, 4~5월에 잎이 나면서 새 가지 끝에서 나온 산방꽃차례에 황록색의 꽃이 모여 핀다.
❷ 꽃받침조각과 꽃잎은 각각 6개이며, 꽃자루에는 황백색의 털이 밀생한다.
❸ 암술대는 2갈래로 갈라지며, 씨방에는 털이 밀생한다. 수술은 보통 12개이고, 꽃잎보다 길다.

수꽃양성화딴그루이며, 원추꽃차례에 백색 꽃이 모여 핀다

# 이팝나무

*Chionanthus retusus*
【물푸레나무과 이팝나무속】

- 낙엽교목 • 수고 10~20m • 분포 중부 이남의 산야에 자람
- 유래 소복한 꽃송이가 흰 쌀밥처럼 보여서 '이밥나무'라 부르다가 이팝나무로 변한 것
- 꽃말 영원한 사랑, 자기향상

| 꽃의 성 | 꽃차례 | 수분법 | 개화기 | 기 타 |
|---|---|---|---|---|
| |  |  |  |  |
| 수양딴 | 원추 | 충매화 | 5월 | 향기 |

마주나며, 넓은 달갈형이다.
가장자리는 밋밋하지만,
어린잎에는 잔 톱니가 있다.

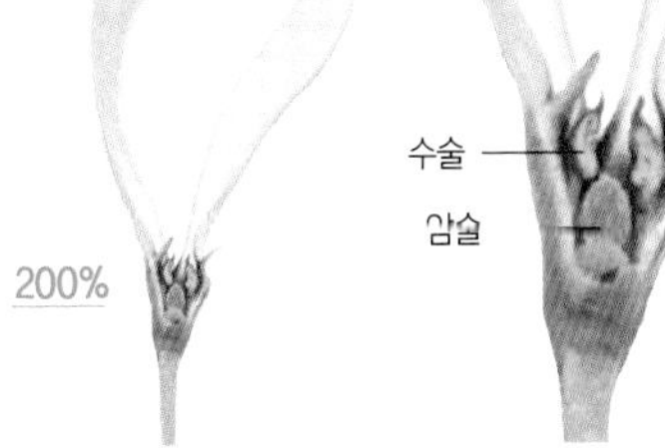


▲ **양성화**
2개의 수술 사이에 1개의 암술이 있으며,
암술대는 짧고 암술머리는 2갈래로 얕게 갈라진다.

▲ **꽃차례**
수꽃양성화딴그루이며,
전년지 끝에서 나온 원추꽃차례에
백색 꽃이 모여 핀다.

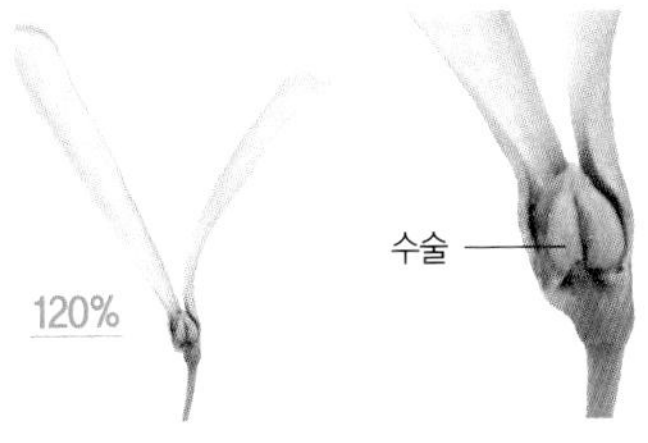


▲ **수꽃**
2개의 수술이 있고, 암술은 퇴화되었다.

❶ 수꽃양성화딴그루이며, 5월에 전년지 끝에서 나온 길이 10cm 정도의 원추꽃차례에 백색 꽃이 모여 핀다. 화관은 4갈래로 깊게 갈라지며, 화관조각은 길이 2cm 정도의 선상 거꿀피침형이다.

❷ 양성화는 2개의 수술 사이에 1개의 암술이 있으며, 암술대는 짧고 암술머리는 2갈래로 얕게 갈라진다.

❸ 수꽃은 2개의 수술이 있고, 암술은 퇴화되었다.

01. 녹나무
02. 아왜나무
03. 태산목
04. 후박나무
05. 가시나무
06. 곰솔
07. 구실잣밤나무
08. 금송
09. 독일가문비나무
10. 리기다소나무
11. 백송
12. 삼나무
13. 소나무
14. 솔송나무
15. 스트로브잣나무
16. 오엽송
17. 전나무
18. 졸가시나무
19. 종가시나무
20. 측백나무
21. 편백
22. 화백
23. 먼나무
24. 비자나무
25. 주목
26. 향나무
27. 조록나무
28. 황칠나무

Chapter
02

# 상록교목

성장하면 수고가 8m이상이고 주간과 가지의 구별이 비교적 뚜렷하며, 겨울에 잎이 지지 않는 나무

원추꽃차례에 연한 황백색의 양성화가 모여 핀다

# 녹나무

*Cinnamomum camphora* 【녹나무과 녹나무속】

- 상록교목 • 수고 30m • 분포 제주도의 계곡에 자생, 남부 지방에 식재
- 유래 어린 줄기와 새로 돋은 가지가 녹색을 띠기 때문에 붙인 이름
- 꽃말 신선

| 꽃의 성 | 꽃차례 | 수분법 | 개화기 |
|---|---|---|---|
| 양성화 | 원추 | 충매화 | 5~6월 |

잎 모양은 달걀형이고 잎을 찢으면 특유의 장뇌 향내가 난다.

800%

암술
수술
화피
선체
헛수술

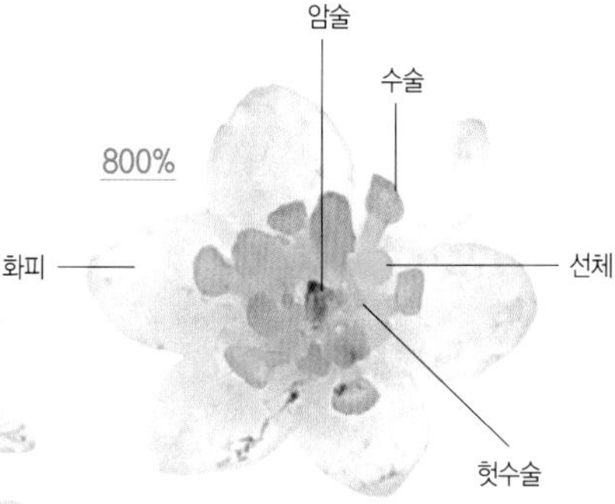

암술은 1개이고 암술머리의 끝은 원반 모양으로 부풀어 있다. 수술은 9개이고 안쪽에 헛수술이 3개 있다.

400%

꽃봉오리

▲ **꽃차례**
5~6월에 새 가지의 잎겨드랑이에서 나온 원추꽃차례에 연한 황백색의 양성화가 모여 핀다.

❶ 5~6월에 새 가지의 잎겨드랑이에서 나온 원추꽃차례에 연한 황백색의 양성화가 모여 핀다.

❷ 꽃은 방사상칭형이며, 화피는 통형이고 위쪽은 보통 6갈래로 갈라진다. 화피조각은 길이 약 5mm이고, 꽃이 진 후에 탈락하고 잔 모양(杯形)의 통부만 남는다.

❸ 암술은 1개이며, 암술대는 가늘고 암술머리의 끝은 쟁반 모양으로 부풀어 있다. 수술은 9개이고 안쪽에 퇴화된 수술(헛수술)이 3개 있다.

백색 양성화가 모여 피며, 수술은 화관통부 밖으로 길게 돌출한다

# 아왜나무 *Viburnum odoratissimum* var. *awabuki*

【산분꽃나무과 산분꽃나무속】

• 상록교목 • 수고 6~12m • 분포 남해안 및 제주도의 낮은 지대 숲속 • 유래 나무에 수분이 많아 불이 붙어도 잘 타지 않기 때문에 일본에서는 아와부키(泡吹木)라고 부르는데, 이것이 '아와나무'를 거쳐서 아왜나무가 된 것 • 꽃말 지옥에 간 목사

| 꽃의 성 | 꽃차례 | 수분법 | 개화기 |
|---|---|---|---|
| 양성화 | 원추 | 충매화 | 6~7월 |

마주나며, 가장자리에는 얕은 톱니가 있거나 밋밋하다. 잎이 두껍고 수분을 많이 포함하고 있다.

▲ **꽃차례**
가지 끝에서 나온 원추꽃차례에 백색의 양성화가 모여 핀다.

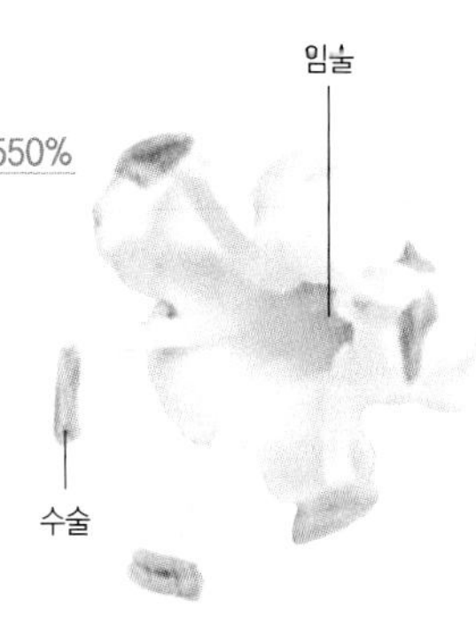


화관조각은 5갈래로 갈라지며, 끝이 둥글고 뒤로 젖혀진다. 수술은 5개이고 화관통부 밖으로 길게 돌출해있으며, 암술은 화관통부 속에 있다.

① 6~7월에 가지 끝에서 나온 길이 5~16cm의 원추꽃차례에 백색의 양성화가 모여 핀다.
② 화관은 지름 6~8mm이고 통부는 길이 2mm가량이다. 화관조각은 5갈래로 갈라지며, 끝이 둥글고 뒤로 젖혀진다.
③ 수술은 5개이고 화관통부 밖으로 길게 돌출해있으며, 암술은 화관통부 밖으로 돌출하지 않고 꽃받침통 속에 있는 씨방과 연결되어 있다.

가지 끝에 향기가 강한 백색 양성화가 듬성듬성 핀다

# 태산목

*Magnolia grandiflora* 【목련과 목련속】

• 상록교목 • 수고 20m • 분포 남부 지역 및 제주도에 공원수, 정원수로 식재
• 유래 잎과 꽃이 다른 나무보다 훨씬 크기 때문에 붙인 이름
• 꽃말 위엄, 자연의 애정

| 꽃의 성 | 꽃차례 | 수분법 | 개화기 | 기 타 |
|---|---|---|---|---|
| 양성화 | 단정 | 충매화 | 5~6월 | 향기 |

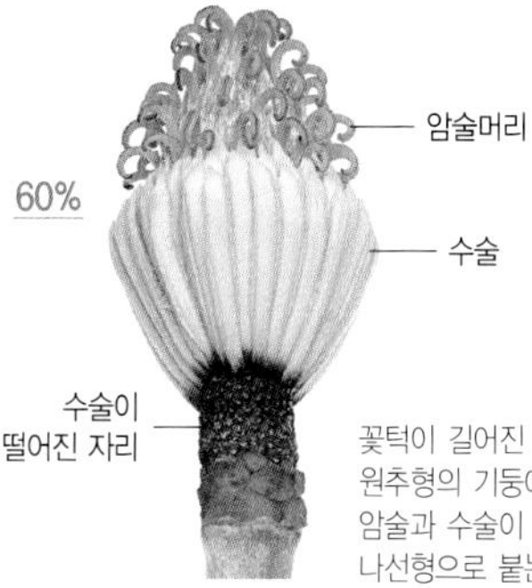

어긋나며, 긴 타원형이고 가장자리는 밋밋하다. 재질은 가죽질이고 매우 딱딱하며, 앞면은 광택이 난다.

60%

암술머리
수술
수술이 떨어진 자리

꽃턱이 길어진 원추형의 기둥에 암술과 수술이 나선형으로 붙는다.

30%

5~6월 가지 끝에 지름 15~25cm의 대형 양성화가 핀다. 화피조각은 9개이고 모두 꽃잎 모양이다.

40%

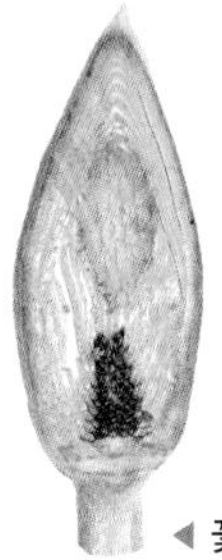

◀ 꽃봉오리의 단면

❶ 5~6월 가지 끝에 향기가 강한 백색의 양성화가 핀다.
❷ 꽃은 지름 15~25cm의 대형이다. 화피조각은 9개이며, 모두 꽃잎 모양이고 3장씩 3줄로 난다.
❸ 꽃턱이 길어진 원추형의 기둥에 암술과 수술이 나선형으로 붙는다. 수술은 길이 2cm정도이고 수술대는 자주색이고 납작하다. 암술대는 개화기가 끝날 때까지 아래를 향해 굽어 있다.

새 가지의 잎겨드랑이에서 나온 원추꽃차례에 황록색의 양성화가 모여 핀다

# 후박나무 *Machilus thunbergii* 【녹나무과 후박나무속】

• 상록교목 • 수고 20m • 분포 울릉도, 제주도, 서남해안 도서의 낮은 지대
• 유래 나뭇잎과 나무껍질이 두껍기 때문에 붙인 이름 • 꽃말 모정

어긋나며, 긴 타원형이고
가장자리는 밋밋하다.
잎은 가지 끝에 모여 나는 경향이 있다.

| 꽃의 성 | 꽃차례 | 수분법 | 개화기 |
|---|---|---|---|
| |  |  |  |
| 양성화 | 원추 | 충매화 | 5~6월 |

▲ **꽃차례**
5~6월에 새 가지의 잎겨드랑이에서 나온 원추꽃차례에 황록색의 양성화가 모여 핀다.

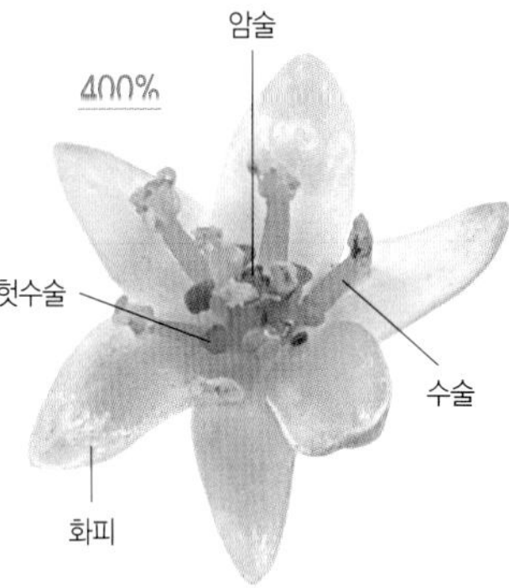


암술은 1개이고 암술대는 가늘며, 암술머리의 끝은 원반 모양으로 부풀어 있다.
수술은 9개이고 가장 안쪽에 헛수술이 3개 있다.

❶ 5~6월에 새 가지의 잎겨드랑이에서 나온 원추꽃차례에 황록색의 양성화가 모여 핀다.
❷ 꽃은 방사상칭형이다. 화피조각은 6개이고 길이 5~7mm의 긴 타원형이며 안쪽 면에 잔털이 있다.
❸ 암술은 1개이고, 암술대는 가늘고 암술머리는 부풀어 있다. 수술 9개와 헛수술 3개가 3개씩 4열로 배열한다. 3열째 수술 아랫부분에 선체가 있으며, 가장 안쪽의 3개는 헛수술이다.

암수한그루이며, 수꽃차례는 새 가지의 밑 부분에서 아래로 드리운다

# 가시나무

*Quercus myrsinaefolia* 【참나무과 참나무속】

- 상록교목 • 수고 15~20m • 분포 제주도, 전남 진도 및 서남해안 일부 도서
- 유래 가서목(哥舒木)에서 '가서나무'를 거쳐 가시나무로 불린다. 또는 일본어 가시(カシ, 樫)와 비슷한 발음에서 유래된 것
- 꽃말 번영

어긋나며, 피침형 또는 긴 타원형이고
잎의 상반부 2/3 이상까지 둔한 톱니가 있다.

| 꽃의 성 | 꽃차례 | 수분법 | 개화기 |
|---|---|---|---|
|  |  | | |
| 암수한 | 미상(♂) | 풍매화 | 4~5월 |

▲ **암꽃차례**
새 가지 끝의 잎겨드랑이에 곧추서며,
암꽃이 3~4개씩 모여 핀다.

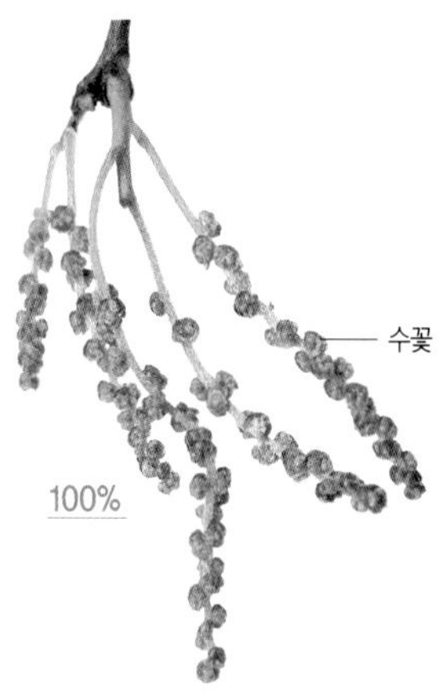


▲ **수꽃차례**
짧은 가지에 피며, 미상꽃차례를
아래로 드리운다.
수꽃은 포 아래에 1~3개씩 핀다.

❶ 암수한그루이며, 4~5월에 꽃이 핀다.

❷ 암꽃차례는 길이 1.5~3cm이고 새 가지 끝의 잎겨드랑이에 곧추서며, 암꽃이 3~4개씩 모여 핀다. 암술대는 3개이고 뒤로 젖혀진다.

❸ 수꽃차례는 새 가지의 밑 부분이나 전년지의 잎겨드랑이에서 나온 짧은 가지에서 피며, 길이 5~12cm의 미상꽃차례를 아래로 드리운다. 수꽃은 포 아래에 1~3개씩 피고, 수술은 3~6개다.

암꽃은 연자색의 달걀 모양이며, 수꽃은 황색이고 타원형이다

# 곰솔

*Pinus thunbergii* 【소나무과 소나무속】

- 상록교목 • 수고 20~25m • 분포 중남부의 바닷가 및 인근 산지
- 유래 '수피가 검은 소나무(黑松)' 라는 뜻의 우리말 '검솔' 에서 곰솔로 변한 것
- 꽃말 장수

| 꽃의 성 | 수분법 | 개화기 | 기 타 |
| --- | --- | --- | --- |
|  | |  |  |
| 암수한 | 풍매화 | 4~5월 | 꽃가루 |

한 다발에 2개의 바늘잎이 모여 난다.
잎끝은 뾰족하고 단단하여 찔리면 아프다.

▲ **암꽃차례**
암꽃은 연자색이고 달걀 모양이며,
새 가지 끝에 2~3개 정도 핀다.

▲ **수꽃차례**
수꽃은 황색이고 타원형이며,
새 가지 아래쪽에 여러 개가 모여 핀다.
개화기에는 꽃가루가 많이 날린다.

❶ 암수한그루이며, 4~5월에 개화한다. 개화기에는 꽃가루가 많이 날린다.
❷ 암꽃은 길이 약 6mm이며, 연자색이고 달걀 모양이다. 보통 수꽃차례 위쪽의 새 가지 끝에 2개씩 피지만, 그 이상 피기도 한다.
❸ 수꽃은 황색이고 길이 1.5~2cm의 타원형이며, 새 가지 아래쪽에 여러 개가 모여 핀다.

암수한그루이며, 충매화이기 때문에 화기에는 강한 향기를 발산한다

# 구실잣밤나무

*Castanopsis sieboldii*
【참나무과 메밀잣밤나무속】

• 상록교목 • 수고 15m • 분포 서남해안 도서 및 제주도의 산지
• 유래 잣처럼 생긴 작은 밤이 열리는데, 밤의 모양이 구슬과 비슷하여 붙인 이름
• 꽃말 남자의 향기

| 꽃의 성 | 꽃차례 | 수분법 | 개화기 | 기 타 |
|---|---|---|---|---|
| 암수한 | 수상(↕) | 충매화 | 6월 | 향기 |

어긋나며, 잎몸은 가죽질이고 앞면에는 광택이 있다. 뒷면에 은갈색의 털이 많다.

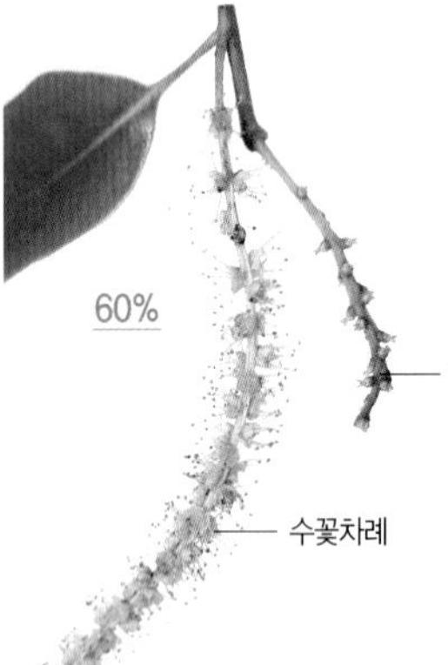

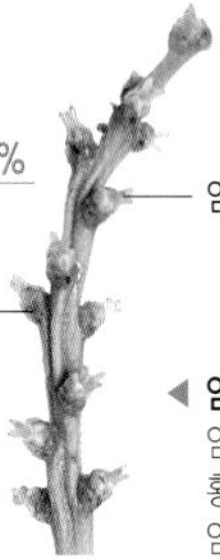

150%
암술머리
화피

◀ **암꽃차례**
암꽃은 5~10개의 황갈색 화피에 싸여 있고 암술대는 3갈래로 갈라진다.

60%
암꽃차례
수꽃차례

50%
수꽃

◀ **수꽃차례**
수꽃은 미상꽃차례에 피며, 황색이고 5~6개로 갈라진 황록색 화피가 있다.

▲ **꽃차례**
암수한그루이며, 꽃이 피면 강한 향기를 발산한다.

❶ 암수한그루이며, 새 가지 밑 부분의 잎겨드랑이에서 위를 향해 핀다. 충매화이기 때문에 화기(6월)에는 강한 향기를 발산한다.

❷ 암꽃차례는 길이 6~10cm이고 새 가지 윗부분의 잎겨드랑이에서 위를 향해 핀다. 암꽃은 5~10개의 황갈색 화피에 싸여 있고 암술대는 3갈래로 갈라진다.

❸ 수꽃차례는 길이 8~12cm이고 새 가지 아랫부분에서 위를 향해 뻗지만 가늘어서 아래로 드리운다. 수꽃은 수술이 12~15개이며, 황색이고 5~6개로 갈라진 황록색 화피가 있다.

암꽃은 가지 끝에 1~2개씩, 수꽃은 가지 아래 쪽에 20~30개씩 모여 핀다

# 금송

*Sciadopitys verticillata* 【금송과 금송속】

• 상록교목 • 수고 20~30m • 분포 전국적으로 공원수, 정원수로 식재
• 유래 잎 뒷면에 황백색 골이 나 있는 것에서 '금(金)' 자가 붙고, 솔잎 같은 잎이 달린다 하여 '송(松)' 자가 더해져서 된 이름 • 꽃말 보호

암수한 풍매화 4월

잎이 짧은 가지 끝에 15~40개씩 묶음으로 돌려난다. 잎 뒷면에 흰색 숨구멍줄이 있다.

50%

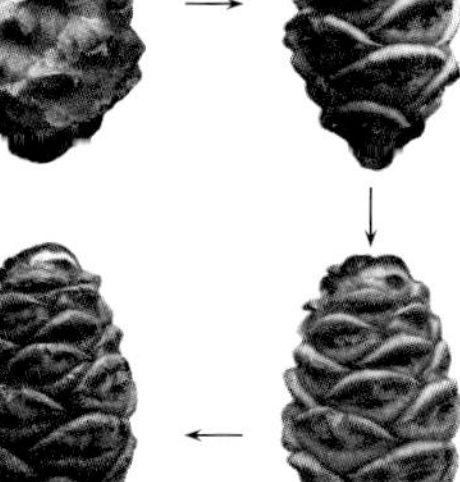

▲ 암꽃
타원형이고 가지 끝에 1~2개 붙는다.

▲ 암꽃의 단면

▲ 암꽃의 변화

120%

◀ 수꽃차례
수꽃은 가지의 아래쪽에 20~30개가 모여 달리며, 길이 7mm 정도이고 타원형이다.

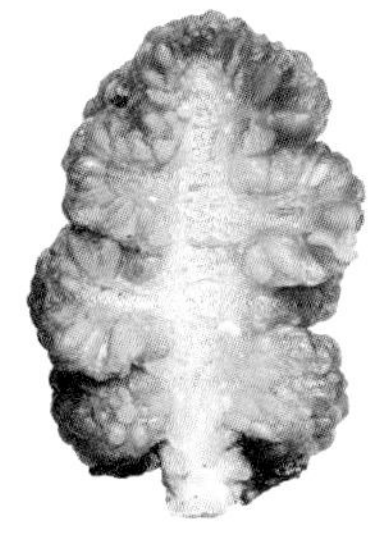

▲ 수꽃의 단면

❶ 암수한그루이며, 4월에 꽃이 핀다.
❷ 암꽃은 타원형이고 가지 끝에 1~2개씩 붙는다.
❸ 수꽃은 가지의 아래쪽에 20~30개가 모여 달리며, 갈색이고 길이 7mm 정도의 타원형이다.

암꽃차례는 연홍색이고 긴 타원형이며, 수꽃차례는 황록색이고 원기둥 모양이다

# 독일가문비나무

*Picea abies*
【소나무과 가문비나무속】

- 상록교목 • 수고 50m • 분포 전국적으로 공원 및 정원에 식재
- 유래 유럽에서 도입된 가문비나무라는 뜻에서 붙여진 이름이며, 가문비나무라는 이름은 '검은피나무'가 변한 것이다. • 꽃말 성실, 정직

| 꽃의 성 | 수분법 | 개화기 |
|---|---|---|
| 암수한 | 풍매화 | 4~5월 |

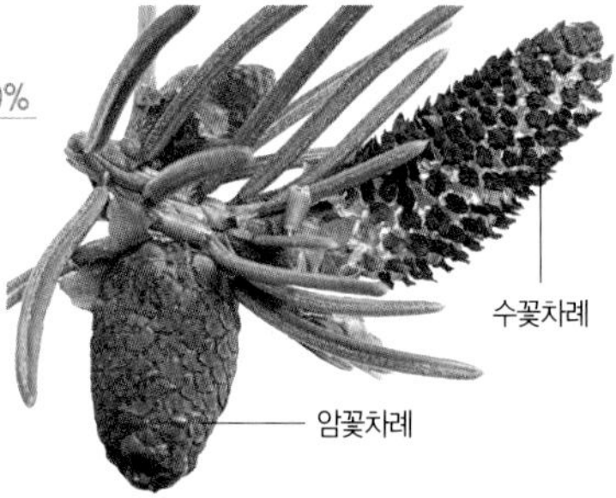

바늘잎이 가지에 입체적으로 돌려난다. 잎끝이 뾰족하고 단단하여 찔리면 아프다.

150%

**꽃차례** ▶
암수한그루이며, 4~5월에 전년도의 가지 끝에 꽃이 핀다.

수꽃차례

암꽃차례

120%

◀ **암꽃차례**
연홍색이며, 길이 4~5.5cm의 긴 타원형이다.

200%

◀ **수꽃차례**
황록색이며, 길이 2~2.5cm의 원기둥 모양이다.

❶ 암수한그루이며, 4~5월에 전년도의 가지 끝에 꽃이 핀다.
❷ 암꽃차례는 연홍색이며, 길이 4~5.5cm의 긴 타원형이다.
❸ 수꽃차례는 황록색이며, 길이 2~2.5cm의 원기둥 모양이다.

암꽃차례는 진한 자주색이고 달갈형이며, 수꽃차례는 황색이고 긴 원통형이다

# 리기다소나무 *Pinus rigida* 〔소나무과 소나무속〕

- 상록교목 • 수고 25~30m • 분포 전국에 조림
- 유래 종소명 '리기다(*rigida*)'에서 유래된 것으로, 단단한(rigid) 소나무라는 뜻의 이름
- 꽃말 희망의 속삭임

| 꽃의 성 | 수분법 | 개화기 | 기 타 |
|---|---|---|---|
|  |  |  |  |
| 암수한 | 풍매화 | 5월 | 꽃가루 |

한 다발에 3개의 바늘잎이 모여 나며, 촉감이 딱딱하다.

150%

▲ **수꽃차례**
황색이고 긴 원통형이며, 새 가지 아래쪽에 여러 개가 모여 핀다.

◀ **암꽃차례**
진한 자주색이고 달갈형이며, 새 가지의 끝에 핀다.

❶ 암수한그루이며, 5월에 꽃이 핀다.
❷ 암꽃차례는 새 가지의 끝에 피며, 진한 자주색이고 달갈형이다.
❸ 수꽃차례는 새 가지 아래쪽에 여러 개가 모여 피며, 황색이고 긴 원통형이다. 개화기에는 꽃가루가 많이 날린다.

암꽃차례는 황록색의 달걀형이고, 수꽃차례는 갈색의 긴 타원형이다

# 백송

*Pinus bungeana* 〔소나무과 소나무속〕

- 상록교목 • 수고 20~30m • 분포 전국에 정원수 및 공원수로 식재
- 유래 소나무속 나무이고, 자라면서 껍질이 벗겨져 회백색을 띠므로 붙여진 이름
- 꽃말 백년해로

| 꽃의 성 | 수분법 | 개화기 | 기 타 |
|---|---|---|---|
|  |  |  | |
| 암수한 | 풍매화 | 4~5월 | 꽃가루 |

300%

▲ **암꽃차례**
솔방울 모양의 달걀형이고 황록색이며, 새 가지의 선단에 붙는다.

150%

▲ **수꽃차례**
갈색이고 긴 타원형이며, 새 가지의 아랫부분에 붙는다.

❶ 암수한그루이며, 4~5월에 새 가지에 꽃이 핀다.
❷ 암꽃차례는 솔방울 모양의 달걀형이고 황록색이며, 새 가지의 선단에 붙는다.
❸ 수꽃차례는 갈색이고 긴 타원형이며, 새 가지의 아랫부분에 붙는다.

수꽃은 연황색이고 타원형이며, 꽃가루를 많이 발생한다

# 삼나무

*Cryptomeria japonica* 【측백나무과 삼나무속】

• 상록교목 • 수고 40m • 분포 제주도 및 남부 지방에 방풍림 혹은 조림용으로 식재
• 유래 이 나무의 일본 이름 '삼(杉)'을 그대로 빌려와서 사용한 것
• 꽃말 웅대, 그대를 위해 살다

| 꽃의 성 | 꽃차례 | 수분법 | 개화기 | 기 타 |
|---|---|---|---|---|
|  |  |  | | 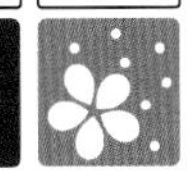 |
| 암수한 | 수상(↕) | 풍매화 | 3~4월 | 꽃가루 |

바늘잎이 나사 모양으로 돌려가며 난다.
잎이 단단해서 찔리면 아프다.

100%

▲ **암꽃차례**
암꽃은 녹색이고 구형이며, 전년지의 끝에서 아래를 향해 1개씩 핀다.

150%

▲ **꽃차례**
암수한그루이며, 3~4월에 꽃이 핀다.

100%

▲ **수꽃차례**
수꽃은 연황색이고 타원형이며, 전년지 끝의 잎겨드랑이에서 이삭 모양으로 모여 핀다.

❶ 암수한그루이며, 3~4월에 꽃이 핀다.
❷ 암꽃은 녹색이며, 길이는 2~3cm이고 구형이다. 전년지의 끝에서 아래를 향해 1개씩 핀다.
❸ 수꽃은 연황색이며, 길이는 5~8mm이고 타원형이다. 전년지 끝의 잎겨드랑이에서 이삭 모양으로 모여 핀다.

수꽃차례는 황색이고 원통형이며, 꽃가루를 많이 발생한다

# 소나무

*Pinus densiflora* 【소나무과 소나무속】

- 상록교목 • 수고 20~35m • 분포 북부 고원지대와 높은 산 정위쪽을 제외한 전국의 산지
- 유래 으뜸을 뜻하는 우리말 '수리'가 변한 '솔'에서 유래된 이름
- 꽃말 불로장수, 용감, 정절

| 꽃의 성 | 수분법 | 개화기 | 기 타 |
|---|---|---|---|
| 암수한 | 풍매화 | 4~5월 | 꽃가루 |

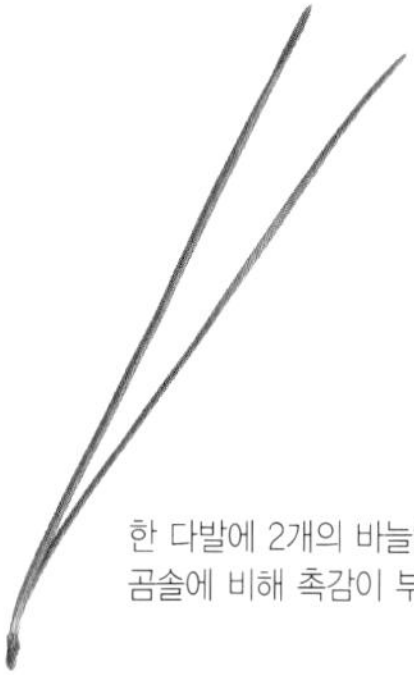

한 다발에 2개의 바늘잎이 모여 나며, 곰솔에 비해 촉감이 부드럽다.

280%

100%

▲ **암꽃차례**
진한 자색이고 달걀형이다. 새 가지의 아랫부분에 핀다. 보통 수꽃차례의 위쪽에 1~4개씩 핀다.

▲ **수꽃차례**
황색이고 원통형이며, 새 가지 끝에 여러 개가 모여 핀다.

❶ 암수한그루이며, 4~5월에 꽃이 핀다. 개화기에는 꽃가루가 많이 날린다.

❷ 암꽃차례는 진한 자색이고 달걀형이며, 새 가지의 아랫부분에 핀다. 보통 수꽃차례의 위쪽에 1~4개씩 핀다.

❸ 수꽃차례는 황색이고 원통형이며, 새 가지 끝에 여러 개가 모여 핀다.

암수한그루이며, 4~5월에 꽃이 핀다

# 솔송나무

*Tsuga sieboldii* 【소나무과 솔송나무속】

• 상록교목 • 수고 25~30m • 분포 울릉도의 산지 사면 및 능선
• 유래 소나무를 뜻하는 '솔'이라는 우리말과 '송(松)'이라는 한자를 붙여서 만든 이름
• 꽃말 행복한 마음

잎이 가지에 2줄로 나란히 나며, 잎끝이 둥글고 오목하게 들어간다.

| 꽃의 성 | 수분법 | 개화기 |
|---|---|---|
|  |  |  |
| 암수한 | 풍매화 | 4~5월 |

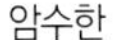

▲ **꽃차례**
암수한그루이며, 4~5월에 꽃이 핀다.

◀ **암꽃차례**
길이 5mm 정도의 달걀형이며, 전년지의 끝에서 아래를 향해 핀다.

▲ **수꽃차례**
길이 5~6mm의 달걀형이며, 짧은 가지 끝에 핀다.

① 암수한그루이며, 4~5월에 꽃이 핀다.
② 암꽃차례는 길이 5mm 정도의 달걀형이며, 전년지의 끝에서 아래를 향해 핀다.
③ 수꽃차례는 길이 5~6mm의 달걀형이며, 짧은 가지 끝에 피고 길이 5~6mm의 자루가 있다.

수꽃차례는 새 가지의 아래쪽에 모여 피며, 황갈색이고 원통형이다

# 스트로브잣나무

*Pinus strobus*
【소나무과 소나무속】

- 상록교목 • 수고 20~30m • 분포 전국의 공원 및 고속도로변에 식재
- 유래 종소명 스트로부스(*strobus*)에서 유래된 이름으로, 이는 솔방울을 뜻한다.
- 꽃말 백년해로

| 꽃의 성 | 수분법 | 개화기 | 기 타 |
|---|---|---|---|
| 암수한 | 풍매화 | 5월 | 꽃가루 |

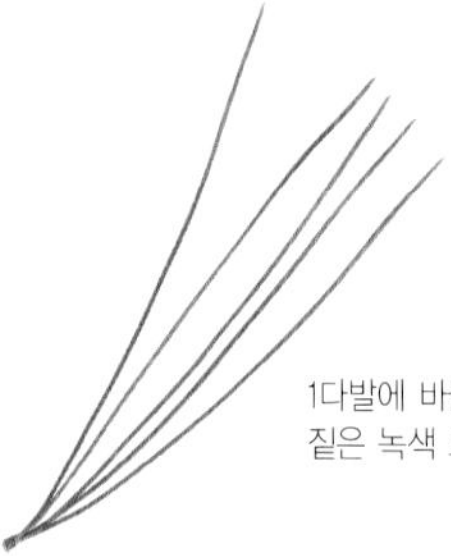

1다발에 바늘잎이 5개씩 모여 난다.
짙은 녹색 또는 회녹색이고 촉감이 부드럽다.

180%

50%

150%

▲ **암꽃차례**
붉은색이고 타원형 또는 달걀 모양의 구형이며, 새 가지 끝에 핀다.

▲ **수꽃차례**
황갈색이고 원통형이며, 새 가지의 아래쪽에 여러 개가 모여 핀다.

❶ 암수한그루이며, 5월에 꽃이 핀다. 개화기에는 꽃가루가 많이 날린다.
❷ 암꽃차례는 붉은색이고 길이 1.5~2cm의 타원형 또는 달걀 모양의 구형이다. 새 가지 끝에 핀다.
❸ 수꽃차례는 황갈색이고 길이 1~1.5cm의 원통형이며, 새 가지의 아래쪽에 여러 개가 모여 핀다.

암수한그루이며, 5월에 꽃이 핀다

# 오엽송

*Pinus parviflora* 〔소나무과 소나무속〕

- 상록교목 • 수고 15~20m • 분포 전국적으로 정원수로 식재
- 유래 소나무속 나무이며, 한 다발에 다섯 개의 잎이 모여 난다 하여 붙인 이름
- 꽃말 불로장수, 영원한 젊음

| 꽃의 성 | 수분법 | 개화기 | 기 타 |
|---|---|---|---|
|  |  | 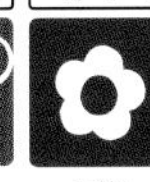 | 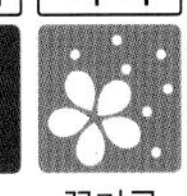 |
| 암수한 | 풍매화 | 5월 | 꽃가루 |

1다발에 5개의 바늘잎이 모여난다.
양면에 4줄의 흰색 숨구멍줄이 있다.

▲ **암꽃차례**
새 가지 끝에 2~3씩 모여 피며,
홍자색 또는 녹색이고 타원형이다.

▲ **수꽃차례**
새 가지의 아래쪽에 여러 개가
모여 피며, 긴 타원형이다.

❶ 암수한그루이며, 5월에 꽃이 핀다. 개화기에는 꽃가루가 많이 날린다.
❷ 암꽃차례는 홍자색 또는 녹색이고 타원형이며, 새 가지 끝에 2~3씩 모여 핀다.
❸ 수꽃차례는 긴 타원형이며, 새 가지의 아래쪽에 여러 개가 모여 핀다.

암수한그루이며, 수꽃차례는 새 가지의 밑 부분에서 아래로 드리운다

# 전나무

*Abies holophylla* 〖소나무과 전나무속〗

• 상록교목 • 수고 30~40m • 분포 지리산 이북의 산지 능선이나 계곡부
• 유래 나무에 상처가 나면 젖(우유) 같은 흰 수지가 나온다고 하여 '젓나무'라 하다가 전나무로 변한 것 • 꽃말 숭고, 승진, 장엄, 정직

바늘잎이 가지에 입체적으로 돌려난다. 바늘잎은 뾰족하고 단단해서 찔리면 아프다.

| 꽃의 성 | 수분법 | 개화기 | 기 타 |
|---|---|---|---|
|  |  | |  |
| 암수한 | 풍매화 | 4~5월 | 꽃가루 |

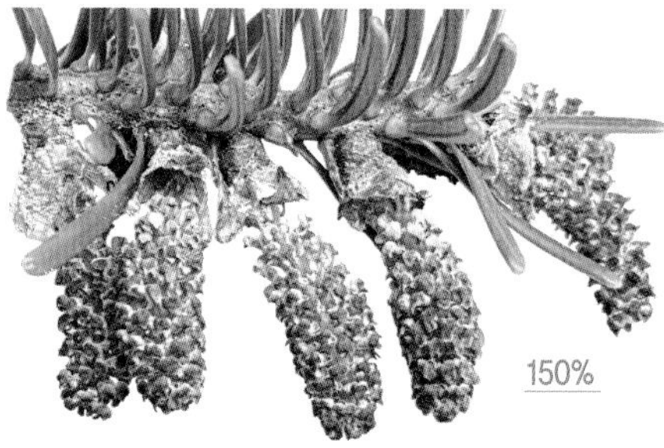

150%

▲ **수꽃차례**
황록색이고 원통형이며, 전년지의 잎겨드랑이에 여러 개가 모여 달린다.

150%

◀ **암꽃차례**
연한 녹색이고 긴 타원형이며, 2~3개가 전년지에 위로 곧추서서 달린다.

❶ 암수한그루이며, 4~5월에 개화한다. 개화기에는 꽃가루가 많이 날린다.
❷ 암꽃은 길이 약 3.5cm이고 연녹색의 긴 타원형이다. 2~3개가 가까이 달리며, 전년지에 위로 곧추서서 달린다.
❸ 수꽃은 황록색이고 길이 1.5cm의 원통형이다. 전년지의 잎겨드랑이에 여러 개가 모여 달린다.

암수한그루이며, 수꽃차례는 새 가지의 잎겨드랑이에 1~2개씩 핀다

# 졸가시나무

*Quercus phillyraeoides*
【참나무과 참나무속】

• 상록교목 • 수고 10m • 분포 남부 지방에 조경수 및 공원수로 식재
• 유래 가시나무 종류 중에서 잎이 가장 작아서 붙인 이름
• 꽃말 엄격

| 꽃의 성 | 꽃차례 | 수분법 | 개화기 |
|---|---|---|---|
| 암수한 | 미상(↕) | 풍매화 | 4~5월 |

어긋나며, 타원형이고 가장자리 상반부에 얕은 톱니가 있다. 다른 가시나무 종류에 비해 크기가 작다.

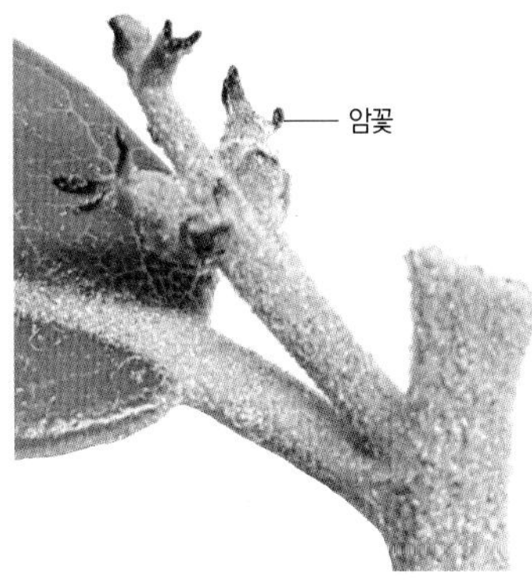


▲ **암꽃차례**
암꽃은 새 가지의 위쪽 잎겨드랑이에 1~2개씩 피며, 암술대는 3갈래로 갈라진다.

▲ **수꽃차례**
새 가지 아랫부분에서 아래로 드리우며, 축에는 털이 밀생한다. 수술은 4~5개다.

① 암수한그루이며, 4~5월에 잎이 나면서 동시에 꽃이 핀다.
② 암꽃은 새 가지의 위쪽 잎겨드랑이에 1~2개씩 피며, 암술대는 3갈래로 갈라진다.
③ 수꽃차례는 길이 2~2.5cm이고 새 가지 밑 부분에서 아래로 드리우며, 축에는 털이 밀생한다. 수술은 4~5개다.

암수한그루이며, 수꽃차례는 새 가지의 밑 부분에서 아래로 드리운다

# 종가시나무

*Quercus glauca* 【참나무과 참나무속】

- 상록교목 • 수고 15~20m • 분포 서남해안 및 제주도의 낮은 산지
- 유래 가시나무 종류이면서, 도토리와 깍정이의 모양이 종처럼 생겨서 붙인 이름
- 꽃말 품절녀

| 꽃의 성 | 꽃차례 | 수분법 | 개화기 |
|---|---|---|---|
| 암수한 | 미상(↕) | 풍매화 | 4~5월 |

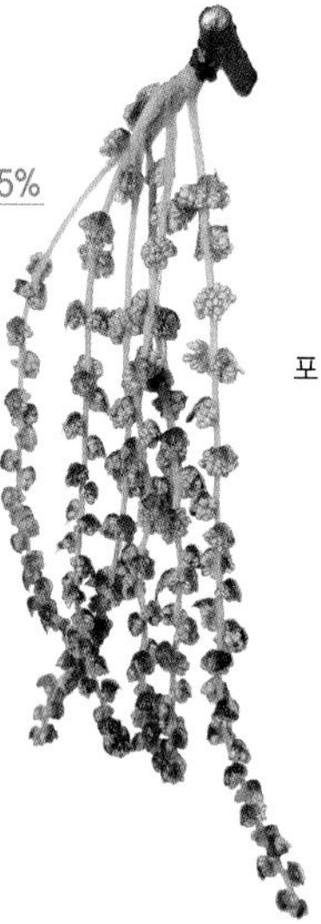

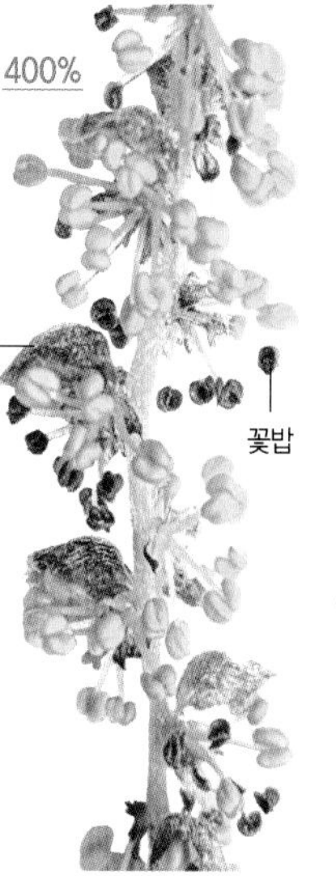

어긋나며, 달걀형 또는 거꿀달걀형이고 잎의 상반부에만 톱니가 있다.

800%

암술머리

화피

▲ **암꽃차례**
꽃차례는 새 가지 끝의 잎겨드랑이에 곧추서며, 암꽃이 3~5개씩 모여 핀다.

85%

400%

포

꽃밥

▲ **수꽃차례**
미상꽃차례를 이루며, 새 가지의 아랫부분에서 아래로 드리워 핀다.

❶ 암수한그루이며, 4~5월에 꽃이 핀다.

❷ 암꽃차례는 새 가지의 위쪽 잎겨드랑이에 곧추서며, 암꽃이 3~5개씩 모여 붙는다. 암술대는 보통 3개이고 끝이 뒤로 젖혀지며, 포는 달걀형이고 길이는 0.7mm이다.

❸ 수꽃차례는 길이 5~12cm이고 미상꽃차례를 이루며, 새 가지의 아랫부분에서 아래로 드리운다. 수꽃은 수술이 4~6개이고, 포 아래에 2~3개씩 모여 핀다.

암꽃차례는 청록색이고 구형이며, 수꽃차례는 황록색이고 타원형이다

# 측백나무

*Thuja orientalis* 【측백나무과 측백나무속】

- 상록교목 • 수고 20m • 분포 대구, 안동, 울진, 단양 등 석회암 또는 퇴적암 절벽지
- 유래 잎이 납작하고 옆(側)으로 자라기 때문에 붙인 이름
- 꽃말 건강, 견고한 우정, 기대

| 꽃의 성 | 수분법 | 개화기 | 기 타 |
|---|---|---|---|
|  |  |  | 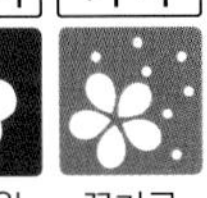 |
| 암수한 | 풍매화 | 3~4월 | 꽃가루 |

작고 납작한 잎이 포개져 있다.
숨구멍줄이 없어 잎의 앞뒤 구분이 어렵다.

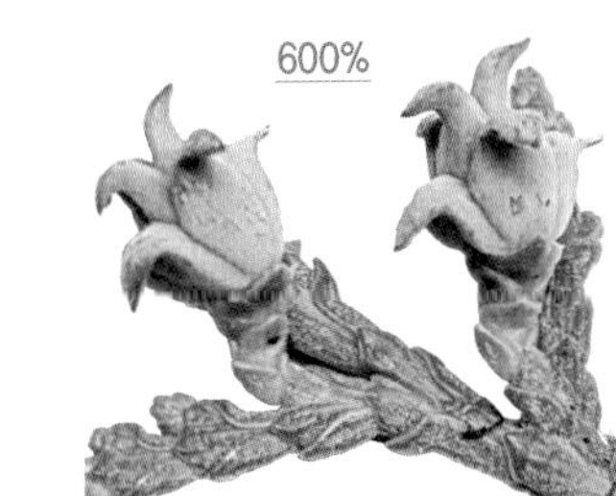


▲ **암꽃**
구형이고 청록색 또는 황적색을 띠며, 6~8개의 비늘조각으로 이루어진다.

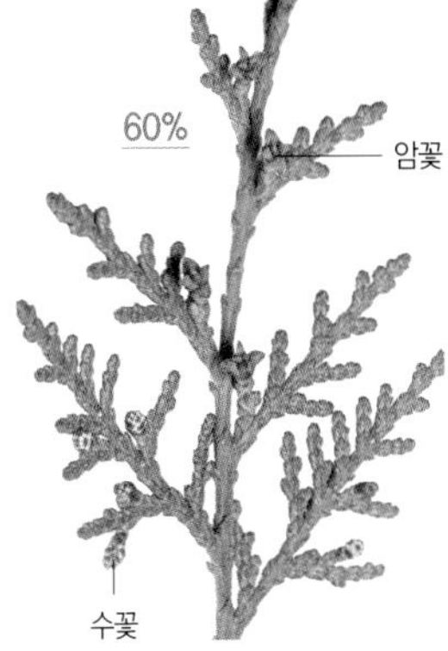


▲ **꽃차례**
암수한그루이며, 3~4월에 암수꽃 모두 가지 끝에 핀다.

◀ **수꽃**
타원형이고 황록색을 띠며, 10개의 비늘조각으로 이루어진다.

❶ 암수한그루이며, 3~4월에 암수꽃 모두 가지 끝에 핀다.

❷ 암꽃은 청록색 또는 황적색이고 길이 3mm 정도의 구형이다. 6~8개의 비늘조각(종린)으로 이루어지며, 끝이 뒤로 젖혀진다. 수분기에는 배주에서 나온 수분적(受粉滴)에 꽃가루가 붙어서 수분이 이루어진다.

❸ 수꽃은 길이 2~3mm의 타원형이며 황록색이다. 10개의 비늘조각(종린)으로 이루어진다.

암꽃차례는 녹갈색이고 구형이며, 수꽃차례는 적갈색이고 타원형이다

# 편백

*Chamaecyparis obtusa* 【측백나무과 편백속】

- 상록교목 • 수고 30m • 분포 제주도 및 남부 지방에 식재
- 유래 '잎이 납작한 나무' 라는 뜻의 중국 이름 편백(扁柏)을 빌려와 붙인 이름
- 꽃말 변하지 않는 사랑

| 꽃의 성 | 꽃차례 | 수분법 | 개화기 | 기 타 |
|---|---|---|---|---|
| 암수한 | 단정 | 풍매화 | 4월 | 꽃가루 |

작고 납작한 잎이 포개져 난 모양이 물고기의 비늘을 닮았다. 뒷면에 Y자 모양의 흰색 숨구멍줄이 있다.

200%

**수꽃차례 ▶**
4월에 가지 끝에 피며, 적갈색이고 길이 3mm 정도의 타원형이다.

수꽃

400%

200%

암꽃

200%

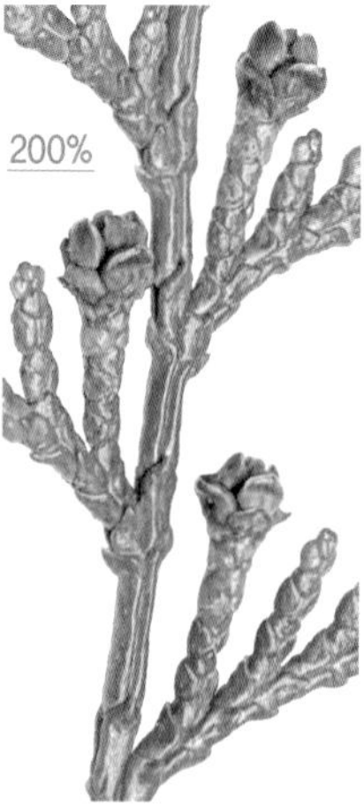

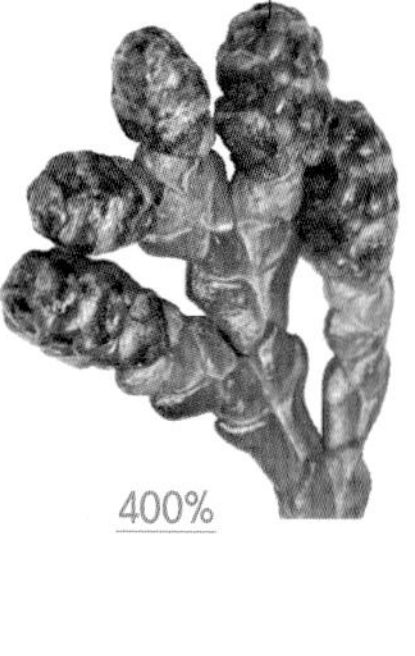

**▲ 암꽃차례**
암수한그루이며, 암꽃차례는 녹갈색이고 길이 3~5mm의 구형이다.

1. 암수한그루이며, 4월에 가지 끝에서 꽃이 핀다.
2. 암꽃은 녹갈색이고 길이 3~5mm의 구형이다. 암꽃이 수꽃보다 빨리 시든다.
3. 수꽃은 적갈색이고 길이 3mm 정도의 타원형이다. 비늘조각 안에 3~4개의 꽃밥이 있다.

암꽃차례는 회청색이고 별 모양이며, 수꽃차례는 자갈색이고 타원형이다

# 화백

*Chamaecyparis pisifera* 【측백나무과 편백속】

- 상록교목 • 수고 30m • 분포 주로 남부 지방에 공원수, 조경수, 산울타리로 식재
- 유래 측백나무와 비슷한데, 암꽃이 제법 꽃답게 피기 때문에 붙인 이름
- 꽃말 화목

| 꽃의 성 | 꽃차례 | 수분법 | 개화기 | 기 타 |
|---|---|---|---|---|
| 암수한 | 단정 | 풍매화 | 4월 | 꽃가루 |

작고 납작한 잎이 포개져 나며, 뒷면에 X자형의 숨구멍줄이 있다.

▲ **암꽃차례**
암꽃은 작은 별 모양이고 길이 3~5mm이며, 회청색을 띤다.

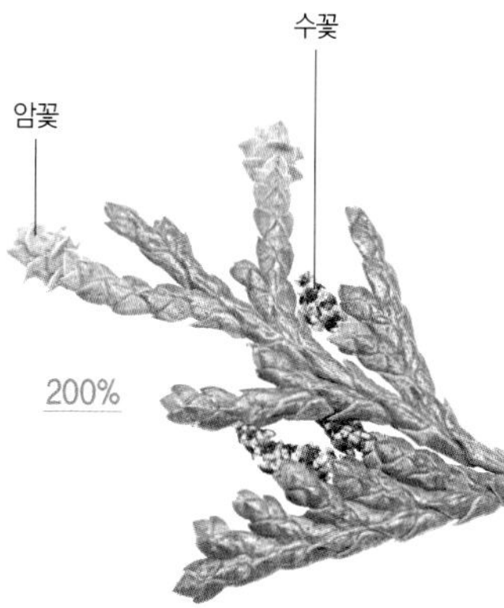


▲ **꽃차례**
암수한그루이며, 4월에 암수꽃 모두 전년지 끝에 핀다.

▲ **수꽃차례**
수꽃은 타원형이고 길이 3mm 정도이며, 자갈색을 띤다.

❶ 암수한그루이며, 4월에 암수꽃 모두 전년지 끝에 핀다.
❷ 암꽃은 작은 별 모양이고 길이 3~5mm이며, 회청색을 띤다.
❸ 수꽃은 타원형이고 길이 3mm 정도이며, 자갈색을 띤다.

암수딴그루이며, 산형꽃차례에 연한 자색 또는 백색 꽃이 모여 핀다

# 먼나무

*Ilex rotunda* 〔감탕나무과 감탕나무속〕

• 상록교목 • 수고 10~20m • 분포 전남 보길도, 제주도의 산지 숲속 및 계곡부
• 유래 겨울 내내 붉은 열매가 달린 모습 모습이 멋스러워 '멋나무'라 하다가 먼나무로 변한 것
• 꽃말 보호

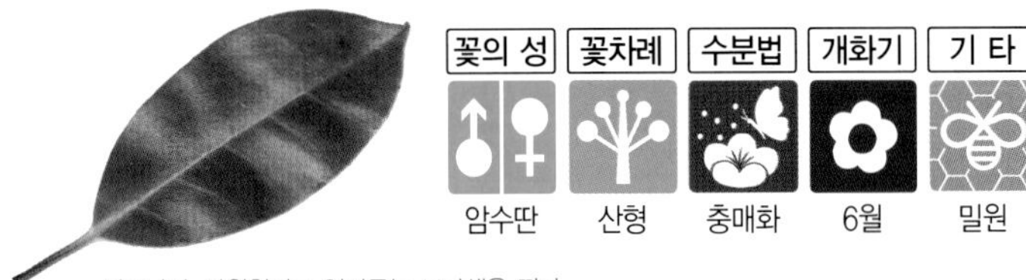


어긋나며, 타원형이고 잎자루는 보라색을 띤다.
잎면은 가죽질이고 광택이 난다.

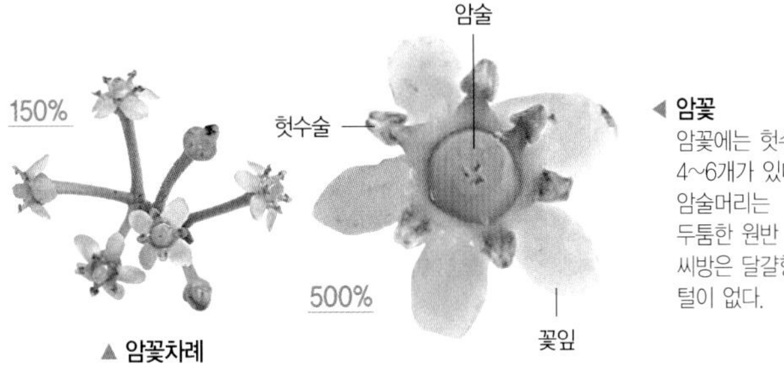


▲ 암꽃차례

◀ **암꽃**
암꽃에는 헛수술이 4~6개가 있다. 암술머리는 두툼한 원반 모양이며, 씨방은 달걀형이고 털이 없다.

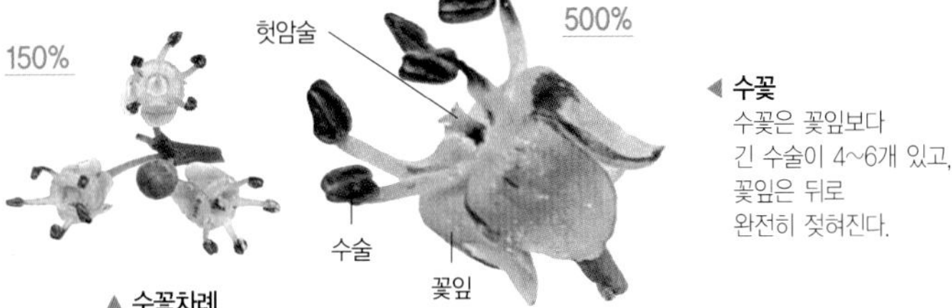


▲ 수꽃차례

◀ **수꽃**
수꽃은 꽃잎보다 긴 수술이 4~6개 있고, 꽃잎은 뒤로 완전히 젖혀진다.

❶ 암수딴그루이며, 6월에 새 가지의 잎겨드랑이에서 나온 산형꽃차례에 백색 또는 연한 자색의 꽃이 모여 핀다.
❷ 암꽃에는 불임성의 헛수술이 4~6개 있다. 암술머리는 두툼한 원반 모양이며, 씨방은 달걀형이고 털이 없다.
❸ 수꽃은 꽃잎보다 긴 수술이 4~6개가 있고, 꽃잎은 뒤로 완전히 젖혀진다.

암꽃은 녹색의 달걀형이고, 수꽃은 황갈색의 타원형이다

# 비자나무

*Torreya nucifera* 【주목과 비자나무속】

- 상록교목 • 수고 10~25m • 분포 전북 내장산 이남에서 제주도까지
- 유래 양쪽으로 뻗은 나뭇잎 모양이 한자 비(非) 자를 닮아서 붙인 이름
- 꽃말 소중, 사랑스러운 미소

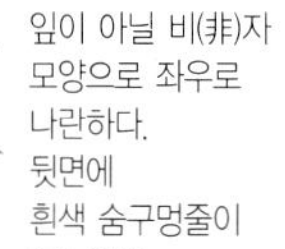

잎이 아닐 비(非)자 모양으로 좌우로 나란하다. 뒷면에 흰색 숨구멍줄이 2줄 있다.

| 꽃의 성 | 수분법 | 개화기 |
|---|---|---|
|  |  |  |
| 암수딴 | 풍매화 | 4~5월 |

100%

300%

▲ **암꽃차례**
암꽃은 녹색이고 길이 10mm 정도의 달걀형이며, 새 가지의 잎겨드랑이에 핀다.

100%

150%

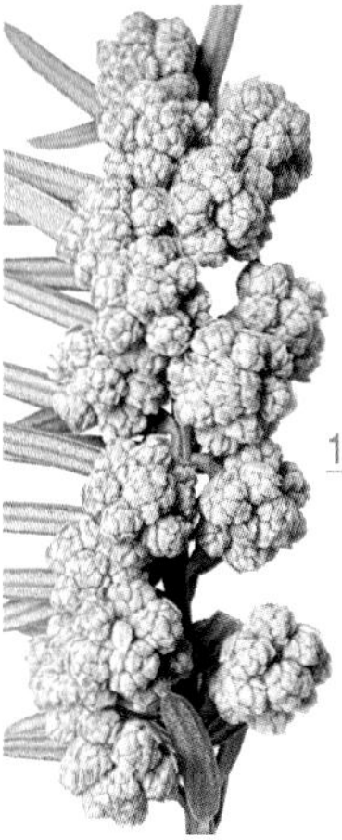

▲ **수꽃차례**
수꽃은 황갈색이고 길이 6mm 정도의 타원형이며, 전년지의 잎겨드랑이에 모여 핀다.

❶ 암수딴그루이며, 4~5월에 꽃이 핀다.
❷ 암꽃은 녹색이고 길이 10mm 정도의 달걀형이며, 새 가지의 잎겨드랑이에 핀다.
❸ 수꽃은 황갈색이고 길이 6mm 정도의 타원형이며, 전년지의 잎겨드랑이에 모여 핀다.

암수딴그루이며, 4월에 꽃이 핀다

# 주목

*Taxus cuspidata* 【주목과 주목속】

• 상록교목 • 수고 15~20m • 분포 중남부 지역 산지의 능선 및 사면
• 유래 나무의 껍질과 줄기속이 붉은색(朱)을 띠기 때문에 붙인 이름
• 꽃말 고상함, 명예

가지에 나선형으로 나지만 곁가지에는 2줄로 나란히 난다. 잎이 부드러워 찔려도 아프지 않다.

| 꽃의 성 | 수분법 | 개화기 |
|---|---|---|
|  | | |
| 암수딴 | 풍매화 | 4월 |

▲ **암꽃차례**
암꽃은 녹색이고 달걀형이며, 10개의 비늘조각에 싸여있다. 잎겨드랑이에 달린다.

▲ **수꽃차례**
수꽃은 갈색이고 거꿀달걀형 또는 구형이며, 6개의 비늘조각에 싸여있다.

❶ 암수딴그루(간혹 암수한그루)이며, 4월에 꽃이 핀다.
❷ 암꽃은 잎겨드랑이에 달린다. 녹색이고 달걀형이며, 10개의 비늘조각(인편)에 싸여있다.
❸ 수꽃은 갈색이고 거꿀달걀형 또는 구형이며, 6개의 비늘조각(인편)에 싸여있다. 길이는 3.5mm 정도이고, 꽃자루 길이 0.5~1mm이다.

암수딴그루이며, 4~5월에 꽃이 핀다

# 향나무

*Juniperus chinensis* 【측백나무과 향나무속】

- 상록교목 • 수고 20~25m • 분포 강원도 및 경북(울릉도)의 암석지대
- 유래 나무에서 좋은 향기(香)가 나기 때문에 붙인 이름
- 꽃말 영원한 향기, 불멸

어린 가지에는 날카로운 바늘잎(침엽)이 나고,
7~8년 후에는 부드러운 비늘잎(인엽)으로 바뀐다.

| 꽃의 성 | 수분법 | 개화기 |
|---|---|---|
|  |  |  |
| 암수딴 | 풍매화 | 4~5월 |

300%

▲ **암꽃**
6개의 비늘조각에 싸여있으며,
길이 3~4mm이고 황색에서
녹자색으로 변한다.

300%

▲ **암꽃차례**
암수딴그루(간혹 암수한그루)이며,
4~5월에 전년지의 가지 끝에 핀다.

300%

▲ **수꽃**
길이 3~5mm의 타원형이며,
연황색이다.

❶ 암수딴그루(간혹 암수한그루)이며, 4~5월에 꽃이 핀다.
❷ 암꽃은 전년지 끝에 둥글고 긴 모양으로 핀다. 비늘조각은 6개이고 길이 3~4mm이며, 황색에서 녹자색으로 변한다.
❸ 수꽃은 전년지 끝에 연황색으로 피며, 길이 3~5mm의 타원형이다.

수꽃양성화한그루이며, 총상꽃차례의 위쪽에는 양성화 아래쪽에는 수꽃이 핀다

# 조록나무

*Distylium racemosum* 〔조록나무과 조록나무속〕

• 상록교목 • 수고 10~20m • 분포 전남, 경남의 도서 지역 및 제주도의 산지
• 유래 잎에 조롱이 달린 것처럼 벌레혹이 많이 붙기 때문에 '조롱나무'라 하다가 조록나무로 변한 것 • 꽃말 변하기 쉬운 사랑

| 꽃의 성 | 꽃차례 | 수분법 | 개화기 |
|---|---|---|---|
| 수양한 | 총상 | 풍충매화 | 3~4월 |

어긋나며, 잎몸은 가죽질이고 광택이 난다. 잎에 벌레혹이 많이 생긴다.

400%

암술

수술

◀ **양성화**
갈색 털로 덮인 수술이 있고, 위쪽은 2~3갈래로 갈라진다.

양성화

수꽃

250%

▲ **꽃차례**
수꽃양성화한그루이며, 잎겨드랑이에서 나온 총상꽃차례의 위쪽에 양성화, 아래쪽에 수꽃이 핀다.

300%

수술

◀ **수꽃차례**
수꽃은 암술이 퇴화되고, 수술대는 짧다.

❶ 수꽃양성화한그루이며, 잎겨드랑이에서 나온 총상꽃차례의 위쪽에 양성화가, 아래쪽에 수꽃이 핀다.
❷ 양성화는 갈색 털로 덮인 수술이 있고 위쪽은 2~3갈래로 갈라진다. 수술은 5~8개이고 꽃밥은 홍색이다.
❸ 수꽃은 수술대가 짧고, 암술은 퇴화되었다.

양성화만 피는 꽃차례와 수꽃과 양성화가 함께 피는 꽃차례가 있다

# 황칠나무

*Dendropanax trifidus*
【두릅나무과 황칠나무속】

• 상록교목 • 수고 10~15m • 분포 전라도의 도서 지역 및 제주도의 산지
• 유래 황칠 염료를 추출하는 나무이기 때문에 붙인 이름
• 꽃말 효심, 효도

| 꽃의 성 | 꽃차례 | 수분법 | 개화기 |
|---|---|---|---|
|  |  |  |  |
| 수양한 | 산형 | 충매화 | 7~8월 |

어린 나무의 잎은 3~5갈래로 갈라지는 갈래잎이다. 성목이 되면 마름모 모양으로 갈래가 없어진다.

300%

◀ **수꽃**
수술은 5개이다. 양성화의 아랫부분에 긴 씨방이 없다.

200%

▲ **양성꽃차례**
가지 끝에 구형의 산형꽃차례를 내고, 황록색의 꽃을 15~40개씩 피운다. 양성화만 피는 꽃차례와 수꽃과 양성화가 함께 피는 꽃차례가 있다.

300%

◀ **양성화**
수술은 5개이고 암술머리는 5갈래로 갈라진다. 아랫부분에 긴 씨방이 있다.

❶ 수꽃양성화한그루이며, 양성화만 피는 꽃차례와 수꽃과 양성화가 함께 피는 꽃차례가 있다. 7~8월에 가지 끝에 구형의 산형꽃차례를 1~3개 내고, 지름 1.5~2cm의 황록색의 꽃을 15~40개씩 피운다.

❷ 꽃잎은 5개이고 길이 2~3mm의 삼각상 달걀형이다. 꽃받침은 작은 톱니 모양이고 5갈래로 갈라지진다.

❸ 수술은 5개이고 암술머리는 5갈래로 갈라진다. 양성화의 아랫부분에는 긴 씨방이 있으나 수꽃에는 없다.

01. 꽃사과
02. 꽃산딸나무
03. 대추나무
04. 때죽나무
05. 마가목
06. 매실나무
07. 배나무
08. 배롱나무
09. 복사나무
10. 사과나무
11. 산사나무
12. 산수유
13. 살구나무
14. 석류나무
15. 아그배나무
16. 야광나무
17. 위성류
18. 윤노리나무
19. 자귀나무
20. 자두나무
21. 자목련
22. 쪽동백나무
23. 참빗살나무
24. 채진목
25. 콩배나무
26. 함박꽃나무
27. 모감주나무
28. 사람주나무
29. 소사나무
30. 개옻나무
31. 붉나무
32. 예덕나무
33. 모과나무
34. 신나무

# Chapter 03 낙엽소교목

교목 중에서 수고가
대략 3~8m 정도의 소형이며,
겨울에 일제히 잎을
떨어뜨리는 나무

산형꽃차례에 양성화가 피며, 꽃색은 연홍색에서 백색으로 변한다

# 꽃사과

*Malus floribunda* 〔장미과 사과나무속〕

- 낙엽소교목 • 수고 5~8m • 분포 전국적으로 널리 식재
- 유래 사과 모양의 열매가 달리는데, 꽃이 사과 꽃보다 화려한데서 유래된 이름
- 꽃말 유혹

| 꽃의 성 | 꽃차례 | 수분법 | 개화기 | 기 타 |
|---|---|---|---|---|
| 양성화 | 산형 | 충매화 | 4~5월 | 향기 |

어긋나며, 타원형 또는 달걀형이다.
가장자리에 톱니가 위쪽으로 향해 나 있다.

120%

꽃은 지름 4~5cm이며, 처음에는 연홍색이다가 만개하면 백색으로 변한다.

60%

150%

암술

수술

▲ **꽃차례**
한 곳에서 5~7개의 꽃이 피고 밑으로 처진다. 꽃자루가 3~4cm로 길다.

▲ **꽃의 단면**
암술은 4~5개이고, 수술은 20개 정도이다.

❶ 4~5월에 짧은 가지 끝에 산형꽃차례를 내고 5~7개의 양성화가 모여 핀다.
❷ 꽃은 지름 4~5cm이며, 꽃자루가 길어서 아래로 처져서 핀다. 꽃색은 처음에는 연홍색이다가 백색으로 변한다.
❸ 암술대는 4~5개이고 털이 있으며, 수술은 20개 정도이고 길이가 똑같지 않다.

두상꽃차례에 황록색의 작은 꽃이 15~20개씩 모여 핀다

# 꽃산딸나무

*Cornus florida*
【층층나무과 층층나무속】

- 낙엽소교목 • 수고 5~10m • 분포 전국적으로 조경수로 식재
- 유래 우리나라에 자생하는 산딸나무에 비해 꽃이 화려해서 붙인 이름
- 꽃말 영속성, 답례, 내 마음을 받아 주세요

| 꽃의 성 | 꽃차례 | 수분법 | 개화기 |
|---|---|---|---|
|  |  | 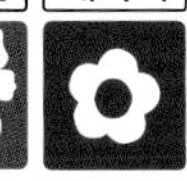 | |
| 양성화 | 두상 | 충매화 | 4~5월 |

마주나며, 달걀형 또는 타원형이고 가장자리는 밋밋하다. 가을 단풍이 아름답다.

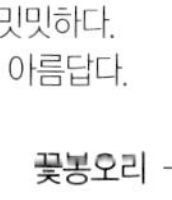

▲ **꽃**
황록색의 작은 꽃이 총포의 중심에 15~20개씩 모여 두상꽃차례로 핀다. 수술은 4개이고 꽃잎보다 짧다.



▲ **꽃과 총포**
잎이 나면서 동시에 꽃이 핀다. 꽃잎처럼 보이는 것은 총포이고 끝이 우묵 들어간다.

▲ **꽃의 단면**
꽃잎은 4개이고 긴 타원형이며 뒤로 젖혀진다.

❶ 4~5월에 잎이 나면서 동시에 꽃이 피며, 황록색의 작은 꽃 15~20개가 두상꽃차례로 모여 붙는다.

❷ 꽃잎처럼 보이는 것은 총포이며, 길이 4~6cm의 넓은 거꿀달걀형이고 끝이 우묵 들어간다. 총포의 색은 담홍색, 홍색, 백색 등 다양하다.

❸ 총포의 중심에 꽃이 모여 핀다. 꽃잎은 4개이며, 길이 6mm 정도의 긴 타원형이고 뒤로 젖혀진다. 수술은 4개이고 꽃잎보다 짧다.

잎겨드랑이에서 나온 취산꽃차례에 황록색의 양성화가 핀다

# 대추나무

*Zizyphus jujuba* 【갈매나무과 대추나무속】

• 낙엽소교목 • 수고 5~8m • 분포 평북, 함북을 제외한 전국에 식재
• 유래 한자 이름 대조목(大棗木)에서 '대조나무'라 불리다가 대추나무가 된 것
• 꽃말 처음 만남

| 꽃의 성 | 꽃차례 | 수분법 | 개화기 | 기 타 |
|---|---|---|---|---|
| 양성화 | 취산 | 충매화 | 6~7월 | 밀원 |

어긋나며, 달걀형이고 앞면에는 광택이 있다. 밑 부분에서 3개의 뚜렷한 잎맥이 발달해있다.

230%

수술 암술 화반 꽃받침 꽃잎

700%

꽃잎, 꽃받침, 수술은 각각 5개씩이고, 꽃잎은 주걱상 거꿀달걀형이다.

**꽃차례** ▶ 잎겨드랑이에서 취산꽃차례를 내고, 황록색의 양성화가 2~3개씩 모여 핀다.

❶ 6~7월에 잎겨드랑이에서 취산꽃차례를 내고, 황록색의 양성화가 2~3개씩 모여 핀다.
❷ 꽃은 지름 5~6mm이다. 꽃잎은 주걱상 거꿀달걀형이고 수술과 길이가 비슷하지만 꽃받침보다 작다.
❸ 꽃잎, 꽃받침, 수술은 각각 5개이다(오수성화). 암술대는 중간까지 2갈래로 갈라지고, 수술은 화반의 가장자리에 붙는다.

향기가 좋은 백색의 양성화가 아래로 드리워 핀다

# 때죽나무

*Styrax japonicus* 【때죽나무과 때죽나무속】

낙엽교목
상록교목
낙엽소교목
상록소교목
낙엽관목
상록관목
낙엽덩굴
상록덩굴

• 낙엽소교목 • 수고 4~8m • 분포 황해도, 강원도 이남의 산지
• 유래 '열매를 찧어서 물에 풀면 물고기가 떼로 죽는다', 혹은 '열매를 물에 불려 빨래를 하면 때가 잘 빠진다' 하여 붙인 이름 • 꽃말 겸손

| 꽃의 성 | 꽃차례 | 수분법 | 개화기 | 기 타 | 기 타 |
|---|---|---|---|---|---|
| 양성화 | 총상 | 충매화 | 5~6월 | 향기 | 밀원 |

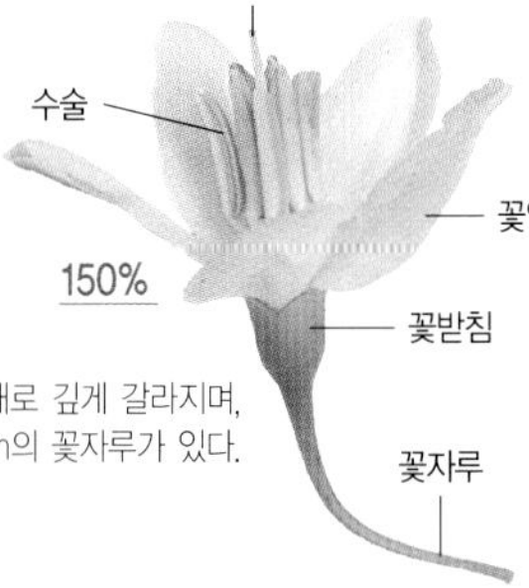

어긋나며, 긴 타원형이고 잎끝이 길게 뾰족하다. 가장자리에 눈한 톱니가 있거나 없는 것도 있다.

암술
수술
꽃잎
150%
꽃받침
꽃자루

화관은 5갈래로 깊게 갈라지며, 길이 2~3cm의 꽃자루가 있다.

100%

150%
씨방

▲ 꽃차례
새 가지 끝에서 나온 총상꽃차례에 백색의 양성화가 1~6개씩 모여 아래로 드리워 핀다.

▲ 꽃의 단면
수술은 10개이고 화관보다 짧으며, 암술은 수술보다 조금 길다.

❶ 5~6월에 새 가지 끝에서 나온 2~4cm의 총상꽃차례에 백색의 양성화가 1~6개씩 모여 아래로 드리워 핀다. 꽃은 향기가 좋다.
❷ 화관은 지름 2.5cm 정도이고 5갈래로 깊게 갈라지며, 길이 2~3cm의 꽃자루가 있다.
❸ 수술은 10개이고 화관보다 짧으며, 아래쪽에 흰색 털이 있다. 암술은 1개이고 수술보다 조금 길다.

새 가지 끝의 복산방꽃차례에 백색의 양성화가 모여 핀다

# 마가목

*Sorbus commixta* 【장미과 마가목속】

• 낙엽소교목 • 수고 6~12m • 분포 황해도 및 강원도 이남의 높은 산지
• 유래 새순이 말의 어금니처럼 힘차게 돋아난다는 뜻의 한자어 마아목(馬牙木)에서 유래된 이름
• 꽃말 신중, 조심, 게으름을 모르는 마음

| 꽃의 성 | 꽃차례 | 수분법 | 개화기 | 기 타 |
|---|---|---|---|---|
| 양성화 | 산방 | 충매화 | 5~6월 | 밀원 |

어긋나며, 작은잎이 4~6쌍인 홀수깃꼴겹잎이다. 작은잎 가장자리에 날카로운 톱니가 있다.

100%

▼ **꽃차례**
5~6월에 새 가지 끝에서 나온 복산방꽃차례에 백색의 양성화가 모여 핀다.

220%

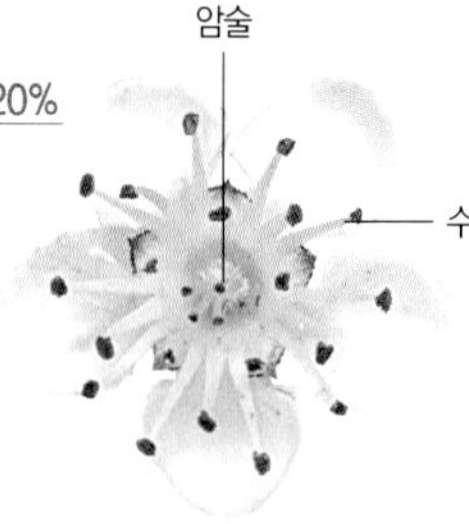

암술
수술

꽃은 지름 6~10mm이며, 꽃잎은 5개이고 달걀 모양의 원형이다. 꽃받침조각은 5개이고 삼각형이다.

220%

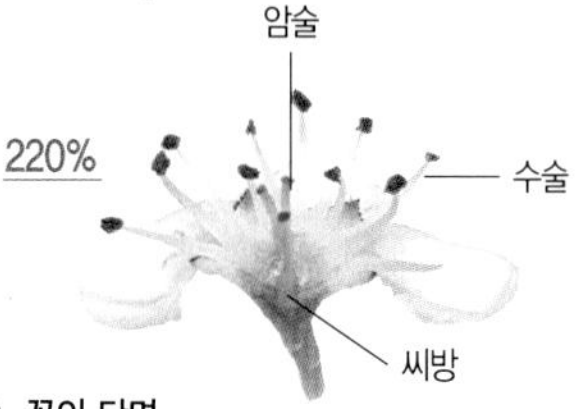

암술
수술
씨방

▲ **꽃의 단면**
암술대는 3~4개이고 수술보다 짧다. 수술은 20개 정도이고 꽃잎과 길이가 비슷하다.

❶ 5~6월에 새 가지 끝에서 지름 8~12cm의 복산방꽃차례를 내고 백색의 양성화가 모여 핀다.
❷ 꽃은 지름 6~10mm이며, 꽃잎은 5개이고 길이 3~4mm이며 달걀 모양의 원형이다. 꽃받침조각은 5개이고 길이 1mm 정도의 삼각형이다.
❸ 암술대는 3~4개이고 수술보다 짧으며 아랫부분에 부드러운 털이 있다. 수술은 약 20개이고 꽃잎과 길이가 비슷하다.

이른 봄에 향기가 매우 강한 백색의 양성화가 1~3개씩 모여 핀다

# 매실나무

*Prunus mume* 〔장미과 벚나무속〕

- 낙엽소교목 • 수고 5~10m • 분포 전국적으로 조경수로 식재
- 유래 중국이 원산으로, 한자 매(梅)자에서 유래된 이름
- 꽃말 고결, 고귀, 미덕, 정절

| 꽃의 성 | 꽃모양 | 수분법 | 개화기 | 기 타 |
|---|---|---|---|---|
|  |  |  |  |  |
| 양성화 | 장미형 | 충매화 | 2~4월 | 향기 |

어긋나며, 타원형 또는 달걀형이고 끝이 길게 뾰족하다. 잎사두에 꿀샘이 있다.

잎이 나기 전에 전년지의 잎겨드랑이에 백색의 양성화가 1~3개씩 핀다. 꽃잎은 5개이고 넓은 거꿀달걀형이며, 꽃받침조각은 넓은 타원형이다.

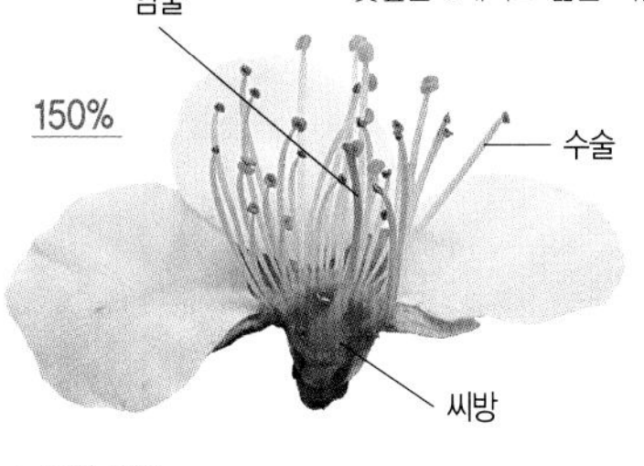


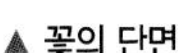

▲ 꽃의 단면
수술은 많고 꽃잎보다 짧으며, 암술은 1개이고 씨방에 털이 밀생한다.

▲ 홍만첩매실

❶ 2~4월 잎이 나기 전에, 전년지의 잎겨드랑이에 지름 2~3cm인 백색의 양성화가 1~3개씩 핀다. 꽃에는 진한 향기가 난다.

❷ 꽃잎은 5개이고 넓은 거꿀달걀형이다. 꽃받침조각은 길이 3~5mm의 넓은 타원형이고, 살구나무 꽃처럼 뒤로 젖혀지지 않는다.

❸ 수술은 많고 꽃잎보다 짧으며, 암술은 1개이고 씨방에 털이 밀생한다.

❹ 홍만첩매실(*Prunus mume* f. *alphandi*) : 꽃색이 홍색이며, 꽃잎이 여러 겹 겹쳐 피는 꽃.

짧은 가지 끝에서 나온 산방꽃차례에 백색의 양성화가 모여 핀다

# 배나무

*Pyrus pyrifolia* var. *cultiva* 【장미과 배나무속】

- **낙엽소교목** • **수고** 5~10m • **분포** 전국적으로 널리 식재
- **유래** 아주 옛날부터 우리 민족이 사용하던 순 우리말 이름
- **꽃말** 온화한 애정, 환상

| 꽃의 성 | 꽃차례 | 꽃모양 | 수분법 | 개화기 | 기 타 |
|---|---|---|---|---|---|
| 양성화 | 산방 | 장미형 | 충매화 | 4~5월 | 밀원 |

어긋나며, 달걀 모양의 타원형이고 끝은 길게 뾰족하다. 가장자리에 바늘 모양의 뾰족한 톱니가 있다.

100%

**꽃차례** ▶
잎이 나면서 동시에 짧은 가지 끝에서 나온 산방꽃차례에 백색의 양성화가 5~10개씩 모여 핀다.

암술

꽃잎

수술

꽃받침

130%

80%

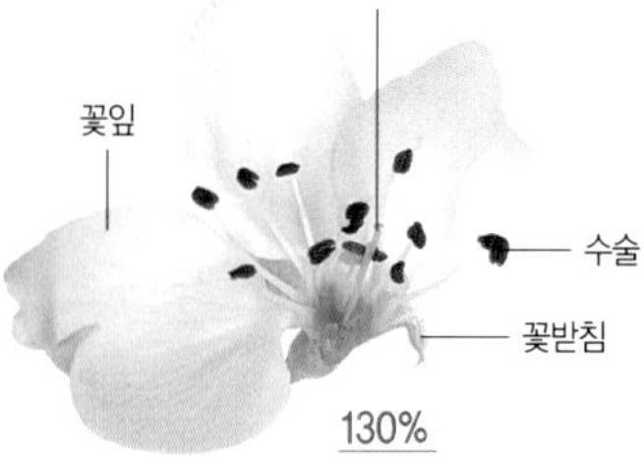

▲ **꽃의 단면**
수술은 20개 정도이며, 꽃잎보다 짧다. 암술대는 5개이고 수술보다 길다.

꽃잎은 5개이고 거꿀달걀형 또는 원형이며, 가장자리에 얕은 물결 모양의 주름이 있다.

❶ 4~5월에 잎이 나면서 동시에 짧은 가지 끝에서 나온 산방꽃차례에 백색 양성화가 5~10개씩 모여 핀다.

❷ 꽃은 지름 4cm 정도이다. 꽃잎은 5개이고 거꿀달걀형 또는 원형이며, 가장자리에 얕은 물결 모양의 주름이 있다. 꽃받침조각은 피침형이며 안쪽 면에 백색 털이 밀생한다.

❸ 수술은 20개 정도이며, 꽃밥은 보라색이고 꽃잎보다 짧다. 암술대는 5개이고 수술보다 길다.

7~10월에 걸쳐 오랫동안 원추꽃차례에 양성화가 핀다

# 배롱나무

*Lagerstroemia indica*
[부처꽃과 배롱나무속]

• 낙엽소교목 • 수고 5~7m • 분포 전국적으로 가로수, 공원수, 정원수로 널리 식재
• 유래 한자 이름 백일홍(百日紅)이 우리말로 변한 것으로, 백일홍은 꽃이 여름부터 가을까지 오래도록 피기 때문에 붙인 이름 • 꽃말 부귀, 떠나간 친구에 대한 회상

| 꽃의 성 | 꽃차례 | 수분법 | 개화기 |
|---|---|---|---|
|  |  |  |  |
| 양성화 | 원추 | 충매화 | 7~10월 |

잎이 가지에 어긋나지만, '좌좌우우' 2장씩 짝을 이루어 어긋나는 것도 있다.

**꽃의 단면 ▶**
수술은 40여 개이다. 바깥쪽의 수술 6개는 길고 안쪽으로 굽어있으며, 꽃밥은 자색이다.

**◀ 꽃차례**
7~10월에 길이 7~20cm의 원추꽃차례에 홍색, 분홍색, 백색 등 다양한 꽃색의 양성화가 모여 핀다.

❶ 7~10월에 길이 7~20cm의 원추꽃차례에 홍색, 분홍색, 홍자색, 백색 등 다양한 꽃색의 양성화가 모여 핀다. 이름처럼 100일 정도에 걸쳐 꽃을 피운다.
❷ 꽃잎은 6개이고 주걱 모양이며, 위쪽은 아원형이고 주름지고 아래쪽은 가늘고 길다.
❸ 수술은 40여 개이다. 바깥쪽의 수술 6개는 특히 길고 안쪽으로 굽어있으며, 꽃밥은 자색이다. 안쪽 수술의 꽃밥은 황색이다.

전년지의 잎겨드랑이에 연홍색의 양성화가 1~2개씩 핀다

# 복사나무

*Prunus persica* 【장미과 벚나무속】

• 낙엽소교목 • 수고 3~8m • 분포 전국에 과수로 널리 재배. 민가 부근에 야생화되어 자람
• 유래 복숭아 열매를 줄여서 '복셩'이라 하고 나무는 '복셩나모'한 것이 '복성나무', '복서나무'를 거쳐서 된 이름 • 꽃말 매력, 유혹, 용서, 희망

| 꽃의 성 | 꽃모양 | 수분법 | 개화기 | 기 타 | 기 타 |
|---|---|---|---|---|---|
| 양성화 | 장미형 | 충매화 | 4~5월 | 향기 | 밀원 |

어긋나며, 피침형이고
잎가운데 부분이 폭이 가장 넓다.
잎자루에 1~2쌍의 꿀샘이 있다.

50%

▲ **꽃차례**
잎이 나기 전에 전년지의 잎겨드랑이에서 연홍색의 양성화가 1~2개씩 핀다.

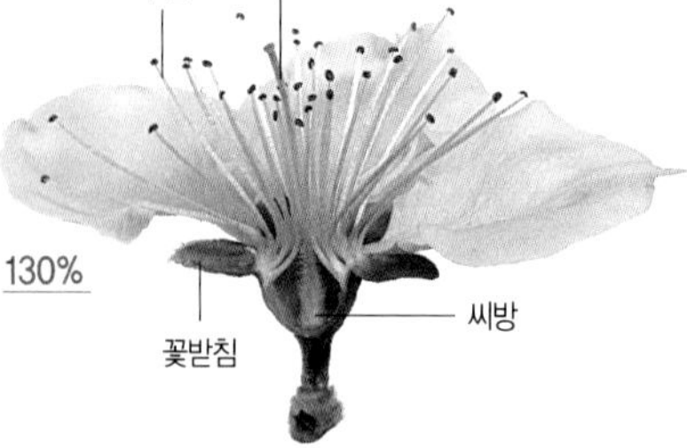

암술
수술
130%
꽃받침
씨방

▲ **꽃의 단면**
수술은 20~30개이며, 암술대는 1개이고 씨방에 털이 밀생한다.

90%

꽃은 지름 2.5~3.5cm이고, 향기가 있다.
꽃잎과 꽃받침은 모두 5개이다.

❶ 4~5월 잎이 나기 전에, 전년지의 잎겨드랑이에서 연홍색의 양성화가 1~2개씩 핀다.
❷ 꽃은 지름 2.5~3.5cm이고, 향기가 있다. 꽃잎은 5개이고 넓은 거꿀달걀형이며, 꽃받침 조각은 5개이고 바깥 면에 털이 있다.
❸ 수술은 20~30개이며, 암술대는 1개이고 씨방에 털이 밀생한다. 암술대는 수술과 길이가 비슷하다.

짧은 가지 끝에서 나온 산형꽃차례에 연홍색 양성화가 핀다

# 사과나무

*Malus pumila* 【장미과 사과나무속】

- 낙엽소교목 • 수고 5~15m • 분포 전국적으로 과수로 널리 재배
- 유래 열매의 아삭아삭한 식감 때문에 모래 사(沙)와 과일 과(果)를 붙여 만든 이름
- 꽃말 명성, 성공

어긋나며, 달걀형이고 비단 털로 덮인 눈비늘조각에 싸여있다.

| 꽃의 성 | 꽃차례 | 꽃모양 | 수분법 | 개화기 | 기 타 |
|---|---|---|---|---|---|
| 양성화 | 산형 | 장미형 | 충매화 | 4~5월 | 밀원 |

꽃은 지름 3~4cm이고 백색 또는 연홍색을 띠며, 꽃받침조각은 길이 6~8mm의 삼각상 달걀형이다.

▲ **꽃차례**
잎이 나면서 동시에 짧은 가지 끝에서 나온 산형꽃차례에 연홍색 또는 백색 양성화가 핀다.

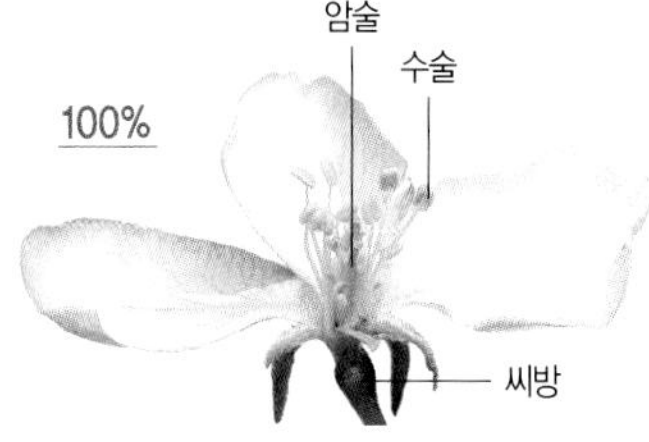


◀ **꽃의 단면**
수술은 약 20개이며, 암술대는 5개이고 아랫부분은 합착하고 샘털이 밀생한다.

❶ 4~5월에 잎이 나면서 동시에 짧은 가지 끝에서 나온 산형꽃차례에 지름 3~4cm의 연홍색 또는 백색 양성화가 핀다.

❷ 꽃받침조각은 길이 6~8mm의 삼각상 달걀형이며, 길이가 꽃받침통보다 길고 양면에 털이 밀생한다.

❸ 수술은 약 20개이며, 암술대는 5개이고 아랫부분은 합착하고 샘털이 밀생한다.

가지 끝의 산방꽃차례에 백색 양성화가 2~6개씩 모여 핀다

# 산사나무

*Crataegus pinnatifida* 【장미과 산사나무속】

• 낙엽소교목 • 수고 5~10m • 분포 전국의 산지 특히 전북, 경북 이북
• 유래 중국 이름의 한자 표기인 산사(山楂)를 그대로 가져와 사용한 것
• 꽃말 관용, 유일한 사랑, 희망

어긋나며, 5~7갈래로 갈라지는 갈래잎이다. 넓은 달걀형이고 잎의 좌우가 비대칭인 것이 많다.

가지 끝에서 나온 산방꽃차례에 백색 양성화가 2~6개씩 모여 핀다.

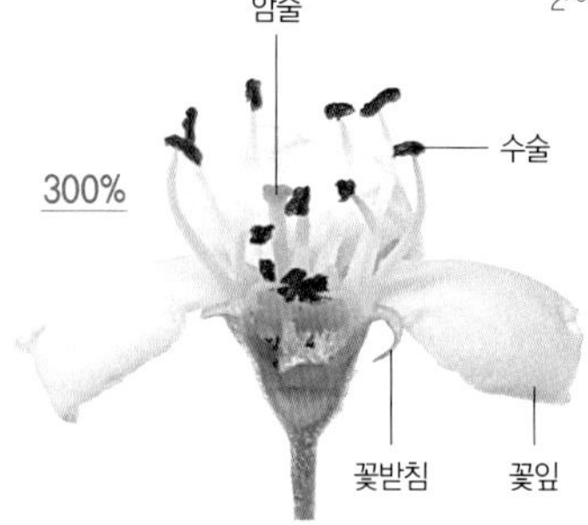


▲ **꽃의 단면**
수술은 약 20개이고 꽃밥은 홍색이다.
암술대는 3~5개이고 아랫부분에 털이 있다.

꽃은 지름 1.5~2cm이다.
꽃잎은 거꿀달걀형이고,
꽃받침조각은 삼각상 달걀형이다.

❶ 5~6월에 가지 끝에서 나온 산방꽃차례에 백색 양성화가 2~6개씩 모여 핀다.
❷ 꽃은 지름 1.5~2cm이며, 꽃잎은 5개이고 길이 7~8mm의 거꿀달걀형이다. 꽃받침조각은 5개이고 길이 4~5mm의 삼각상 달걀형이다.
❸ 수술은 20개 정도이고 꽃밥은 홍색이다. 암술대는 3~5개이고 아랫부분에 털이 있다.

잎이 나오기 전에 산형꽃차례에 황색의 양성화가 20~30개씩 모여 핀다

# 산수유

*Cornus officinalis* 【층층나무과 층층나무속】

- 낙엽소교목 • 수고 5~10m • 분포 경기도와 강원도 이남에 널리 식재
- 유래 산에서 자라고 붉은 열매(茱)가 열리는 나무(萸)라는 뜻에서 붙인 이름
- 꽃말 지속, 불변, 영원한 사랑

마주나며, 넓은 달걀형이고
가장자리는 밋밋하다.
뒷면 잎겨드랑이에
갈색 털이 뭉쳐난다.

| 꽃의 성 | 꽃차례 | 수분법 | 개화기 | 기 타 |
|---|---|---|---|---|
|  |  |  |  | 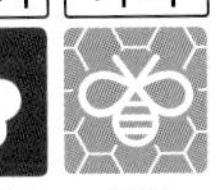 |
| 양성화 | 산형 | 충매화 | 3~4월 | 밀원 |

▲ **꽃차례**
잎이 나오기 전에 지름 2~3cm의 산형꽃차례에 황색의 양성화가 20~30개씩 모여 핀다.

250%

꽃눈껍질

▲ **갓 피기 시작한 꽃**
꽃차례의 아랫부분에 꽃눈껍질 4개가 붙어있다.

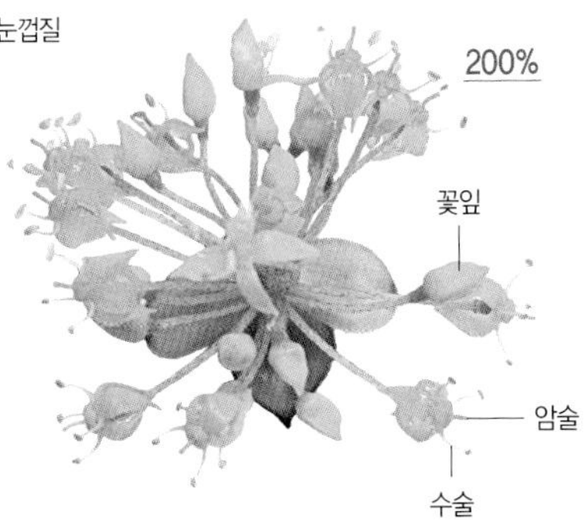


꽃잎은 4개이고
끝이 뾰족하며 뒤로 젖혀진다.
암술대는 1개이며,
수술은 4개이고 꽃잎보다 짧다.

❶ 3~4월에 잎이 나오기 전에 가지 끝에서 나온 지름 2~3cm의 산형꽃차례에 황색의 양성화가 20~30개씩 모여 핀다.
❷ 꽃잎은 4개이고 길이 약 3mm이며, 끝이 뾰족하고 뒤로 젖혀진다.
❸ 수술은 4개이고 꽃잎보다 짧다. 암술대는 1개이고 아랫부분에 화반이 발달한다.

꽃잎은 5개이고 넓은 달걀형이며, 꽃받침은 꽃이 필 때 뒤로 젖혀진다

# 살구나무

*Prunus armeniaca* var. *ansu*

【장미과 벚나무속】

• 낙엽소교목 • 수고 5~10m • 분포 전국적으로 널리 재배

• 유래 과일이 살색이어서 삶(살색)+과(果)에서 '살고', '살구'로 변한 것, 혹은 개고기를 먹고 체했을 때 먹으면 효과가 있다는 뜻의 살구(殺狗)에 유래된 것 • 꽃말 처녀의 수줍음, 의혹

어긋나며, 넓은 달걀형이고 잎끝이 길게 뾰족하다. 잎자루에 곤충을 유인하는 2~5개의 꿀샘이 있다.

| 꽃의 성 | 꽃차례 | 꽃모양 | 수분법 | 개화기 | 기 타 |
|---|---|---|---|---|---|
| 양성화 | 총상 | 장미형 | 충매화 | 3~4월 | 밀원 |

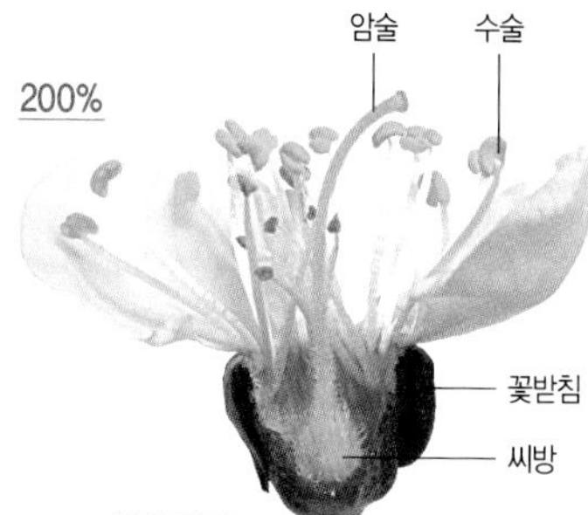


▲ **꽃의 단면**

암술은 1개이고 수술은 많으며, 씨방과 암술대 아랫부분에는 털이 밀생한다.

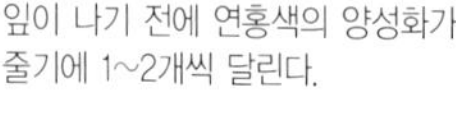

잎이 나기 전에 연홍색의 양성화가 줄기에 1~2개씩 달린다.

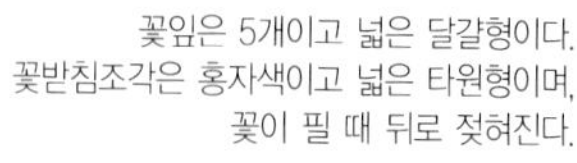

꽃잎은 5개이고 넓은 달걀형이다. 꽃받침조각은 홍자색이고 넓은 타원형이며, 꽃이 필 때 뒤로 젖혀진다.

❶ 3~4월, 잎이 나기 전에 연홍색의 양성화가 줄기에 1~2개씩 달린다.

❷ 꽃은 지름 2.5~3cm이며, 꽃잎은 5개이고 넓은 달걀형이다. 꽃받침조각은 홍자색이고 길이 3~5mm의 넓은 타원형이며, 꽃이 필 때 뒤로 젖혀진다.

❸ 암술은 1개이고 수술은 많으며, 암술은 수술보다 약간 길다. 씨방과 암술대 아랫부분에는 털이 밀생한다.

꽃받침통은 홍색이고 육질의 통 모양이며, 6갈래로 갈라진다

# 석류나무 *Punica granatum* 【석류나무과 석류나무속】

• 낙엽소교목 • 수고 5~7m • 분포 중부 이남에 식재 • 유래 울퉁불퉁한 열매의 모양이 마치 혹(瘤)과 같고 안석국에서 왔다고 하여, 안석류(安石瘤), 안석류(安石榴)라 하다가 '안'이 떨어지고 석류가 된 것 • 꽃말 자손번영, 원숙한 아름다움

| 꽃의 성 | 꽃모양 | 수분법 | 개화기 |
|---|---|---|---|
| 양성화 | 깔때기형 | 충매화 | 5~6월 |

마주나며, 긴 타원형이다. 잎면은 두께가 얇고 광택이 있다.

80%

40%

100%

▲ 꽃봉오리

가지 끝에서 나온 꽃자루에 적자색의 양성화가 1~5개씩 모여 핀다.

꽃잎은 6개이고 얇은 주름이 진다. 꽃받침통은 육질의 통 모양이고 6갈래로 갈라진다.

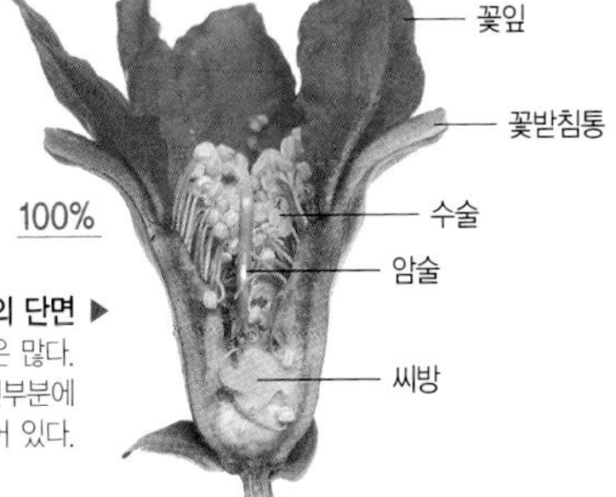


100%

**꽃의 단면** ▶
암술은 1개이며, 수술은 많다. 씨방은 꽃받침통 아랫부분에 상하 2단으로 되어 있다.

❶ 5~6월, 가지 끝에서 나온 꽃자루에 적자색의 양성화가 1~5개씩 모여 핀다.

❷ 꽃은 지름 3~5cm이며, 꽃잎은 6개이고 얇은 주름이 진다. 꽃받침통은 홍색이고 육질의 통 모양이며, 끝이 6갈래로 갈라진다.

❸ 암술은 1개이며, 수술은 연약하고 많다. 씨방은 꽃받침통의 아랫부분에 있으며 상하 2단으로 되어 있다.

산형꽃차례에 백색의 양성화가 4~8개씩 모여 핀다

# 아그배나무

*Malus sieboldii* 【장미과 사과나무속】

• 낙엽소교목 • 수고 3~6m • 분포 황해도 이남의 산지 가장자리
• 유래 열매가 작은 아기 배 모양이어서 '아기배나무'라 하던 것이 아그배나무로 변한 것
• 꽃말 온화

| 꽃의 성 | 꽃차례 | 꽃모양 | 수분법 | 개화기 | 기 타 |
|---|---|---|---|---|---|
| 양성화 | 산형 | 장미형 | 충매화 | 4~5월 | 향기 |

어긋나며, 달걀꼴 타원형이고
3~5갈래의 결각이 있다.
잎 가장자리에 날카로운 톱니가 있다.

60%

▲ **꽃차례**
짧은 가지에서 나온 산형꽃차례에 백색의 양성화가 4~8개씩 모여 핀다.

100%

꽃은 지름 2~3cm이며, 꽃잎은 5개이고 거꿀달걀형이며 끝이 둥글다.

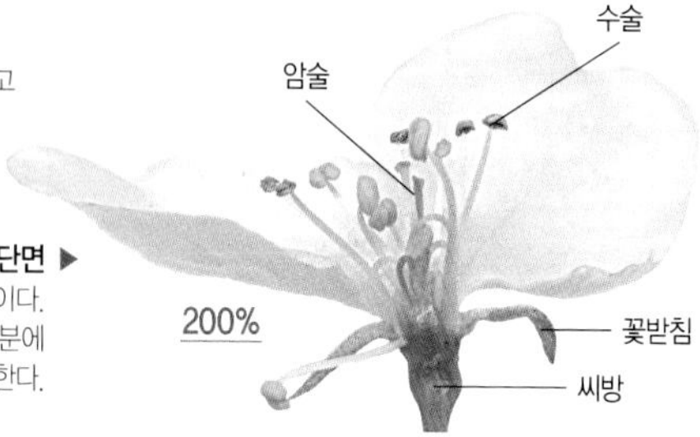

**꽃의 단면** ▶
수술은 약 20개이고 꽃밥은 황색이다. 암술대는 3~5개이고 아랫부분에 흰색 털이 밀생한다.

❶ 4~5월에 짧은 가지에서 나온 산형꽃차례에 백색의 양성화가 4~8개씩 모여 핀다.
❷ 꽃은 지름 2~3cm이며, 꽃잎은 5개이고 거꿀달걀형이며 끝이 둥글다. 꽃받침조각은 5개이며, 꽃받침통과 길이가 비슷하고 표면에 백색 털이 밀생한다.
❸ 수술은 약 20개이고 길이 6~7mm이며, 꽃밥은 황색이다. 암술대는 3~5개이고 길이 10mm이며, 아랫부분에 흰색 털이 밀생한다.

산방꽃차례에 백색 또는 연홍색의 양성화가 4~6개씩 모여 핀다

# 야광나무

*Malus baccata* 〔장미과 사과나무속〕

• 낙엽소교목 • 수고 6~10m • 분포 지리산 이북의 산지 및 계곡 가장자리
• 유래 무리를 지어 하얗게 꽃핀 모습이 마치 어두운 데서 빛을 내는 야광주(夜光珠) 같다 하여 붙인 이름 • 꽃말 온화

| 꽃의 성 | 꽃차례 | 꽃모양 | 수분법 | 개화기 | 기 타 |
|---|---|---|---|---|---|
| 양성화 | 산방 | 장미형 | 충매화 | 4~6월 | 향기 |

어긋나며, 타원형이고
잎 끝이 꼬리처럼 뾰족하다.
잎자루가 길다.

▲ **꽃차례**
짧은 가지에서 나온 산방꽃차례에 백색 또는 연홍색의 양성화가 4~6개씩 모여 핀다.

100%

꽃잎은 5개이고 거꿀달걀형이다.
꽃받침조각은 피침형이고 가장자리와 안쪽 면에 백색 털이 있다.

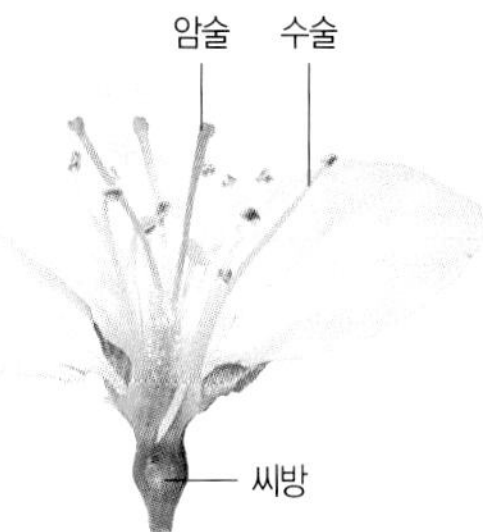


**꽃의 단면** ▶
암술대는 4~5개이고 수술보다 길며, 수술은 약 20개 정도이다.

❶ 4~6월에 짧은 가지 끝에서 나온 산방꽃차례에 백색 또는 연홍색의 양성화가 4~6개씩 모여 핀다.

❷ 꽃은 지름 3~4cm이며, 꽃잎은 5개이고 거꿀달걀형이다. 꽃받침조각은 길이 5~7mm의 피침형이고 가장자리와 안쪽 면에 백색 털이 있다.

❸ 암술대는 보통 5개(드물게 4개)이며, 수술보다 길고 아랫부분에는 털이 밀생한다. 수술은 약 20개 정도이고 길이는 꽃잎의 1/2 정도이다.

5월과 9월 1년에 2회, 총상꽃차례에 양성화가 핀다

# 위성류

*Tamarix chinensis* 〔위성류과 위성류속〕

- 낙엽소교목 • 수고 3~6m • 분포 전국의 공원 및 정원에 식재
- 유래 '중국 위성(渭城) 지방의 강가나 바닷가에 자생하는 버들(柳)' 이라는 뜻에서 붙인 이름
- 꽃말 득남

어긋나기. 활엽수이면서 비늘잎 모양의 잎을 가지고 있다.

| 꽃의 성 | 꽃차례 | 수분법 | 개화기 |
|---|---|---|---|
|  | |  |  |
| 양성화 | 총상 | 충매화 | 5월, 9월 |

▲ **꽃차례**

1년에 5월과 9월, 2회 총상꽃차례에 양성화가 핀다.

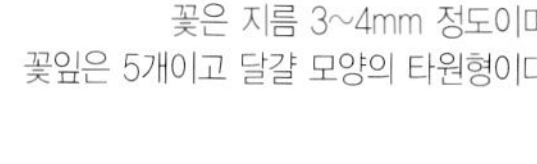

꽃은 지름 3~4mm 정도이며, 꽃잎은 5개이고 달걀 모양의 타원형이다.

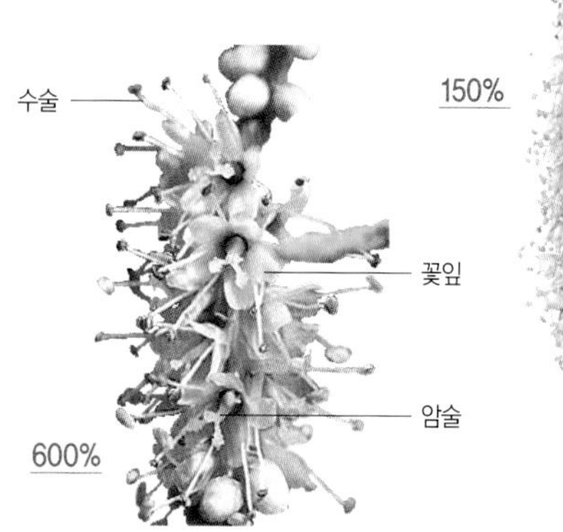


암술대는 3개이고, 씨방은 원추형이다. 수술은 5개이고 꽃잎보다 길다.

❶ 5월과 9월, 1년에 2회에 걸쳐 총상꽃차례에 양성화가 핀다. 봄에 피는 꽃은 크지만, 대부분 결실하지 않는다.

❷ 꽃은 지름 3~4mm 정도이다. 꽃잎은 5개이고 길이 2mm 정도의 달걀 모양의 타원형이며, 씨방을 감싸고 있다.

❸ 암술대는 3개이고 길이는 씨방의 1/3 정도이며, 씨방은 원추형이다. 수술은 5개이고 꽃잎보다 길다.

산방꽃차례에 백색의 양성화가 10~20개씩 모여 핀다

# 윤노리나무

*Pourthiaea villosa*
【장미과 윤노리나무속】

• 낙엽소교목 • 수고 2~5m • 분포 중부 이남의 산지에 분포하지만 주로 남부 지방의 산지에 자람 • 유래 나뭇가지를 윷짝을 만드는데 사용했기 때문에, '윷놀이나무'라고 부르다가 윤노리나무가 된 것 • 꽃말 전통

| 꽃의 성 | 꽃차례 | 꽃모양 | 수분법 | 개화기 |
|---|---|---|---|---|
| 양성화 | 산방 | 장미형 | 충매화 | 4~5월 |

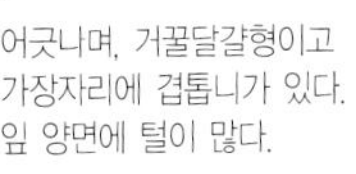

어긋나며, 거꿀달걀형이고
가장자리에 겹톱니가 있다.
잎 양면에 털이 많다.

꽃은 지름 1cm
정도이며,
꽃잎은 5개이고
거의 원형이다.

▲ **꽃차례**
지름 2~5cm의 산방꽃차례에
백색의 양성화가 10~20개씩
모여 핀다. 꽃차례의 축과
작은꽃자루에 털이 밀생한다.

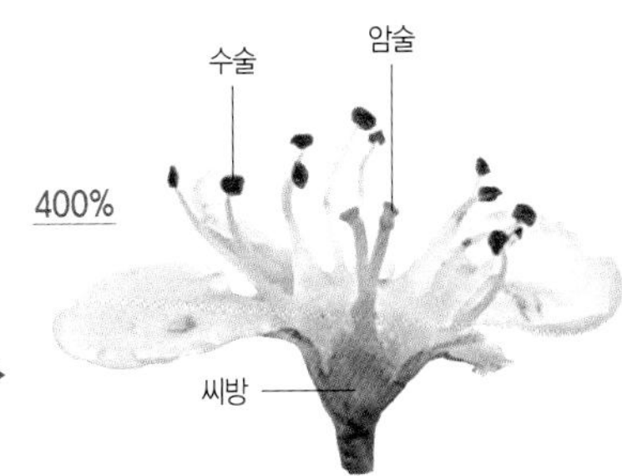


**꽃의 단면** ▶
수술은 20개 정도이며,
암술대는 3개이고 밑에서 붙어있다.

❶ 4~5월에 새 가지 끝에서 나온 지름 2~5cm의 산방꽃차례에 백색의 양성화가 10~20개씩 모여 핀다.

❷ 꽃은 지름 1cm 정도이다. 꽃잎은 5개이고 길이 4~5mm의 거의 원형이며, 안쪽 밑부분에 성기게 털이 있다. 꽃차례의 축과 작은꽃자루에 털이 밀생한다.

❸ 수술은 20개 정도이며, 암술대는 3개이고 밑에서 합착하며 백색의 털이 밀생한다.

6~7월에 연홍색의 양성화가 두상꽃차례로 핀다

# 자귀나무

*Albizia julibrissin* 【콩과 자귀나무속】

- 낙엽소교목 • 수고 4~10m • 분포 황해도 이남의 산지 및 하천변
- 유래 자귀대(연장 손잡이)를 만드는데 사용된 나무였기 때문에 붙인 이름
- 꽃말 가슴 두근거림, 환희

| 꽃의 성 | 꽃차례 | 수분법 | 개화기 |
|---|---|---|---|
| 양성화 | 두상 | 조매화 | 6~7월 |

어긋나며, 7~12쌍의 작은잎이 다시 깃꼴로 붙는 2회짝수깃꼴겹잎이다. 양쪽의 작은잎은 밤에 서로 합쳐진다.

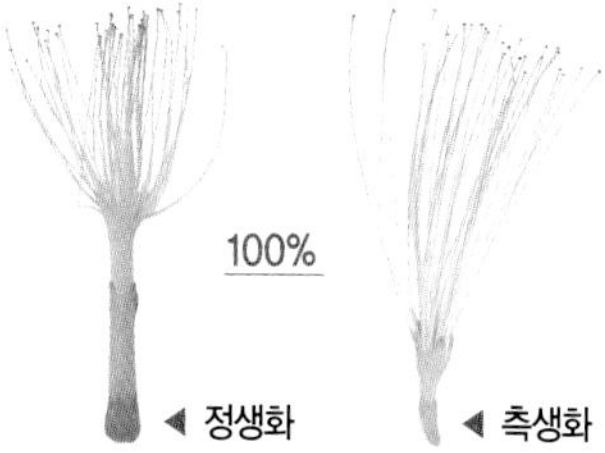

100%

◀ 정생화 ◀ 측생화

수술은 20~30개이고 꽃 밖으로 길게 나오며, 밑에서 서로 붙어서 한 뭉치로 된다.

100%

측생화

정생화

▲ **정생화와 측생화**
10~20개의 연홍색 양성화가 두상꽃차례로 핀다.
꽃차례의 중앙에 측생화에 비해 크고 긴 정생화가 있다.

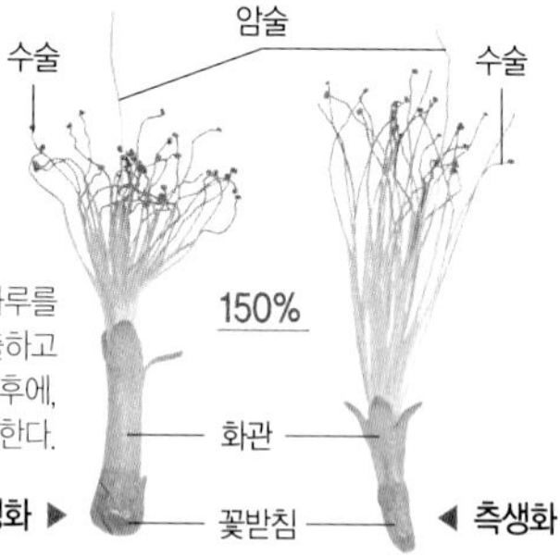

암술

수술

수술

150%

수술이 꽃가루를 방출하고 시든 후에, 암술이 성숙한다.

화관

정생화 ▶ 꽃받침 ◀ 측생화

❶ 6~7월에 10~20개의 연홍색 양성화가 두상꽃차례로 모여 핀다. 꽃차례 중에서 가장 꼭대기에 있는 정생화(頂生花)가 나머지 측생화(側生花)에 비해 길고 크다.

❷ 화관은 깔때기 모양이고 끝이 5갈래로 갈라지며, 꽃받침은 통 모양이고 녹색이다. 수술은 20~30개이고 꽃 밖으로 길게 나오며, 밑에서 서로 붙어서 한 뭉치로 된다.

❸ 자가수분을 피하기 위해, 수술이 꽃가루를 방출하고 시든 후에 하얗고 긴 암술이 모습을 드러낸다(웅성선숙).

잎이 나기 전에, 향기가 좋은 백색 양성화가 3개씩 모여 핀다

# 자두나무

*Prunus salicina* 【장미과 벚나무속】

- 낙엽소교목 • 수고 7~9m • 분포 전국적으로 널리 재배
- 유래 열매가 보랏빛(紫)을 띠고 복숭아(桃)를 닮았다는 뜻에서 붙인 이름
- 꽃말 순박, 순백

| 꽃의 성 | 꽃모양 | 수분법 | 개화기 | 기 타 |
|---|---|---|---|---|
|  |  |  |  |  |
| 양성화 | 장미형 | 충매화 | 4~5월 | 향기 |

어긋나며, 거꿀피침형이고
잎의 윗부분이 최대 폭이다.
잎자루에 2~5개의 꿀샘이 있다.

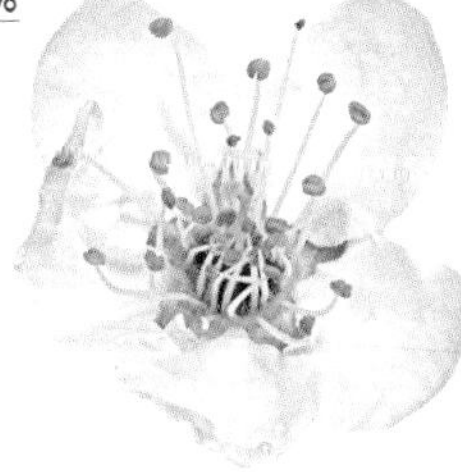

200%

꽃잎은 5개이고
넓은 달걀형이며,
꽃받침조각은
달걀형이고
가장자리에 톱니가
약간 있다.

100%

▲ **꽃차례**
잎이 나오기 전에 지름 1.5~2cm의
백색 양성화가 흔히 3개씩 모여 핀다.

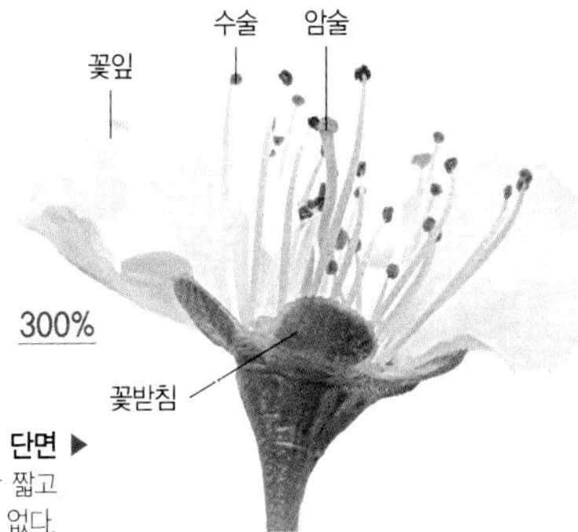


**꽃의 단면** ▶
암술은 수술보다 약간 짧고
암술머리는 원반형이며, 씨방에 털이 없다.

❶ 4~5월에 잎이 나오기 전에 지름 1.5~2cm의 백색 양성화가 흔히 3개씩 모여 핀다.
❷ 꽃잎은 5개이며, 길이 1cm 정도의 넓은 달걀형이다. 꽃받침조각은 길이 5mm 정도의 달걀형이고 가장자리에 톱니가 약간 있으며, 살구나무와 달리 뒤로 젖혀지지 않는다.
❸ 암술은 1개이고 수술은 여러 개이며, 암술은 수술보다 약간 짧다. 암술머리는 원반형이고 씨방에 털이 없다.

자목련은 꽃잎의 안쪽과 바깥쪽이 홍자색이고, 자주목련은 안쪽이 백색이다

# 자목련

*Magnolia liliiflora* 【목련과 목련속】

- 낙엽소교목 • 수고 4~8m • 분포 전국의 공원 및 정원에 식재
- 유래 목련 종류이면서 꽃이 보라색이기 때문에 붙여진 이름
- 꽃말 자연애

| 꽃의 성 | 꽃차례 | 수분법 | 개화기 | 기 타 |
|---|---|---|---|---|
| 양성화 | 단정 | 충매화 | 3~4월 | 향기 |

어긋나며, 거꿀달걀형이고 끝이 급하게 뾰족해진다. 가장자리는 밋밋하다.

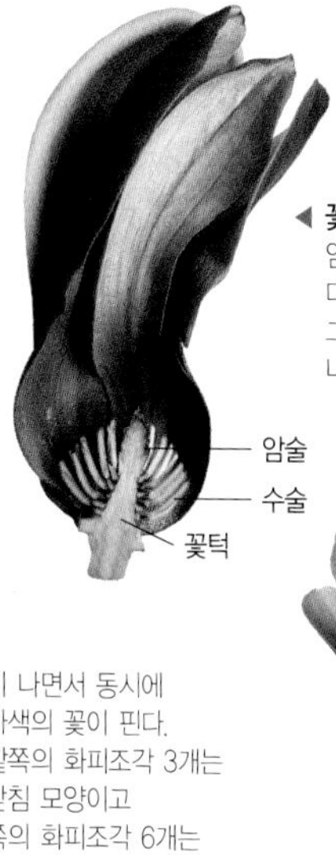

50%

◀ **꽃의 단면**
암술은 원추형 기둥에 다수가 모여 달리며, 그 아래에 다수의 수술이 나선형으로 달린다.

암술
수술
꽃턱

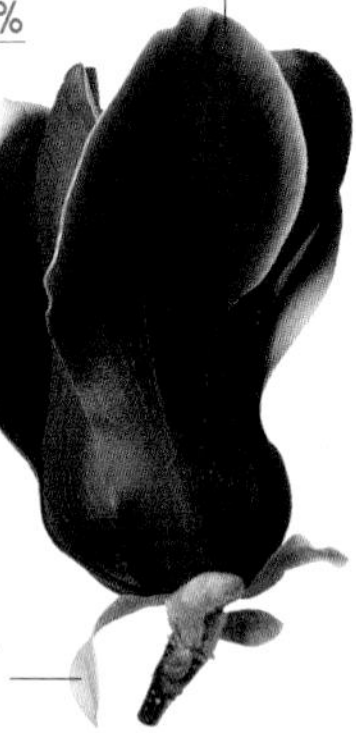

화피조각 (꽃잎 모양)

40%

화피조각 (꽃받침 모양)

잎이 나면서 동시에 홍자색의 꽃이 핀다. 바깥쪽의 화피조각 3개는 꽃받침 모양이고 안쪽의 화피조각 6개는 꽃잎 모양이다.

30%

▲ **자주목련**

❶ 3~4월에 잎이 나면서 동시에 홍자색의 양성화가 핀다. 백목련이나 자주목련보다 늦게 개화한다.

❷ 꽃은 지름 약 10cm이며, 위를 향해 똑바로 서서 핀다. 화피조각은 9개이고 양면이 모두 자주색이다. 화피조각은 바깥쪽 3개는 꽃받침 모양이고 안쪽의 6개는 꽃잎 모양이며, 그다지 크게 벌어지지 않는다.

❸ 암술은 원추형 기둥에 다수가 모여 달리며, 그 아래에 다수의 수술이 나선형으로 달린다.

❹ 자주목련(*Magnolia denudata var. purpurascens*) : 백목련의 변종으로 자목련에 비해 꽃잎의 안쪽이 백색이다.

총상꽃차례에 백색의 양성화가 아래를 향해 핀다

# 쪽동백나무

*Styrax obassia*
【때죽나무과 때죽나무속】

- 낙엽소교목 • 수고 10m • 분포 전국의 산지
- 유래 동백나무보다 작은 열매가 열린다는 뜻에서 붙인 이름
- 꽃말 겸손

| 꽃의 성 | 꽃차례 | 수분법 | 개화기 | 기 타 |
|---|---|---|---|---|
|  |  |  |  |  |
| 양성화 | 총상 | 충매화 | 5~6월 | 향기 |

어긋나며, 큰 잎 밑에 작은잎이 2장 달리는 경우가 많다. 잎자루 속에 겨울눈이 들어 있다.

150%

화관은 5갈래로 깊게 갈라지며, 짧은 자루가 있다.

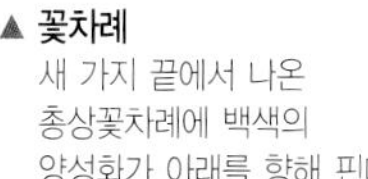

40%

▲ **꽃차례**
새 가지 끝에서 나온 총상꽃차례에 백색의 양성화가 아래를 향해 핀다.

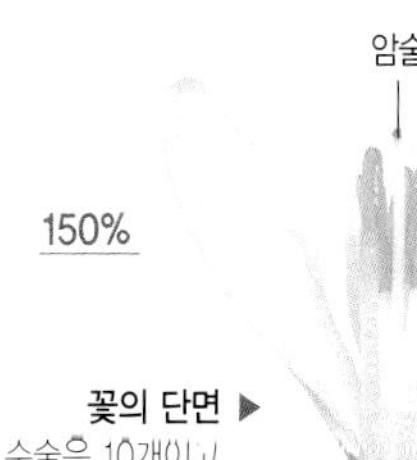

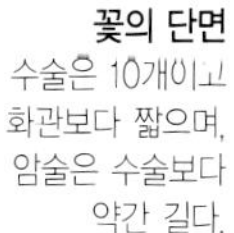

150%

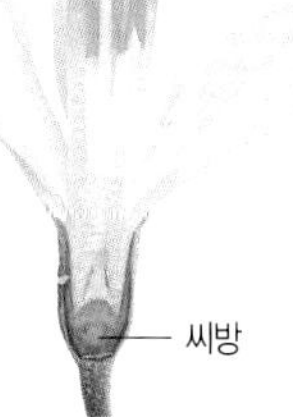


**꽃의 단면 ▶**
수술은 10개이고 화관보다 짧으며, 암술은 수술보다 약간 길다.

❶ 5~6월에 새 가지 끝에서 나온 길이 8~17cm의 긴 총상꽃차례에 백색의 양성화가 아래를 향해 핀다.

❷ 화관은 길이 약 2cm이고 5갈래로 깊게 갈라지며, 길이 7~10mm의 짧은 자루가 있다. 꽃받침은 길이 4~5mm이고 잔털이 밀생한다.

❸ 수술은 10개이고 화관보다 짧으며, 암술은 1개이고 수술보다 약간 길다.

암술이 수술보다 긴 장주화와 짧은 단주화가 핀다

# 참빗살나무

*Euonymus hamiltonianus*
【노박덩굴과 화살나무속】

- 낙엽소교목 • 수고 3~8m • 분포 중부 이남 산지의 숲가장자리
- 유래 참빗의 살을 만드는데 사용되었기 때문에 붙인 이름
- 꽃말 위험한 사랑

마주나며, 긴 타원형이고 가장자리에 고르지 않은 잔 톱니가 있다. 잎끝이 뾰족하다.

| 꽃의 성 | 꽃차례 | 수분법 | 개화기 |
|---|---|---|---|
| 양성화 | 취산 | 충매화 | 5~6월 |

꽃봉오리

100%

▲ **꽃차례**
새 가지의 잎보다 아래의 눈비늘자국 겨드랑이에 1~7개의 녹백색 양성화가 핀다. 꽃은 장주화와 단주화가 있다.

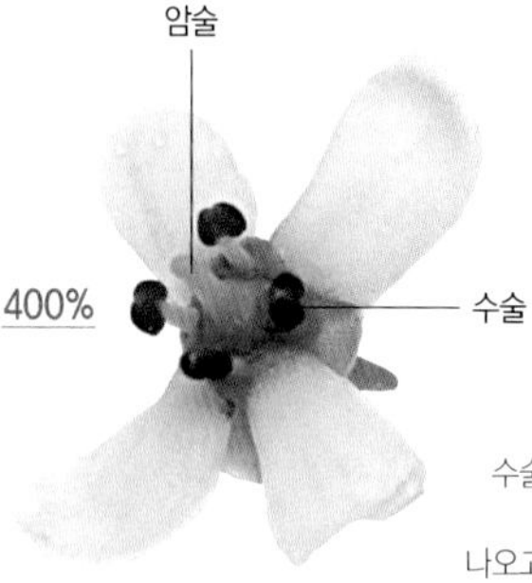

암술

400%

수술

▲ **장주화**
암술이 수술보다 길고, 암술대는 끝에서 2갈래로 얕게 갈라진다.

암술 수술

**단주화** ▶
수술이 암술보다 길며, 수술은 밀선반에서 나오고 꽃밥은 적색이다.

꽃잎

300%

밀선반

❶ 5~6월에 새 가지의 잎보다 아래의 눈비늘자국 겨드랑이에서 나온 취산꽃차례에 1~7개의 녹백색 양성화가 핀다.

❷ 꽃은 장주화(長柱花)와 단주화(短柱花)의 2종류가 있으며, 암술이 수술보다 긴 것이 장주화고 짧은 것이 단주화다. 꽃은 지름이 1cm 정도의 사수성화(四數性花)이며, 꽃잎은 긴 타원형 또는 타원형이고 옆으로 퍼져 달린다.

❸ 수술은 4개이고 밀선반에서 나오며 꽃밥은 적색이다. 암술대는 끝에서 2갈래로 얕게 갈라진다.

꽃잎은 5개이며, 선형이고 끝이 뾰족하다

# 채진목

*Amelanchier asiatica* 【장미과 참죽나무속】

• 낙엽소교목 • 수고 5~10m • 분포 제주도 중산간지대 계곡부에 드물게 자람
• 유래 꽃 모양이 장수의 지휘용 채(采)에 달린 수술을 닮아서 붙인 이름으로, 일본 이름을 그대로 받아들인 것 • 꽃말 순결, 변하지 않는 아름다움

어긋나며, 달걀 모양 또는 긴 타원형이다. 가장자리에 얕은 잔 톱니가 있다.

| 꽃의 성 | 꽃차례 | 수분법 | 개화기 |
|---|---|---|---|
|  |  |  |  |
| 양성화 | 총상 | 충매화 | 4~5월 |

130%

꽃잎은 5개이고 길이 1~1.5cm의 선형이며 끝이 뾰족하다. 꽃받침통은 종 모양이며, 꽃받침조각은 피침형이고 뒤로 젖혀진다.

100%

▲ **꽃차례**
가지 끝에서 지름 3~3.5cm의 백색 양성화가 10개 정도 모여 핀다.

250%

**꽃의 단면** ▶
암술대는 5개이고 아랫부분에서 합착하며, 수술은 15~20개 정도이다.

❶ 4~5월에 가지 끝에서 지름 3~3.5cm의 백색 양성화가 10개 정도 모여 핀다.
❷ 꽃잎은 5개이고 길이 1~1.5cm의 선형이며 끝이 뾰족하다. 꽃받침통은 종 모양이고 바깥쪽에 털이 밀생하며, 꽃받침조각은 길이 8mm 정도의 피침형이고 뒤로 젖혀진다.
❸ 암술대는 5개이며, 아랫부분에서 합착하고 털이 밀생한다. 수술은 15~20개 정도이다.

잎이 나면서 산방꽃차례에 백색의 양성화가 5~10개씩 모여 핀다

# 콩배나무 *Pyrus calleryana* var. *fauriei* 【장미과 배나무속】

- 낙엽소교목 • 수고 5~8m • 분포 경기도 이남(주로 전라도)의 낮은 산지
- 유래 콩알처럼 작은 열매가 열리고, 열매 껍질이 배 껍질과 비슷하기 때문에 붙인 이름
- 꽃말 온화한 애정

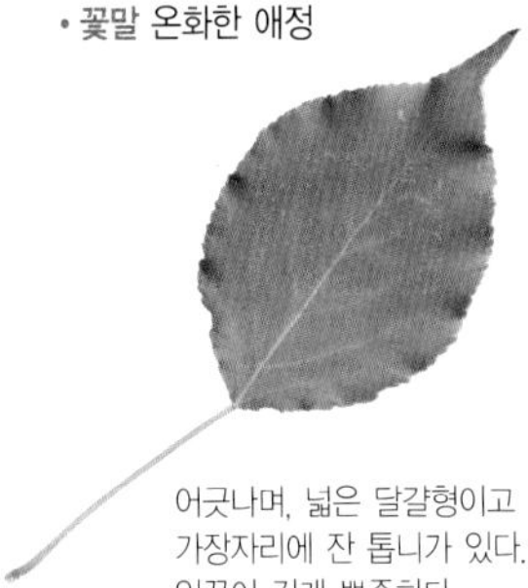

| 꽃의 성 | 꽃차례 | 꽃모양 | 수분법 | 개화기 |
|---|---|---|---|---|
| 양성화 | 산방 | 장미형 | 충매화 | 4~5월 |

어긋나며, 넓은 달걀형이고 가장자리에 잔 톱니가 있다. 잎끝이 길게 뾰족하다.

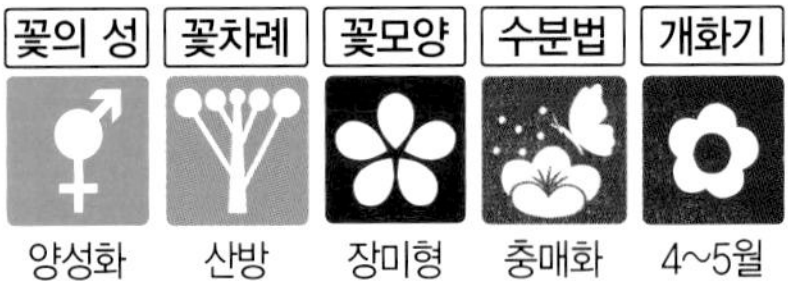

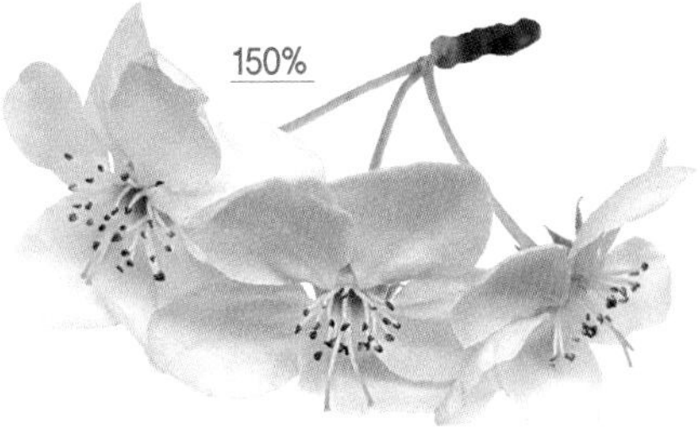

150%

▲ **꽃차례**
짧은 가지 끝에서 나온 산방꽃차례에 백색의 양성화가 5~10개씩 모여 핀다.

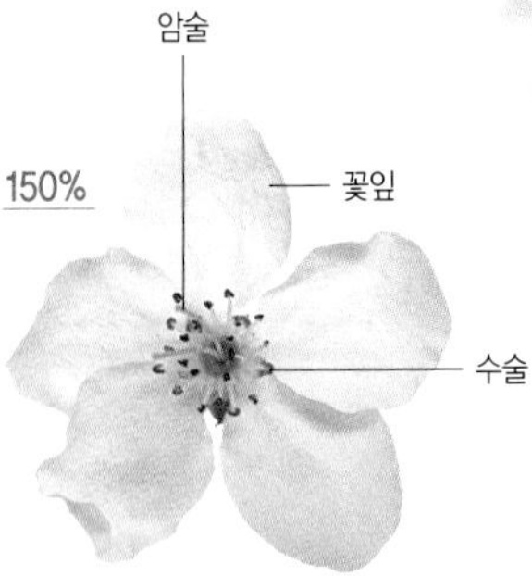

꽃은 지름 2~2.5cm이며, 꽃잎은 5개이고 거꿀달걀형이다.

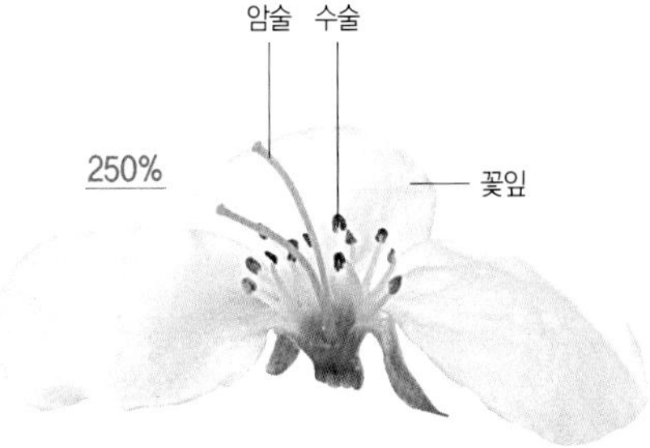

**꽃의 단면** ▶
수술은 20개 정도이고 꽃밥은 적색이며, 암술대는 2~3개이고 털이 없다.

❶ 4~5월에 잎이 나면서 동시에, 짧은 가지 끝에서 나온 산방꽃차례에 백색의 양성화가 5~10개씩 모여 핀다.
❷ 꽃은 지름 2~2.5cm이며, 꽃잎은 5개이고 거꿀달걀형이다. 꽃받침조각은 길이 5mm 정도의 피침형이고 표면에 털이 밀생한다.
❸ 암술대는 2~3개이고 털이 없으며, 수술은 20개 정도이고 꽃밥은 적색이다.

향기가 좋은 백색의 양성화가 아래로 드리우거나 옆을 향해 핀다

# 함박꽃나무

*Magnolia sieboldii* 〔목련과 목련속〕

- 낙엽소교목 • 수고 7~10m • 분포 전국의 산지 흔히 자람
- 유래 '큰 바가지처럼 생긴 풍성한 꽃'을 피운다는 뜻에서 붙인 이름
- 꽃말 수줍음

| 꽃의 성 | 꽃차례 | 수분법 | 개화기 | 기 타 |
|---|---|---|---|---|
|  |  |  | |  |
| 양성화 | 단정 | 충매화 | 5~6월 | 향기 |

어긋나며, 넓은 거꿀달걀형이고 가장자리는 밋밋하다. 잎밑 부분의 가지에 턱잎자국이 가지를 한 바퀴 돈다.

잎이 난 다음, 가지 끝에 향기가 있는 백색의 양성화가 아래로 드리우거나 옆을 향해 핀다.

120%

암술 수술

암술은 황록색이고 꽃턱이 길어진 원추형의 기둥에 달리며, 수술대와 꽃밥은 적색이다.

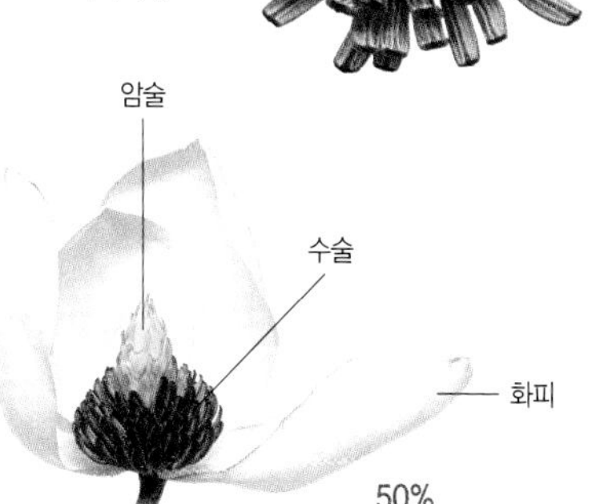


**꽃의 내부 ▶** 바깥쪽의 화피조각 3개는 달걀형의 꽃받침 모양이고, 안쪽의 화피조각 6~9개는 거꿀달걀형의 꽃잎 모양이다.

❶ 5~6월에 잎이 난 다음, 가지 끝에 지름 5~10cm의 향기가 있는 백색의 양성화가 아래로 드리우거나 옆을 향해 핀다.

❷ 화피조각은 9~12개인데, 안쪽의 6~9개는 거꿀달걀형의 꽃잎 모양이고 바깥쪽의 3개는 달걀형의 꽃받침 모양이다.

❸ 암술은 황록색이며, 꽃턱이 길어진 원추형의 기둥에 여러 개가 달린다. 수술은 선형이고 수술대와 꽃밥은 적색이다.

암수한그루이며, 원추꽃차례에 황색의 꽃이 모여 핀다

# 모감주나무

*Koelreuteria paniculata*
【무환자나무과 모감주나무속】

• 낙엽소교목 • 수고 8~10m • 분포 황해도, 강원도 이남의 해안가
• 유래 닳거나 소모되어 줄어든 다는 뜻의 모감(耗減)에서 유래된 것으로 이는 염주와 관련이 있다.
• 꽃말 자유로운 마음, 기다림

어긋나며, 3~7쌍의 작은잎을 가진 홀수깃꼴겹잎이다. 작은잎은 불규칙하게 갈라진다.

| 꽃의 성 | 꽃차례 | 수분법 | 개화기 | 기 타 |
|---|---|---|---|---|
| 암수한 | 원추 | 충매화 | 6~7월 | 밀원 |

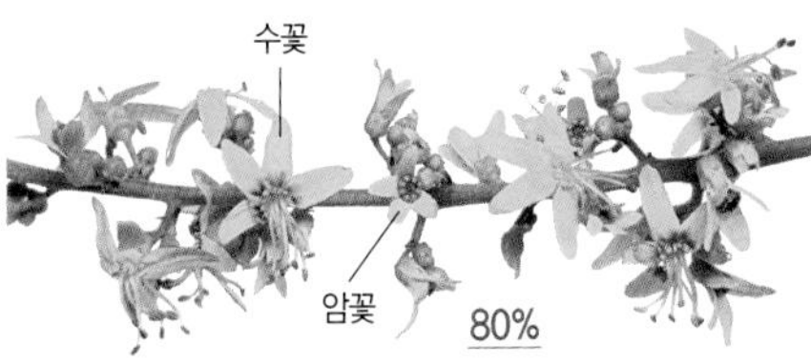


▲ **꽃차례**
암수한그루이며, 6~7월에 새 가지 끝에서 나온 큰 원추꽃차례에 황색의 꽃이 모여 핀다.

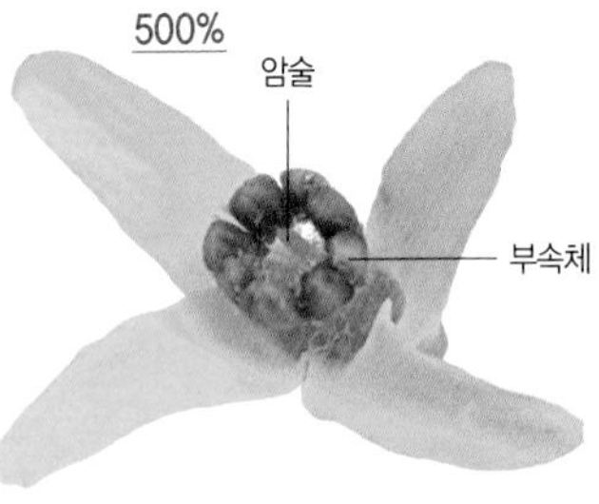


▲ **암꽃**
꽃잎은 4개로 길이 5~9mm의 선상 긴 타원형이며 뒤로 살짝 젖혀진다. 꽃잎의 아랫부분에 돌기상의 부속체가 있다.

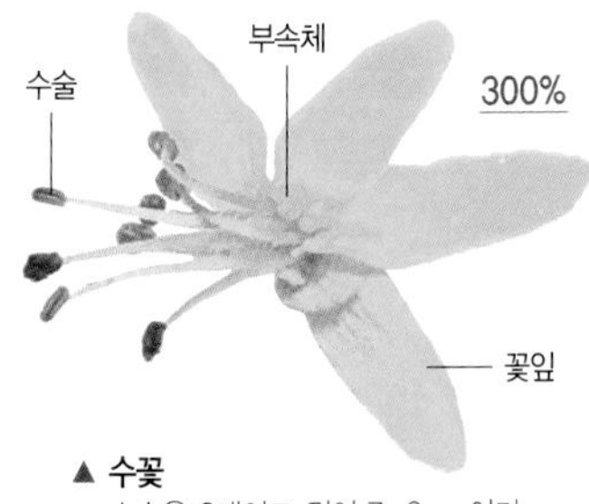


▲ **수꽃**
수술은 8개이고 길이 7~9mm이며, 중간 이하에 긴 털이 밀생한다.

❶ 암수한그루이며, 6~7월에 새 가지 끝에서 나온 길이 15~40cm의 원추꽃차례에 황색의 꽃이 모여 핀다.
❷ 꽃잎은 4개이며, 길이 5~9mm의 선상 긴 타원형이고 뒤로 살짝 젖혀진다. 꽃잎의 아랫부분에 돌기상의 부속체가 있는데, 시간이 경과하면서 황색에서 적색으로 변한다.
❸ 수술은 8개이고 길이 7~9mm이며, 중간 이하에 긴 털이 밀생한다.

총상꽃차례의 위쪽에는 수꽃, 아래쪽에는 암꽃이 핀다

# 사람주나무

*Neoshirakia japonica*
【대극과 사람주나무속】



• 낙엽소교목 • 수고 4~8m • 분포 서해안 백령도 및 동해안 설악산 이남의 숲속이나 계곡
• 유래 가을 단풍이 사람 얼굴에 나타나는 홍조와 비슷하여, '사람' 뒤에 붉을 주(朱) 자를 붙여 만든 이름 • 꽃말 미녀

| 꽃의 성 | 꽃차례 | 수분법 | 개화기 |
|---|---|---|---|
| 암수한 | 총상 | 충매화 | 5~7월 |

어긋나며, 타원형이고 잎가장자리에 물결 모양의 주름이 있다. 잎자루에 기름샘이 있다.

**꽃차례 ▶** 암수한그루이며, 새 가지 끝의 총상꽃차례에 황록색 꽃이 핀다. 꽃차례의 위쪽에는 수꽃이 피고, 아래쪽에는 암꽃이 핀다.

수꽃차례
수꽃차례
암꽃차례
100%

수꽃차례
암술대
암꽃
꽃자루
250%

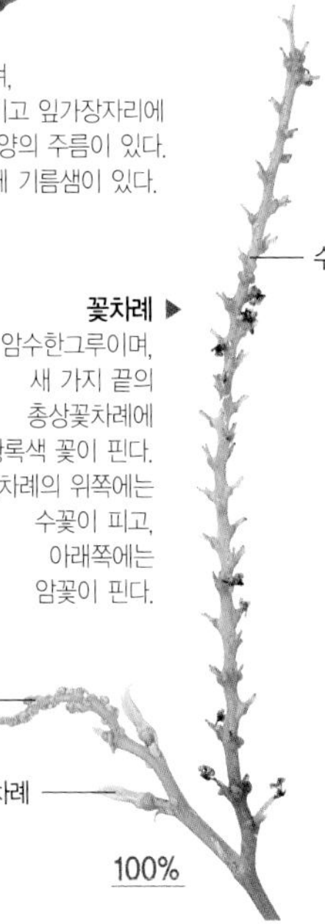

암꽃은 꽃자루가 있으며, 암술대는 3갈래로 길게 갈라져 뒤로 젖혀진다. 수꽃에는 길이 2~3mm의 꽃자루가 있고 수술은 2~3개이다.

❶ 암수한그루이며, 5~7월에 새 가지 끝에서 나온 길이 6~8cm의 총상꽃차례에 황록색의 작은 꽃이 핀다. 꽃차례의 위쪽에는 수꽃이 여러 개 피고, 아래쪽에는 암꽃이 0~여러 개 핀다.

❷ 암꽃은 길이 7mm 정도의 꽃자루가 있으며, 암술대는 3갈래로 길게 갈라져 뒤로 젖혀진다. 씨방은 길이 약 2mm이고 달걀형이다.

❸ 수꽃은 길이 2~3mm의 꽃자루가 있으며, 수술은 2~3개이고 꽃받침보다 길다.

암수한그루이며, 4월 잎이 나기 직전에 꽃이 핀다

# 소사나무 *Carpinus turczaninowii* 【자작나무과 서어나무속】

• 낙엽소교목 • 수고 3~10m • 분포 주로 서남해 바닷가 산지 및 바위지대
• 유래 서어나무의 한자 이름인 서목(西木)인데, 서어나무보다 키도 작고 잎도 작아서 '소서목(小西木)'이라 부르다가 소사나무가 된 것 • 꽃말 믿을 수 있는 사람

어긋나며, 달걀형이고 다른 서어나무속 잎에 비해 작다. 잎가장자리에 겹톱니가 있다.

| 꽃의 성 | 꽃차례 | 수분법 | 개화기 |
|---|---|---|---|
| 암수한 | 미상(↕) | 충매화 | 4~5월 |

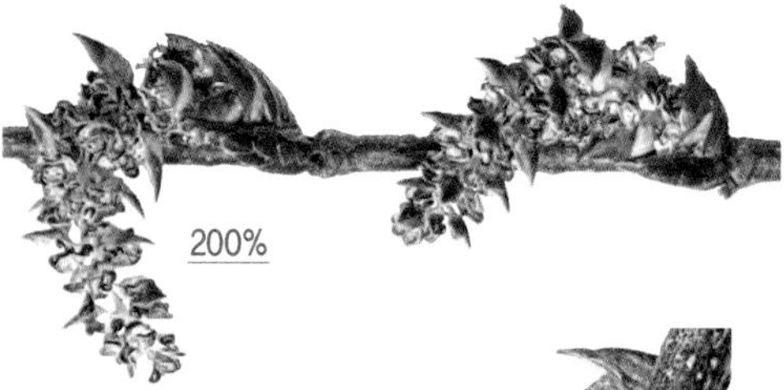

암수한그루이며, 4~5월에 잎이 나기 직전에 꽃이 핀다.

200%

200%

암꽃

포

300%

수꽃

▲ **암꽃차례**
새 가지의 포 속에서 1~3개씩 피며, 암술대는 적색이다.

▲ **수꽃차례**
전년지에서 아래로 드리워 피며, 꼬리 모양이다. 포와 꽃밥이 적색을 띠므로 눈에 잘 띈다.

❶ 암수한그루이며, 4~5월 잎이 나기 직전에 꽃이 핀다.
❷ 암꽃차례는 새 가지의 포 속에서 1~3개씩 피며, 암술대는 적색이다.
❸ 수꽃차례는 길이 3~5cm의 꼬리 모양이며, 전년지에서 미상꽃차례로 아래로 드리워 핀다. 포는 적색이다.

암꽃은 헛수술이 5개이며, 수꽃은 수술이 5개이고 바깥으로 길게 나온다

# 개옻나무

*Toxicodendron trichocarpum*
【옻나무과 옻나무속】

• 낙엽소교목 • 수고 3~8m • 분포 전국의 산야
• 유래 옻을 채취할 수는 있으나 양도 적고 품질도 떨어지기 때문에 붙인 이름
• 꽃말 현명

| 꽃의 성 | 꽃차례 | 수분법 | 개화기 | 기 타 |
|---|---|---|---|---|
|  |  |  |  |  |
| 암수딴 | 원추 | 충매화 | 5~6월 | 밀원 |

어긋나며, 4~8쌍의 작은잎으로
구성된 짝수깃꼴겹잎이다.
작은잎은 끝이 뾰족하고 가장자리는 밋밋하다.

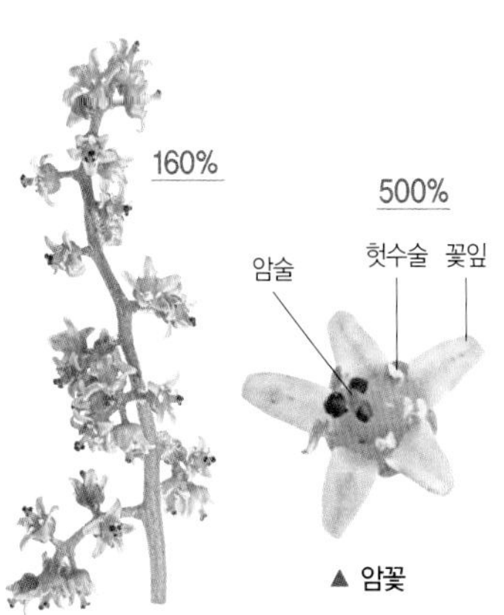


▲ 암꽃

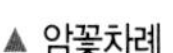

▲ 암꽃차례
꽃잎과 헛수술이 각각 5개이다.
암술대는 꽃의 위쪽으로 튀어나오고
암술머리는 3갈래로 갈라진다.

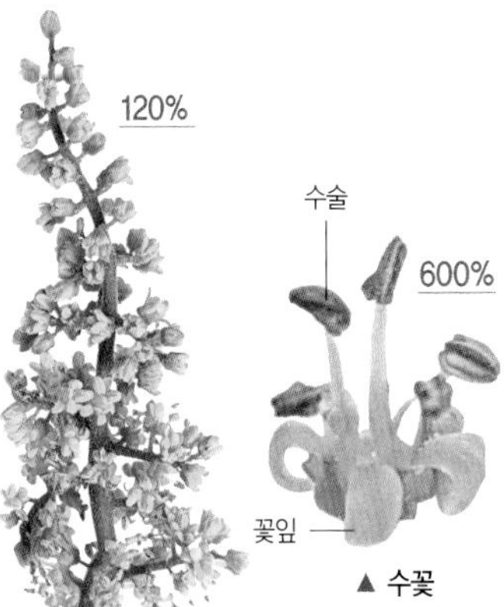


▲ 수꽃

▲ 수꽃차례
수술은 5개이고 꽃의
바깥으로 길게 나온다.
꽃잎은 5개이고 뒤로 젖혀진다.

❶ 암수딴그루이며, 5~6월에 줄기 끝의 잎겨드랑이에서 나온 길이 15~30cm의 원추꽃차례에 황록색 꽃이 모여 핀다.

❷ 암꽃은 꽃잎과 헛수술이 각각 5개이며, 암술대는 꽃의 위쪽으로 튀어나오고 암술머리는 3갈래로 갈라진다. 암꽃의 씨방에는 가시 같은 털이 밀생한다.

❸ 수꽃은 길이 2.5~3.5cm이며, 수술은 5개이고 꽃의 바깥으로 길게 나온다. 꽃잎은 5개이고 뒤로 젖혀진다.

암수딴그루이며, 원추꽃차례에 백색의 작은 꽃이 모여 핀다

# 붉나무

*Rhus javanica* 【옻나무과 붉나무속】

- 낙엽소교목 • 수고 5~10m • 분포 전국의 해발고도가 낮은 산야
- 유래 가을에 잎이 유난히 붉게 물들기 때문에, 우리말 '붉다'에 '나무'를 붙여 만들어진 이름
- 꽃말 신앙

| 꽃의 성 | 꽃차례 | 수분법 | 개화기 | 기 타 |
|---|---|---|---|---|
| 암수딴 | 원추 | 충매화 | 8~9월 | 밀원 |

어긋나며, 달걀형의 작은잎이 3~6쌍인 홀수깃꼴겹잎이다. 잎축에 날개가 있다.

150%

400%

꽃잎

암술 헛수술

▲ 암꽃

▲ 암꽃차례

암꽃의 꽃잎은 타원형이고 뒤로 젖혀지지 않으며, 암술대는 3갈래로 갈라진다.

120%

200%

꽃잎

수술

▲ 수꽃

▲ 수꽃차례

수꽃의 꽃잎은 거꿀달걀형이고 뒤로 젖혀지며, 수술은 꽃받침통 밖으로 길게 나온다. 수술, 꽃받침조각, 꽃잎이 모두 5개다.

❶ 암수딴그루이며, 8~9월에 새 가지 끝에서 나온 길이 15~30cm의 원추꽃차례에 백색의 작은 꽃이 모여 핀다.

❷ 암꽃의 꽃잎은 길이 1.5~1.7mm의 타원형이고 뒤로 젖혀지지 않으며, 암술대는 3갈래로 갈라진다. 씨방은 길이 1mm 정도의 달걀형이고 털이 밀생한다.

❸ 수꽃은 꽃받침조각, 꽃잎, 수술이 모두 5개이다. 꽃잎은 길이 2mm 정도의 거꿀달걀형이고 뒤로 젖혀지며, 수술은 꽃받침통 밖으로 길게 나온다.

암수딴그루이며, 새 가지 끝의 원추꽃차례에 연황색의 꽃이 모여 핀다

# 예덕나무

*Mallotus japonicus* 〔대극과 예덕나무속〕



• 낙엽소교목 • 수고 2~6m • 분포 경남, 전남, 충남 등의 서남해안 및 제주도의 산지
• 유래 한자 이름 야오동(野梧桐) 혹은 야동(野桐)이 '야동나무'를 거쳐 예덕나무가 된 것
• 꽃말 예절, 덕성

| 꽃의 성 | 꽃차례 | 수분법 | 개화기 |
|---|---|---|---|
| 암수딴 | 원추 | 충매화 | 6~7월 |

어긋나며, 어린 나무의 잎은 3갈래로 얕게 갈라진다. 잎몸 밑 부분에 2개의 꿀샘이 있다.

80%

▲ 암꽃차례

암술대

500%

씨방

▲ 암꽃
암술대는 3~4개이고, 암술머리는 3갈래로 갈라진다. 씨방에는 홍색 별모양털과 백색 선점이 밀생한다.

120%

▲ 수꽃차례

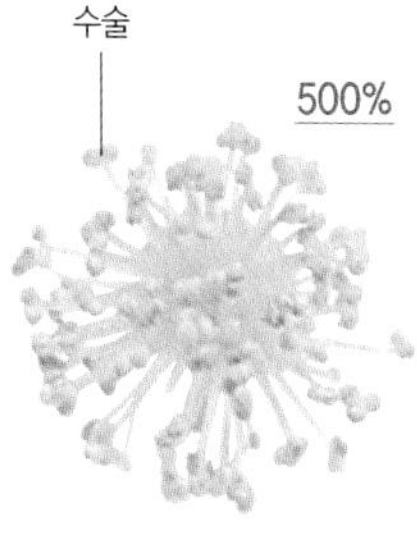

수술

500%

▲ 수꽃
50~80개의 수술이 지름 1cm 정도로 둥글게 퍼지며, 수술대의 길이는 3mm 정도다.

❶ 암수딴그루이며, 6~7월에 새 가지 끝에서 나온 길이 7~20cm의 원추꽃차례에 연황색 꽃이 모여 핀다.

❷ 암꽃의 암술대는 3~4개이고, 암술머리는 3갈래로 갈라진다. 씨방에는 가시 같은 돌기가 있고 홍색 별모양털과 백색 선점이 밀생한다.

❸ 수꽃에는 50~80개의 수술이 지름 1cm 정도로 둥글게 퍼지며, 수술대의 길이는 3mm 정도다.

수꽃양성화한그루이며, 짧은 가지 끝에 연홍색 꽃이 1개씩 핀다

# 모과나무

*Chaenomeles sinensis* 【장미과 명자나무속】

- 낙엽소교목 • 수고 5~10m • 분포 전국적으로 널리 식재
- 유래 나무에 참외 모양의 열매가 달린다 하여, '목과(木瓜)나무'로 불리다가 모과나무가 된 것
- 꽃말 열정, 조숙, 평범

어긋나며, 반듯한 타원형이고
가장자리에 날카로운 잔 톱니가 있다.
질감이 딱딱하다.

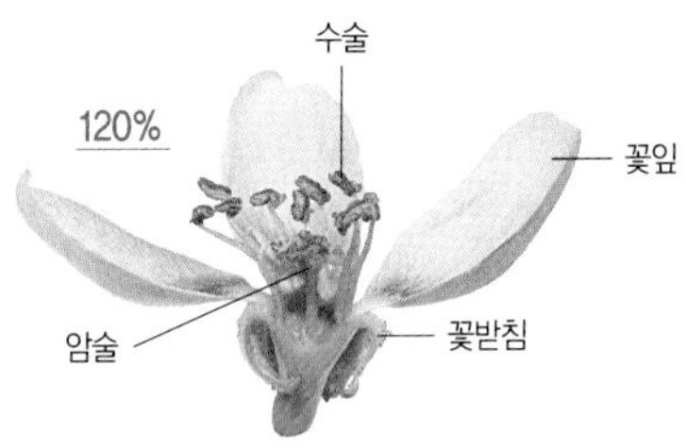


▲ **양성화**

꽃받침과 꽃잎은 5개이고 수술은 약 20개이며, 암술대는 3~5개이고 수술과 길이가 비슷하다.

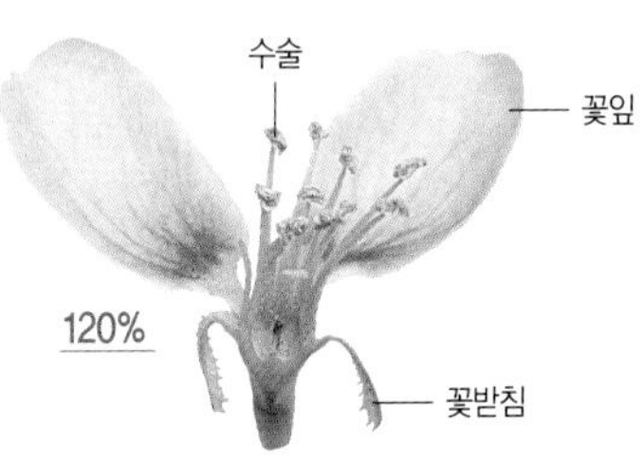


▲ **수꽃**

수술은 약 20개이고, 길이는 꽃잎의 1/2이다. 꽃받침은 삼각상 피침형이며 뒤로 완전히 젖혀진다.

❶ 수꽃양성화한그루이며, 4~5월에 짧은 가지 끝에 연한 홍색 꽃이 1개씩 핀다.

❷ 꽃은 지름 2.5~3cm이며, 꽃잎은 거꿀달걀형이다. 꽃받침은 길이 6~10mm의 삼각상 피침형이며 뒤로 완전히 젖혀진다.

❸ 꽃잎과 꽃받침이 각각 5개이며, 수술은 약 20개이고 길이는 꽃잎의 1/2이다. 양성화는 암술대가 3~5개이고 수술과 길이가 비슷하다.

수꽃양성화한그루이며, 원추꽃차례에 황록색의 꽃이 모여 핀다

# 신나무

*Acer tataricum* subsp. *ginnala*
【단풍나무과 단풍나무속】

• 낙엽소교목 • 수고 8~10m • 분포 전국의 낮은 산지 골짜기 또는 산기슭 • 유래 붉은 색 단풍이 매우 아름다워서 색목(色木)이라 불렀는데, 한자 색이 붉다는 뜻의 우리말 '싣'자로 바뀌어 싣나모→싯나모→신나모→신나무로 변한 것 • 꽃말 변치 않는 귀여움

| 꽃의 성 | 꽃차례 | 수분법 | 개화기 | 기 타 |
|---|---|---|---|---|
|  |  |  |  | |
| 수양한 | 원추 | 풍매화 | 5~6월 | 향기 |

마주나며, 잎몸이 3갈래로 갈라진 갈래잎이다. 가을의 붉은색 단풍이 매우 아름답다.

150%

**꽃차례 ▶** 수꽃양성화한그루이며, 새 가지 끝에서 나온 원추꽃차례에 황록색의 꽃이 모여 핀다.

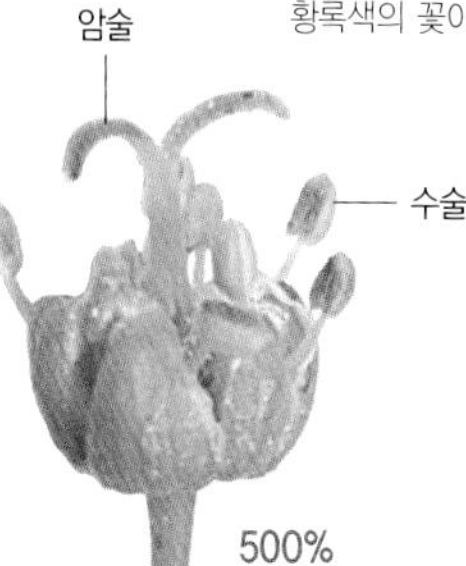


**▲ 양성화** 암술대는 2갈래로 깊게 갈라지며, 수술은 8개이다.

**수꽃 ▶** 꽃잎과 꽃받침조각은 각각 5개이고, 수술은 8개이다.

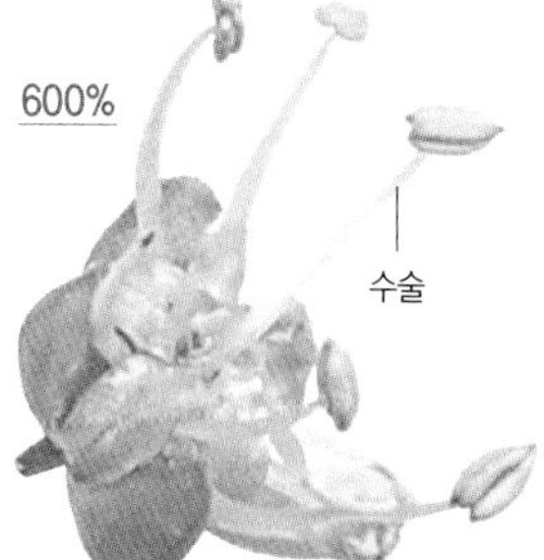


❶ 수꽃양성화한그루이며, 5~6월에 새 가지 끝에서 나온 길이 10~15cm의 원추꽃차례에 황록색 꽃이 모여 핀다.

❷ 꽃잎과 꽃받침조각은 각각 5개이고 길이 1.5~2mm의 달걀형이며, 가장자리에 털이 있다.

❸ 양성화의 암술대는 2갈래로 깊게 갈라지며, 수술은 8개이다.

01. 동백나무
02. 붓순나무
03. 비쭈기나무
04. 비파나무
05. 애기동백나무
06. 홍가시나무
07. 감탕나무
08. 구골나무
09. 굴거리나무
10. 노간주나무

Chapter
04

# 상록소교목

교목 중에서 수고가
대략 3~8m 정도의 소형이며,
겨울에도 잎이 지지 않는 나무

추운 겨울에 붉은색 꽃이 피며, 화통의 밑 부분에 다량의 꿀이 있다

# 동백나무

*Camellia japonica* 【차나무과 동백나무속】

• 상록소교목 • 수고 5~7m • 분포 충남, 경남, 경북, 전남, 전북 및 제주도의 바다 가까운 산지
• 유래 겨울(冬)에도 잣나무나 측백나무처럼 잎이 푸른 채로 있기 때문에 붙인 이름으로, 백(柏)은 잣나무 혹은 측백나무를 뜻한다. • 꽃말 겸손한 마음, 진실한 사랑

| 꽃의 성 | 꽃차례 | 수분법 | 개화기 | 기 타 |
|---|---|---|---|---|
| 양성화 | 단정 | 조매화 | 11~3월 | 밀원 |

어긋나며, 긴 타원형이고 잎끝이 뾰족하다. 재질은 두꺼운 가죽질이며, 앞면은 강한 광택이 난다.

꽃잎은 5~7개이고 질은 두껍고 선단은 움푹하다. 꽃받침은 5개이고 달걀 모양의 원형이다.

70%

수술통

70%

11월부터 다음해 3월에 걸쳐, 가지 끝의 잎겨드랑이에 적색의 양성화가 핀다.

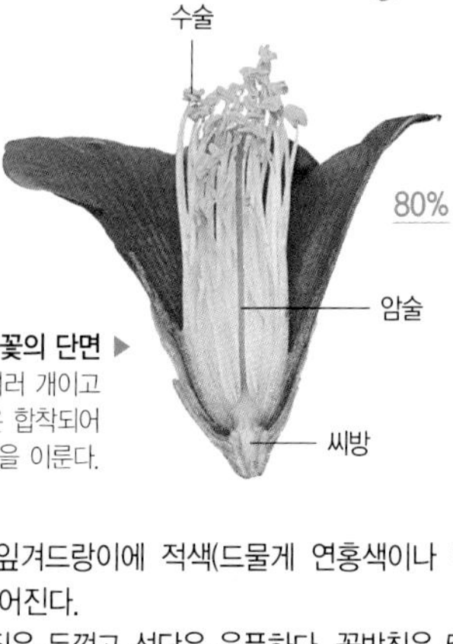

수술

80%

암술

씨방

**꽃의 단면** ▶
수술은 여러 개이고 아랫부분은 합착되어 통 모양을 이룬다.

❶ 11월부터 다음해 3월까지, 가지 끝의 잎겨드랑이에 적색(드물게 연홍색이나 백색)의 양성화가 핀다. 꽃이 질 때는 통째로 떨어진다.

❷ 꽃잎은 5~7개이고 길이 3~5cm이며, 질은 두껍고 선단은 움푹하다. 꽃받침은 5개이고 달걀 모양의 원형이며, 꽃자루는 길이 약 5mm이다.

❸ 수술은 여러 개이고, 아랫부분은 합쳐져서 통 모양을 이루고 꽃잎과 합착되어 있다. 암술대의 끝은 3갈래로 갈라진다. 화통의 밑 부분에는 다량의 꿀이 있다.

새순 혹은 화피조각이 붓과 비슷하여 붓순나무라고 한다

# 붓순나무

*Illicium anisatum* 【붓순나무과 붓순나무속】

- 상록소교목 • 수고 3~5m • 분포 남해안 일부 도서(진도, 완도) 및 제주도의 숲속
- 유래 새순이 나올 때의 모습 혹은 화피의 모양이 붓과 비슷하게 생긴데서 유래된 이름
- 꽃말 일편단심

어긋나며, 긴 타원형이고 가장자리는 밋밋하다. 잎을 자르면 특유의 향기가 난다.

| 꽃의 성 | 수분법 | 개화기 |
|---|---|---|
|  |  | |
| 양성화 | 충매화 | 3~4월 |

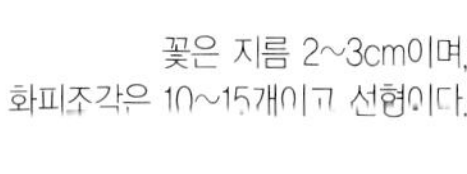

꽃은 지름 2~3cm이며, 화피조각은 10~15개이고 선형이다.

130%

수술

암술

120%

▲ **꽃차례**
가지 윗부분의 잎겨드랑이에 연한 황백색의 양성화가 1개씩 핀다.

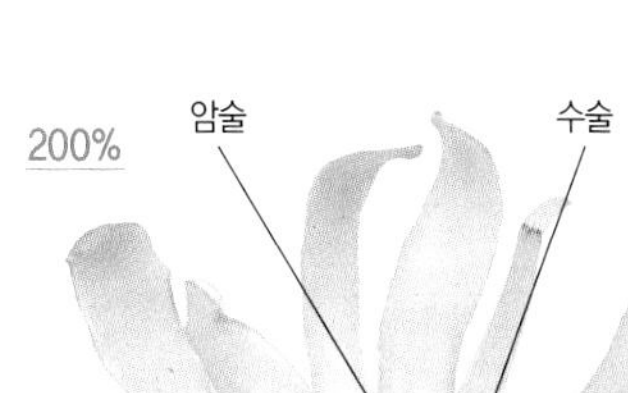


**꽃의 단면** ▶
암술은 8개이고 수술은 많으며, 씨방은 6~12개가 모여 난다.

❶ 3~4월에 가지 윗부분의 잎겨드랑이에 연한 황백색의 양성화가 1개씩 핀다.
❷ 꽃은 지름 2~3cm이고, 꽃자루는 길이 1~2cm다. 화피조각은 10~15개이고 길이 1.1~1.5cm의 선형이다.
❸ 암술은 8개이고 길이 2~2.5mm이며, 수술은 많고 길이 2.7~3mm이다. 씨방은 길이 1.8~2mm이고 6~12개가 모여 난다.

양성화이며, 꽃색은 처음에는 백색이고 나중에 황색을 띤다

# 비쭈기나무

*Cleyera japonica* 【차나무과 비쭈기나무속】

- 상록소교목 • 수고 6~10m • 분포 남해안 도서 지역 및 제주도의 산지
- 유래 가느다란 겨울눈의 끝이 약간 휘어져 비쭉이 나오기 때문에 붙인 이름
- 꽃말 신성함

| 꽃의 성 | 꽃모양 | 수분법 | 개화기 |
| --- | --- | --- | --- |
| 양성화 | 장미형 | 충매화 | 6~7월 |

어긋나며, 긴 타원형이고 가장자리는 밋밋하다. 표면은 짙은 녹색이고 광택이 난다.

꽃잎은 5개이고 긴 타원형이며, 꽃받침은 넓은 달갈형이다.

100%

150%

수술

암술

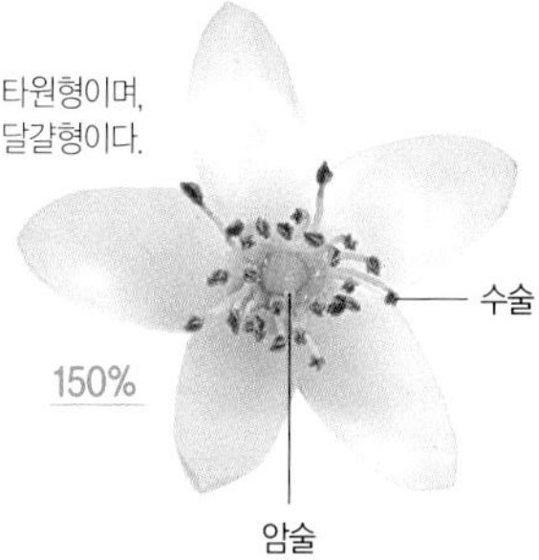

▲ **꽃차례**
잎겨드랑이에 1~3개의 양성화가 모여 핀다. 꽃색은 처음에는 백색이고 나중에 황색을 띤다.

암술

수술

씨방

250%

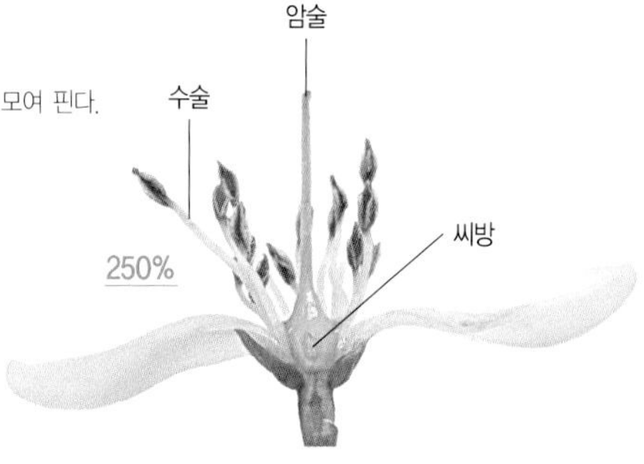

**꽃의 단면** ▶
암술은 1개이고 암술머리는 2갈래로 갈라진다. 씨방은 구형이고 털이 없다.

❶ 6~7월에 잎겨드랑이에 1~3개의 양성화가 모여 핀다. 꽃색은 처음에는 백색이다가 나중에 황색으로 변한다.

❷ 꽃잎은 5개이고 길이 8mm 정도의 긴 타원형이며, 꽃받침은 길이 3mm 정도이고 넓은 달갈형이다.

❸ 암술은 1개이고, 수술은 25~30개이다. 암술대는 길이 6mm 정도이고 암술머리는 2갈래로 갈라진다. 씨방은 구형이고 털이 없다.

원추꽃차례에 향기가 있는 황백색의 양성화가 모여 핀다

# 비파나무

*Eriobotrya japonica* 【장미과 비파나무속】

- 상록소교목 • 수고 6~10m • 분포 제주도 및 남해안 지역에서 재배
- 유래 잎 모양이 현악기 비파(琵琶)를 닮아서 음만 빌려서 비파(枇杷)나무라 한 것
- 꽃말 온화, 현명

| 꽃의 성 | 꽃차례 | 수분법 | 개화기 | 기 타 |
|---|---|---|---|---|
|  | 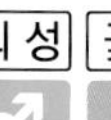  |  |  |  |
| 양성화 | 원추 | 충매화 | 11~1월 | 향기 |

어긋나며, 긴 타원형이고
현악기 비파와 비슷한 모양이다.
잎면은 딱딱하고 요철이 많다.

200%

꽃잎은 백색이고 거꿀달걀형이며,
꽃받침조각은 삼각상 달걀형이다.

암술

수술

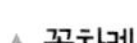

▲ **꽃차례**
가지 끝에서 나온 원추꽃차례에 향기가 있는
연한 황백색의 양성화가 모여 핀다.

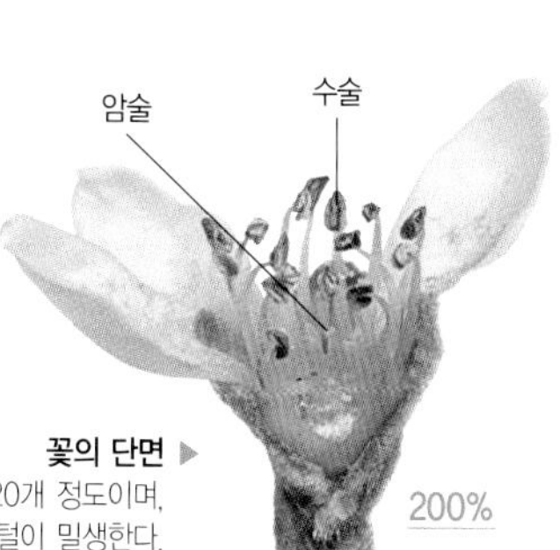


**꽃의 단면** ▶
암술대는 5개이고 수술은 20개 정도이며,
씨방의 윗부분에 갈색 털이 밀생한다.

❶ 11~1월에 가지 끝에서 나온 길이 10~20cm의 원추꽃차례에 향기가 있는 연한 황백색의 양성화가 100개 정도 모여 핀다.

❷ 꽃은 지름 1~1.5cm이다. 꽃잎은 백색이고 5개이며, 거꿀달걀형이다. 꽃받침조각은 길이 2~3mm의 삼각상 달걀형이며, 꽃받침과 꽃차례의 축에는 갈색 털이 밀생한다.

❸ 암술대는 5개이고 수술은 20개 정도이며, 씨방의 윗부분에 갈색 털이 밀생한다.

동백나무 꽃에 비해, 꽃잎이 포개지지 않고 거의 활짝 벌어진다

# 애기동백나무

*Camellia sasanqua*
【차나무과 동백나무속】

• 상록소교목 • 수고 5~7m • 분포 남해안 일대 및 제주도
• 유래 동백나무와 비슷하지만 꽃이 그보다 조금 작다고 '애기'라는 말을 앞에 붙여 만든 이름
• 꽃말 겸손, 이상적인 사랑, 자랑

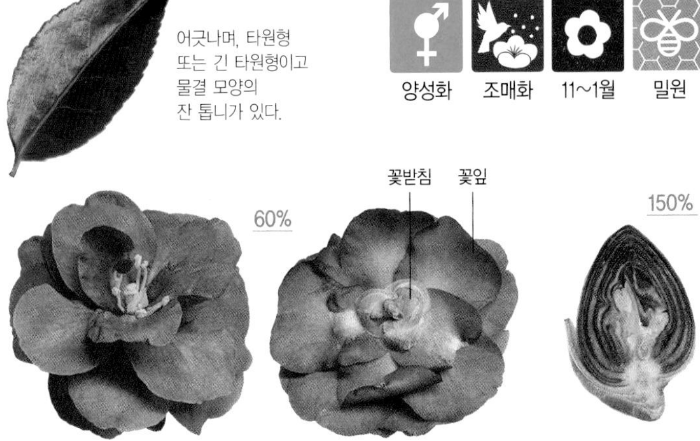


11월부터 이듬해 1월에 걸쳐 잎겨드랑이 또는 가지 끝에 양성화가 핀다.

▲ 꽃봉오리의 단면

꽃의 단면 ▶
암술대는
3갈래로 갈라지며,
수술은 많고 아랫부분에서
합쳐져 있다.

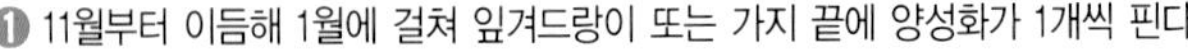

❶ 11월부터 이듬해 1월에 걸쳐 잎겨드랑이 또는 가지 끝에 양성화가 1개씩 핀다.
❷ 꽃잎은 5~7개이고 길이 2.5~3.5cm이며, 대부분 따로 떨어져 있다. 꽃받침은 5개이고 달걀 모양의 원형이며, 꽃자루는 없다.
❸ 암술대는 3갈래로 갈라지며, 동백나무와 달리 씨방에 털이 있다. 수술은 많고 아랫부분에서 합쳐져 있으며, 꽃밥은 황색이다.

복산방꽃차례에 백색의 양성화가 1~4개씩 모여 핀다

# 홍가시나무

*Photinia glabra* 【장미과 홍가시나무속】

- 상록소교목 • 수고 3~10m • 분포 제주도 및 남부 지방에 식재
- 유래 새잎이 나올 때 붉은색을 띠며, 가시나무 잎과 비슷하게 생긴 데서 붙인 이름
- 꽃말 검소

낙엽교목 상록교목 낙엽소교목 상록소교목 낙엽관목 상록관목 낙엽덩굴 상록덩굴

| 꽃의 성 | 꽃차례 | 수분법 | 개화기 |
|---|---|---|---|
| 양성화 | 산방 | 충매화 | 5~6월 |

어긋나며, 긴 타원형이고 작고 예리한 톱니가 있다. 봄에 나오는 새잎은 붉은색을 띤다.

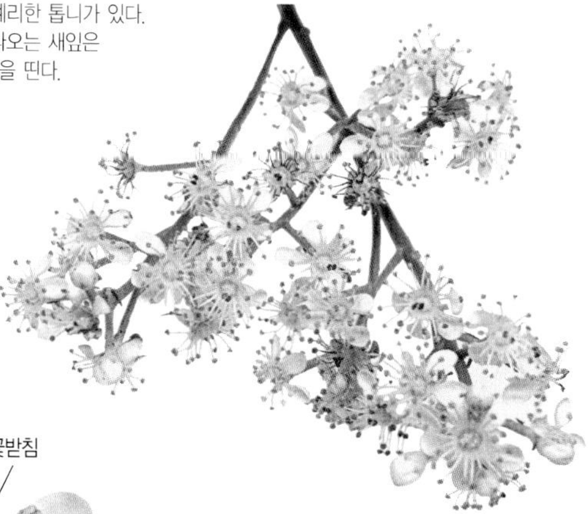

**꽃차례** ▶ 새 가지 끝에서 나온 복산방꽃차례에 백색의 양성화가 1~4개씩 모여 핀다. 꽃은 지름 10cm 정도이며, 꽃잎은 5개이고 거꿀달걀형이다.

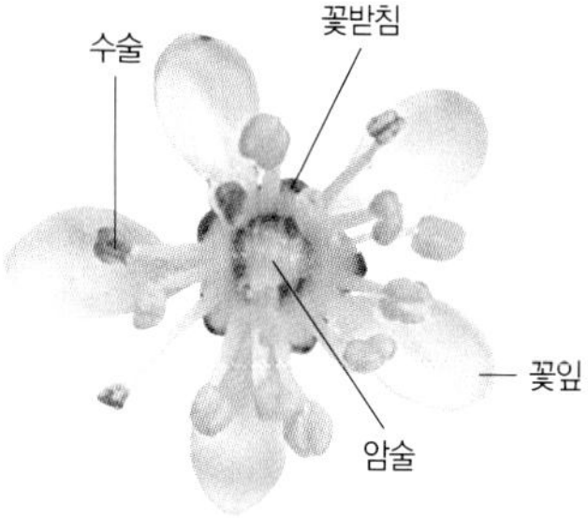

수술 꽃받침 꽃잎 암술

암술대는 2개이고 아랫부분이 맞붙어 있으며, 수술은 20개 정도이고 꽃잎보다 짧다.

❶ 5~6월에 새 가지 끝에서 나온 복산방꽃차례에 백색의 양성화가 1~4개씩 모여 핀다.

❷ 꽃은 지름 10cm 정도이며, 꽃잎은 5개이고 거꿀달걀형이며 꽃잎 사이가 넓게 떨어져 있다. 꽃받침통은 길이 2.5~3mm의 종 모양이고 털이 없으며, 꽃받침조각은 피침형이고 꽃받침통보다 길다.

❸ 암술대는 2개이고 아랫부분이 맞붙어 있으며 흰털이 있다. 수술은 20개 정도이고 꽃잎보다 짧다.

암수딴그루이며, 전년지의 잎겨드랑이에 황록색 꽃이 모여 핀다

# 감탕나무

*Ilex integra*【감탕나무과 감탕나무속】

• 상록소교목 • 수고 6~10m • 분포 제주도 및 전남, 경남의 남해안 도서의 바닷가 산지
• 유래 단맛이 나는 액체라는 뜻의 '감탕(甘湯)'에서 유래된 이름으로, 나무껍질에 상처를 내어 수액을 받아 굳히면 감탕을 얻을 수 있다. • 꽃말 가정의 평화, 행복

| 꽃의 성 | 꽃차례 | 수분법 | 개화기 |
|---|---|---|---|
| 암수딴 | 취산 | 충매화 | 3~5월 |

어긋나며, 타원형이고 잎가장자리는 밋밋하다. 양면의 잎맥이 거의 보이지 않는다.

250%

헛수술

암술

▲ **암꽃**
꽃받침조각, 꽃잎, 헛수술이 각각 4개이다. 암술머리는 두툼한 원반 모양이고 4갈래로 얕게 갈라진다.

100%

▲ **꽃차례**
전년지 잎겨드랑이에 황록색의 꽃이 모여 핀다. 꽃받침조각과 꽃잎은 각각 4개이다.

수술 헛암술

**수꽃** ▶
꽃받침조각과 꽃잎은 각각 4개이다. 헛암술과 꽃잎과 길이가 비슷한 수술이 4개 있다.

250%

❶ 암수딴그루이며, 3~5월에 전년지의 잎겨드랑이에 지름 8mm 정도의 황록색 꽃이 모여 핀다. 꽃받침조각과 꽃잎은 각각 4개이다.
❷ 암꽃은 1~4개씩 피며, 헛수술이 4개 있다. 암술머리는 두툼한 원반 모양이고 4갈래로 얕게 갈라진다.
❸ 수꽃은 2~15개씩 모여 피며, 꽃잎과 길이가 비슷한 수술 4개와 퇴화된 헛암술이 있다.

암수딴그루이며, 향기가 좋은 백색 또는 연황색 꽃이 모여 핀다

# 구골나무

*Osmanthus heterophyllus*
[물푸레나무과 목서속]



• 상록소교목 • 수고 4~8m • 분포 남부 지역의 공원이나 정원에 식재
• 유래 한자 이름 구골(狗骨)에서 유래된 것으로, 줄기의 색깔이 개의 마른 뼈 색깔과 비슷한데서 유래된 이름 • 꽃말 보호, 용의

| 꽃의 성 | 수분법 | 개화기 | 기 타 |
|---|---|---|---|
| 암수딴 | 충매화 | 11~12월 | 향기 |

마주나며, 잎몸은 가죽질이고
앞면에 광택이 있다.
어린잎에는 3~5쌍의 가시가 있다.

200%

**암꽃차례** ▶
11~12월에 잎겨드랑이에 백색
또는 연황색의 꽃이 모여 핀다.
꽃에는 좋은 향기가 난다.

암술

수술

수술

헛암술

200%

◀ **수꽃차례**
수술은 2개이며,
화관은 끝이 4갈래로 갈라지고
끝이 뒤로 젖혀진다.

❶ 암수딴그루이며, 11~12월에 잎겨드랑이에 향기가 좋은 백색 또는 연황색의 꽃이 모여 핀다.

❷ 화관은 지름 5mm 정도이며, 끝이 4갈래로 갈라지고 뒤로 젖혀진다. 꽃받침은 4개로 갈라지며, 달걀 모양의 삼각형이고 가장자리는 밋밋하다.

❸ 암수딴그루지만 암꽃이나 수꽃이나 모두 암술과 수술을 가지고 있다. 암꽃은 암술대가 길게 발달한다. 수꽃은 2개의 수술이 발달하고 퇴화된 암술(헛암술)이 있다.

암수딴그루이며, 꽃은 잎겨드랑이에서 나온 총상꽃차례에 모여 핀다

# 굴거리나무

*Daphniphyllum macropodum*
【굴거리나무과 굴거리나무속】

- 상록소교목 • 수고 3~10m • 분포 울릉도, 전북, 전남 및 제주도의 산지
- 유래 무당이 굿거리를 할 때, 이 나무의 가지를 흔들었다 하여 붙여진 이름
- 꽃말 내 사랑 나의 품에, 자리를 내어줌

어긋나며, 잎몸은 가죽질이고 앞면에는 광택이 있다. 새잎은 곧추서고, 오래된 잎은 아래로 처진다.

| 꽃의 성 | 꽃차례 | 수분법 | 개화기 |
|---|---|---|---|
|  |  | |  |
| 암수딴 | 총상 | 풍충매화 | 5~6월 |

**암꽃차례 ▶**
암술은 1개이며, 암술머리는 적색이고 2~4갈래로 갈라져 뒤로 휘어진다. 씨방은 좁은 달걀형이고 꽃받침은 작거나 없다.

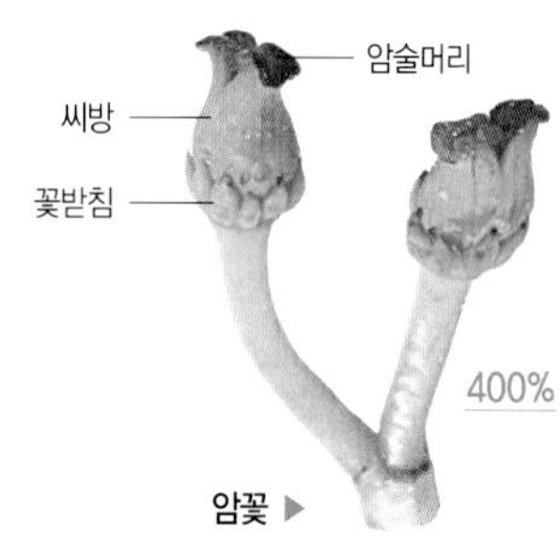


**암꽃 ▶**

**▲ 수꽃차례**
수꽃에는 꽃잎과 꽃받침이 없고 수술만 8~12개가 있다. 꽃밥은 자갈색이고 수술대의 밑 부분은 합착되어 있다.

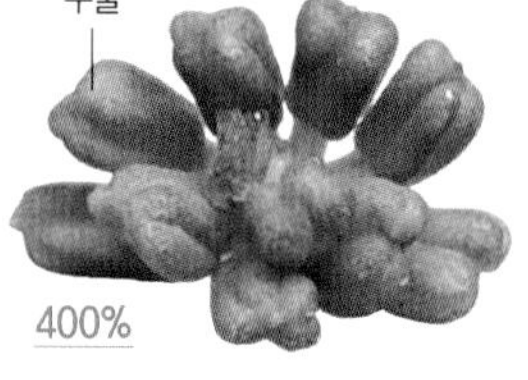


**▲ 수꽃**

❶ 암수딴그루이며, 꽃은 5~6월에 전년지의 잎겨드랑이에서 나온 길이 4~12cm의 총상꽃차례에 모여 핀다.

❷ 암꽃의 밑 부분에는 작은 꽃받침이 있거나 없으며, 암술머리는 적색이고 2~4갈래로 갈라져 뒤로 휘어진다. 씨방은 길이 1~2mm의 좁은 달걀형이다.

❸ 수꽃은 길이 4~12cm의 총상꽃차례에 모여 핀다. 수꽃에는 꽃잎과 꽃받침이 없고 수술은 8~12개이다. 꽃밥은 자갈색이고 수술대의 밑 부분은 합착되어 있다.

암꽃은 녹색이고 구형이며, 수꽃은 황갈색이고 타원형이다

# 노간주나무

*Juniperus rigida*
【측백나무과 향나무속】

• 상록소교목 • 수고 8~10m • 분포 전국의 건조한 야산 특히 석회암지대
• 유래 한자 이름 노가자(老柯子)가 '노간자'로 불리다가 다시 노간주로 변한 것
• 꽃말 친절, 자유

| 꽃의 성 | 수분법 | 개화기 |
|---|---|---|
| 암수딴 | 풍매화 | 4월 |

바늘 모양의 잎이 3개씩 돌려난다. 잎이 짧고 단단하여 찔리면 아프다.

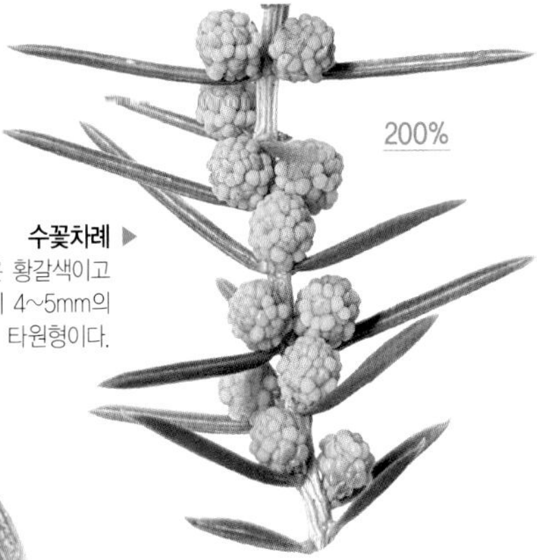

200%

**수꽃차례** ▶
수꽃은 황갈색이고 길이 4~5mm의 타원형이다.

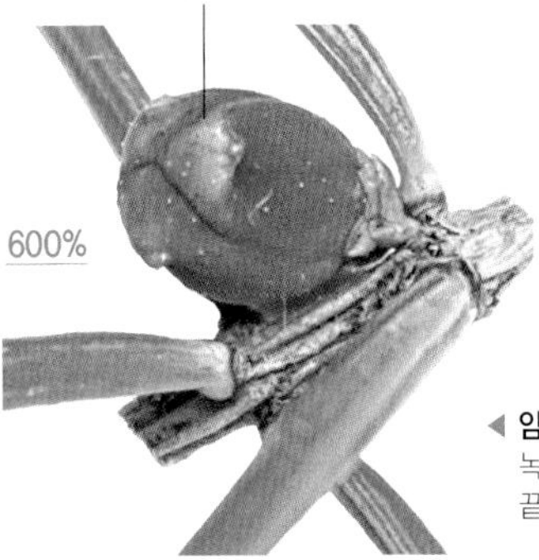

비늘조각

600%

◀ **암꽃**
녹색이고 길이 6~8mm의 구형이며, 끝이 뾰족한 3개의 비늘조각이 있다.

❶ 암수딴그루(간혹 암수한그루)이며, 4월에 암수꽃 모두 전년지의 잎겨드랑이에 핀다.
❷ 암꽃은 녹색이고 길이 6~8mm의 구형이며, 끝이 뾰족한 3개의 비늘조각(인편)이 있다.
❸ 수꽃은 황갈색이고 길이 4~5mm의 타원형 또는 아원형이다.

01. 가막살나무
02. 가침박달
03. 개나리
04. 고광나무
05. 고추나무
06. 골담초
07. 괴불나무
08. 구기자나무
09. 국수나무
10. 나무수국
11. 납매
12. 노린재나무
13. 누리장나무
14. 단풍철쭉
15. 댕강나무
16. 덜꿩나무
17. 등대꽃나무
18. 딱총나무
19. 뜰보리수
20. 라일락
21. 말발도리
22. 말오줌때
23. 망종화
24. 매자나무
25. 모란
26. 무궁화
27. 미선나무
28. 박쥐나무
29. 박태기나무
30. 백당나무
31. 병꽃나무
32. 병아리꽃나무
33. 보리수나무
34. 부용
35. 분꽃나무
36. 빈도리
37. 산딸기
38. 산수국
39. 산옥매
40. 삼지닥나무
41. 순비기나무
42. 쉬땅나무
43. 싸리
44. 앵도나무
45. 영춘화
46. 오갈피나무
47. 일본매자나무
48. 작살나무
49. 장미
50. 조록싸리
51. 조팝나무
52. 족제비싸리
53. 좀목형
54. 쥐똥나무
55. 진달래
56. 찔레꽃
57. 철쭉
58. 탱자나무
59. 팥꽃나무
60. 풍년화
61. 해당화
62. 화살나무
63. 황매화
64. 흰말채나무
65. 히어리
66. 개암나무
67. 감태나무
68. 갯버들
69. 까마귀밥나무
70. 낙상홍
71. 무화과나무
72. 산초나무
73. 생강나무
74. 초피나무
75. 두릅나무
76. 명자나무

Chapter 05

# 낙엽관목

주간과 가지의 구별이 확실하지 않고 지면에서부터 여러 개의 가지가 나오며, 수고 0.3~3m이고 겨울에 잎이 떨어지는 나무

새 가지 끝에서 나온 복산형꽃차례에 백색 양성화가 핀다

# 가막살나무

*Viburnum dilatatum*
【산분꽃나무과 산분꽃나무속】

• 낙엽관목 • 수고 2~3m • 분포 주로 남부 지방의 산지
• 유래 열매를 까마귀가 잘 먹는다 하여 '까마귀의 쌀나무'라는 뜻에서 붙인 이름
• 꽃말 사랑은 죽음보다 강하다

마주나며, 원형 또는 넓은달걀형이고 가장자리에 물결 모양의 톱니가 있다.

| 꽃의 성 | 꽃차례 | 수분법 | 개화기 |
|---|---|---|---|
| 양성화 | 산형 | 풍매화 | 5~6월 |

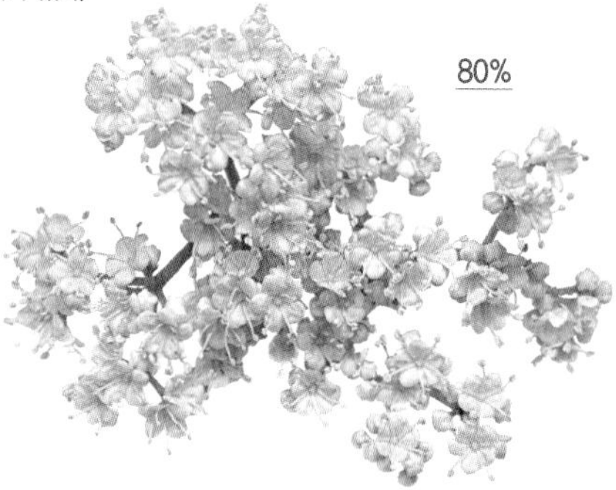

80%

**꽃차례 ▶**
5~6월에 새 가지 끝에서 나온 복산형꽃차례에 백색 양성화가 핀다.

암술 수술
꽃잎

화관은 지름 5~8mm이고 5갈래로 갈라진다. 수술은 길고 5개이며, 암술은 1개이고 아주 짧다.

400%

❶ 5~6월에 새 가지 끝에서 나온 지름 6~10cm의 복산형꽃차례에 백색 양성화가 모여 핀다.
❷ 화관은 지름 5~8mm 정도이고 5개로 갈라지며, 화관조각은 달걀 모양의 원형이다. 꽃받침은 5갈래로 깊게 갈라진다.
❸ 수술은 5개이고 화관보다 길며, 암술은 1개이고 아주 짧고 돌출해있고 암술대는 꽃받침 통부와 길이가 비슷하다.

총상꽃차례에 향기가 좋은 백색의 양성화가 모여 핀다

# 가침박달

*Exochorda serratifolia*
〔장미과 가침박달속〕

• 낙엽관목 • 수고 1~5m • 분포 중부 지방 이북의 바위지대 및 건조한 산지 • 유래 여러 개의 씨방이 마치 바느질할 때 감치기를 한 것처럼 연결되어 있으며, 여기에 단단하다는 뜻의 박달을 합친 '감치기박달'에서 가침박달이 된 것 • 꽃말 순결, 숨겨진 아름다움, 청순

| 꽃의 성 | 꽃차례 | 수분법 | 개화기 | 기 타 |
|---|---|---|---|---|
| 양성화 | 총상 | 충매화 | 4~5월 | 향기 |

어긋나며, 거꿀달걀형 또는 타원형이고 윗부분에 톱니가 있다.

100%

수술

암술

100%

화관은 거꿀달걀형이며, 꽃받침조각은 길이 2mm 정도의 삼각형이다.

새 가지 끝에서 나온 총상꽃차례에 백색의 양성화가 3~6개씩 모여 핀다.

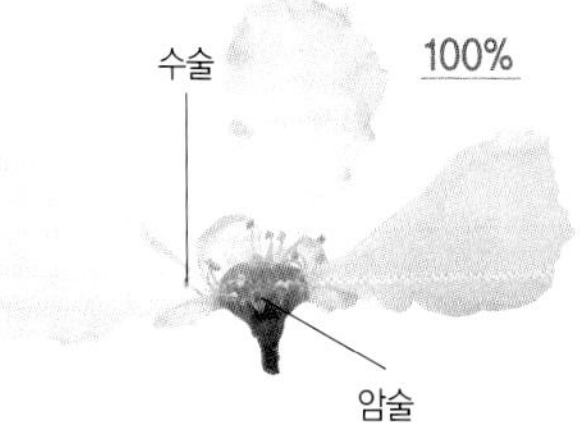


**꽃의 단면 ▶**
암술대와 씨방은 각각 5개이며, 수술은 15~25개이고 3~5개씩 다발로 붙는다.

❶ 4~5월에 새 가지 끝에서 나온 길이 10cm 정도의 총상꽃차례에 백색 양성화가 3~6개씩 모여 핀다. 꽃에 향기가 있다.

❷ 화관은 지름 1.5~2cm의 거꿀달걀형이며, 꽃받침조각은 길이 2mm 정도의 삼각형이고 털이 없다.

❸ 암술대와 씨방은 각각 5개이며, 수술은 15~25개이고 3~5개씩 꽃잎의 아랫부분에 다발로 붙는다.

양성화이며, 장주화(암꽃 역할)와 단주화(수꽃 역할)가 핀다

# 개나리

*Forsythia koreana* 【물푸레나무과 개나리속】

- 낙엽관목 • 수고 2~3m • 분포 전국의 공원 및 정원에 관상수로 식재
- 유래 백합과의 나리꽃과 비슷하지만, 이보다 조금 못하다 하여 앞에 '개'라는 접두어를 붙인 것
- 꽃말 기대, 깊은 정, 달성, 희망

마주나며, 피침형 또는 긴 타원형이다. 가장자리의 1/3 이상 상반부에 날카로운 톱니가 있다.

| 꽃의 성 | 꽃모양 | 수분법 | 개화기 |
|---|---|---|---|
| 양성화 | 깔때기형 | 풍매화 | 2~4월 |

200%

꽃은 잎이 나기 전, 2~4월에 전년지의 잎겨드랑이에 1~3개씩 모여 핀다.

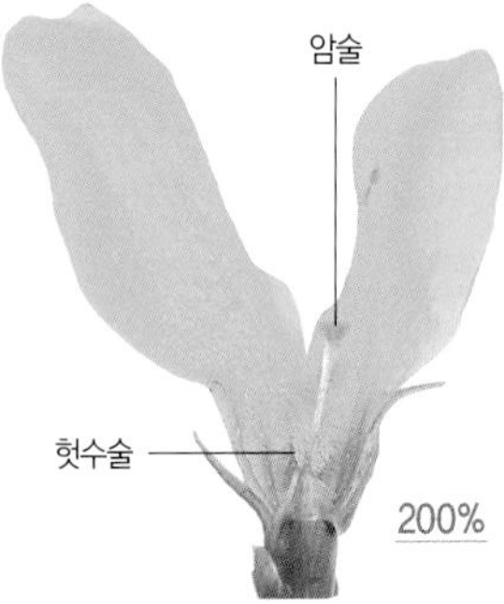

암술

헛수술

200%

▲ **장주화**
암술이 헛수술보다 길고, 암꽃 역할을 한다.

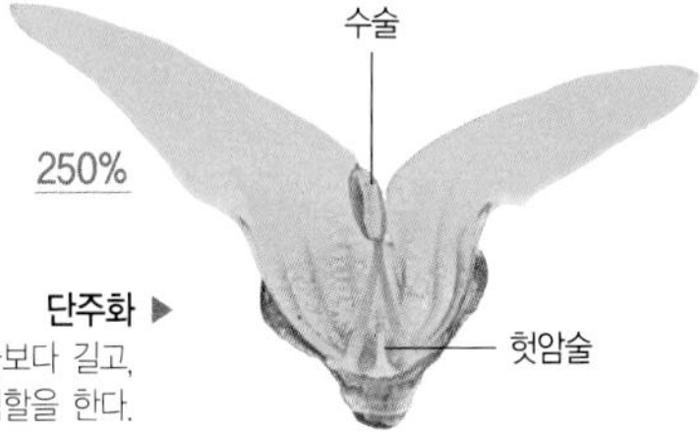

수술

250%

헛암술

**단주화** ▶
수술이 헛암술보다 길고, 수꽃 역할을 한다.

❶ 2~4월에 전년지의 잎겨드랑이에 황색의 양성화가 1~3개씩 모여 핀다.
❷ 화관은 깔때기형이고, 4갈래로 깊게 갈라지며 끝이 수평으로 벌어진다.
❸ 퇴화된 수술(헛수술)보다 암술이 긴 장주화는 암꽃 역할을 하며, 퇴화된 암술(헛암술)보다 수술이 긴 단주화는 수꽃 역할을 한다(이형예현상). 흔히 보이는 것은 단주화다.

가지 끝의 총상꽃차례에 백색의 양성화가 5~9개씩 모여 핀다

# 고광나무

*Philadelphus schrenkii*
【수국과 고광나무속】

• 낙엽관목 • 수고 2~4m • 분포 전국적으로 분포하며, 주로 산과 들의 숲가장자리
• 유래 멀리서 보이는 외로운 빛이라는 뜻의 고광(孤光) 혹은 무리로 피어 밤을 밝힌다는 의미에서 붙인 이름 • 꽃말 기품, 추억, 품격

| 꽃의 성 | 꽃차례 | 꽃모양 | 수분법 | 개화기 | 기 타 |
|---|---|---|---|---|---|
|  |  |  |  |  |  |
| 양성화 | 총상 | 장미형 | 충매화 | 5~6월 | 향기 |

마주나며, 달걀형이다.
가장자리에는 톱니가 드문드문 나 있다.

100%

70%

꽃잎은 4개이고, 넓은 달걀형이며 끝이 둥글다. 꽃받침조각은 4개이고 달걀형이다.

▲ 꽃차례
5~6월에 가지 끝에서 나온 총상꽃차례에 백색 양성화가 5~9개씩 모여 핀다.

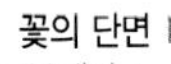

꽃의 단면 ▶
수술은 20~30개이고, 암술은 이보다 짧고 암술머리는 4갈래로 갈라진다.

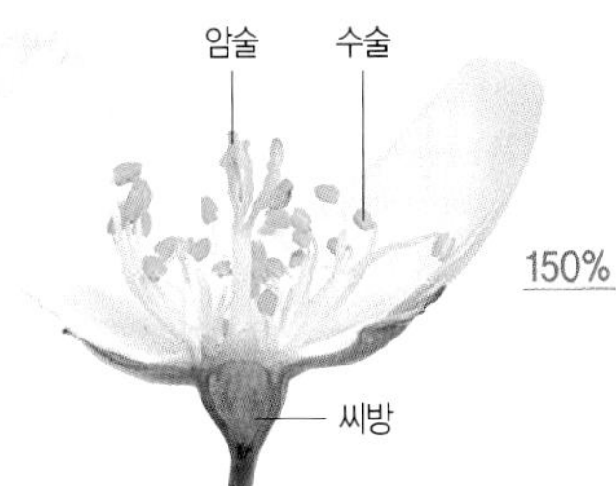


❶ 5~6월에 가지 끝에서 나온 총상꽃차례에 백색의 양성화가 5~9개씩 모여 핀다.
❷ 꽃잎은 4개이고, 길이 1~1.5cm의 넓은 달걀형이며 끝이 둥글다. 꽃받침조각은 4개이고 달걀형이며, 꽃차례와 꽃차례자루에는 잔털이 밀생한다.
❸ 수술은 20~30개이며, 암술보다 길다. 암술대는 길이 약 8mm이고, 암술머리는 4갈래로 갈라져 뒤로 말린다.

새 가지 끝의 원추꽃차례에 향기가 좋은 백색 양성화가 핀다

# 고추나무

*Staphylea bumalda* 〔고추나무과 고추나무속〕

- 낙엽관목 • 수고 3~5m • 분포 전국의 산골짜기 및 산기슭
- 유래 나뭇잎의 모양과 하얀 꽃이 고추의 잎과 꽃을 닮아서 붙인 이름
- 꽃말 한, 의혹, 미신

| 꽃의 성 | 꽃차례 | 수분법 | 개화기 | 기 타 |
|---|---|---|---|---|
| 양성화 | 원추 | 충매화 | 5~6월 | 향기 |

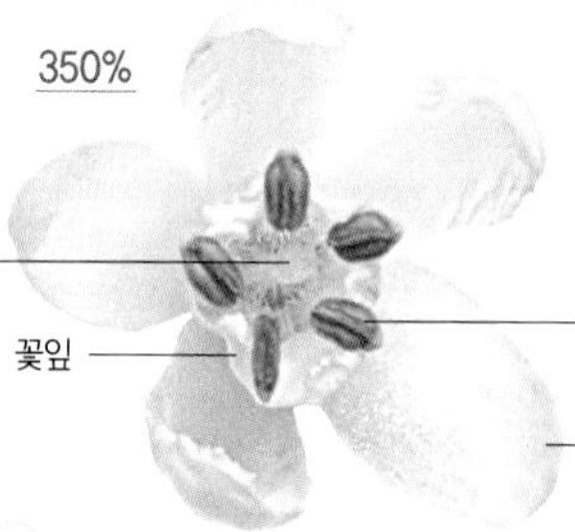

마주나며, 작은잎이 3장 달리는 삼출겹잎이다. 작은잎은 타원형이고 가장자리에는 잔 톱니가 있다.



꽃은 길이 7~8mm이며, 꽃잎과 꽃받침은 5개이고 모두 백색이다.

▲ **꽃차례**
새 가지 끝에서 나온 원추꽃차례에 향기가 좋은 백색의 양성화가 모여 핀다.

**꽃의 단면** ▶
수술은 5개, 암술은 1개이고 암술머리는 끝이 2갈래로 갈라진다.

❶ 5~6월에 새 가지 끝의 원추꽃차례에 향기가 좋은 백색의 양성화가 모여 핀다.
❷ 꽃은 길이 7~8mm이며, 꽃잎은 거꿀달걀 모양의 긴 타원형이다. 꽃잎과 꽃받침은 모두 5개이고 백색이다.
❸ 수술은 5개이고 꽃잎과 길이가 비슷하다. 암술은 1개이고 암술머리는 끝이 2갈래로 갈라진다. 암술과 수술은 모두 직립해있다.

짧은 가지의 잎겨드랑이에 황색의 나비형 양성화가 1~2개씩 핀다

# 골담초

*Caragana sinica*【콩과 골담초속】

• 낙엽관목 • 수고 1~2m • 분포 중부 이남에서 약용으로 재배하거나 관상용으로 식재
• 유래 '뼈(骨)를 책임지는(擔) 풀(草)'이란 뜻의 중국 이름 골담초를 그대로 가져다 사용한 것 • 꽃말 겸손, 청초

| 꽃의 성 | 꽃모양 | 수분법 | 개화기 |
|---|---|---|---|
| 양성화 | 나비형 | 충매화 | 4~5월 |

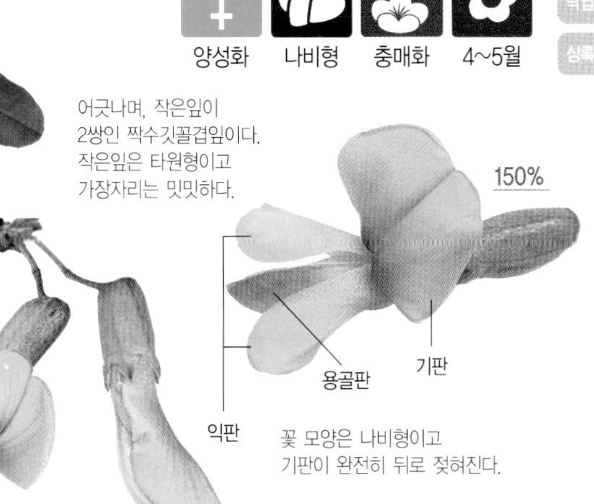


어긋나며, 작은잎이 2쌍인 짝수깃꼴겹잎이다. 작은잎은 타원형이고 가장자리는 밋밋하다.

꽃 모양은 나비형이고 기판이 완전히 뒤로 젖혀진다.

▲ **꽃차례**
짧은 가지의 잎겨드랑이에 황색의 양성화가 1~2개씩 달린다.

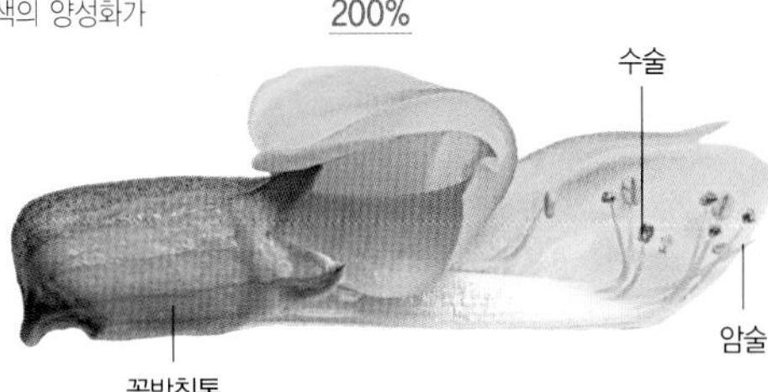


**꽃의 내부** ▶
수술은 10개인데 9개가 붙어있고 1개가 떨어져 있으며, 아랫부분에서 암술대와 합착되어 있다.

❶ 4~5월에 짧은 가지의 잎겨드랑이에 나비형의 황색 양성화가 1~2개씩 달린다.
❷ 꽃은 길이 2~3cm이며, 기판이 완전히 뒤로 젖혀진다. 꽃받침은 종 모양이고 끝이 5갈래로 얕게 갈라진다.
❸ 수술은 10개(9개가 붙어있고 1개가 떨어져 있다)이고 아랫부분에서 암술대와 합착되어 있다. 암술대는 1개이고 수술보다 약간 더 길다.

화관은 입술 모양(순형)이고 위아래 2갈래로 깊게 갈라진다

# 괴불나무

*Lonicera maackii* 【인동과 인동속】

- 낙엽관목 • 수고 2~6m • 분포 전국의 낮은 산지 숲가장자리 및 계곡 부근
- 유래 활짝 핀 꽃 모양이 옛 의복에 차던 노리개인 괴불주머니를 닮아서 붙인 이름
- 꽃말 사랑의 희열

마주나며, 달걀꼴 타원형이고 가장자리는 밋밋하다.

화관조각 (위쪽)

150%

100%

암술

화관조각 (아래쪽)

수술

▲ **꽃차례**
5~6월에 잎겨드랑이에서 나온 꽃자루에, 백색의 양성화가 2개씩 모여 핀다.

화관은 입술 모양이고 위아래 2갈래로 깊게 갈라진다. 위쪽 조각은 끝이 4갈래로 갈라지고, 아래쪽 조각은 넓은 선형이다.

❶ 5~6월, 가지 끝의 잎겨드랑이에서 나온 길이 2~4mm의 짧은 꽃자루에 향기가 좋은 백색의 양성화가 2개씩 핀다.

❷ 화관은 입술 모양(순형)이고 위아래 2갈래로 깊게 갈라진다. 위쪽 조각은 끝이 4갈래로 갈라지고, 아래쪽 조각은 넓은 선형이다. 꽃색은 처음에는 백색이다가, 차츰 황색으로 변한다.

❸ 암술대는 1개이며, 화관 길이의 2/3 정도이고 화관통부 밖으로 길게 나온다. 수술은 5개이다.

화관은 깔때기 모양이고, 윗부분이 5갈래로 갈라진다

# 구기자나무

*Lycium chinense*
【가지과 구기자나무속】

• 낙엽관목 • 수고 1~2m • 분포 전국의 산야 및 민가 주변에 분포
• 유래 탱자(枸)와 같은 가시가 있고 고리버들(杞)처럼 가지가 늘어진다는 뜻에서 붙인 이름이며, 자(子)는 약으로 쓰이는 열매를 뜻한다. • 꽃말 희생

| 꽃의 성 | 꽃모양 | 수분법 | 개화기 |
|---|---|---|---|
| 양성화 | 깔때기형 | 충매화 | 7~10월 |

어긋나며, 넓은 달걀형이고
가장자리는 밋밋하다.
잎의 촉감이 부드럽다.

250%

짧은 가지의 잎겨드랑이에 양성화가 1~3개씩 핀다.
꽃색은 연자색이며, 더 짙은 줄무늬가 있다.

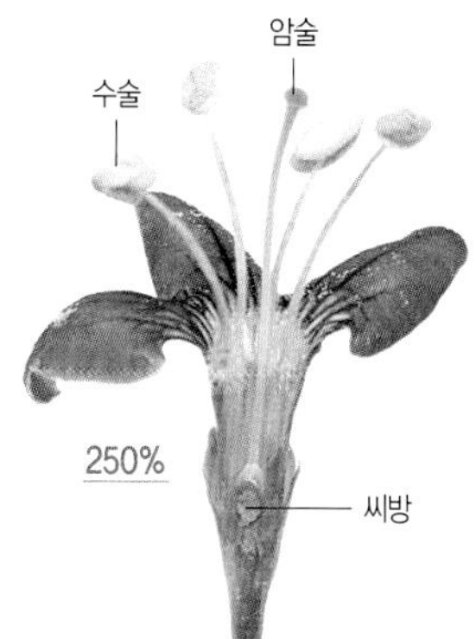


**꽃의 단면** ▶
화관은 깔때기 모양이고
윗부분이 5갈래로 갈라지며,
꽃받침은 종 모양이다.
암술 1개와 수술 5개가 있다.

❶ 7~10월 짧은 가지의 잎겨드랑이에 연자색의 양성화가 1~3개씩 모여 핀다.
❷ 화관은 깔때기 모양이고 통부는 길이 9~12cm이며, 윗부분이 5갈래로 갈라진다. 꽃받침은 종 모양이고, 윗부분은 보통 5갈래로 갈라지며 털이 많다.
❸ 수술은 5개이고 화관 밖으로 길게 나오며, 수술대의 밑 부분에 흰 털이 많다.

새 가지 끝의 원추꽃차례에 백색의 자잘한 양성화가 모여 핀다

# 국수나무

*Stephanandra incisa* 【장미과 국수나무속】

- 낙엽관목 • 수고 1~2m • 분포 함경북도를 제외한 전국의 산지
- 유래 나뭇고갱이가 국수 가락처럼 희고 가늘기 때문에 붙인 이름
- 꽃말 모정

| 꽃의 성 | 꽃차례 | 수분법 | 개화기 | 기 타 |
|---|---|---|---|---|
| 양성화 | 원추 | 충매화 | 5~6월 | 밀원 |

어긋나며, 가장자리에는
몇 개의 얕은 결각과 불규칙한 겹톱니가 있다.

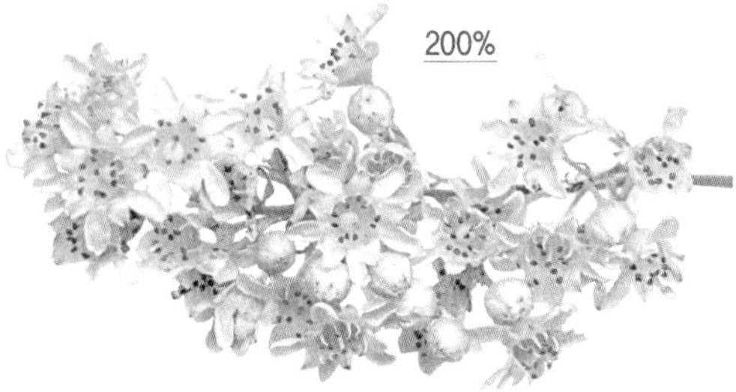

200%

◀ **꽃차례**
5~6월에 새 가지 끝의
원추꽃차례에 백색의
양성화가 모여 핀다.

150%

꽃차례는
길이 2~6cm이며,
꽃받침통의 안쪽이
황색이기 때문에,
멀리서 보면
황백색으로 보인다.

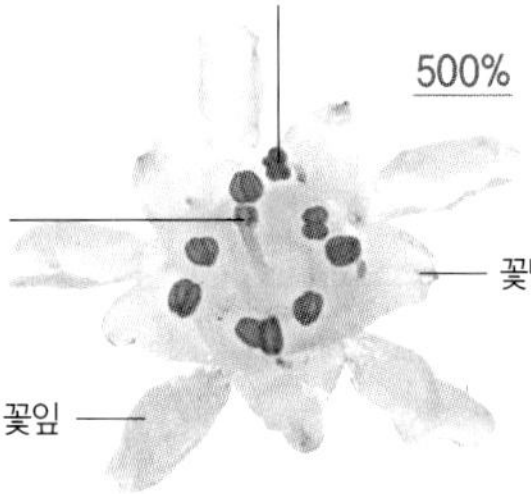

500%

수술
암술
꽃받침
꽃잎

꽃잎과 꽃받침은 각 5개이며,
긴 것이 꽃잎이고 짧은 것이 꽃받침이다.
수술은 10개 정도이다.

❶ 5~6월에 새 가지 끝의 원추꽃차례에 백색의 자잘한 양성화가 모여 핀다.

❷ 꽃차례는 길이 2~6cm이며, 꽃차례의 축과 꽃자루에 잔털이 있다. 꽃받침통의 안쪽이 황색이기 때문에 멀리서 보면 황백색으로 보인다.

❸ 꽃은 지름 4~5mm이며, 꽃잎과 꽃받침은 각각 5개이고 긴 것이 꽃잎이고 짧은 것이 꽃받침이다. 수술은 10개가 둘러있으며, 그 가운데에 암술 1개가 있다.

원추꽃차례에 백색의 장식화와 양성화가 함께 핀다

# 나무수국

*Hydrangea paniculata* 【수국과 수국속】

- 낙엽관목 • 수고 2~3m • 분포 전국적으로 조경수 및 정원수로 식재
- 유래 수형이 수국보다 훨씬 크고, 수국과 비슷한 모양의 꽃을 피우기 때문에 붙인 이름
- 꽃말 거만, 냉정, 변심

| 꽃의 성 | 꽃차례 | 수분법 | 개화기 |
| --- | --- | --- | --- |
| 양성화 | 원추 | 충매화 | 7~8월 |

마주나며, 타원형 또는 달걀형이고 가장자리에 날카로운 잔 톱니가 있다.

50%

**꽃차례** ▶
가지 끝에서 나온 원추꽃차례에 백색의 장식화와 양성화가 모여 핀다.

양성화

장식화

150%

장식화

양성화

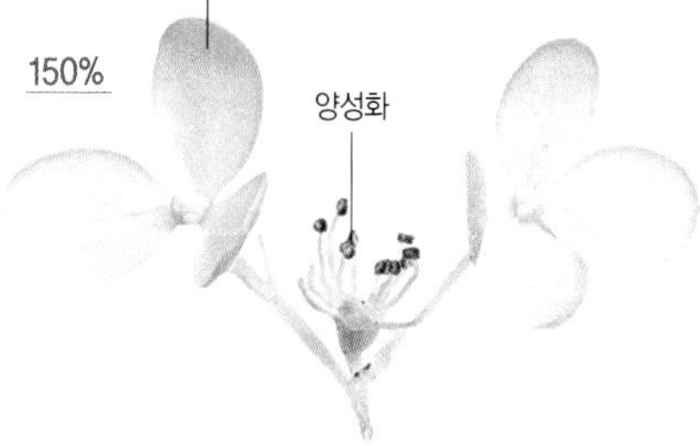

◀ **양성화와 장식화**
양성화에는 수술 10개와 암술대 3개가 있다. 장식화의 꽃받침조각은 긴 타원형이며 3~5개가 있다.

❶ 7~8월에 가지 끝에서 나온 길이 8~30cm의 원추꽃차례에 백색의 장식화와 양성화가 모여 핀다.

❷ 양성화의 꽃잎은 길이 2.5mm의 달걀 모양이고 4~5개가 있다. 수술은 10개이고 암술대는 3개이며, 암술대와 꽃받침은 열매가 달려 있을 때까지 남아있다.

❸ 장식화의 꽃받침조각은 길이 1~2mm의 긴 타원형이며 3~5개가 있다.

이른 봄에 황색의 양성화가 피며, 향기가 매우 진하다

# 납매

*Chimonanthus praecox* 【납매과 납매속】

- 낙엽관목 • 수고 2~3m • 분포 전국에 조경수로 식재
- 유래 납월(臘月, 음력 섣달)에 꽃이 피고, 꽃이 매화(梅)를 닮았기 때문에 붙인 이름
- 꽃말 자애

마주나며, 긴 달걀형이고
가장자리는 밋밋하다.
잎면을 손으로 쓸면
까슬까슬한 감촉이 난다.

| 꽃의 성 | 수분법 | 개화기 | 기 타 |
|---|---|---|---|
|  | |  |  |
| 양성화 | 충매화 | 1~2월 | 향기 |

1~2월 잎이 나기 전에,
향기가 나는 꽃을 피운다.
꽃잎은 황색이고 광택이 나며,
여러 개가 나선형으로 붙는다.

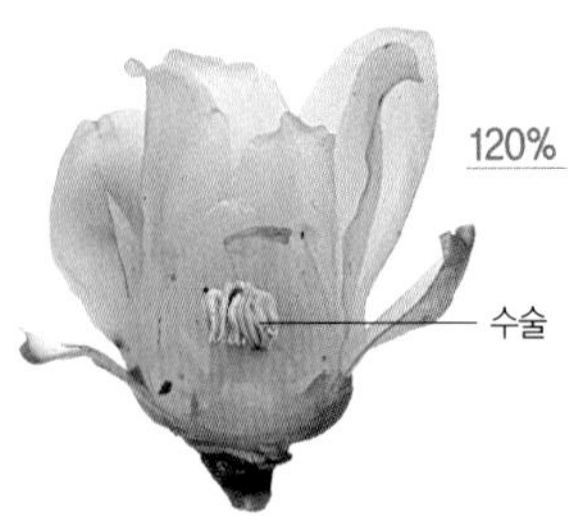


▲ **꽃의 단면**
항아리 모양의 꽃턱 속에
여러 개의 암술이 들어있다.

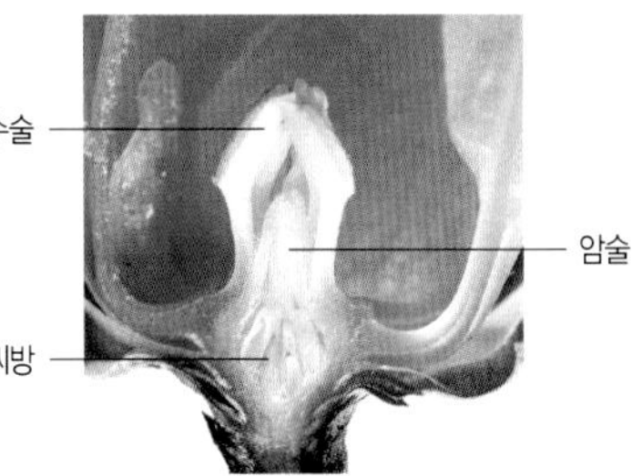


▲ **수술의 내부**
수술이 암술을 감싸고 있다.

❶ 1~2월 잎이 나기 전에, 전년지에 향기가 있는 황색 양성화가 핀다.
❷ 꽃잎과 꽃받침의 구별은 없다. 화피조각은 여러 개가 나선형으로 붙고 바깥쪽의 것은 크고 광택이 있다.
❸ 수술은 5~6개이고, 항아리형의 꽃턱 속에 여러 개의 암술이 붙는다.

원추꽃차례에 백색의 양성화가 피며, 수술이 많고 화관보다 길다

# 노린재나무

*Symplocos sawafutagi*
【노린재나무과 노린재나무속】



• 낙엽관목 • 수고 2~5m • 분포 전국의 산지에 흔하게 자람
• 유래 황회색 염료를 만들 때 쓰던 나무로, 타고 남은 재가 누르스름한 빛을 띠기 때문에 붙인 이름 • 꽃말 동의

| 꽃의 성 | 꽃차례 | 수분법 | 개화기 | 기 타 |
|---|---|---|---|---|
|  |  |  | | |
| 양성화 | 원추 | 충매화 | 5월 | 향기 |

어긋나며, 반듯한 긴 타원형이고 가장자리에 잔 톱니가 있다. 잎의 질감은 거칠다.

▲ **꽃차례**
5월에 새 가지 끝에서 나온 원추꽃차례에 백색의 양성화가 모여 핀다.

화관은 5갈래로 깊게 갈라지며, 화관조각은 긴 타원형이고 옆으로 벌어진다.

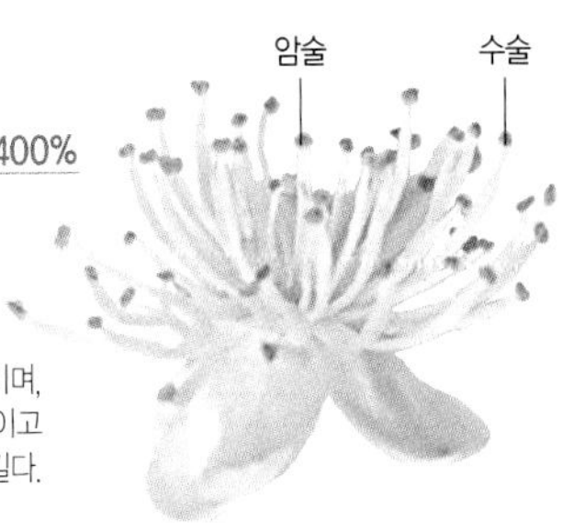


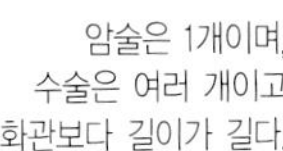

암술은 1개이며, 수술은 여러 개이고 화관보다 길이가 길다.

❶ 5월에 새 가지 끝에서 나온 원추꽃차례에 백색의 양성화가 모여 핀다.
❷ 꽃은 지름 7~8mm이며, 화관은 5갈래로 깊게 갈라진다. 화관조각은 긴 타원형이고 옆으로 벌어진다. 꽃받침은 녹색이고 작으며, 5갈래로 갈라진다.
❸ 암술은 1개이며, 수술은 여러 개이고 화관보다 길이가 길다.

암술과 수술은 화관 밖으로 길게 나오며, 수술이 암술보다 길다

# 누리장나무

*Clerodendrum trichotomum*
【마편초과 누리장나무속】

- 낙엽관목 • 수고 2~5m • 분포 중부 이남의 숲가장자리, 계곡부, 길가
- 유래 잎과 줄기에서 역한 누린내가 나기 때문에 붙인 이름
- 꽃말 친애, 깨끗한 사랑

| 꽃의 성 | 꽃차례 | 수분법 | 개화기 | 기 타 |
|---|---|---|---|---|
| 양성화 | 취산 | 풍매화 | 7~8월 | 향기 |

마주나며, 넓은 달걀형이고 물결 모양의 톱니가 있다. 잎을 비비면 누릿한 냄새가 난다.

100%

꽃받침

꽃봉오리

▲ **꽃봉오리**
화통은 가늘고 홍자색이다.
꽃받침은 홍자색을 띠고 5갈래로 갈라진다.

80%

▲ **꽃차례**
가지 끝이나 위쪽의 잎겨드랑이에서 나온 취산꽃차례에 향기가 있는 백색의 양성화가 모여 핀다.

120%

수술

암술

암술은 1개, 수술은 4개이며,
암술과 수술은 화관 밖으로 길게 나온다.

❶ 7~8월에 가지 끝이나 윗부분의 잎겨드랑이에서 나온 취산꽃차례에 향기가 있는 백색의 양성화가 모여 핀다.

❷ 꽃잎은 길이 1.1~1.3cm의 긴 타원형이며, 4~5갈래로 갈라진다. 꽃받침은 5갈래로 갈라지며, 처음에는 홍자색을 띠고 꽃이 진 후에 진홍색으로 변한다. 화통은 가늘고 홍자색이다.

❸ 암술은 1개, 수술은 4개이다. 암술과 수술은 화관 밖으로 길게 나오며, 수술이 암술보다 길다.

산형꽃차례에 백색의 양성화가 피며, 화관은 항아리형이다

# 단풍철쭉

*Enkianthus perulatus*
〔진달래과 단풍철쭉속〕

• 낙엽관목 • 수고 1~2m • 분포 지리산 계곡. 정원 및 공원에 관상용으로 식재
• 유래 단풍이 아름답고 철쭉과 생김새가 비슷하다는 뜻에서 붙인 이름
• 꽃말 고상함, 절제

| 꽃의 성 | 꽃차례 | 꽃모양 | 수분법 | 개화기 |
|---|---|---|---|---|
| 양성화 | 산형 | 항아리형 | 충매화 | 4~5월 |

마주나며, 긴 달걀형이고
끝이 뾰족하다.
가상사리에 잔 톱니가 있다.

250%

꽃은 백색이고 항아리형이며,
화관 끝이 5갈래로
갈라지고 뒤로 젖혀진다.

150%

▲ **꽃차례**
4~5월에 잎이 나기 전
또는 나면서, 가지 끝에서 나온
산형꽃차례에 1~5개의 양성화가
아래를 향해 핀다.

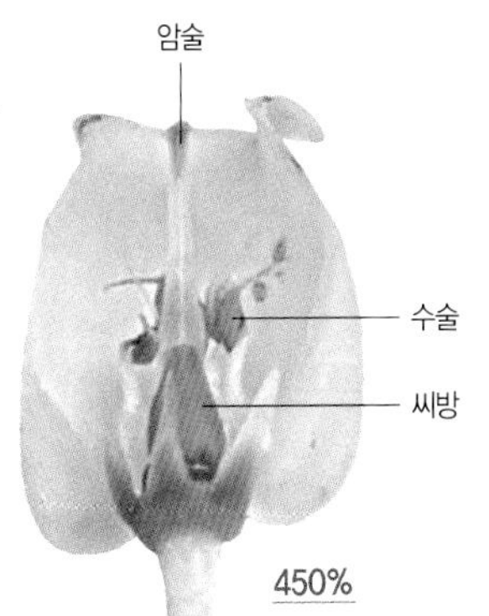


**꽃의 단면** ▶
수술은 10개이고,
꽃밥의 끝에 까끄라기 모양의
돌기가 2개 있다.

❶ 4~5월에 잎이 나기 전 또는 잎이 나면서, 가지 끝에서 나온 산형꽃차례에 1~5개의 백색 양성화가 아래를 향해 핀다.

❷ 화관은 길이 7~8mm의 항아리 모양이며, 끝은 5갈래로 얕게 갈라지고 열편은 뒤로 젖혀진다.

❸ 수술은 10개이고, 꽃밥의 끝에 까끄라기 모양의 돌기가 2개 있다.

두상꽃차례에 연홍색의 양성화가 피며, 화관은 긴 깔때기 모양이다

# 댕강나무

*Abelia tyaihyonii* 【인동과 댕강나무속】

- 낙엽관목 • 수고 1~2m • 분포 강원도, 충북, 평북의 석회암 지대
- 유래 나뭇가지를 꺾으면 '댕강' 부러진다고 하여 붙인 이름
- 꽃말 편안함, 환영

| 꽃의 성 | 꽃차례 | 꽃모양 | 수분법 | 개화기 | 기 타 |
|---|---|---|---|---|---|
| 양성화 | 두상 | 깔때기형 | 충매화 | 5~6월 | 향기 |

마주나며, 피침형 또는 타원상 달걀형이다. 끝이 뾰족하고 가장자리는 밋밋하다.

꽃잎

꽃받침

200%

화관은 긴 깔때기 모양이고 끝이 5갈래로 갈라진다. 꽃받침조각은 피침형이고 5갈래로 깊게 갈라진다.

100%

▲ 꽃차례

새 가지 끝에서 나온 두상꽃차례에 연홍색의 양성화가 모여 핀다.

암술

수술

200%

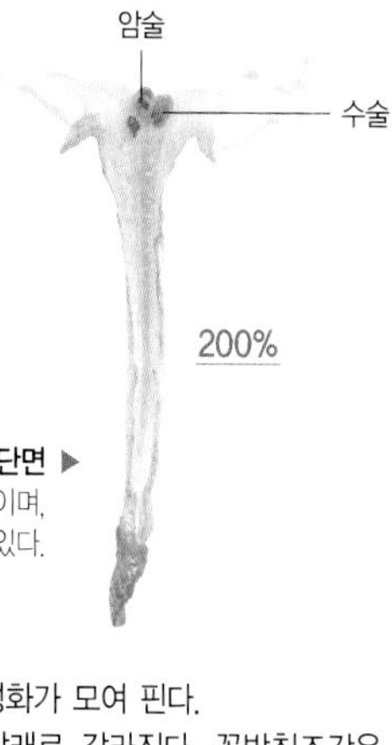

꽃의 단면 ▶

수술은 4개이고 암술은 1개이며, 화관통부 안쪽은 털이 있다.

❶ 5~6월 새 가지 끝에서 나온 두상꽃차례에 연홍색의 양성화가 모여 핀다.

❷ 화관은 길이 2~2.2cm의 긴 깔때기 모양이고 끝이 5갈래로 갈라진다. 꽃받침조각은 피침형이고 5갈래로 깊게 갈라진다.

❸ 수술은 4개이며, 암술은 1개이고 씨방에 털이 있다. 화관통부 안쪽은 백색이고 털이 있으며, 암술대는 화관통부와 길이가 비슷하다.

새 가지 끝의 산방꽃차례에 백색의 작은 양성화가 모여 핀다

# 덜꿩나무

*Viburnum erosum*
【산분꽃나무과 산분꽃나무속】

• 낙엽관목 • 수고 2~3m • 분포 경기도 이남의 낮은 산지
• 유래 열매를 들판에 사는 들꿩이 즐겨 먹기 때문에 붙인 이름
• 꽃말 주저

| 꽃의 성 | 꽃차례 | 수분법 | 개화기 | 기 타 |
|---|---|---|---|---|
| 양성화 | 산방 | 충매화 | 4~5월 | 향기 |

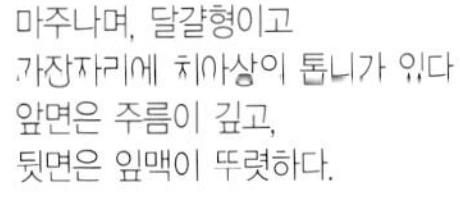

마주나며, 달걀형이고 가장자리에 치아상의 톱니가 있다. 앞면은 주름이 깊고, 뒷면은 잎맥이 뚜렷하다.

120%

화관은 5갈래로 갈라지며, 화관조각은 달걀 모양의 원형이다.

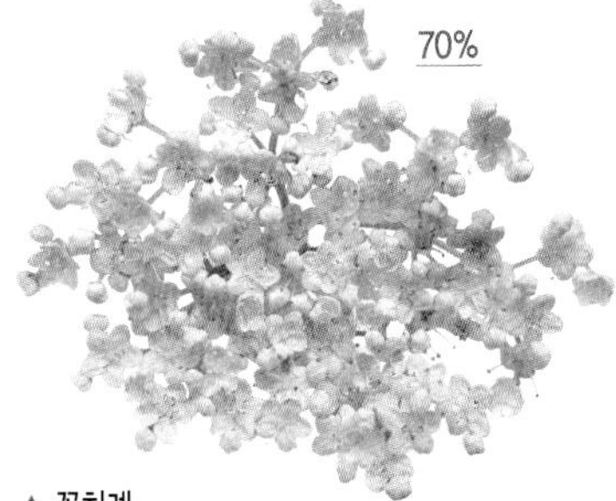

70%

▲ **꽃차례**
새 가지 끝에서 나온 산방꽃차례에 백색의 작은 양성화가 여러 개 모여 핀다.

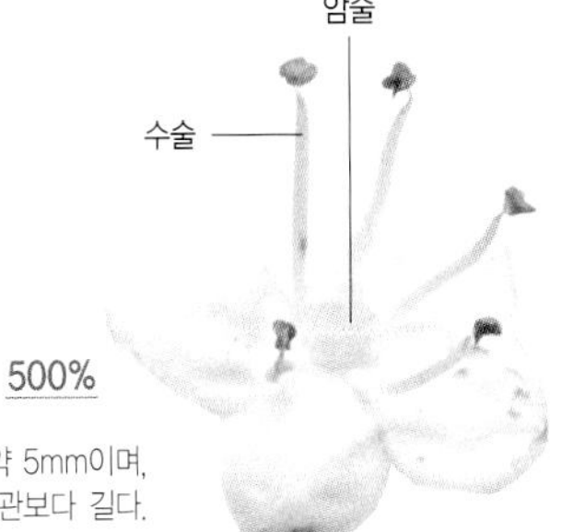


500%

꽃은 지름 약 5mm이며, 수술은 5개이고 화관보다 길다.

❶ 4~5월에 새 가지 끝에서 나온 지름 3~7cm의 산방꽃차례에 백색의 작은 양성화가 모여 핀다.
❷ 꽃은 지름 약 5mm이다. 화관은 5갈래로 갈라지고, 화관조각은 길이 2mm 정도의 달걀 모양의 원형이다.
❸ 수술은 5개이고 화관보다 길게 나와 있다.

화관은 종 모양이고 연홍색이며, 홍색의 세로 줄이 있다

# 등대꽃나무

*Enkianthus campanulatus*
〖진달래과 등대꽃속〗

• 낙엽관목 • 수고 4~5m • 분포 관상용으로 재배
• 유래 등대는 등잔걸이를 의미하며, 긴 꽃자루에 달린 꽃 모양이 등잔걸이에 달린 등잔을 닮아서 붙여진 이름 • 꽃말 밝은 미래

| 꽃의 성 | 꽃차례 | 꽃모양 | 수분법 | 개화기 |
| --- | --- | --- | --- | --- |
| 양성화 | 총상 | 종형 | 충매화 | 5~7월 |

어긋나며, 가지 끝에 뭉쳐나서 돌려난 것처럼 보인다. 타원형이고 가장자리에 잔 톱니가 있다.

300%

화관은 종 모양이며, 연홍색이고 홍색의 세로 줄이 있다. 화관의 선단에서 1/4 정도까지 5갈래로 갈라진다.

100%

암술

300%

수술

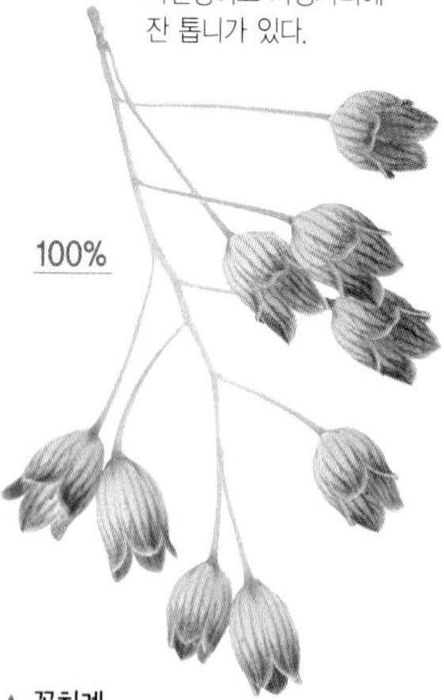

▲ **꽃차례**
가지 끝에서 총상꽃차례에 5~15개의 양성화가 아래로 드리워 피는데, 향기가 좋다.

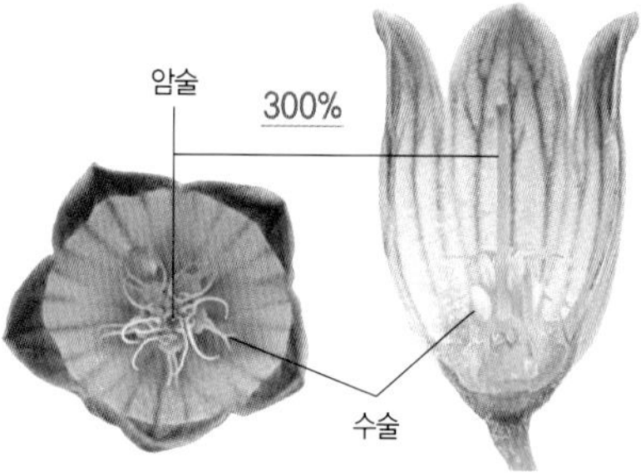

▲ **꽃의 단면**
수술은 10개이며, 암술은 1개이고 수술보다 길고 화관 바깥쪽으로 돌출하지 않는다.

❶ 5~7월에 가지 끝에서 나온 길이 2~3cm의 총상꽃차례에 5~15개의 양성화가 아래로 드리워 핀다. 꽃은 향기가 좋다.
❷ 화관은 길이 8~12mm의 종 모양이며, 연홍색이고 홍색의 세로 줄이 있다. 화관의 선단에서 1/4 정도까지 5갈래로 갈라진다.
❸ 수술은 10개이며, 안쪽의 5개는 수술대가 길고 바깥쪽의 5개는 짧다. 암술은 1개이고 수술보다 길며, 화관 바깥쪽으로 돌출하지 않는다.

원추꽃차례에 황록색의 작은 양성화가 빽빽이 모여 핀다

# 딱총나무

*Sambucus williamsii*
〔연복초과 딱총나무속〕

• 낙엽관목 • 수고 3~6m • 분포 전국의 산지
• 유래 줄기를 꺾으면 '딱' 하고 딱총소리가 나므로, 혹은 잎을 비비면 화약 냄새가 나기 때문에 붙여진 이름 • 꽃말 동정, 열심

| 꽃의 성 | 꽃차례 | 수분법 | 개화기 | 기 타 |
|---|---|---|---|---|
|  |  |  |  | |
| 양성화 | 원추 | 충매화 | 4~5월 | 밀원 |

마주나며, 작은잎이 2~3쌍인 홀수깃꼴겹잎이다. 작은잎은 긴 타원형이고 끝이 길게 뾰족하다.

화관은 지름 3~5mm이며, 화관조각은 5개이고 뒤로 젖혀진다.

▲ 꽃차례
새 가지 끝에서 나온 원추꽃차례에 황록색의 작은 양성화가 빽빽이 모여 핀다.

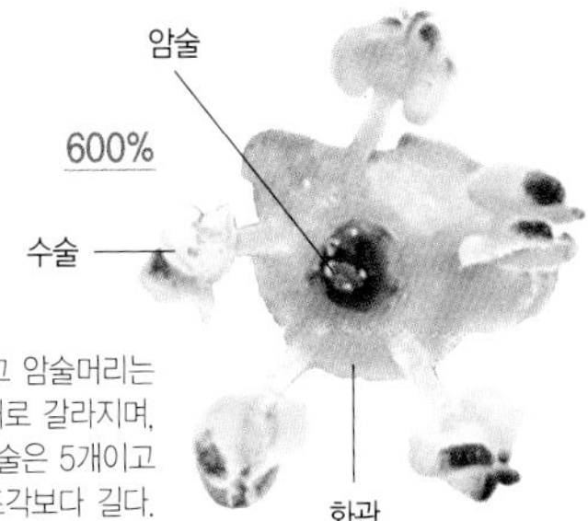


암술대는 짧고 암술머리는 3갈래로 갈라지며, 수술은 5개이고 화관조각보다 길다.

▲ 꽃봉오리

❶ 4~5월에 새 가지 끝에서 나온 3~10cm의 원추꽃차례에 황록색의 작은 양성화가 빽빽이 모여 핀다.
❷ 화관은 지름 3~5mm이며, 화관조각은 5개이고 뒤로 젖혀진다.
❸ 암술대는 짧으며, 암술머리는 암적색이고 3갈래로 갈라진다. 수술은 5개이며, 화관조각보다 길다.

깔때기 모양의 연황색 양성화 1~3개가 아래로 드리워 핀다

# 뜰보리수

*Elaeagnus multiflora*
【보리수나무과 보리수나무속】

• 낙엽관목 • 수고 3m • 분포 전국의 공원 및 정원에 식재
• 유래 보리수나무속에 속하고, 뜰에 정원수로 심기 때문에 붙여진 이름
• 꽃말 야성미, 신중함

| 꽃의 성 | 꽃차례 | 꽃모양 | 수분법 | 개화기 | 기 타 |
|---|---|---|---|---|---|
| 양성화 | 산형 | 깔때기형 | 충매화 | 4~5월 | 향기 |

어긋나며, 타원형이고 가장자리는 밋밋하다. 앞뒷면이 은백색 털로 덮여 있어 반짝거리는 느낌이다.

300%
꽃받침통 씨방

꽃은 깔때기 모양이고, 꽃받침조각은 4갈래로 갈라진다. 꽃받침통, 꽃받침조각에 은색의 비늘털이 밀생한다.

150%

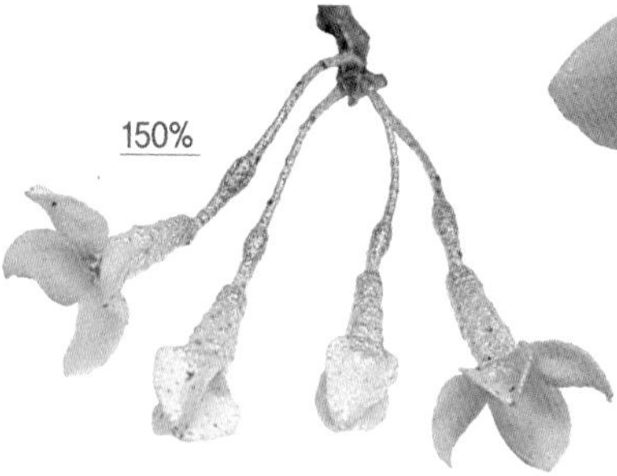

▲ **꽃차례**
새 가지의 잎겨드랑이에 연한 황색의 양성화가 1~3개씩 모여 아래로 드리워 핀다.

250%
수술
암술

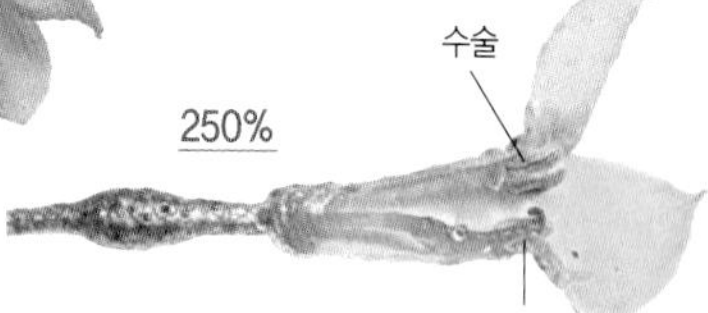

▲ **꽃의 단면**
수술은 4개이며, 암술은 1개이고 암술대에는 털이 없다.

❶ 4~5월에 새 가지의 잎겨드랑이에서 연한 황색의 양성화가 1~3개씩 모여 아래로 드리워 핀다.
❷ 꽃은 깔때기 모양이며, 꽃받침조각은 넓은 달걀형이고 4갈래로 갈라진다. 꽃자루는 길이 8~12mm로 길다. 꽃받침통, 꽃받침조각, 씨방의 바깥쪽에 은색의 비늘털이 밀생한다.
❸ 수술은 4개이며, 암술은 1개이고 암술대에는 털이 없다.

원추꽃차례에 향기가 좋은 양성화가 모여 핀다

# 라일락

*Syringa vulgaris* 【물푸레나무과 수수꽃다리속】

• 낙엽관목 • 수고 2~4m • 분포 전국의 공원 및 정원에 조경수로 식재
• 유래 영어 이름 라일락(lilac)을 그대로 번역하여 사용한 것
• 꽃말 우정, 젊은 날의 추억, 첫사랑

마주나며, 삼각형 또는 하트 모양이고 가장자리는 밋밋하다.

| 꽃의 성 | 꽃차례 | 꽃모양 | 수분법 | 개화기 | 기 타 |
|---|---|---|---|---|---|
|  |  |  |   |  |  |
| 양성화 | 원추 | 통형 | 충매화 | 4~5월 | 향기 |

▲ **꽃차례**
전년지 끝의 잎겨드랑이에서 나온 길이 10~20cm의 원추꽃차례에 양성화가 모여 핀다.

300%

화관은 통 모양이고 끝이 4갈래로 갈라지며, 화관통부는 가늘고 길다.

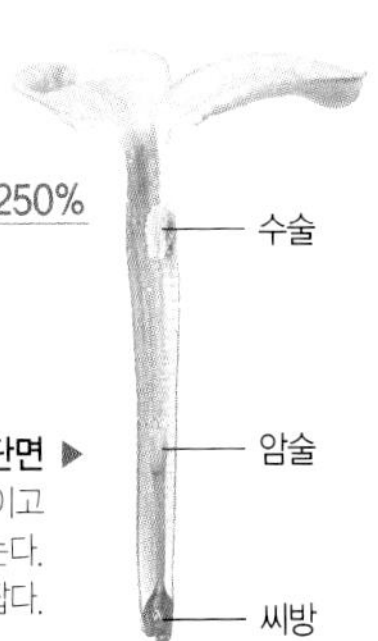


**꽃의 단면** ▶
수술은 2개이고 꽃밥은 화관 밖으로 나오지 않는다. 암술은 1개이고 수술보다 짧다.

❶ 4~5월에 전년지 끝의 잎겨드랑이에서 나온 길이 10~20cm의 원추꽃차례에 향기가 좋은 양성화가 모여 핀다.
❷ 화관은 통형이고 끝이 4갈래로 갈라지며, 화관통부는 가늘고 길다. 꽃색은 담자색, 백색, 자홍색 등 다양하며, 많은 원예품종이 개발되어 있다.
❸ 수술은 2개이고 화관보다 짧으며, 암술은 1개이고 수술보다 짧다.

가지 끝에서 나온 산방꽃차례에 백색의 양성화가 모여 핀다

# 말발도리

*Deutzia parviflora* 〔수국과 말발도리속〕

- 낙엽관목 • 수고 1~2m • 분포 제주도를 제외한 전국의 낮은 산지
- 유래 열매의 위쪽 모양이 편자를 붙인 말발굽과 비슷해서 붙여진 이름
- 꽃말 애교

마주나며, 달걀형이고
가장자리에 불규칙한 잔 톱니가 있다.

| 꽃의 성 | 꽃차례 | 꽃모양 | 수분법 | 개화기 | 기 타 |
|---|---|---|---|---|---|
| | |  |  |  |  |
| 양성화 | 산방 | 장미형 | 충매화 | 5~6월 | 밀원 |

꽃은 지름 7~12mm이며,
꽃잎과 꽃받침조각은 모두 5개이다.

▲ **꽃차례**
가지 끝에서 나온 산방꽃차례에 백색의 양성화가 모여 핀다.

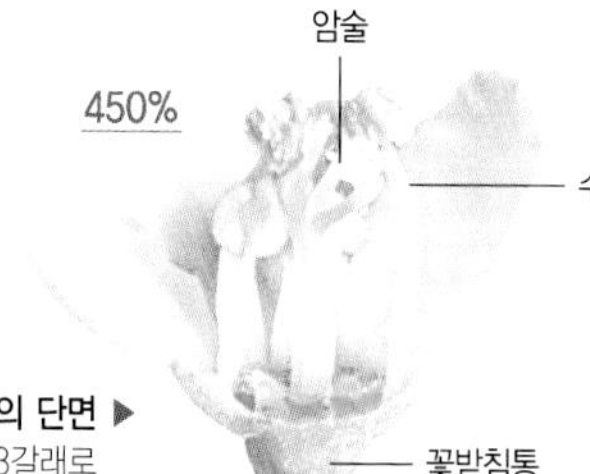


**꽃의 단면** ▶
수술은 10개이며, 암술대는 3갈래로 깊게 갈라지고 수술과 길이가 비슷하다.

❶ 5~6월에 가지 끝에서 나온 산방꽃차례에 백색의 양성화가 모여 핀다.
❷ 꽃은 지름 7~12mm이며, 꽃잎은 5개이고 길이와 너비 모두 5mm 정도의 넓은 달걀형이다. 꽃받침조각은 5개이고 삼각형이다.
❸ 암술대는 3갈래로 깊게 갈라지며, 길이는 수술과 비슷하다. 수술은 10개이며, 수술대는 길이 3~4mm이고 작은 날개가 있다.

새 가지 끝에서 나온 원추꽃차례에 황백색의 양성화가 모여 핀다

# 말오줌때

*Euscaphis japonica*
〔고추나무과 말오줌때속〕

• 낙엽관목 • 수고 3~5m • 분포 제주도 및 서남해안 도서 지역
• 유래 열매가 말의 오줌보를 닮기도 하고 나뭇가지를 꺾으면 말오줌 냄새가 나기 때문에 붙여진 이름이며, '때'는 강조의 뜻으로 쓰인 것 • 꽃말 열심

| 꽃의 성 | 꽃차례 | 수분법 | 개화기 |
|---|---|---|---|
|  | |  |  |
| 양성화 | 원추 | 풍매화 | 5~6월 |

마주나며, 작은잎이 2~3쌍인 홀수깃꼴겹잎이다. 작은잎은 좁은 달걀형이고 끝이 길게 뾰족하다.

250%

◀ **꽃차례**
5~6월에 새 가지 끝에서 나온 원추꽃차례에 황백색의 양성화가 모여 핀다.

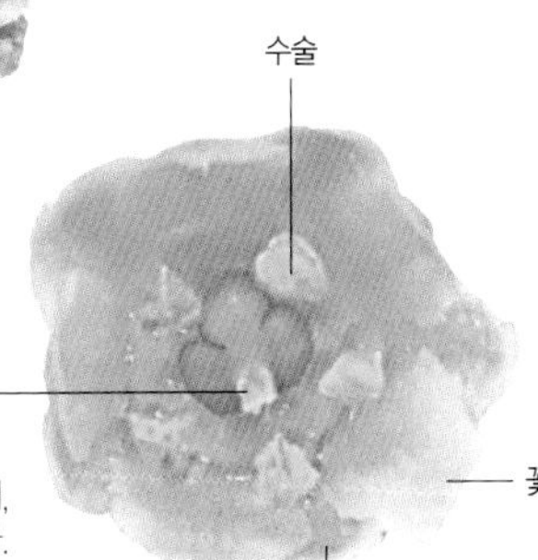


700%

암술의 암술대는 3갈래로 얕게 갈라지며, 수술은 5개이고 암술과 길이가 비슷하다.

❶ 5~6월에 새 가지 끝에서 나온 길이 15~20cm의 원추꽃차례에 황백색의 양성화가 모여 핀다.
❷ 꽃은 지름 3~4mm이며, 꽃잎은 거꿀달걀형이고 꽃받침조각보다 약간 더 길다. 꽃받침조각은 길이 2mm 정도이고 꽃잎과 모양과 크기가 비슷하다.
❸ 암술이 1개이고 암술대는 3갈래로 얕게 갈라지며, 수술은 5개이고 암술과 길이가 비슷하다.

금빛 수술이 실처럼 가늘고 길어서 금사매라고도 불린다

# 망종화

*Hypericum patulum* 【물레나물과 물레나물속】

- 낙엽관목 • 수고 1m • 분포 전국의 공원 및 정원에 조경수로 식재
- 유래 망종(양력 6월 6일 무렵)에 꽃이 피기 때문에 붙여진 이름
- 꽃말 변치 않는 사랑, 사랑의 슬픔

| 꽃의 성 | 꽃차례 | 꽃모양 | 수분법 | 개화기 |
| --- | --- | --- | --- | --- |
| 양성화 | 취산 | 장미형 | 충매화 | 6~7월 |

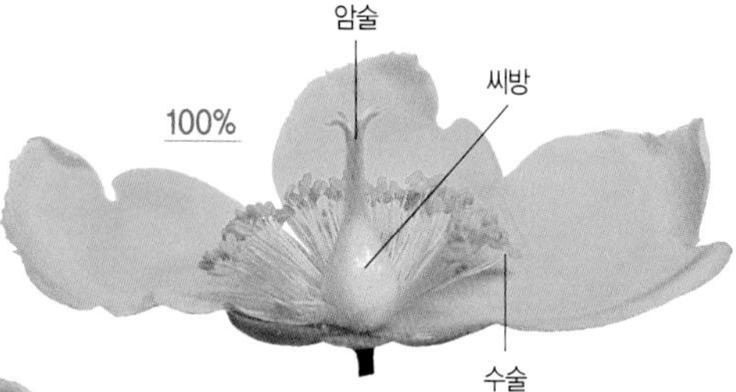

마주나며, 긴 달걀형이고 가장자리는 밋밋하다. 잎 뒷면은 흰빛이 돌고 기름샘이 있다.



▲ **꽃의 단면**

암술머리는 4갈래로 갈라지며, 수술은 많으며 약 60개씩 5개의 다발을 이룬다.

줄기 끝의 1~2번째 마디에 취산꽃차례로 피며, 전체적으로 원추꽃차례 모양이 된다. 꽃잎은 넓은 달걀형이고 가장자리에는 잔 톱니가 있다.

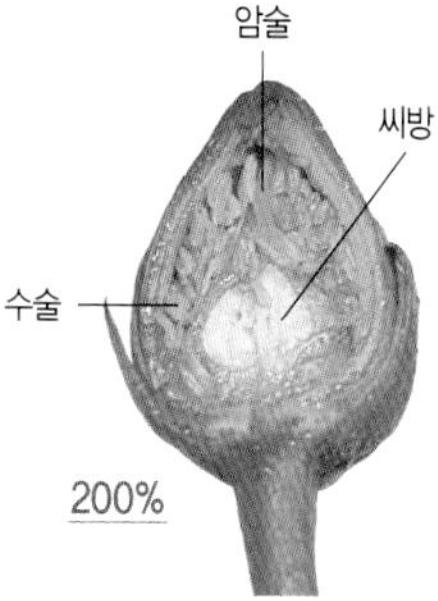

▲ **꽃봉오리의 단면**

❶ 6~7월에 지름 3~4cm의 황색 꽃이 핀다. 꽃은 줄기 끝의 1~2번째 마디에 취산꽃차례로 피며, 전체적으로 원추꽃차례 모양이 된다. 금빛 수술이 실처럼 가늘고 길어서 금사매(金絲梅)라고도 부른다.

❷ 꽃잎은 넓은 달걀형이고 끝이 둥글며, 가장자리에는 잔 톱니가 있다. 꽃받침은 달걀상 타원형 또는 달걀상 주걱형이다.

❸ 암술은 1개이고 수술보다 길며, 암술머리는 4갈래로 갈라진다. 수술은 많으며, 약 60개씩 5개의 다발을 이룬다.

총상꽃차례에 황색의 양성화가 아래로 드리워 핀다

# 매자나무

*Berberis koreana*
【매자나무과 매자나무속】

• 낙엽관목 • 수고 2m • 분포 경기도, 강원도, 충북 일부 지역의 숲과 하천 가장자리
• 유래 날카로운 가시를 보고 맺과의 새를 이르는 말인 '매'와 가시를 뜻하는 한자 자(刺)를 붙여서 만든 이름 • 꽃말 고결한 마음, 까다로움, 인내

어긋나며, 달걀형 또는 타원형이고
마디 위에서 모여난다.
예리한 톱니는 고르지 않다.

| 꽃의 성 | 꽃차례 | 수분법 | 개화기 |
|---|---|---|---|
|  |  |  | |
| 양성화 | 총상 | 충매화 | 5월 |

꽃받침은 6개이고 2열로 배열하고
안쪽의 것이 바깥쪽의 것보다 길다.
꽃잎은 6개이고 타원형이다.

150%

▲ 꽃차례
짧은 가지 끝에서 나온 총상꽃차례에
황색의 양성화가 아래로 드리워 핀다.

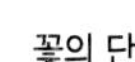

꽃의 단면 ▶
암술머리는 원반형으로 부풀어 있으며,
씨방은 긴 타원형이다.

❶ 5월에 짧은 가지 끝에서 나온 총상꽃차례에 황색의 양성화가 10~23개씩 아래로 드리워 핀다.

❷ 꽃받침은 6개이고 2열로 배열하고 안쪽의 것이 바깥쪽의 것보다 길다. 꽃잎은 6개이고 타원형이며, 아랫부분에 2개의 밀선이 있다.

❸ 암술머리는 원반형으로 부풀어 있으며, 씨방은 긴 타원형이고 털이 없다. 수술은 6개가 있다.

지름 10~17cm의 대형 양성화가 가지 끝에 1개씩 핀다

# 모란

*Paeonia suffruticosa* 【작약과 작약속】

- 낙엽관목 • 수고 1~1.5m • **분포** 함경북도를 제외한 전국에 식재
- **유래** 한자 이름 목단(牧丹)이 변해서 된 이름
- **꽃말** 부귀, 영화, 행복한 결혼

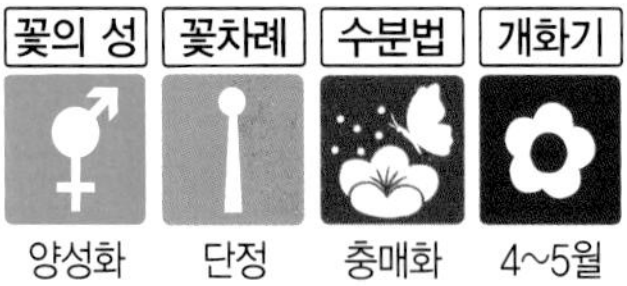

| 꽃의 성 | 꽃차례 | 수분법 | 개화기 |
|---|---|---|---|
| 양성화 | 단정 | 충매화 | 4~5월 |

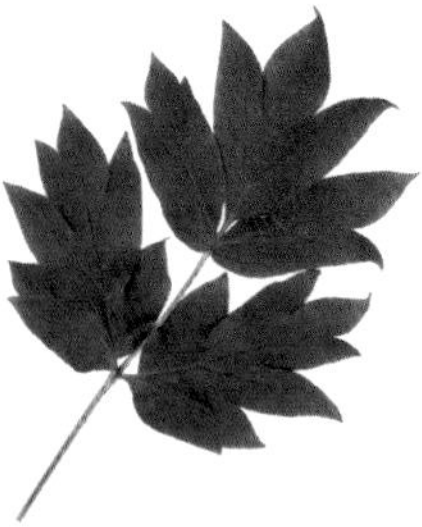

어긋나며, 세겹잎이 두 번 붙는 2회3출겹잎이다. 작은 잎은 달걀형이고 3~5갈래로 갈라진다.

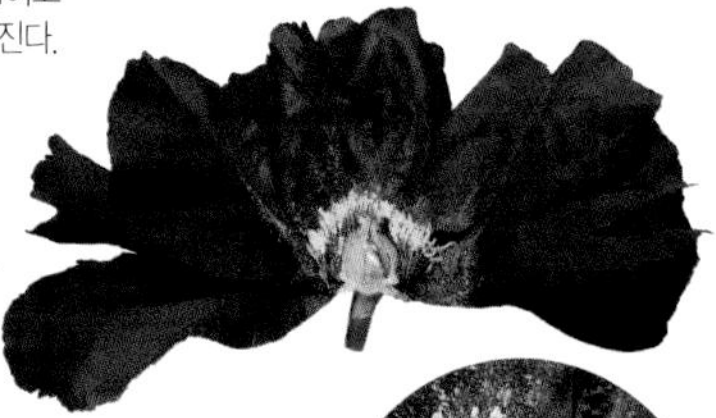

25%

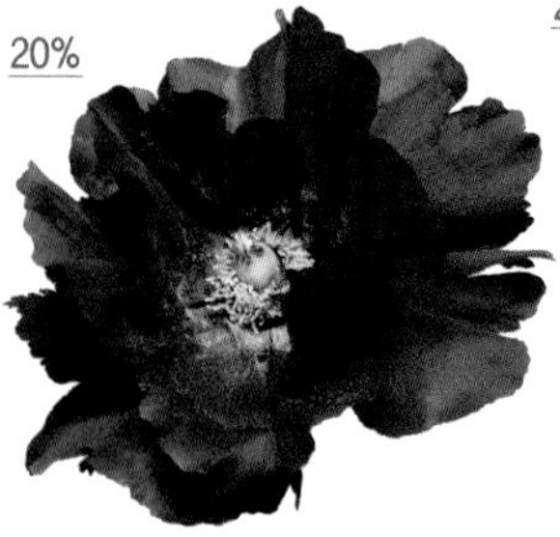

20%

4~5월에 새 가지 끝에 양성화가 피며 지름 10~17cm의 대형이다. 꽃색은 적자색, 백색, 분홍색, 적색 등 다양하다.

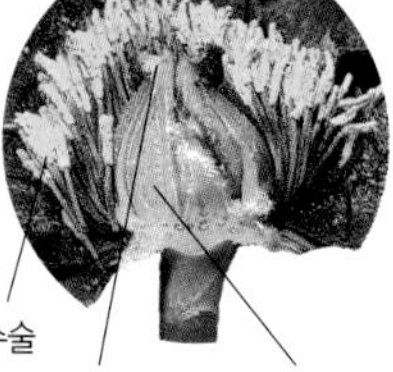

▲ **꽃의 단면**
수술은 많고 암술은 2~6개이며, 황갈색 털이 밀생한다.

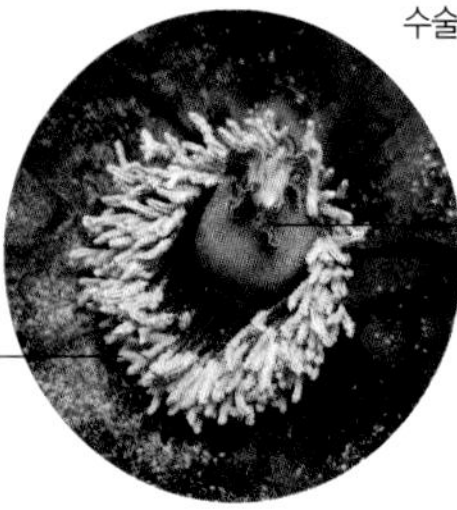

암술머리는 적색이고, 꽃밥은 황색이다.

❶ 4~5월에 가지 끝에서 지름 10~17cm의 양성화가 1개씩 핀다.

❷ 꽃잎은 5~11개이고 거꿀달걀형이며, 꽃색은 백색, 분홍색, 적색, 적자색 등 다양하다. 꽃받침조각은 5개로 넓은 달걀형이며, 크기가 서로 다르고 가장자리에는 불규칙한 결각이 있다.

❸ 수술은 여러 개이고 길이는 1.3cm 정도다. 암술은 2~6개이고 황갈색 털이 밀생하며, 암술머리는 적색이다.

새 가지의 잎겨드랑이에 양성화가 피며, 꽃색이 다양하다

# 무궁화

*Hibiscus syriacus* 【아욱과 무궁화속】

- 낙엽관목 • 수고 2~4m • 분포 전국적으로 널리 식재
- 유래 여름부터 가을까지 오랫동안 꽃이 피기 때문에 무궁화(無窮花)라 한다. 혹은 한자 이름 목근(木槿)이 변한 것 • 꽃말 은근, 영원, 일편단심

어긋나며, 마름모꼴이고 보통 3갈래로 갈라진 갈래잎이다.

| 꽃의 성 | 꽃차례 | 꽃모양 | 수분법 | 개화기 |
|---|---|---|---|---|
|  |  |  |  | |
| 양성화 | 단정 | 종형 | 충매화 | 7~9월 |

새 가지의 잎겨드랑이에 양성화가 1개씩 핀다. 꽃은 지름 5~10cm의 넓은 종 모양이고, 꽃색이 다양하다.

▲ 백단심계

▲ 홍단심계

▲ 자단심계

▲ 청단심계

◀ **꽃의 단면**
수술통에 여러 개의 수술이 붙는다. 암술대는 수술통을 뚫고 나오며, 암술머리는 끝이 5갈래로 얕게 갈라진다.

❶ 7~9월에 새 가지의 잎겨드랑이에 양성화가 1개씩 핀다. 많은 품종이 개발되어 백색, 분홍색, 홍색, 자색 등 꽃색이 다양하다.

❷ 꽃은 지름 5~10cm의 넓은 종 모양이고, 꽃잎은 5개다. 꽃받침은 길이 1.2~2cm이고 5갈래로 깊게 갈라지며 털이 밀생한다.

❸ 수술통은 길이 3cm이며, 여러 개의 수술이 붙어있다. 암술대는 수술통을 뚫고 나오며, 암술머리는 머리 모양(두상)이고 끝이 5갈래로 얕게 갈라진다.

양성화가 피며, 암술이 수술보다 긴 장주화와 짧은 단주화가 있다

# 미선나무

*Abeliophyllum distichum*
【물푸레나무과 미선나무속】

- 낙엽관목 • 수고 1~2m • 분포 전북(변산), 충북(괴산, 영동), 북한산의 숲가장자리 및 바위 지대
- 유래 열매가 둥그스름한 모양의 고급 부채처럼 생겨서 붙여진 이름
- 꽃말 모든 슬픔이 사라진다, 선녀

마주나며, 달걀형이고 톱니는 없다.
홑잎이지만 두 줄로 나기 때문에 깃꼴겹잎처럼 보인다.

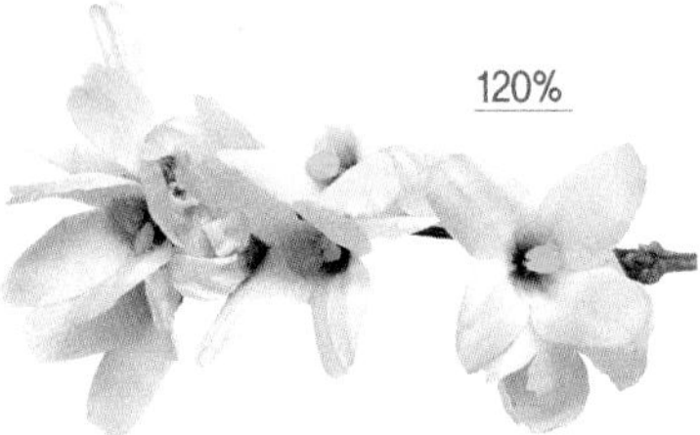

120%

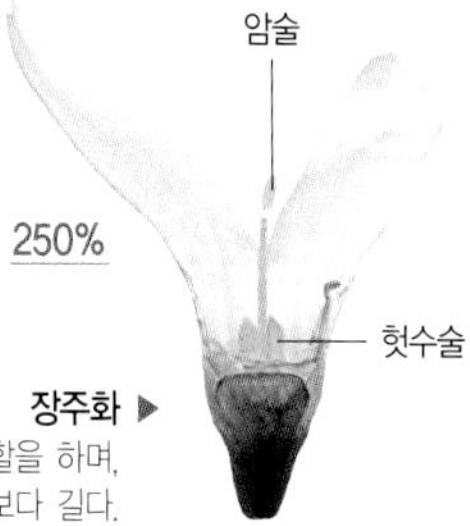

250%

암술

헛수술

**장주화** ▶
암꽃 역할을 하며,
암술이 수술보다 길다.

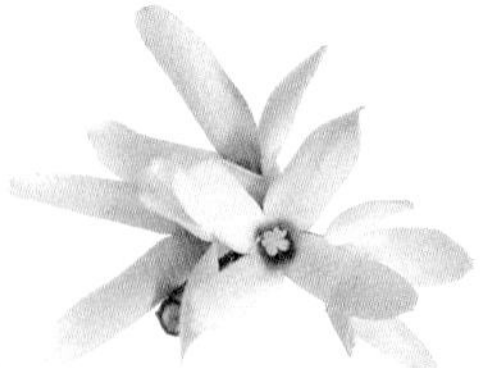

수술

250%

헛암술

**단주화** ▶
수꽃 역할을 하며,
수술이 암술보다 길다.

3~4월 잎이
나기 전에 잎겨드랑이에
양성화가 모여 핀다.
암술이 수술보다 긴 장주화와
짧은 단주화가 있다.

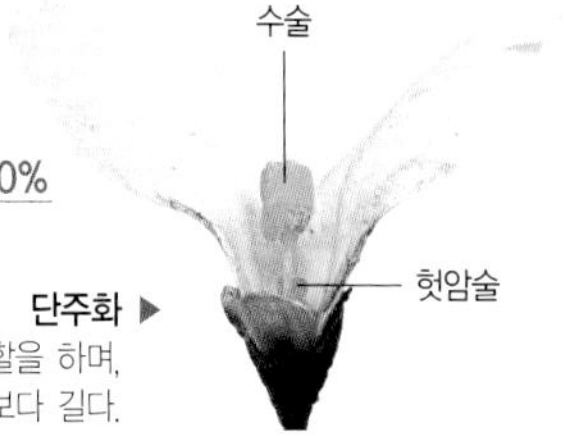

❶ 3~4월 잎이 나기 전에 잎겨드랑이에 백색, 황백색 또는 연홍색의 양성화가 모여 핀다. 암술이 수술보다 긴 장주화와 짧은 단주화가 있다(이형예현상).

❷ 화관은 지름 1.5~2.5cm의 깔때기 모양이며, 4갈래로 깊게 갈라진다. 화관조각은 길이 8~15mm의 좁은 긴 타원형이다.

❸ 장주화는 퇴화된 수술(헛수술) 2개와 암술이 있으며, 단주화는 수술 2개와 퇴화된 암술(헛암술)이 있다.

태엽처럼 말려 올라간 꽃잎과 긴 수술이 이채롭다

# 박쥐나무

*Alangium platanifolium var. trilobum*
〔박쥐나무과 박쥐나무속〕

- 낙엽관목 • 수고 3~4m • 분포 전국의 산지
- 유래 잎 모양이 날개를 펼친 박쥐처럼 생겼기 때문에 붙여진 이름
- 꽃말 부귀

| 꽃의 성 | 꽃차례 | 수분법 | 개화기 |
|---|---|---|---|
|  |  |  | 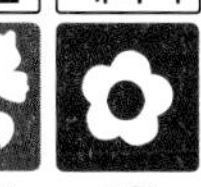 |
| 양성화 | 취산 | 충매화 | 6월 |

어긋나며, 3~5갈래로 갈라진 갈래잎이다.
잎몸이 박쥐가 날개를 편 모양이다.

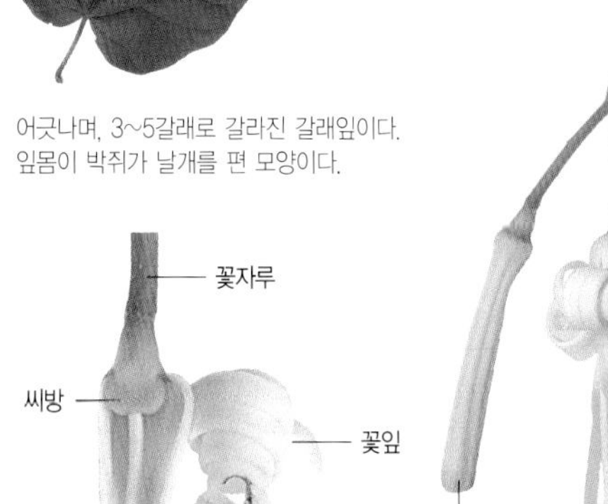


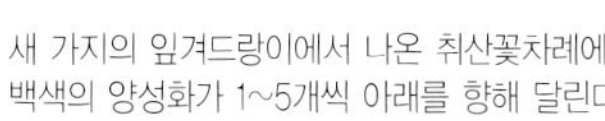

새 가지의 잎겨드랑이에서 나온 취산꽃차례에
백색의 양성화가 1~5개씩 아래를 향해 달린다.

◀ **꽃의 단면**
수술은 12개이고 길이는 3cm 정도이며,
꽃밥은 황색이고 암술대와 길이가 비슷하다.

❶ 6월에 새 가지의 잎겨드랑이에서 나온 취산꽃차례에 백색의 양성화가 1~5개씩 아래를 향해 달린다.

❷ 꽃잎은 6개이고 길이 3~3.5cm이며, 태엽처럼 바깥쪽으로 둥글게 말려 올라간다. 꽃자루에 마디가 있다.

❸ 수술은 6~8개이고 길이는 3cm 정도이며, 꽃밥은 황색이고 암술대와 길이가 비슷하다.

나비 모양의 홍자색 양성화가 산형꽃차례에 7~8개씩 모여 핀다

# 박태기나무

*Cercis chinensis* 〔콩과 박태기나무속〕

- 낙엽관목 • 수고 3~5m • 분포 전국에 조경수로 식재
- 유래 꽃 모양이 밥알을 튀긴 것과 닮아서 '밥티기'라 하다가 박태기가 된 것
- 꽃말 우정, 의혹, 배신, 불신감

어긋나며, 전형적인 하트 모양이고 톱니가 없다. 잎자루는 붉은 빛을 띠고 양끝이 부풀어 있다.

| 꽃의 성 | 꽃차례 | 꽃모양 | 수분법 | 개화기 | 기 타 |
|---|---|---|---|---|---|
| | | 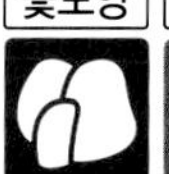 |  |  |  |
| 양성화 | 산형 | 나비형 | 충매화 | 4월 | 밀원 |

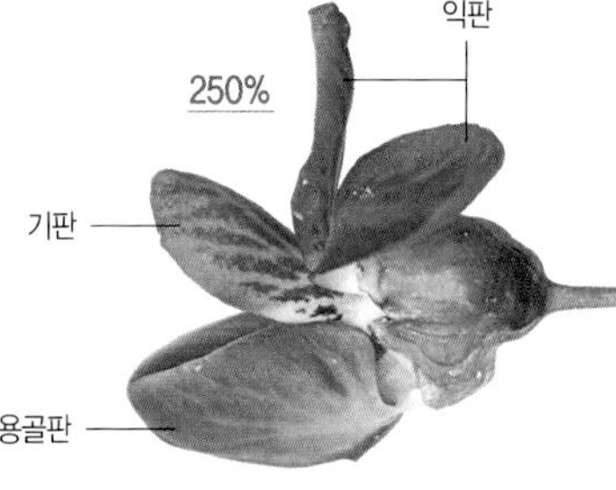


꽃받침통은 종 모양이고 끝이 얕게 5갈래로 갈라진다.

▲ **꽃차례**
4월에 잎이 나기 전 전년지와 묵은 가지에서 홍자색의 양성화가 모여 핀다.

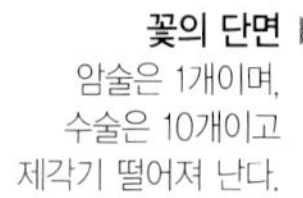

**꽃의 단면** ▶
암술은 1개이며, 수술은 10개이고 제각기 떨어져 난다.

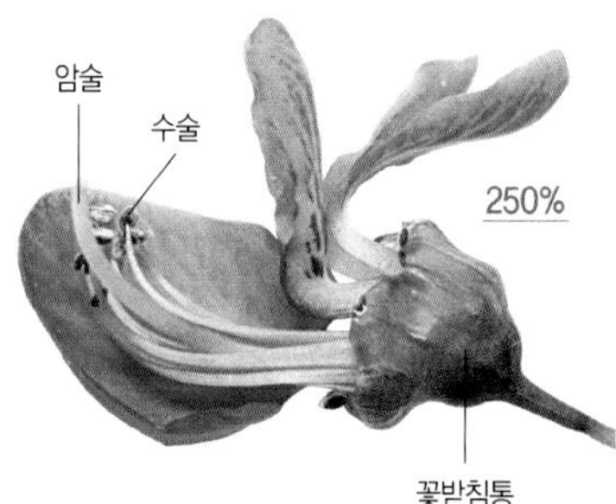


❶ 4월 잎이 나기 전에 전년지와 묵은 가지에서 홍자색의 양성화가 산형꽃차례에 보통 7~10개씩 모여 핀다.
❷ 꽃은 길이 약 1cm이고 나비 모양이다. 꽃받침통은 종 모양이고 끝이 5갈래로 얕게 갈라진다.
❸ 암술은 1개이고 수술보다 조금 길다. 수술은 10개이고 제각기 떨어져 난다.

꽃차례의 중심부에는 양성화가 피고, 가장자리에는 장식화가 핀다

# 백당나무

*Viburnum opulus* var. *sargentii*
【산분꽃나무과 산분꽃나무속】

낙엽교목
상록교목
낙엽소교목
상록소교목
낙엽관목
상록관목
낙엽덩굴
상록덩굴

- 낙엽관목 • 수고 3~5m • 분포 전국의 산지
- 유래 꽃이 흰색이고 불당 앞에 많이 심었기 때문에 붙여진 이름
- 꽃말 마음

| 꽃의 성 | 꽃차례 | 수분법 | 개화기 | 기 타 |
|---|---|---|---|---|
| 양성화 | 산방 | 충매화 | 5~6월 | 밀원 |

마주나기.
보통은 3갈래로 갈라지지만
갈라지지 않은 것 등 변화가 다양하다.

50%

**꽃차례 ▶**
5~6월에 가지 끝에서 나온 산방꽃차례에
백색의 양성화와 장식화가 모여 핀다.

70%

꽃차례의
중심부에는
양성화가 피고,
가장자리에
장식화가 핀다.

양성화
장식화

암술
수술

**양성화 ▶**
지름 4~5mm이며,
꽃잎과 수술이
각각 5개이고
암술은 1개다.

500%

30%

**▲ 불두화**

❶ 5~6월에 새 가지 끝에서 나온 지름 6~12cm의 산방꽃차례에 백색 꽃이 모여 핀다.
❷ 꽃차례의 중심부에 작은 양성화가 피고, 가장자리에는 장식화가 핀다.
❸ 양성화는 지름 4~5mm이며, 꽃잎과 수술이 각각 5개이고 암술은 1개다. 장식화는 보통 5갈래로 깊게 갈라지고 조각은 넓은 거꿀달걀형이다. 수술과 암술은 모두 퇴화되었다.
❹ 불두화(*Viburnum sargentii* f. *sterile*) : 꽃차례의 꽃이 모두 장식화로만 피는 품종

꽃색은 처음에는 황록색이다가 수분이 이루어지면 적색으로 변한다

# 병꽃나무

*Weigela subsessilis* 【병꽃나무과 병꽃나무속】

- 낙엽관목 • 수고 2~3m • 분포 전국의 산지
- 유래 꽃의 모양이 마치 병을 거꾸로 세워 놓은 것 같다 하여 붙여진 이름
- 꽃말 비밀, 전설

| 꽃의 성 | 꽃모양 | 수분법 | 개화기 | 기 타 |
|---|---|---|---|---|
| 양성화 | 깔때기형 | 풍매화 | 5~6월 | 향기 |

마주나며, 달걀형이고 가장자리에 잔 톱니가 있다. 잎 끝이 길게 뾰족하다.

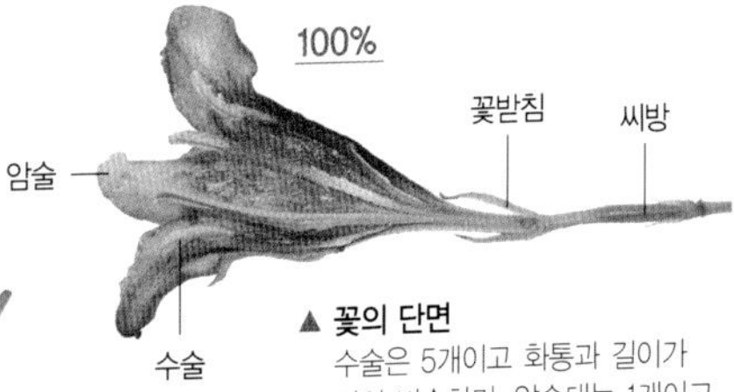

100%



▲ 꽃의 단면
수술은 5개이고 화통과 길이가 거의 비슷하며, 암술대는 1개이고 화관 밖으로 약간 나온다.

100%

▲ 꽃차례
꽃색이 처음에는 황록색이다가 수분이 된 후에는 점차 적색으로 변한다. 화관은 깔때기 모양이고 끝이 5갈래로 갈라진다.

100%

▲ 붉은병꽃나무

❶ 5~6월에 가지 끝이나 위쪽의 잎겨드랑이에 양성화가 2~3개씩 핀다. 꽃색은 처음에는 황록색이다가 수분이 이루어진 후에는 점차 적색으로 변한다.

❷ 화관은 길이 2.5~3.5cm의 깔때기 모양이고 끝이 5갈래로 갈라진다. 꽃받침조각은 선형이고 5갈래로 갈라지며 털이 밀생한다.

❸ 암술대는 1개이고 화관 밖으로 약간 나온다. 수술은 5개이고 화통과 길이가 거의 비슷하다.

❹ 붉은병꽃나무(*Weigela florida*) : 봄에 꽃이 필 때부터 꽃색이 홍자색을 띤다.

장미과 소속이면서 특이하게 꽃잎이 4개이다

# 병아리꽃나무

*Rhodotypos scandens*
【장미과 병아리꽃나무속】

• 낙엽관목 • 수고 1~2m • 분포 중부 지방 이남의 낮은 산지 또는 해안가
• 유래 하얀 꽃이 앙증맞고 귀여운 병아리를 연상시킨다 하여 붙여진 이름
• 꽃말 고결한 마음, 까다로움, 인내

마주나며, 달걀형이고 가장자리에 날카로운 겹톱니가 있다. 잎맥이 패이고 깊은 주름이 있으며 직선으로 나 있다.

| 꽃의 성 | 꽃차례 | 꽃모양 | 수분법 | 개화기 |
|---|---|---|---|---|
|  |  |  |   |  |
| 양성화 | 단정 | 장미형 | 충매화 | 4~5월 |

70%

꽃받침

꽃잎

▲ **꽃의 뒷면**
꽃받침조각은 좁은 달걀형이고 털이 약간 있으며, 가장자리에 톱니가 있다.

60%

새 가지 끝에서 백색의 양성화가 1개씩 핀다. 꽃잎은 4개이고 타원형이다.

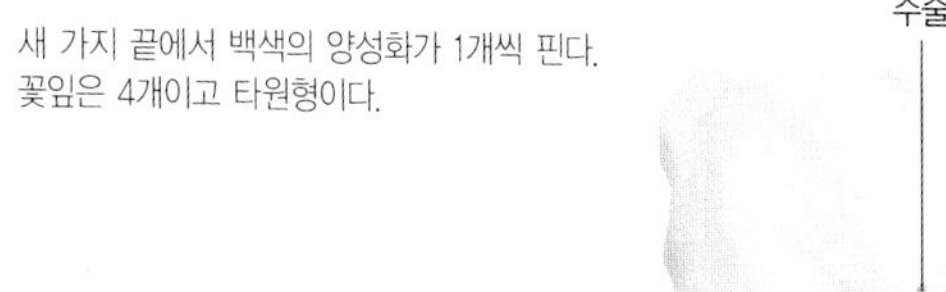


**꽃의 단면** ▶
수술은 다수이고, 암술대는 4개다.

❶ 4~5월에 새 가지 끝에서 백색의 양성화가 1개씩 핀다.
❷ 꽃은 지름 3~4cm이며, 꽃잎은 4개이고 길이 1.5~2.5cm의 타원형이다. 꽃받침조각은 좁은 달걀형이고 털이 약간 있으며, 가장자리에 톱니가 있다.
❸ 암술대는 4개이고, 수술은 여러 개다.

잎겨드랑이에 은백색의 양성화가 산형꽃차례에 1~6개씩 아래로 드리워 핀다

# 보리수나무

*Elaeagnus umbellata*
[보리수나무과 보리수나무속]

- 낙엽관목 • 수고 3~4m • 분포 중부 이남의 숲가장자리 및 계곡 주변
- 유래 보리가 익을 무렵에 열매를 먹을 수 있고, 씨앗이 보리를 닮은 데서 붙여진 이름
- 꽃말 결혼, 부부의 사랑

| 꽃의 성 | 꽃차례 | 꽃모양 | 수분법 | 개화기 | 기 타 |
|---|---|---|---|---|---|
| 양성화 | 산형 | 깔때기형 | 충매화 | 4~6월 | 향기 |

어긋나며, 긴 타원형이고 가장자리는 밋밋하다. 잎 앞면에 은색, 뒷면에 은색과 갈색의 비늘털이 있다.

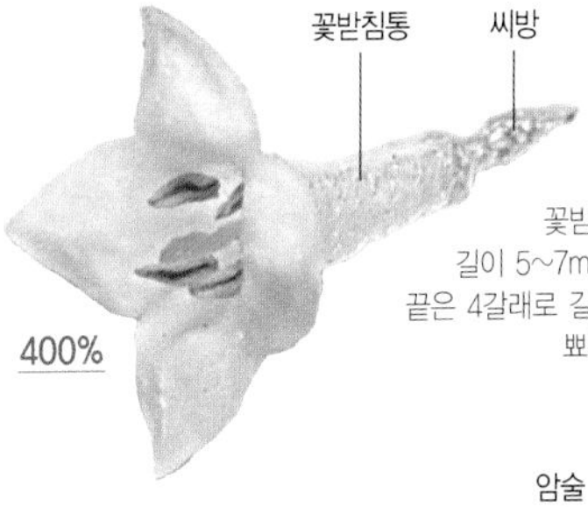

꽃받침통 씨방

400%

꽃받침통은 길이 5~7mm이며, 끝은 4갈래로 갈라지고 뾰족하다.

150%

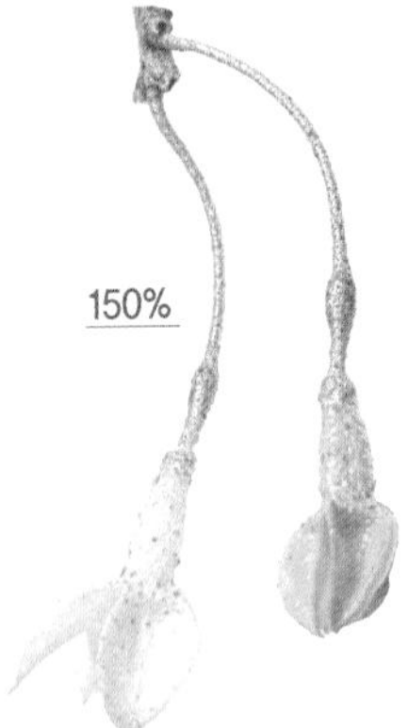

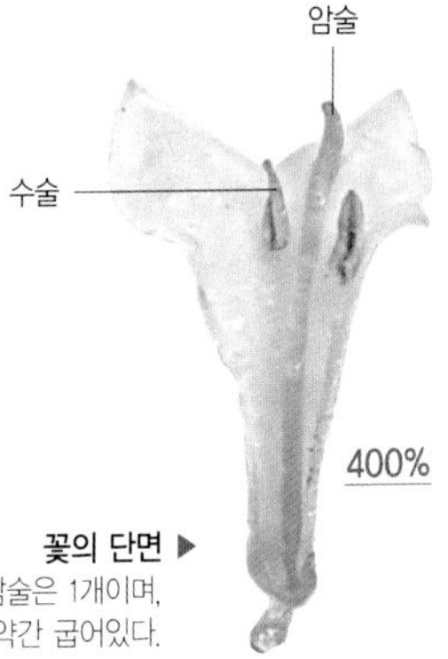

▲ **꽃차례**
새 가지의 잎겨드랑이에 은백색의 양성화가 1~6개씩 핀다. 꽃자루, 꽃받침통, 씨방에 모두 은색의 비늘털이 밀생한다.

암술 수술

400%

**꽃의 단면** ▶
수술은 4개이고 암술은 1개이며, 암술대는 끝이 약간 굽어있다.

❶ 4~6월, 새 가지의 잎겨드랑이에 은백색의 양성화가 1~6개씩 아래로 드리워 핀다.
❷ 꽃받침통은 길이 5~7mm이며, 끝은 4갈래로 갈라지고 뾰족하다. 꽃자루, 꽃받침통, 씨방에 모두 은색의 비늘털이 밀생한다.
❸ 수술은 4개이고 암술은 1개다. 암술대는 가운데서 길게 나오며 끝이 약간 굽어있다.

무궁화 꽃과 비슷하지만, 그보다 더 크고 꽃색도 화려하다

# 부용

*Hibiscus mutabilis* 〖아욱과 무궁화속〗

- **낙엽관목** • **수고** 1~3m • **분포** 주로 관상용으로 식재
- **유래** 꽃이 연꽃을 닮아서 연꽃을 가리키는 부용(芙蓉)을 빌려서 쓴 것
- **꽃말** 섬세한 아름다움, 정숙한 여인

어긋나기. 오각형 또는 둥근 모양이고 3~5갈래로 얕게 갈라지는 갈래잎이다.

| 꽃의 성 | 꽃차례 | 수분법 | 개화기 |
|---|---|---|---|
|  |  |  |  |
| 양성화 | 단정 | 충매화 | 7~10월 |

25%

새 가지 위쪽의 잎겨드랑이에 꽃이 피며, 꽃색은 백색, 붉은색, 흰색, 분홍색 등이 있다.

부꽃받침

50%

꽃받침

▲ **꽃의 뒷면**
꽃받침은 가운데까지 5갈래로 갈라진다. 꽃받침과 부꽃받침에는 샘털이 있다.

**꽃의 단면** ▶
암술은 꽃 가운데 직립해 있으며, 암술머리는 5갈래로 갈라진다. 암술대 주위에 수술이 붙어있다.

❶ 7~10월에 새 가지 위쪽의 잎겨드랑이에 꽃이 핀다. 꽃색은 적색, 백색, 분홍색 등이 있다.

❷ 꽃잎은 5장이며, 길이 4~5cm이고 넓은 타원형이다. 꽃받침은 길이 2.5~3cm이며, 가운데까지 5갈래로 갈라지고 샘털이 있다. 부꽃받침에도 샘털이 있다.

❸ 암술은 꽃 가운데 직립해 있으며, 끝은 굽어 있고 암술머리는 5갈래로 갈라진다. 암술대 주위에 수술이 붙어있다.

취산꽃차례에 향기가 좋은 백색의 양성화가 모여 핀다

# 분꽃나무

*Viburnum carlesii var. bitchiuense*
【산분꽃나무과 산분꽃나무속】

- 낙엽관목 • 수고 2~3m • 분포 전국의 햇빛이 잘 드는 낮은 산지 또는 해안가
- 유래 꽃 모양이 분꽃과 비슷해서, 혹은 꽃에서 분 냄새와 같은 향기가 나기 때문에 붙인 이름
- 꽃말 수줍음, 소심, 겁쟁이

| 꽃의 성 | 꽃차례 | 꽃모양 | 수분법 | 개화기 | 기 타 |
|---|---|---|---|---|---|
| 양성화 | 취산 | 깔때기형 | 충매화 | 4~5월 | 향기 |

마주나며, 넓은 달걀형이고 가장자리에 치아 모양의 톱니가 성기게 나 있다.

250%

화관은 깔때기 모양이고 끝이 5갈래로 갈라진다.

80%

▲ **꽃차례**
가지 끝에서 나온 취산꽃차례에 향기가 좋은 연홍색 또는 백색의 양성화가 모여 핀다.

200%

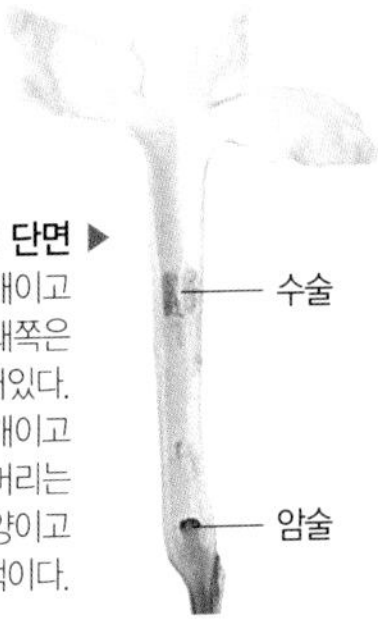

**꽃의 단면 ▶**
수술은 5개이고 수술대의 아래쪽은 화통과 붙어있다. 암술은 1개이고 암술머리는 원반 모양이고 적색이다.

❶ 4~5월에 가지 끝에서 나온 지름 5~6cm의 취산꽃차례에 향기가 좋은 연홍색 또는 백색의 양성화가 모여 핀다.
❷ 화관은 지름 1~1.5cm, 길이 8~10mm의 깔때기 모양이고 끝이 5갈래로 갈라진다.
❸ 암술은 1개이고 녹색이며, 암술머리는 원반 모양이고 적색이다. 수술은 5개이며, 수술대의 아래쪽은 화통과 붙어있다.

가지 끝의 원추꽃차례에 백색의 양성화가 모여 핀다

# 빈도리

*Deutzia crenata* 【수국과 말발도리속】



• 낙엽관목 • 수고 1~3m • 분포 전국에 관상용으로 식재
• 유래 말발도리와 비슷하고 가지 속이 비어있기 때문에 '빈속말발도리'라 하다가 줄여서 빈도리가 된 것 • 꽃말 애교

| 꽃의 성 | 꽃차례 | 수분법 | 개화기 | 기 타 |
|---|---|---|---|---|
| 양성화 | 원추 | 충매화 | 5~7월 | 밀원 |

마주나며, 달걀형이고 가장자리에 미세한 잔 톱니가 있다. 앞면에는 별모양의 털이 있어 까칠까칠하다.

160%

꽃은 지름 1.2~1.5cm이며, 꽃잎은 5개이고 긴 타원형이다.

80%

▲ 꽃차례
가지 끝에 길이 5~10cm의 원추꽃차례에 백색의 양성화가 모여 핀다.

100%

▲ 만첩빈도리

꽃의 단면 ▶
수술은 10개이며, 암술대는 3~4갈래로 깊게 갈라진다.

200%

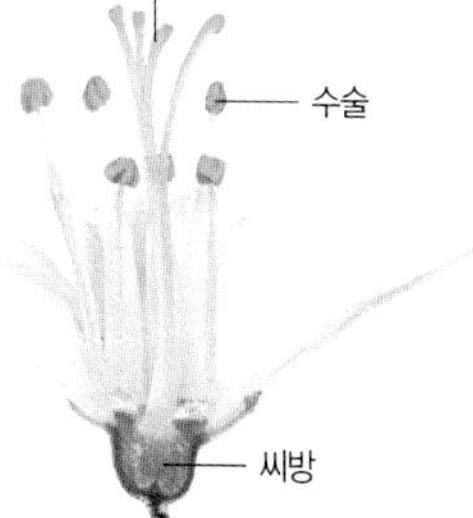


❶ 5~7월에 가지 끝에서 나온 길이 5~10cm의 원추꽃차례에 백색의 양성화가 모여 핀다.
❷ 꽃은 지름 1.2~1.5cm이며, 꽃잎은 5개이고 지름 1~1.2cm의 긴 타원형이다.
❸ 수술은 10개이며, 수술대 양쪽에는 날개가 발달하고 날개 끝부분은 돌기 모양으로 뾰족하다. 암술대는 3~4갈래로 깊게 갈라진다.
❹ 만첩빈도리(*Deutzia crenata* for. *plena*) : 빈도리에 비해서 꽃잎이 여러 장으로 겹쳐서 나는 품종.

꽃잎은 5개이고 긴 타원형이며, 꽃잎과 꽃잎 사이의 틈이 넓다

# 산딸기

*Rubus crataegifolius* 【장미과 산딸기속】

- 낙엽관목 • 수고 1~2m • 분포 전국의 산야에서 흔하게 자람
- 유래 산에서 자라며, 익은 열매의 모양이 딸기와 비슷하여 붙인 이름
- 꽃말 애정, 질투

| 꽃의 성 | 꽃차례 | 수분법 | 개화기 | 기 타 |
|---|---|---|---|---|
| 양성화 | 산방 | 충매화 | 5~6월 | 밀원 |

어긋나며, 넓은 달걀형이고 3~5갈래로 갈라진다. 잎자루와 뒷면 잎맥에 가시가 많다.

150%

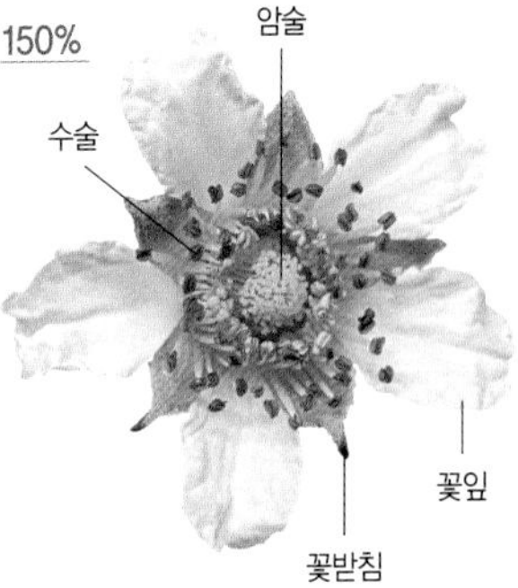

암술

수술

꽃잎은 5개이고 긴 타원형이며, 뒤로 젖혀진다. 꽃받침조각은 5개이고 좁은 달걀형이다.

꽃잎

꽃받침

150%

250%

▲ **꽃차례**
새 가지 끝에 백색의 양성화가 2~6개씩 모여 핀다.

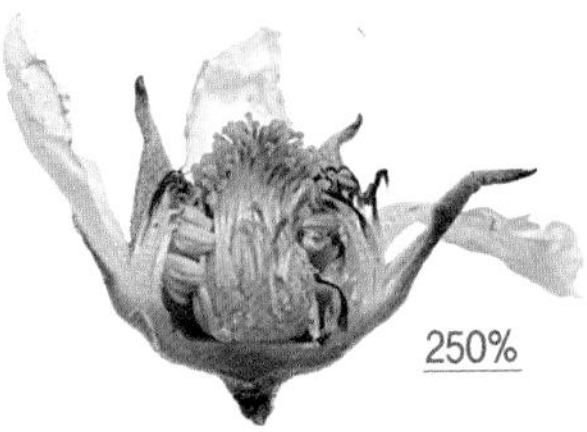

▲ **꽃의 단면**
암술과 수술은 많으며, 수술이 암술 주위를 둘러싸고 있다. 수술은 암술보다 약간 길다.

❶ 5~6월에 새 가지 끝에 백색의 양성화가 2~6개씩 모여 핀다.

❷ 꽃은 지름 1~1.5cm이며, 꽃잎은 5개이고 길이 7~9mm의 긴 타원형이며 뒤로 젖혀진다. 꽃잎과 꽃잎 사이의 틈이 넓다. 꽃받침조각은 5개이며, 좁은 달걀형이고 안쪽 면과 가장자리에 백색 털이 밀생한다.

❸ 암술과 수술은 많으며, 수술이 암술 주위를 둘러싸고 있다. 수술은 암술보다 약간 길고 곧추서며, 씨방과 암술대에는 털이 없다.

꽃차례의 중앙에 양성화가 모여 피고, 가장자리에 장식화가 핀다

# 산수국

*Hydrangea serrata* var. *acuminata*
【수국과 수국속】

• 낙엽관목 • 수고 1m • 분포 강원도, 경기도 이남의 낮은 산지 계곡부
• 유래 산에서 자라는 수국이라는 뜻에서 붙인 이름. 수국은 중국 이름 수구화(繡毬花)에서 유래된 것이다. • 꽃말 변하기 쉬운 마음, 변덕스러움

| 꽃의 성 | 꽃차례 | 수분법 | 개화기 |
|---|---|---|---|
| 양성화 | 산방 | 충매화 | 6~7월 |

마주나기.
긴 타원형 또는 달걀 모양 타원형이며 잎끝이 길게 뾰족하다.

▲ **꽃차례**
가지 끝에서 나온 산방꽃차례에 꽃이 핀다. 가운데에 양성화가 모여 피고, 가장자리에 장식화가 핀다.

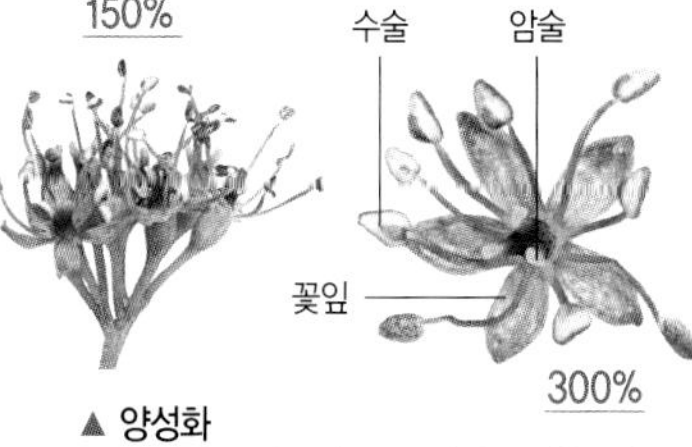


▲ **양성화**
양성화는 지름 약 5mm이며 꽃잎은 5개, 암술대는 3개, 수술은 10개이다.

◀ **수국**

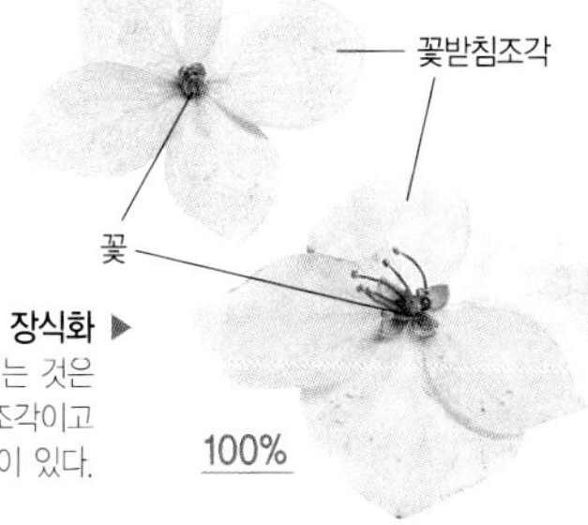


**장식화** ▶
꽃잎처럼 보이는 것은 꽃받침조각이고 가운데 꽃이 있다.

❶ 6~7월에 가지 끝에서 나온 지름 10~15cm의 산방꽃차례에 꽃이 핀다. 가운데에 양성화가 모여 피고, 가장자리에 장식화가 핀다.
❷ 양성화는 지름 약 5mm로 작으며 꽃잎은 5개, 암술대는 3개, 수술은 10개이다.
❸ 가장자리의 장식화(흔히 무성화)는 지름 약 3cm이다. 꽃잎처럼 보이는 것은 꽃받침조각이며 백색, 자주색, 연한 청색 등 다양한 꽃색이 있다.
❹ 수국(*Hydrangea macrophylla*) : 꽃 전체가 장식화이며, 다양한 재배종이 개발되어 널리 식재되고 있다.

잎이 나오면서 연홍색의 양성화가 1~2개씩 모여 핀다

# 산옥매

*Prunus glandulosa* 【장미과 벚나무속】

• 낙엽관목 • 수고 1~1.5m • 분포 전국에 관상용으로 식재
• 유래 산에서 자라는 매화나무라는 뜻에서 붙인 이름
• 꽃말 고상

| 꽃의 성 | 꽃차례 | 꽃모양 | 수분법 | 개화기 |
|---|---|---|---|---|
| 양성화 | 산형 | 장미형 | 충매화 | 4~5월 |

어긋나며, 긴 달걀형이고 잎 가장자리에 둔한 톱니가 있다.

꽃잎은 5개이며, 분홍색 또는 백색이고 거꿀달걀형이다.

100%

150%

▲ **꽃차례**
잎과 동시에 혹은 잎보다 먼저 1~2개의 양성화가 모여 핀다.

암술 수술

200%

100%

꽃잎

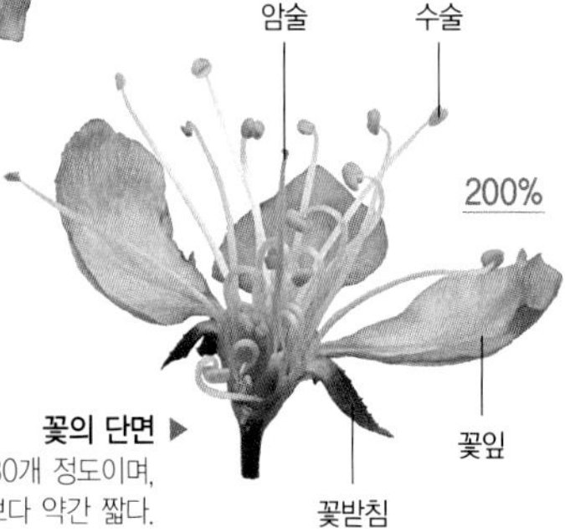

**꽃의 단면** ▶
수술은 30개 정도이며, 암술은 수술보다 약간 짧다.

꽃받침

▲ **옥매**

❶ 4~5월에 잎이 나오는 시기에 연홍색의 양성화가 1~2개씩 모여 핀다.
❷ 꽃은 지름 2~3cm이며, 꽃잎은 5개이고 분홍색 또는 백색이며 거꿀달걀형이다. 꽃받침 조각은 피침형이고 뒤로 젖혀지며, 가장자리에 톱니가 있다.
❸ 수술은 30개 정도이며, 암술은 수술보다 약간 짧다.
❹ 옥매(*Prunus glandulosa* for. *albiplena*) : 꽃색이 백색이고 겹꽃이 피는 품종.

가지 끝의 두상꽃차례에 황색의 양성화 30~50개씩 모여 핀다

# 삼지닥나무

*Edgeworthia chrysantha*
【팥꽃나무과 삼지닥나무속】

- 낙엽관목 • 수고 1~2m • 분포 제주도 및 남부 지역의 정원 및 공원에 식재
- 유래 가지가 3갈래씩 갈라지고, 껍질은 닥종이를 만드는데 쓰기 때문에 붙여진 이름
- 꽃말 당신께 부를 드려요, 당신을 맞이합니다

| 꽃의 성 | 꽃차례 | 꽃모양 | 수분법 | 개화기 | 기 타 |
|---|---|---|---|---|---|
| 양성화 | 두상 | 통형 | 충매화 | 3~4월 | 향기 |

어긋나며, 늘씬한 피침형이고 가장자리는 밋밋하다.

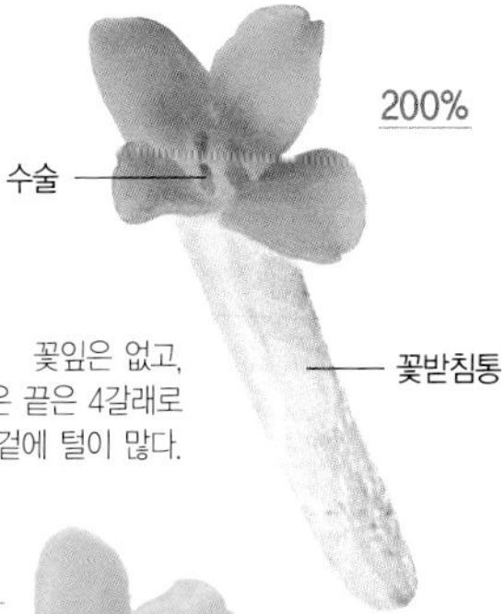

200%

수술

꽃받침통

꽃잎은 없고, 꽃받침통은 끝은 4갈래로 갈라지며 겉에 털이 많다.

120%

▲ **꽃차례**
잎이 나기 전에 가지 끝에서 나온 두상꽃차례에 황색의 양성화 30~50개가 모여 핀다.

110%

긴 수술

짧은 수술

암술

씨방

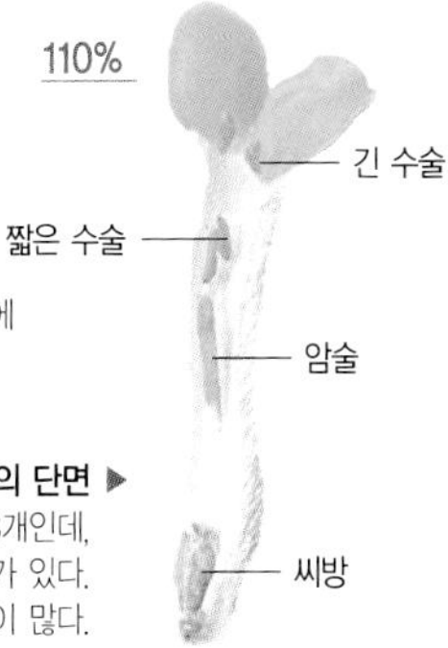

**꽃의 단면** ▶
수술은 8개인데, 긴 수술 4개와 짧은 수술 4개가 있다. 씨방은 달걀형이고 끝 부분에 털이 많다.

❶ 3~4월 잎이 나기 전에 가지 끝에서 나온 두상꽃차례에 황색의 양성화 30~50개가 모여 핀다.

❷ 꽃잎은 없고, 꽃받침통은 길이 8~15mm이고 끝은 4갈래로 갈라지며 겉에 털이 많다.

❸ 수술은 8개인데, 꽃받침통 입구에 긴 수술 4개와 내부에 짧은 수술 4개가 있다. 암술은 1개이며, 씨방은 길이 4mm 정도의 달걀형이고 끝 부분에 털이 많다.

담청색의 양성화가 피며, 화관은 입술형이고 5갈래로 갈라진다

# 순비기나무 *Vitex rotundifolia* 〔마편초과 순비기나무속〕

- 낙엽관목 • 수고 0.3~1m • 분포 중부 이남 및 제주도의 바닷가
- 유래 바닷가나 섬의 모래밭에 많이 자라며, 그 모습이 마치 모래 속에 숨어서 뻗어나가는 듯하여 '숨벋기나무'라 하다가 변한 이름 • 꽃말 그리움

| 꽃의 성 | 꽃차례 | 꽃모양 | 수분법 | 개화기 |
|---|---|---|---|---|
| 양성화 | 원추 | 입술형 | 충매화 | 7~10월 |

마주나며, 달걀형이다.
잎몸은 두껍고 가장자리는 밋밋하다.

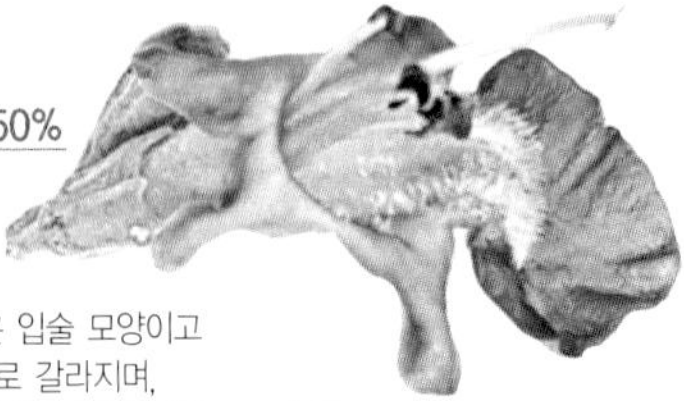

250%

화관은 입술 모양이고
5갈래로 갈라지며,
아래쪽의 조각이 가장 크고 넓다.

100%

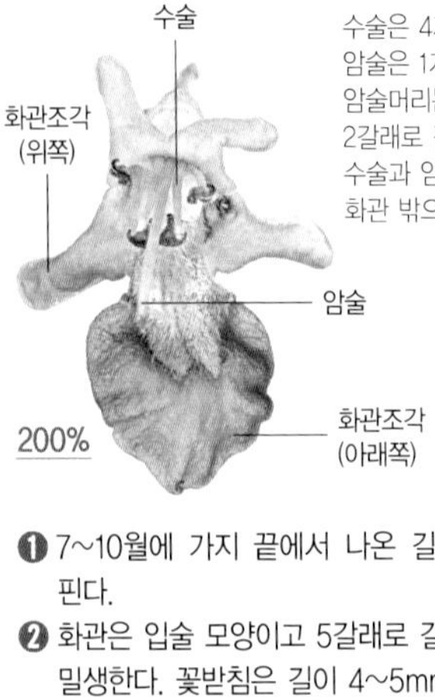

수술은 4개이며,
암술은 1개이고
암술머리는
2갈래로 갈라진다.
수술과 암술은
화관 밖으로 나온다.

**꽃차례 ▶**
가지 끝에서
나온 길이 4~6cm의
원추꽃차례에 담청색의
양성화가 모여 핀다.

❶ 7~10월에 가지 끝에서 나온 길이 4~6cm의 원추꽃차례에 담청색의 양성화가 모여 핀다.

❷ 화관은 입술 모양이고 5갈래로 갈라지며, 아래쪽 조각(순판)이 가장 크고 부드러운 털이 밀생한다. 꽃받침은 길이 4~5mm의 술잔 모양이고, 끝이 5갈래로 얕게 갈라진다.

❸ 수술은 4개이며, 암술은 1개이고 암술머리는 2갈래로 갈라진다. 수술과 암술은 화관 밖으로 나오며, 씨방은 구형이고 털이 없다.

원추꽃차례에 향기가 좋은 백색의 양성화가 모여 핀다

# 쉬땅나무

*Sorbaria sorbifolia* 【장미과 쉬땅나무속】

• 낙엽관목 • 수고 2m • 분포 경북 이북의 숲가장자리 및 계곡가
• 유래 열매가 달린 모습이 마치 수숫단을 매달아 놓은 것 같아서 '수숫단나무', '수숫땅나무'를 거쳐서 붙여진 이름 • 꽃말 신중, 진중

| 꽃의 성 | 꽃차례 | 꽃모양 | 수분법 | 개화기 | 기 타 |
|---|---|---|---|---|---|
| 양성화 | 원추 | 장미형 | 충매화 | 7~8월 | 밀원 |

어긋나며, 작은잎이 6~11쌍인 홀수깃꼴겹잎이다. 작은잎은 피침형이고 잎맥이 뚜렷하다.

120%

꽃차례는 길이 10~20cm이며, 꽃차례의 축과 꽃자루에는 털이 많다.

40%

▲ **꽃차례**
가지 끝에서 나온 원추꽃차례에 향기가 좋은 백색의 양성화가 모여 핀다.

500%

수술
꽃잎
암술

수술은 40~50개이며, 꽃잎보다 길게 돌출해 있다.

❶ 7~8월에 가지 끝에서 나온 원추꽃차례에 향기가 좋은 백색의 양성화가 모여 핀다.
❷ 꽃차례는 길이 10~20cm의 대형이며, 꽃차례의 축과 꽃자루에는 털이 많다. 꽃잎과 꽃받침조각은 각각 5개이다.
❸ 꽃은 지름 5~6mm이며, 꽃잎은 5개이고 거꿀달걀형이다. 수술은 40~50개이며, 꽃잎보다 길게 돌출해 있다.

홍자색의 양성화가 피며, 꽃잎은 기판, 익판, 용골판으로 구성된다

# 싸리

*Lespedeza bicolor* 【콩과 싸리속】

- 낙엽관목 • 수고 1~3m • 분포 전국의 산야
- 유래 나뭇가지로 사립(사립문)을 만들 때 주로 썼기 때문에 붙여진 이름
- 꽃말 생각, 사색, 상념

어긋나며, 3장의 작은잎이 모여 달리는 세겹잎(삼출엽)이다. 가운데 작은잎의 잎자루가 가장 길다.

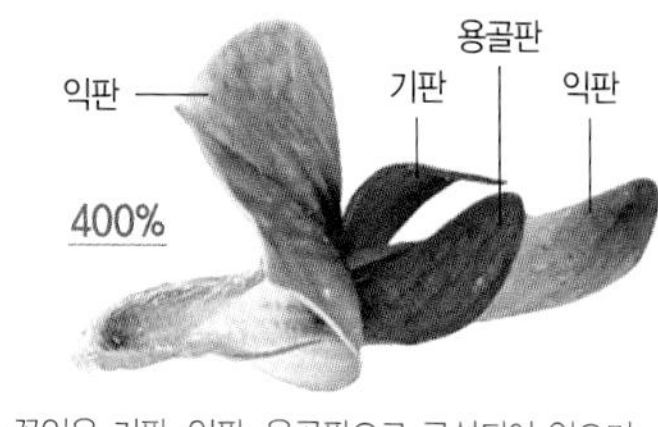


꽃잎은 기판, 익판, 용골판으로 구성되어 있으며, 기판은 그중에서 가장 크고 거꿀달걀형이다.

▲ **꽃차례**
잎겨드랑이 또는 가지 끝에서 나온 총상꽃차례에 홍자색 양성화가 모여 핀다.

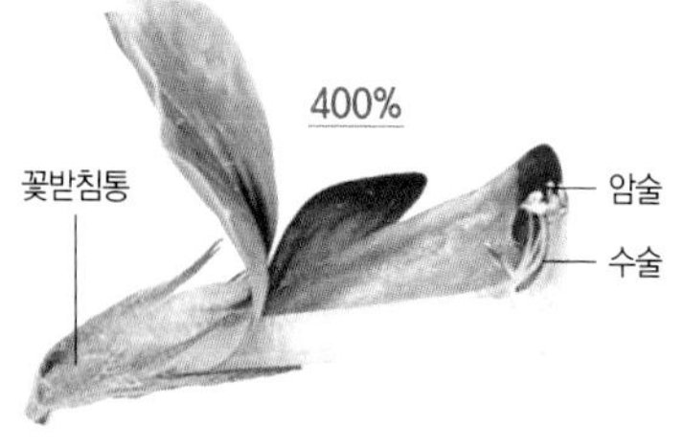


▲ **꽃의 내부**
수술은 10개이며, 암술대는 1개이고 아랫부분에 털이 있다.

❶ 7~8월에 잎겨드랑이 또는 가지 끝에서 나온 총상꽃차례에 길이 약 5cm의 홍자색 양성화가 모여 핀다.

❷ 꽃잎은 기판, 익판, 용골판으로 구성되어 있다. 기판(旗瓣)은 길이 9~12mm의 거꿀달갈형이고 꽃잎 중 가장 크며, 익판(翼瓣)은 길이 7~10mm의 좁은 거꿀달갈형이고, 용골판(龍骨瓣)은 길이 8.5~10mm의 거꿀달갈형이다.

❸ 수술은 10개이며, 암술대는 길이 7~8mm이고 밑부분에 털이 있다. 씨방은 타원형이고 털이 있다.

꽃받침조각은 삼각상 달걀형이고 양면에 털이 많다

# 앵도나무

*Prunus tomentosa* 【장미과 벚나무속】

- 낙엽관목 • 수고 2~3m • 분포 전국에 널리 식재
- 유래 열매를 꾀꼬리(鶯)가 잘 먹으며, 모양이 복숭아(桃)와 비슷하다 하여 붙여진 이름
- 꽃말 수줍음

| 꽃의 성 | 꽃모양 | 수분법 | 개화기 | 기 타 |
|---|---|---|---|---|
|  |  |  | |  |
| 양성화 | 장미형 | 충매화 | 3~4월 | 밀원 |

어긋나며, 잎자루와 잎 양면에 털이 많다. 특히 잎 뒷면에 융단 같은 털이 많다.

꽃잎은 넓은 거꿀달걀형이고 끝이 둥글며, 꽃받침조각은 삼각상 달걀형이고 양면에 털이 밀생한다.

▲ **꽃차례**
잎보다 먼저 혹은 동시에, 백색 또는 연홍색의 양성화가 줄기에 1~2개씩 핀다.

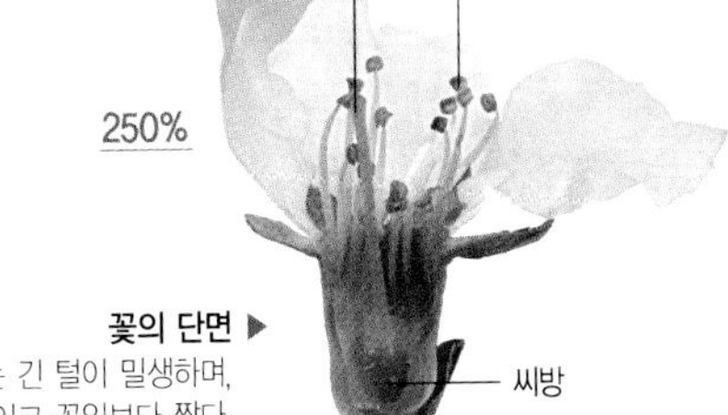


**꽃의 단면** ▶
암술대에는 긴 털이 밀생하며, 수술은 20~25개이고 꽃잎보다 짧다.

❶ 3~4월에 잎보다 먼저 혹은 동시에, 백색 또는 연홍색의 양성화가 줄기에 1~2개씩 핀다.
❷ 꽃은 지름 1.5~2cm이며, 꽃잎은 넓은 거꿀달걀형이고 끝이 둥글다. 꽃받침조각은 삼각상 달걀형이며, 양면에 털이 밀생한다.
❸ 암술대는 수술보다 약간 길고 긴 털이 밀생하며, 수술은 20~25개이고 꽃잎보다 짧다.

이름은 봄(春)을 맞이하는(迎) 꽃(花)라는 뜻이다

# 영춘화

*Jasminum nudiflorum* 【물푸레나무과 영춘화속】

- 낙엽관목 • 수고 1~3m • 분포 남부 지방에 관상수로 식재
- 유래 이른 봄에 꽃을 피우기 때문에, 봄(春)을 맞이하는(迎) 꽃(花)이라는 뜻에서 붙인 이름
- 꽃말 사랑하는 마음, 희망

마주나며, 3장의 작은잎이 모여 달리는 세겹잎이다. 세 잎 중에서 가운데 작은잎이 가장 크다.

| 꽃의 성 | 꽃모양 | 수분법 | 개화기 |
|---|---|---|---|
| 양성화 | 고배형 | 충매화 | 3~4월 |

130%

화관은 고배형이고, 화통은 길고 윗부분이 6갈래로 갈라진다.

150%

▲ **꽃차례**
잎겨드랑이에 노란색 양성화가 1개씩 피며, 꽃에는 향기가 없다.

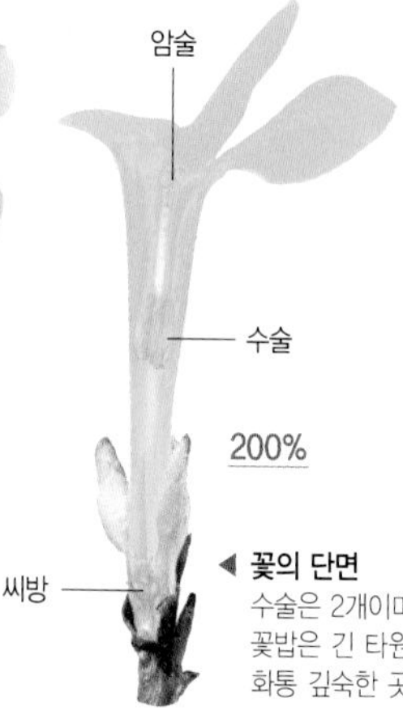

200%

◀ **꽃의 단면**
수술은 2개이며, 꽃밥은 긴 타원형이고 화통 깊숙한 곳에 있다.

❶ 3~4월 잎이 나기 전에, 잎겨드랑이에 노란색 양성화가 1개씩 핀다. 꽃에는 향기가 없다.
❷ 화관은 지름 2~2.5cm이고 고배형(高杯形)이며, 화통은 길고 윗부분이 6갈래로 갈라진다.
❸ 암술은 1개이고, 수술은 2개이다. 꽃밥은 황색이고 긴 타원형이며, 화통 깊숙한 곳에 있다.

자색의 양성화가 모여 피며, 수술이 성숙한 후에 암술이 성숙한다

# 오갈피나무

*Eleutherococcus sessiliflorus*
【두릅나무과 오갈피나무속】

- 낙엽관목 • 수고 3~4m • 분포 중부 이남의 산지 및 농가에서 약용으로 재배
- 유래 잎 모양이 손바닥을 펼친 듯 5갈래로 깊게 갈라지는 것에서 유래된 이름
- 꽃말 만능

| 꽃의 성 | 꽃차례 | 수분법 | 개화기 |
|---|---|---|---|
|  |  |  | |
| 양성화 | 산형 | 충매화 | 7~9월 |

어긋나며, 3~5장의 작은잎으로 이루어진 손꼴겹잎이다. 잎 가장자리 전체에 잔 겹톱니가 있다.

▲ **꽃차례(수술기)**
새 가지 끝에서 나온 산형꽃차례에 자색의 양성화가 모여 피며, 작은 꽃차례는 여러 개가 모여 머리 모양을 이룬다.

▲ **꽃차례(암술기)**
꽃은 양성화이며, 수술이 먼저 성숙하고 1~2주 후에 암술이 성숙한다.

❶ 7~9월에 새 가지 끝에서 나온 3~6개의 산형꽃차례에 자색의 양성화가 모여 핀다. 작은 꽃차례는 여러 개가 모여 머리 모양(두상)을 이루며, 중앙에 위치한 꽃차례의 꽃이 가장 먼저 핀다.

❷ 꽃은 양성화이며, 수술이 먼저 성숙한 다음 1~2주 후에 암술이 성숙한다(웅성선숙).

❸ 암술은 1개이고, 수술은 5개이다. 꽃잎은 5개이고, 길이 2mm 정도의 삼각상 달걀형이다.

산형꽃차례에 황록색의 양성화가 2~4개씩 아래를 향해 핀다

# 일본매자나무

*Berberis thunbergii*
[매자나무과 매자나무속]

• 낙엽관목 • 수고 2m • 분포 전국에 정원수로 식재
• 유래 매자나무 종류이면서, 일본에서 들어온 종이기 때문에 붙여진 이름
• 꽃말 까다로움

| 꽃의 성 | 꽃차례 | 수분법 | 개화기 |
| --- | --- | --- | --- |
| 양성화 | 산형 | 충매화 | 4~5월 |

어린 가지에서 어긋나며, 짧은 가지에서는 모여 난다. 잎 모양은 거꿀달걀형 또는 주걱형이다.

200%

▲ **꽃차례**
짧은 가지 끝에서 나온 산형꽃차례에 황록색의 양성화가 2~4개씩 아래를 향해 핀다.

500%

꽃잎, 꽃받침, 수술은 각각 6개이며, 꽃받침과 꽃잎은 거의 크기가 같다.

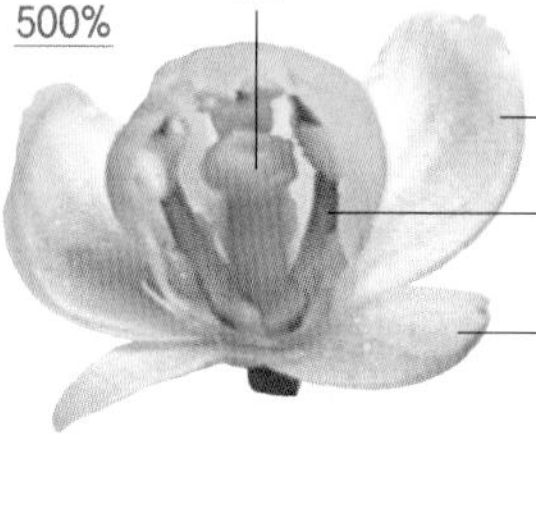

500%



**꽃의 단면** ▶
암술대는 굵고 크며, 암술머리는 원반 모양으로 부풀어 있다.

❶ 4~5월에 짧은 가지 끝에서 나온 산형꽃차례에 황록색의 양성화가 2~4개씩 아래를 향해 핀다.
❷ 꽃은 지름 약 6mm이고, 꽃잎, 꽃받침, 수술은 각각 6개이다(삼수성화). 꽃받침은 꽃잎과 거의 크기가 같고, 꽃잎의 아랫부분에는 2개의 황색 밀선이 있다.
❸ 암술대는 굵고 크며, 암술머리는 원반 모양으로 부풀어 있다. 수술은 6개다.

잎겨드랑이에서 나온 취산꽃차례에 연자색의 양성화가 모여 핀다

# 작살나무 *Callicarpa japonica* 【마편초과 작살나무속】



- 낙엽관목 • 수고 2~3m • 분포 전국의 산지
- 유래 마주보고 갈라지는 가지의 모양이 고기잡이용 작살과 비슷하기 때문에 붙여진 이름
- 꽃말 고급스러움, 총명

| 꽃의 성 | 꽃차례 | 수분법 | 개화기 | 기 타 |
| --- | --- | --- | --- | --- |
| 양성화 | 취산 | 충매화 | 6~8월 | 향기 |

마주나며, 긴 타원형이고 가장자리에 뾰족한 톱니가 있다. 잎끝이 길게 뾰족하다.



▲ **꽃차례**
잎겨드랑이에서 나온 취산꽃차례에서 연자색의 양성화가 모여 핀다.

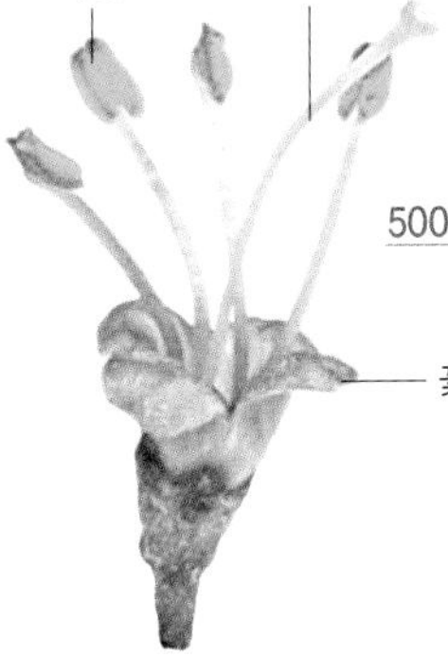

수술은 4개이고 암술은 1개이며, 모두 화관 밖으로 길게 나온다.

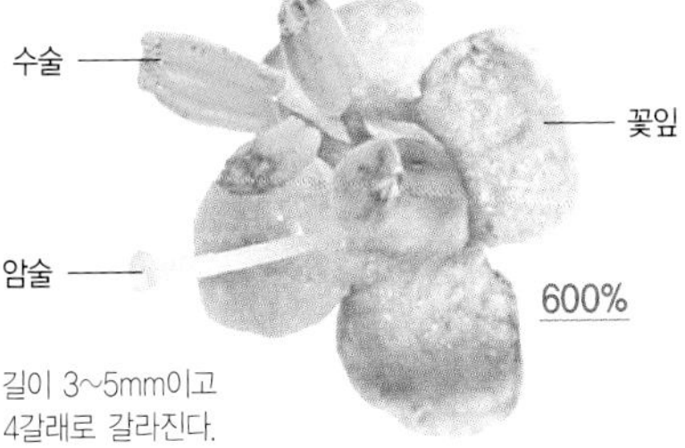

화관은 길이 3~5mm이고 윗부분에서 4갈래로 갈라진다.

❶ 6~8월에 잎겨드랑이에서 나온 취산꽃차례에서 연자색의 양성화가 모여 핀다.
❷ 화관은 길이 3~5mm이고 윗부분에서 4갈래로 갈라진다. 꽃받침은 길이 2mm 정도의 컵 모양이다.
❸ 수술은 4개이고 암술은 1개이며, 모두 화관 밖으로 길게 나온다.

5월 중순경부터 9월경까지 꽃을 볼 수 있으며, 꽃색이 다양하다

# 장미

*Rosa hybrida* 〔장미과 장미속〕

- 낙엽관목 • 수고 2~3m • 분포 전국적으로 조경수로 식재
- 유래 중국 이름 장미(薔薇)를 그대로 받아들여 사용한 것
- 꽃말 절정, 열렬한 사랑, 욕망, 기쁨(빨강 꽃)

| 꽃의 성 | 꽃차례 | 꽃모양 | 수분법 | 개화기 | 기 타 |
|---|---|---|---|---|---|
|  |  |  |  |  |  |
| 양성화 | 산방 | 장미형 | 충매화 | 5~9월 | 향기 |

어긋나며, 2~3쌍의 작은잎으로 이루어진 홀수깃꼴겹잎이다. 가장자리에 날카로운 톱니가 있고 잎축에 가시가 있다.

50%

일반적으로 5월 중순경부터 9월경까지 꽃을 볼 수 있으며, 개량을 가하여 육성한 원예종이 많다.

80%

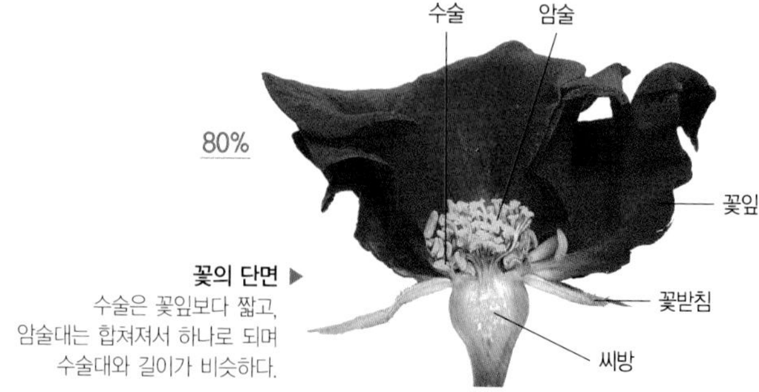


**꽃의 단면 ▶**
수술은 꽃잎보다 짧고, 암술대는 합쳐져서 하나로 되며 수술대와 길이가 비슷하다.

❶ 국내에서는 일반적으로 5월 중순경부터 9월경까지 꽃을 볼 수 있으며, 꽃색은 흰색, 붉은색, 노란색, 분홍색 등 다양하다. 개량을 가하여 육성한 원예종이 많다.

❷ 꽃잎은 보통 5개이지만, 홑꽃에서 겹꽃까지 변이가 다양하다. 꽃받침조각은 끝이 뾰족하고 안쪽과 가장자리에 털이 있다.

❸ 수술은 꽃잎보다 짧고, 암술대는 합쳐져서 하나로 되며 수술대와 길이가 비슷하다.

총상꽃차례에 홍자색의 나비형 양성화가 모여 핀다

# 조록싸리 *Lespedeza maximowiczii* 【콩과 싸리속】

- 낙엽관목 • 수고 2~3m • 분포 전국의 산지
- 유래 잎이 호리병 모양의 조롱을 닮았다 하여 '조롱싸리' 라고 하다가 조록싸리가 된 것
- 꽃말 생각이 나요

| 꽃의 성 | 꽃차례 | 꽃모양 | 수분법 | 개화기 | 기 타 |
|---|---|---|---|---|---|
|  | 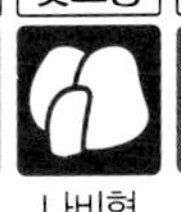 |  |  |  | |
| 양성화 | 총상 | 나비형 | 충매화 | 6~7월 | 밀원 |

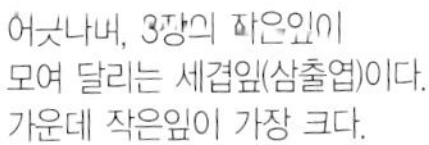

어긋나며, 3장의 작은잎이 모여 달리는 세겹잎(삼출엽)이다. 가운데 작은잎이 가장 크다.

200%

**꽃차례 ▶**
총상꽃차례에 15~20개의 홍자색 양성화가 모여 핀다.

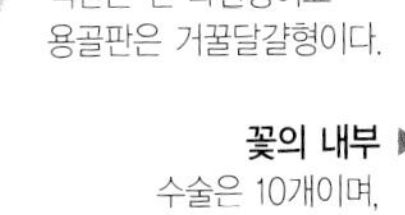

꽃은 나비 모양이며, 기판은 넓은 거꿀달걀형이고 익판은 긴 타원형이고 용골판은 거꿀달걀형이다.

**꽃의 내부 ▶**
수술은 10개이며, 씨방은 타원형이고 털이 있다. 암술대는 길이 7mm 정도이고 아랫부분에 털이 있다.

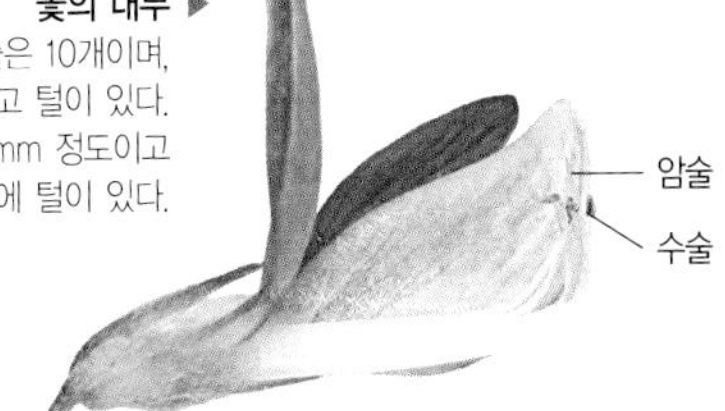


❶ 6~7월에 가지 끝이나 잎겨드랑이에서 나온 길이 3~12cm의 총상꽃차례에 15~20개의 홍자색 양성화가 모여 핀다.

❷ 꽃은 나비형이고 길이 8~10mm이다. 기판은 길이 9mm 정도의 넓은 거꿀달걀형이며, 익판은 길이 8.5mm 정도의 긴 타원형이고, 용골판은 길이 9.5mm 정도의 거꿀달걀형이다.

❸ 수술은 10개이며, 암술대는 길이 7mm 정도이고 아랫부분에 털이 있다. 씨방은 타원형이고 털이 있다.

꽃이 '좁쌀로 지은 밥을 닮았다' 하여 조팝나무라 부른다

# 조팝나무

*Spiraea prunifolia var. simpliciflora*

【장미과 조팝나무속】

• 낙엽관목 • 수고 1~2m • 분포 제주도를 제외한 전국의 야산, 강가, 산지, 길가
• 유래 꽃이 좁쌀로 지은 밥처럼 생겼다 하여 '조밥나무'라 하던 것이 강하게 발음되어 조팝나무가 된 것 • 꽃말 노련, 선언

| 꽃의 성 | 꽃차례 | 수분법 | 개화기 | 기 타 |
|---|---|---|---|---|
| 양성화 | 산형 | 충매화 | 4~5월 | 향기 |

어긋나며, 달걀형 또는 긴 타원형이고 가장자리에 잔 톱니가 있다. 잎의 질감이 얇고 부드럽다.



꽃잎은 거꿀달걀형이고 끝이 둥글다. 꽃받침조각은 삼각형이고 끝이 뾰족하다.

▲ **꽃차례**
전년지에서 나온 산형꽃차례에 백색의 양성화가 3~6개씩 모여 핀다.

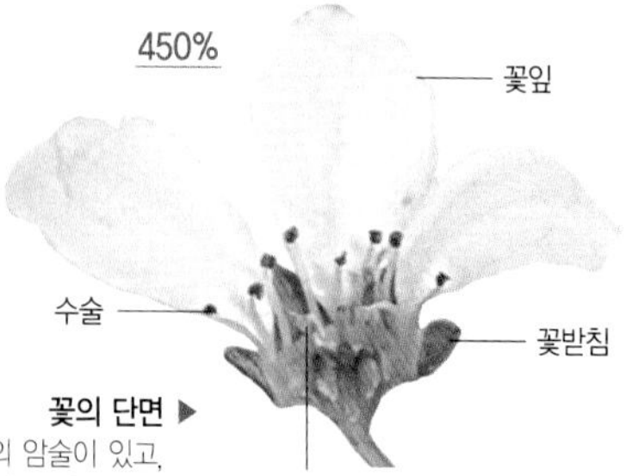

**꽃의 단면** ▶
가운데 4~5개의 암술이 있고, 그 주위에 20개 정도의 수술이 빙 돌려난다.

❶ 4~5월에 전년지에서 나온 산형꽃차례에 백색의 양성화가 3~6개씩 모여 핀다.
❷ 꽃은 지름 0.8~1.0cm이며, 꽃잎은 길이 3~4mm의 거꿀달걀형이고 끝이 둥글다. 꽃받침조각은 길이 1.5~2mm의 삼각형이고 끝이 뾰족하다.
❸ 수술은 20개 정도이고 꽃잎보다 짧으며, 암술은 4~5개씩이고 수술보다 짧다.

곧추선 꽃대가 족제비 꼬리를 닮아서 붙여진 이름이다

# 족제비싸리

*Amorpha fruticosa*
【콩과 족제비싸리속】

• 낙엽관목 • 수고 2~3m • 분포 전국의 숲가장자리, 길가, 하천 주변
• 유래 곧추선 꽃대가 족제비 꼬리를 닮았으며, 잎은 싸리와 비슷하게 생겨서 붙여진 이름
• 꽃말 상념, 사색

| 꽃의 성 | 꽃차례 | 수분법 | 개화기 | 기 타 |
|---|---|---|---|---|
|  |  |  | 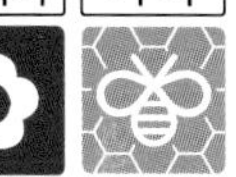 |  |
| 양성화 | 수상 | 충매화 | 5~6월 | 밀원 |

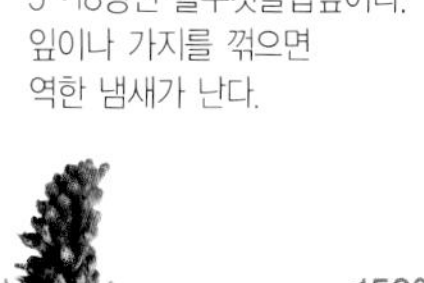

어긋나나며, 타원형의 작은잎이 5~18쌍인 홀수깃꼴겹잎이다. 잎이나 가지를 꺾으면 역한 냄새가 난다.

150%

수술대는 자색이고 꽃밥은 황색이다. 암술대는 자색이고, 털이 없다.

60%

**꽃차례** ▶
길이 6~20cm의 수상꽃차례에 흑자색의 양성화가 빽빽이 모여 핀다.

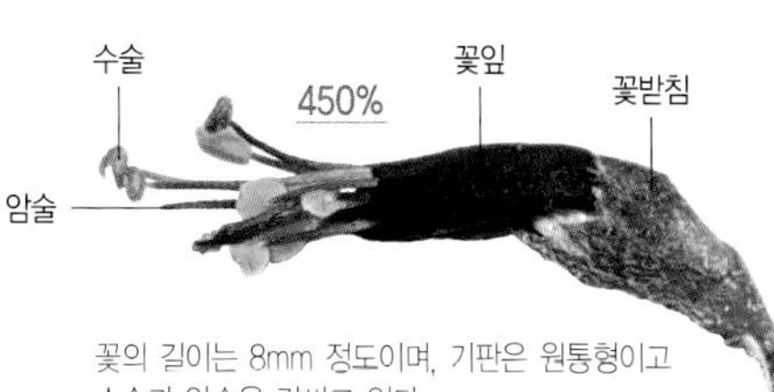


450%

꽃의 길이는 8mm 정도이며, 기판은 원통형이고 수술과 암술을 감싸고 있다.

❶ 5~6월에 길이 6~20cm의 수상꽃차례에 흑자색의 양성화가 빽빽이 모여 핀다.
❷ 꽃은 지름 8mm 정도이며, 꽃받침은 5갈래로 갈라진다. 꽃잎은 익판과 용골판은 퇴화되고 기판만 있으며, 기판은 원통형이고 수술과 암술을 감싸고 있다.
❸ 수술은 10개이며 수술대는 자색이고 꽃밥은 황색이다. 암술대는 5mm 정도이고 자색이며 털이 없다.

원추꽃차례에 입술형의 연자색 양성화가 모여 핀다

# 좀목형

*Vitex negundo* var. *heterophylla*
【마편초과 순비기나무속】

- 낙엽관목 • 수고 1~3m • 분포 경기, 경남, 경북, 충북의 숲가장자리, 바위지대
- 유래 꽃이 모형(牡荊)을 잘못 부른 이름인 목형이라는 나무에 비해 작다는 뜻에서 붙인 이름
- 꽃말 그리움

| 꽃의 성 | 꽃차례 | 꽃모양 | 수분법 | 개화기 | 기 타 | 기 타 |
|---|---|---|---|---|---|---|
| 양성화 | 원추 | 입술형 | 충매화 | 6~8월 | 향기 | 밀원 |

마주나며, 3~5장의 작은 잎으로 구성된 손꼴겹잎이다. 가장자리에 큰 톱니가 있다.

화관은 입술형이고 2갈래로 갈라진 다음, 윗조각은 2갈래로 아랫조각은 3갈래로 재차 갈라진다.

100%

250%

◀ **꽃차례**
가지 끝이나 위쪽의 잎겨드랑이에서 나온 원추꽃차례에 연자색의 양성화가 모여 핀다.

400%

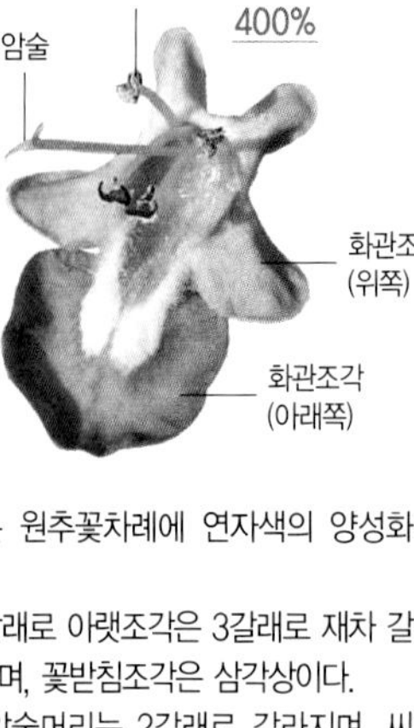

수술

암술

화관조각 (위쪽)

화관조각 (아래쪽)

수술은 4개인데 2개는 길고 화관 밖으로 나오며, 암술머리는 2갈래로 갈라진다.

❶ 6~8월에 가지 끝이나 위쪽의 잎겨드랑이에서 나온 원추꽃차례에 연자색의 양성화가 모여 핀다.

❷ 화관은 입술형이고 2갈래로 갈라진 다음, 윗조각은 2갈래로 아랫조각은 3갈래로 재차 갈라진다. 꽃받침은 종 모양이고 끝이 5갈래로 얕게 갈라지며, 꽃받침조각은 삼각상이다.

❸ 수술은 4개인데, 2개는 길고 화관 밖으로 나온다. 암술머리는 2갈래로 갈라지며, 씨방에는 털이 없다.

총상꽃차례에 양성화가 피며, 화관은 깔때기 모양이다

# 쥐똥나무

*Ligustrum obtusifolium*
〔물푸레나무과 쥐똥나무속〕

- 낙엽관목 • 수고 2~4m • 분포 전국의 낮은 산지
- 유래 가을에 익은 새까만 열매의 모양이 쥐똥같이 생겼다 하여 붙여진 이름
- 꽃말 강인한 마음, 수줍음

| 꽃의 성 | 꽃차례 | 꽃모양 | 수분법 | 개화기 | 기 타 | 기 타 |
|---|---|---|---|---|---|---|
| 양성화 | 총상 | 깔때기형 | 충매화 | 5~6월 | 향기 | 밀원 |

마주나며, 깃꼴겹잎처럼 보이지만 홑잎이다. 잎 가장자리에 톱니가 없다.

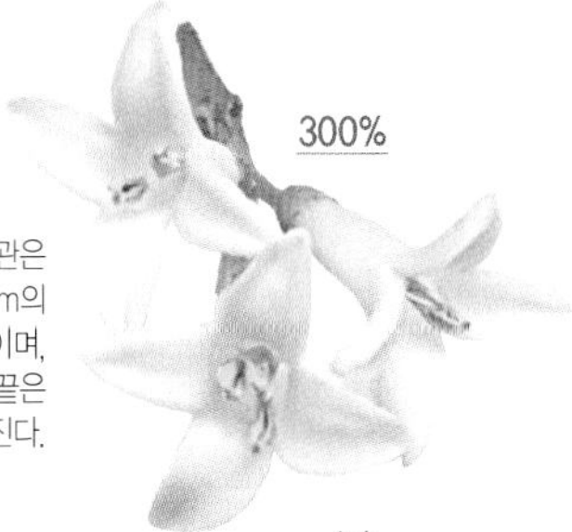

300%

화관은 길이 7~9mm의 깔때기형이며, 화관조각의 끝은 4갈래로 갈라진다.

150%

**꽃차례 ▶** 새 가지 끝에서 나온 총상꽃차례에 백색의 양성화가 모여 핀다.

500%

수술
화관
암술
꽃받침

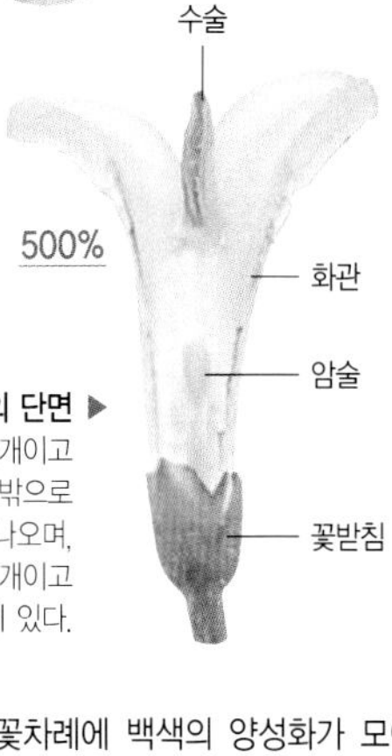

**꽃의 단면 ▶** 수술은 2개이고 화관 밖으로 약간 나오며, 암술은 1개이고 화관통부 속에 있다.

❶ 5~6월에 새 가지 끝에서 나온 길이 2~4cm의 총상꽃차례에 백색의 양성화가 모여 핀다.

❷ 화관은 길이 7~9mm의 깔때기형이다. 화관조각은 길이 약 3mm이고 끝은 4갈래로 갈라진다.

❸ 암술은 1개이고 짧으며 화관통부 속에 있고, 수술은 2개이고 화관 밖으로 약간 나온다.

홍자색의 양성화가 모여 피며, 화관은 넓은 깔때기 모양이다

# 진달래

*Rhododendron mucronulatum* 【진달래과 진달래속】

• 낙엽관목 • 수고 2~3m • 분포 전국의 산지
• 유래 달래나 산달래의 꽃보다 더 빛깔이 진하다고 하여 붙인 이름
• 꽃말 사랑의 기쁨, 정제, 첫사랑

| 꽃의 성 | 꽃모양 | 수분법 | 개화기 | 기 타 | 기 타 |
|---|---|---|---|---|---|
| 양성화 | 깔때기형 | 충매화 | 3~4월 | 향기 | 밀원 |

어긋나며, 긴 타원형이고 잎끝이 뾰족하다. 잎 뒷면에 흰색과 갈색의 비늘털이 많다.

100%

**꽃의 단면 ▶**
암술은 1개이고 수술은 10개이다. 암술대는 수술이나 꽃잎보다 길고 털이 없다.

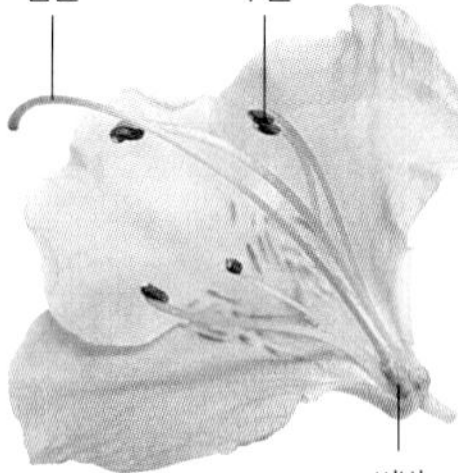

암술
수술
씨방

100%

잎이 나기 전에 가지 끝에서 1~5개의 홍자색 양성화가 모여 핀다.

100%

▲ **흰진달래**

❶ 3~4월에 잎이 나기 전에 가지 끝에서 1~5개의 홍자색 양성화가 모여 핀다.
❷ 화관은 지름 3~4cm의 넓은 깔때기형이며, 5갈래로 갈라진다.
❸ 수술은 10개이며, 꽃잎과 길이가 비슷하고 아랫부분에 털이 있다. 암술은 수술이나 꽃잎보다 길고 털이 없으며, 씨방에는 비늘털이 밀생한다.
❹ 흰진달래(*Rhododendron mucronulatum* f. *albiflorum*) : 진달래의 변이종으로 흰색 꽃이 피는 품종.

원추꽃차례에 향기가 강한 백색의 양성화가 모여 핀다

# 찔레꽃

*Rosa multiflora* 【장미과 장미속】



- 낙엽관목 • 수고 2~4m • 분포 전국의 산야
- 유래 가지에 난 작은 가시에 잘 찔린다 하여 붙여진 이름
- 꽃말 고독, 신중한 사랑, 가족에 대한 그리움

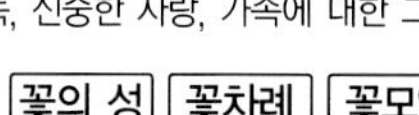

| 꽃의 성 | 꽃차례 | 꽃모양 | 수분법 | 개화기 | 기 타 | 기 타 |
|---|---|---|---|---|---|---|
| 양성화 | 원추 | 장미형 | 충매화 | 5~6월 | 향기 | 밀원 |

어긋나며, 5~9장의 작은잎을 가진 홀수깃꼴겹잎이다. 작은잎은 타원형이고 잎축에 가시가 있다.

꽃잎은 5개이고, 거꿀달걀형이며 끝이 오목하다. 꽃밥은 노란색에서 점차 갈색으로 변한다.

▲ **꽃차례**
가지 끝의 원추꽃차례에 향기가 강한 백색 또는 연분홍색의 양성화가 모여 핀다.

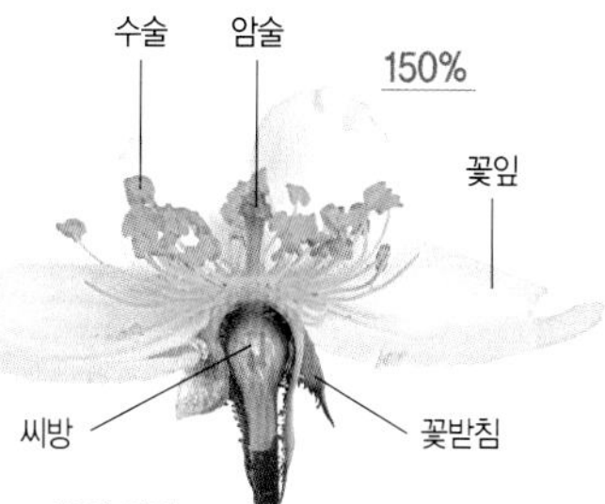


▲ **꽃의 단면**
암술은 털이 없으며, 암술대는 여러 개가 합착하여 기둥 모양이다.

❶ 5~6월에 가지 끝에서 나온 원추꽃차례에 향기가 강한 백색 또는 연분홍색의 양성화가 모여 핀다.

❷ 꽃은 지름 약 2cm이며, 꽃잎은 5개이고 거꿀달걀형이며 끝이 오목하다. 꽃받침, 작은 꽃자루, 꽃차례의 축에는 잔털과 샘털이 있다.

❸ 수술은 여러 개이고, 꽃밥은 황색에서 점차 갈색으로 변한다. 암술은 털이 없으며, 암술대는 여러 개가 합착하여 기둥 모양이다.

꽃은 넓은 깔때기 모양이며, 아랫부분에 적갈색의 반점이 있다

# 철쭉

*Rhododendron schlippenbachii* 【진달래과 진달래속】

• 낙엽관목 • 수고 2~5m • 분포 전국의 산지 • 유래 양척촉(羊躑躅)에서 유래된 이름으로, 이는 꽃에 독성이 있어서 양이 먹으면 죽기 때문에 보기만 해도 머뭇거린다는 뜻
• 꽃말 명예, 정열, 사랑의 기쁨, 사랑의 즐거움

| 꽃의 성 | 꽃차례 | 꽃모양 | 수분법 | 개화기 | 기 타 |
|---|---|---|---|---|---|
| 양성화 | 산형 | 깔때기형 | 충매화 | 4~6월 | 향기 |

어긋나며, 거꿀달걀형이고 가장자리는 밋밋하다. 보통 가지 끝에 5장씩 모여 난다.

60%

50%

꽃은 넓은 깔때기형이며, 꽃잎은 5갈래로 갈라진다. 꽃잎의 아랫부분에 적갈색의 반점이 있다.

▲ **꽃차례**
잎이 전개되는 시기에 새 가지 끝에서 나온 산형꽃차례에 3~7개의 연홍색 양성화가 핀다.

80%

암술
수술
씨방
꽃받침

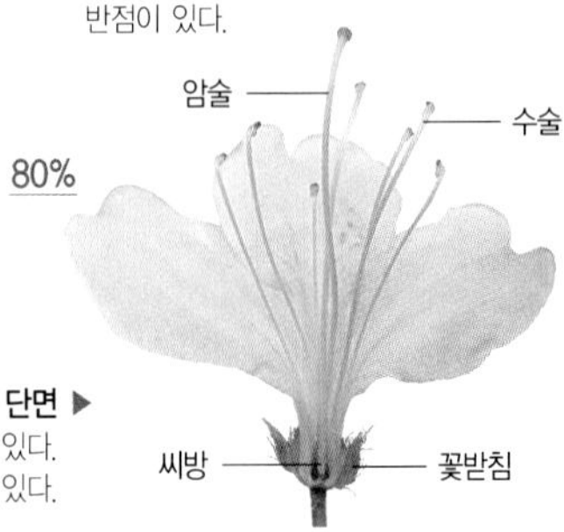

**꽃의 단면** ▶
암술은 수술보다 길고 아래쪽에 짧은 샘털이 있다. 수술은 10개이고 중간 이하에 털 같은 돌기가 있다.

❶ 4~6월 잎이 전개되는 시기에, 새 가지 끝에서 나온 산형꽃차례에 3~7개의 연홍색 양성화가 핀다.

❷ 꽃은 지름 5~6cm의 넓은 깔때기형이며, 꽃잎은 5갈래로 갈라지고 아랫부분에 적갈색의 반점이 있다. 꽃받침조각은 길이 1.5~7mm의 달걀형 또는 타원형이고 가장자리와 바깥면에 샘털이 있다.

❸ 암술은 1개이고 수술보다 길며, 아래쪽에 짧은 샘털이 있다. 씨방은 달걀형이고 샘털이 밀생한다. 수술은 10개인데, 그중에 5개는 길고 중간 이하에 털 같은 돌기가 있다.

꽃잎은 5개이고 거꿀달걀형이며, 꽃잎 사이가 넓게 떨어져 있다

# 탱자나무

*Citrus trifoliata* 【운향과 귤나무속】

• 낙엽관목 • 수고 1~5m • 분포 경기도 이남의 민가 주변에 산울타리로 식재

• 유래 중국에서 들여온 나무이기 때문에 당(唐)자와 탱자를 뜻하는 지(枳)자를 붙여 당지(唐枳)라고 하다가 탱자로 변한 것 • 꽃말 추상, 추억

| 꽃의 성 | 수분법 | 개화기 | 기 타 | 기 타 |
|---|---|---|---|---|
| 양성화 | 충매화 | 4~5월 | 향기 | 밀원 |

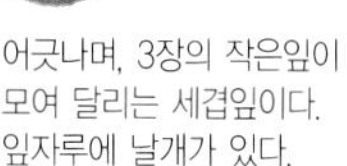

어긋나며, 3장의 작은잎이 모여 달리는 세겹잎이다. 잎자루에 날개가 있다.

▲ **꽃차례**
잎이 나기 전에 가지 끝과 잎겨드랑이에서 백색의 양성화가 1~2개씩 핀다.

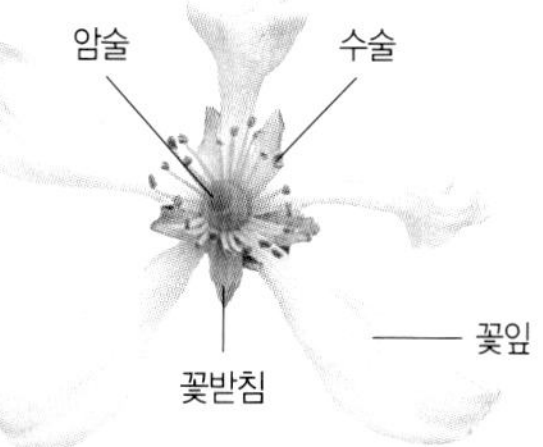


꽃잎은 5개이고 거꿀달걀형이며, 꽃잎 사이가 넓게 떨어져 있다.

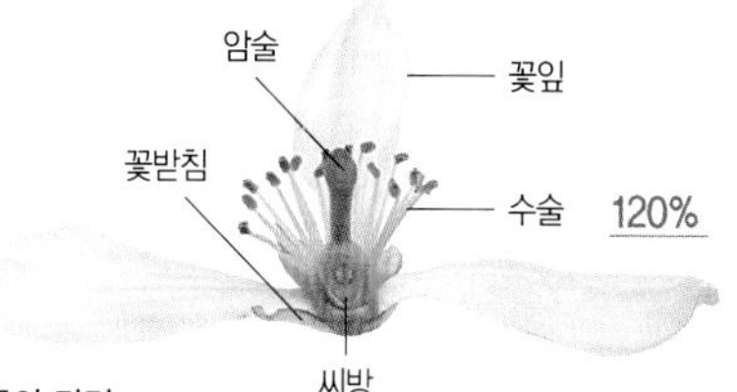


▲ **꽃의 단면**
20개 정도의 수술이 암술을 둘러싸고 있다. 암술머리는 둥글고 황색이며, 씨방은 항아리 모양이다.

❶ 4~5월 잎이 나기 전에, 가지 끝 또는 잎겨드랑이에 향기가 강한 백색의 양성화가 1~2개씩 핀다.

❷ 꽃은 지름 3.5~5cm이다. 꽃잎은 5개이고 길이 1.5~3cm의 거꿀달걀형이며, 꽃잎 사이가 넓게 떨어져 있다. 꽃받침조각은 5개이며, 길이 5~6mm이고 연녹색이다.

❸ 암술은 1개이고 20개 정도의 수술이 둘러싸고 있다. 암술머리는 둥글고 황색이며, 밑부분의 씨방은 항아리 모양이고 털이 밀생한다.

산형꽃차례에 홍자색의 양성화가 3~7개씩 모여 핀다

# 팥꽃나무

*Daphne genkwa*【팥꽃나무과 팥꽃나무속】

• 낙엽관목 • 수고 1m • 분포 전남, 전북의 산지 및 들
• 유래 꽃색이 팥알 색깔과 비슷하고, 팥을 심는 시기에 꽃이 피기 때문에 붙여진 이름
• 꽃말 꿈속의 사랑, 달콤한 사랑

| 꽃의 성 | 꽃차례 | 꽃모양 | 수분법 | 개화기 |
|---|---|---|---|---|
| 양성화 | 산형 | 통형 | 충매화 | 3~4월 |

마주나며, 잎몸은 날씬한 피침형이고 가장자리는 밋밋하다. 뒷면에 연녹색의 부드러운 털이 많다.

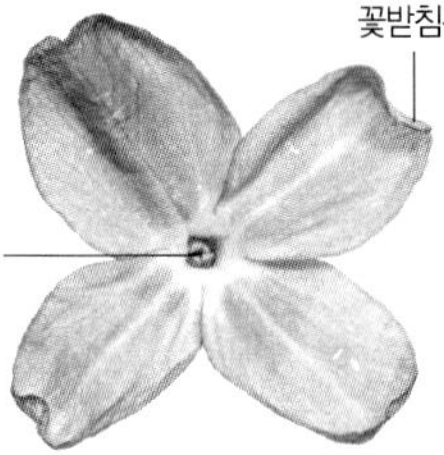

꽃받침통
수술
150%

꽃받침통은 가는 깔때기꼴 원통형이며, 겉에 털이 있고 끝이 4갈래로 갈라진다.

150%

▲ 꽃차례
잎이 나오기 전에, 전년지 끝에서 나온 산형꽃차례에 홍자색의 양성화가 3~7개씩 모여 핀다.

꽃받침통
200%
수술
암술
씨방

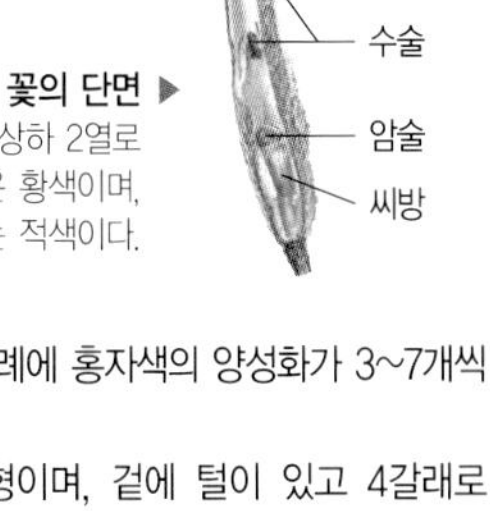

꽃의 단면 ▶
수술은 4개씩 상하 2열로 배열되고 꽃밥은 황색이며, 암술머리는 적색이다.

❶ 3~4월 잎이 나오기 전에, 전년지 끝에서 나온 산형꽃차례에 홍자색의 양성화가 3~7개씩 모여 핀다.
❷ 꽃받침통은 길이 6~11mm이고 가는 깔때기꼴 원통형이며, 겉에 털이 있고 4갈래로 갈라진다. 꽃받침조각은 4개이고 길이 5~6mm의 긴 타원형이며 끝은 원형이다.
❸ 수술은 4개씩 상하 2열로 배열되는데, 4개는 꽃받침통 중앙에 4개는 꽃받침통 입구에 달린다. 꽃밥은 황색이고 암술머리는 적색이며, 씨방은 거꿀달걀형이고 털이 밀생한다.

꽃이 많이 피면 그 해에는 풍년이 든다 하여 붙여진 이름

# 풍년화

*Hamamelis japonica* 【조록나무과 풍년화속】



- 낙엽관목 • 수고 2~5m • 분포 중부 이남에 공원수, 조경수로 식재
- 유래 여느 해보다 꽃이 일찍 피거나 많이 피면, 그 해에는 풍년이 든다 하여 붙여진 이름
- 꽃말 저주, 악령

어긋나며, 약간 찌그러진 마름모꼴이다. 잎 모양은 변화가 많으며 좌우가 비대칭형이다.

| 꽃의 성 | 수분법 | 개화기 |
|---|---|---|
|  |  |  |
| 양성화 | 충매화 | 3~4월 |

100%

**꽃차례 ▶** 잎이 나기 전에 전년지의 잎겨드랑이에 양성화가 모여 핀다. 종이를 길게 오려 놓은 것 같은 꽃잎이 특이하다.

120%

꽃잎은 4개이고 선형이다. 꽃받침조각도 4개이며, 달걀형이고 암자색이다.

250%

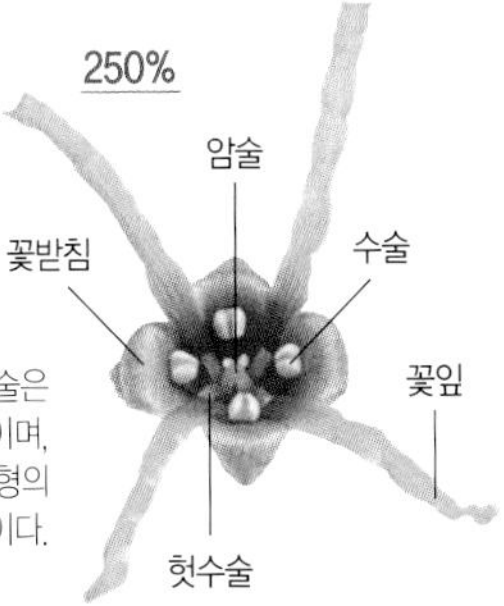

암술
꽃받침
수술
꽃잎
헛수술

수술과 헛수술은 각각 4개이며, 헛수술은 선형의 비늘조각 모양이다.

❶ 3~4월 잎이 나기 전에, 전년지의 잎겨드랑이에 황색의 양성화가 1개 또는 여러 개씩 모여 핀다.

❷ 꽃잎은 4개이고 길이 2cm 정도의 선형이다. 꽃받침조각은 4개이고 달걀형이며, 암자색이고 겉에 긴 털이 밀생한다.

❸ 완전한 수술과 헛수술이 각각 4개이고 헛수술은 선형의 비늘조각 모양이다. 암술대는 2갈래로 갈라진다.

가지 끝에 향기가 있는 홍자색의 양성화가 1~3개씩 핀다

# 해당화

*Rosa rugosa* 〔장미과 장미속〕

- 낙엽관목 • 수고 1~2m • 분포 서해와 동해의 해안가
- 유래 바닷가(海)에서 자라는 아가위나무(棠)라는 뜻에서 붙여진 이름
- 꽃말 온화, 원망, 미인의 잠결

어긋나며, 2~4쌍의 작은잎을 가진 홀수깃꼴겹잎이다. 잎이 두껍고 주름이 많다.

가지 끝에 향기가 있는 홍색 또는 홍자색의 양성화가 1~3개씩 핀다.

▲ **꽃의 단면**

꽃잎은 5개이고 아원형이며, 꽃받침조각은 피침형이고 끝이 길게 뾰족하다.
암술은 여러 개의 수술에 둘러싸여 있다.

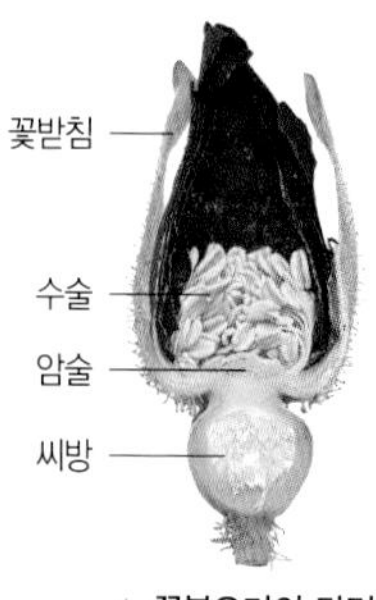


▲ **꽃봉오리의 단면**

❶ 5~7월에 가지 끝에 향기가 있는 홍색 또는 홍자색의 양성화가 1~3개씩 핀다.

❷ 꽃은 지름 5~8cm이며, 꽃잎은 5개이고 아원형이며 끝이 둥글거나 오목하다. 꽃받침조각은 길이 3~4cm의 피침형이고 끝이 길게 뾰족하다. 꽃자루는 길이가 1~3cm이고 작은 가시와 샘털이 밀생한다.

❸ 암술은 다수이고 암술머리만 보이며, 여러 개의 수술에 둘러싸여 있다. 수술은 꽃잎보다 짧지만 암술보다는 훨씬 길다.

취산꽃차례에 황록색 양성화가 피며, 사수성화이다

# 화살나무 *Euonymus alatus* 【노박덩굴과 화살나무속】

- 낙엽관목 • 수고 1~4m • 분포 전국의 산지 숲속
- 유래 줄기에 살깃(화살의 뒤 끝에 붙인 새의 깃) 모양의 날개가 달려 있어서 붙여진 이름
- 꽃말 냉정, 위험한 장난

| 꽃의 성 | 꽃차례 | 수분법 | 개화기 |
|---|---|---|---|
|  |  |  |  |
| 양성화 | 취산 | 충매화 | 5~6월 |

마주나며,
긴 타원형이고
날카로운 잔 톱니가 있다.
가을의 붉은 단풍이 아름답다.

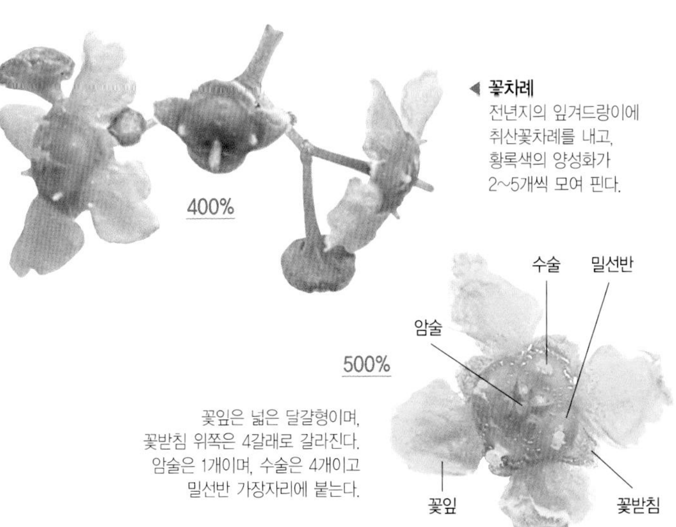


◀ **꽃차례**
전년지의 잎겨드랑이에
취산꽃차례를 내고,
황록색의 양성화가
2~5개씩 모여 핀다.

꽃잎은 넓은 달걀형이며,
꽃받침 위쪽은 4갈래로 갈라진다.
암술은 1개이며, 수술은 4개이고
밀선반 가장자리에 붙는다.

❶ 5~6월에 전년지의 잎겨드랑이에서 나온 취산꽃차례에 황록색의 양성화가 2~5개씩 모여 핀다.

❷ 꽃은 지름 6~8mm이고, 꽃잎은 넓은 달걀형이다. 꽃받침의 위쪽은 4갈래로 갈라지며, 꽃자루는 길이 3~6mm이다. 꽃잎, 꽃받침조각, 수술은 각각 4개이다(사수성화).

❸ 암술은 1개이며, 수술은 4개이고 밀선반의 가장자리에 붙는다.

4~5월에 황색 꽃이 피며, 홑꽃은 황매화 겹꽃은 죽단화

# 황매화

*Kerria japonica* 〔장미과 황매화속〕

- 낙엽관목 • 수고 1~2m • 분포 중부 이남의 공원 및 정원에 식재
- 유래 꽃 모양이 매화와 비슷하고 황색 꽃을 피우기 때문에 붙여진 이름
- 꽃말 고귀, 기다려주오, 숭고

| 꽃의 성 | 꽃모양 | 수분법 | 개화기 |
|---|---|---|---|
| 양성화 | 장미형 | 충매화 | 4~5월 |

어긋나며, 피침형 또는 긴 타원형이다. 가장자리에 날카로운 겹톱니가 있다.

70%

▲ **꽃차례**
새 가지 끝에 황색의 양성화가 1개씩 핀다. 꽃잎은 5장이고 거꿀달걀형이며, 끝이 둥글고 조금 오목하다.

100%

암술

수술

◀ **꽃의 단면**
암술대는 5~8개이며, 수술은 많고 꽃잎 길이의 절반 정도다.

80%

▲ 죽단화

❶ 4~5월에 새 가지 끝에 황색의 양성화가 1개씩 핀다.
❷ 꽃은 지름 3~5cm이며, 꽃잎은 5장이고 거꿀달걀형이며 끝이 둥글고 조금 오목하다. 꽃받침조각은 길이 4mm 정도의 타원형이며, 열매가 익을 때까지 남아있다.
❸ 암술대는 5~8개이며, 수술은 많고 꽃잎 길이의 절반 정도다.
❹ 죽단화(*Kerria japonica* f. *pleniflora*) : 황매화의 변종으로 겹꽃이 핀다.

가지 끝의 산방상취산꽃차례에 백색 양성화가 빽빽이 모여 핀다

# 흰말채나무 *Cornus alba* 【층층나무과 층층나무속】

- 낙엽관목 • 수고 2~3m • 분포 전국의 공원 및 정원에 식재
- 유래 말채나무와 비슷한데, 열매가 흰색으로 익기 때문에 붙여진 이름
- 꽃말 당신을 보호해드리겠습니다

| 꽃의 성 | 꽃차례 | 수분법 | 개화기 |
|---|---|---|---|
|  |  |  |  |
| 양성화 | 취산 | 충매화 | 5~6월 |

마주나며, 넓은 타원형이고 가장자리는 밋밋하다.
측맥이 잎끝을 향해 둥글게 뻗어 있다.

120%

◀ **꽃차례**
가지 끝에서 나온 산방상취산꽃차례에 백색 또는 연한 황백색의 양성화가 모여 핀다.

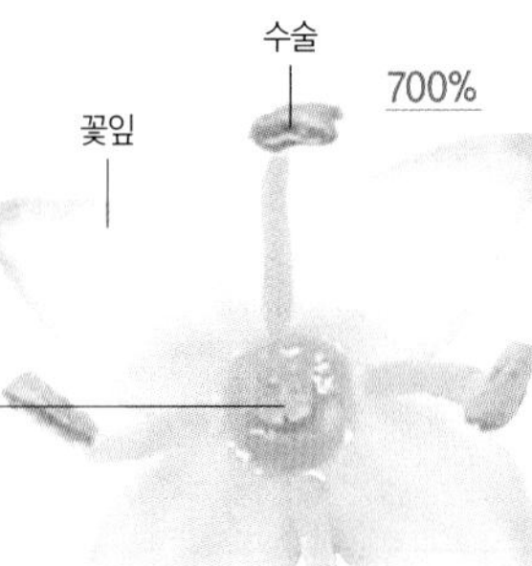


꽃잎은 4개이고 넓은 피침형이며, 꽃받침조각은 뾰족한 삼각형이다. 수술은 4개이며, 암술대는 원통형이고 암술머리는 원반 모양이다.

❶ 5~6월에 가지 끝에서 나온 지름 4~5cm정도의 산방상취산꽃차례에 백색 또는 연한 황백색의 양성화가 모여 핀다.

❷ 꽃은 지름 6~8mm 정도이며, 꽃잎은 4개이고 넓은 피침형이다. 꽃받침조각은 뾰족한 삼각형이며, 꽃턱보다 짧다.

❸ 수술은 4개이고 꽃잎과 길이가 비슷하며, 꽃밥은 황색이다. 암술대는 길이 2~2.5mm 정도의 원통형이고, 암술머리는 원반 모양이다.

총상꽃차례에 밝은 황색의 양성화가 늘어져 달린다

# 히어리

*Corylopsis glabrescens var. gotoana*
【조록나무과 히어리속】

• 낙엽관목 • 수고 2~4m • 분포 강원도, 경기도, 전남, 경남의 산지
• 유래 지리산 부근 순천지방에서 시오리(十五里)마다 이 나무가 있다 하여, '시오리나무'라 부르다가 시어리를 거쳐 히어리가 된 것 • 꽃말 봄의 추억

어긋나며, 달걀형이고 잔물결 모양의 톱니가 있다. 질감이 부드럽고 잎맥이 가지런하다.

| 꽃의 성 | 꽃차례 | 수분법 | 개화기 |
|---|---|---|---|
| 양성화 | 총상 | 충매화 | 3~4월 |

암술대는 2개이며, 수술은 5개이고 꽃밥은 암적색이다. 수술은 5개이고 꽃잎과 길이가 거의 비슷하다.

암술

수술

150%

130%

◀ **꽃차례**
잎이 나기 전에 전년지의 잎겨드랑이에서 나온 총상꽃차례에 밝은 황색의 양성화가 5~12개씩 늘어져 달린다.

❶ 3~4월에 잎이 나기 전에 전년지의 잎겨드랑이에서 나온 3~4cm의 총상꽃차례에 밝은 황색의 양성화가 5~12개씩 늘어져 달린다.

❷ 꽃은 길이 약 1cm이며, 꽃잎은 5개이고 거꿀달걀형이다. 꽃받침은 5개로 갈라지고 털이 없다. 밑 부분에 달린 포는 막질의 긴 달걀형이고, 양면에 털이 있다.

❸ 암술대는 2개이며, 꽃잎보다 약간 길고 꽃밥은 암적색이다. 수술은 5개이고 꽃잎과 길이가 거의 비슷하다.

암꽃은 달걀형이며, 수꽃은 미상꽃차례로 핀다

# 개암나무

*Corylus heterophylla*
〖자작나무과 개암나무속〗

- 낙엽관목 • 수고 3~4m • 분포 전북, 경북 이북의 산지 숲가장자리
- 유래 열매의 맛과 모양이 밤과 비슷해서 '개밤'이라 부르다 개암으로 변한 것
- 꽃말 화해, 잘 어울리는 한 쌍

| 꽃의 성 | 꽃차례 | 수분법 | 개화기 | 기 타 |
|---|---|---|---|---|
|  |  |  |  | 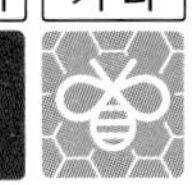  |
| 암수한 | 미상(↕) | 풍매화 | 3~4월 | 밀원 |

어긋나며, 가장자리에 불규칙한 치아 모양의 겹톱니가 있다. 어린잎에는 적자색 반점이 나타나지만 점차 사라진다.

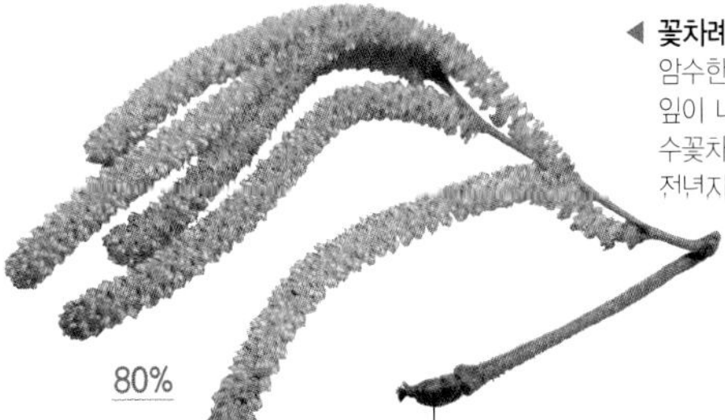

◀ **꽃차례**
암수한그루이며, 꽃은 3~4월 잎이 나기 전에 핀다. 수꽃차례는 길이 3~7cm이고 전년지 끝에서 아래로 드리워 핀다.

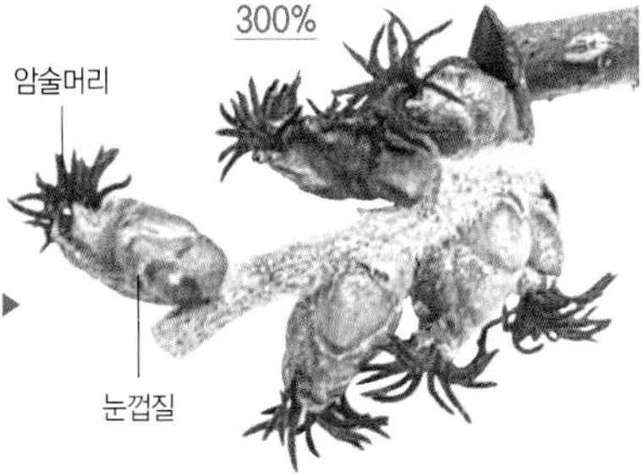

80%

암꽃

수꽃차례

300%

암술머리

**암꽃차례** ▶
암꽃은 달걀형이고 2~6개씩 모여 피며, 10여 개의 붉은색 암술머리가 겨울눈껍질 밖으로 나온다.

눈껍질

❶ 암수한그루이며, 3~4월 잎이 나기 전에 꽃이 핀다.
❷ 암꽃은 달걀형이고 2~6개씩 모여 핀다. 겨울눈에 싸인 채로 개화하기 때문에, 10여 개의 붉은색 암술머리가 겨울눈껍질 밖으로 나온다.
❸ 수꽃차례는 길이 3~7cm의 미상꽃차례이며, 전년지 끝에서 아래로 드리운다. 수꽃은 포의 안쪽에 1개씩 달리고 수술은 8개이다.

암수딴그루이지만, 암나무 밖에 없고 수나무 없이 결실한다

# 감태나무

*Lindera glauca* 【녹나무과 생강나무속】

• 낙엽관목 • 수고 5~8m • 분포 주로 중부 이남의 산지에 분포
• 유래 줄기가 검은 때가 낀 것처럼 거무스름하기 때문에 붙인 이름
• 꽃말 매혹, 사랑의 고백, 수줍음

어긋나며, 타원형 또는 긴 타원형이다. 가죽질이고 다소 두꺼우며, 가장자리는 밋밋한 물결 모양이다.

| 꽃의 성 | 꽃차례 | 수분법 | 개화기 |
|---|---|---|---|
| 암수딴 | 산형 | 충매화 | 4~5월 |

**암꽃차례** ▶ 암수딴그루이지만, 암나무 밖에 없고 수나무 없이 결실한다.

400%

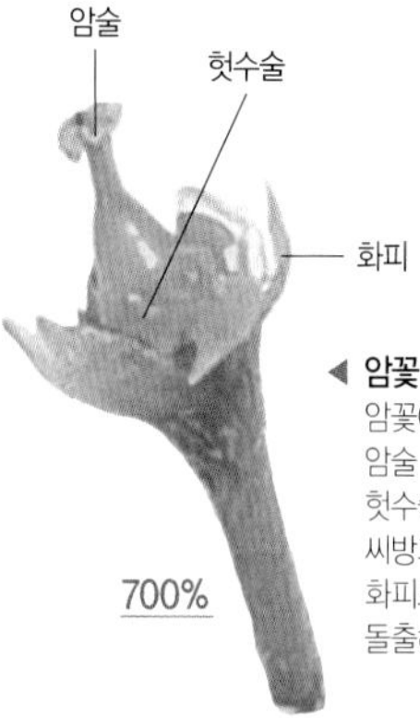

◀ **암꽃** 암꽃에는 암술 1개와 헛수술 9개가 있다. 씨방과 암술대는 화피보다 돌출해있다.

700%

4~5월에 잎이 나면서 잎겨드랑이에 연한 황록색의 꽃이 산형꽃차례로 핀다.

400%

❶ 4~5월에 잎이 나오면서 잎겨드랑이에서 연한 황록색의 꽃이 몇 개씩 산형꽃차례로 핀다. 암수딴그루이지만 암나무밖에 없고 수나무 없이 결실한다.

❷ 암꽃에는 헛수술 9개가 있고, 씨방과 암술대는 화피보다 돌출해있다. 암술머리는 원반 모양이고, 씨방에는 털이 없다.

❸ 화피는 6갈래로 갈라진다. 암술 1개와 헛수술 9개(바깥 줄에 6개, 안쪽 줄에 3개)가 있다. 화경은 길이 5㎜ 정도이고 털이 있다.

꽃차례가 강아지의 꼬리를 닮아 버들강아지라고도 부른다

# 갯버들

*Salix gracilistyla* 【버드나무과 버드나무속】

- 낙엽관목 • 수고 1~3m • 분포 제주도를 제외한 전국의 하천 및 습지
- 유래 버드나무속 나무인데, 개울가에서 잘 자라기 때문에 붙인 이름
- 꽃말 친절, 자유, 포근한 사랑

| 꽃의 성 | 꽃차례 | 수분법 | 개화기 | 기 타 |
|---|---|---|---|---|
| 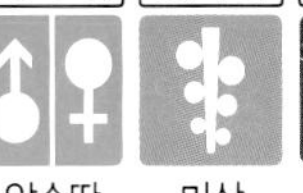 | |  |  |  |
| 암수딴 | 미상 | 풍매화 | 3~4월 | 밀원 |

어긋나며, 긴 타원형이고 가장자리에 잔 톱니가 있다.

◀ **암꽃차례**
긴 타원형이며, 암꽃이 꽃차례에 빙 돌아가며 달린다.

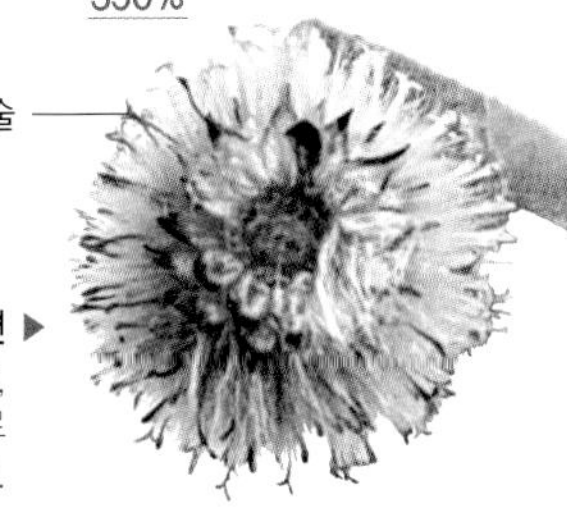


**암꽃차례의 횡단면** ▶
암술대는 가늘고 길며, 암술머리는 2갈래로 갈라진다.

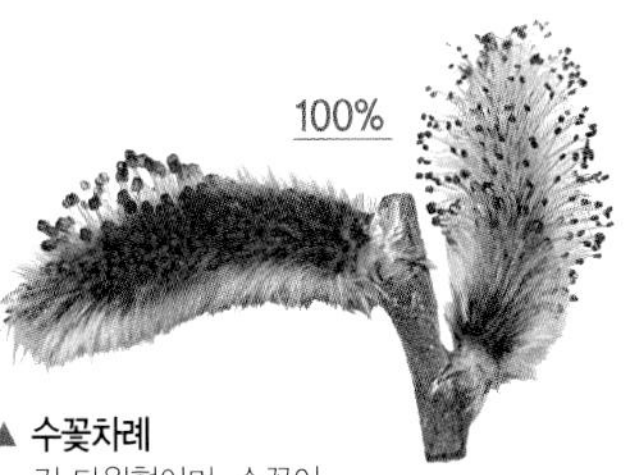


▲ **수꽃차례**
긴 타원형이며, 수꽃이 꽃차례에 빙 돌아가며 달린다.

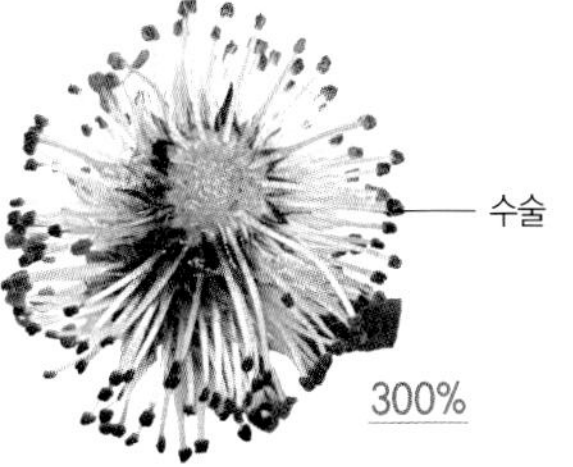


▲ **수꽃차례의 횡단면**
수술은 2개이지만 합착하여 1개처럼 보인다.

❶ 암수딴그루이며, 3~4월에 잎보다 먼저 꽃이 핀다. 꽃차례는 긴 타원형이며 꽃자루가 없다.

❷ 암꽃차례는 길이 2~5cm이고 암술대는 가늘고 길며, 암술머리는 2갈래로 갈라진다. 암꽃과 수꽃 모두 위쪽이 검은 피침형의 포와 황록색의 선체가 1개씩 있다.

❸ 수꽃차례는 길이 3~3.5cm이며, 수술은 2개이지만 합착하여 1개처럼 보인다. 꽃밥은 처음에는 홍색이지만 꽃가루를 방출한 후에는 검은색으로 변한다.

암수딴그루이며, 전년지의 잎겨드랑이에 황록색의 작은 꽃이 모여 핀다

# 까마귀밥나무

*Ribes fasciculatum* var. *chinense*
【까치밥나무과 까치밥나무속】

• 낙엽관목 • 수고 1~1.5m • 분포 중부 이남의 낮은 산지
• 유래 열매는 쓴맛이 나며 특별히 독성은 없지만 먹을 수는 없다. 그래서 까마귀나 먹으라는 뜻으로 붙인 이름 • 꽃말 예상

어긋나며, 넓은달걀형 또는 아원형이고 3~5갈래로 얕게 갈라진다.

| 꽃의 성 | 꽃차례 | 수분법 | 개화기 |
|---|---|---|---|
| 암수딴 | 산형(↕) | 충매화 | 4~5월 |

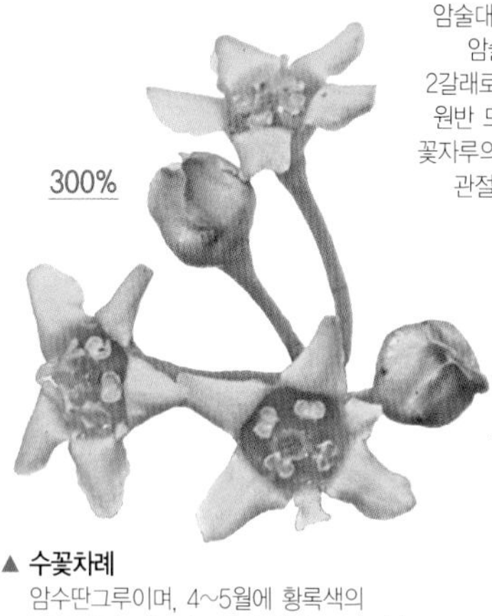

300%

▲ **수꽃차례**
암수딴그루이며, 4~5월에 황록색의 작은 꽃이 1개 또는 여러 개씩 모여 핀다.

**암꽃** ▶
암술대는 짧고, 암술머리는 2갈래로 갈라진 원반 모양이다. 꽃자루의 위쪽에 관절이 있다.



200%

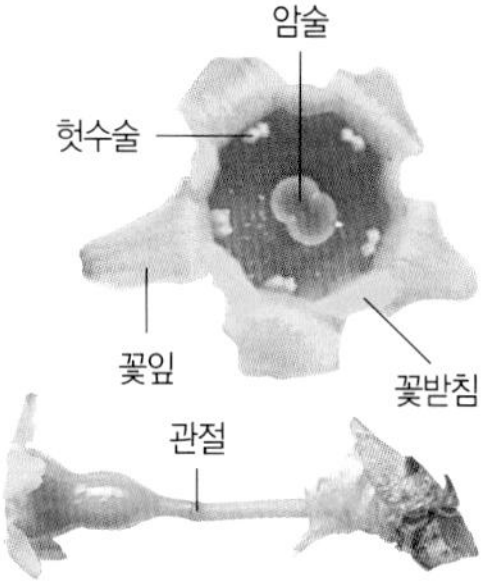

**수꽃** ▶
5개의 수술과 헛암술이 있다. 꽃자루의 아래쪽에 관절이 있다.



200%

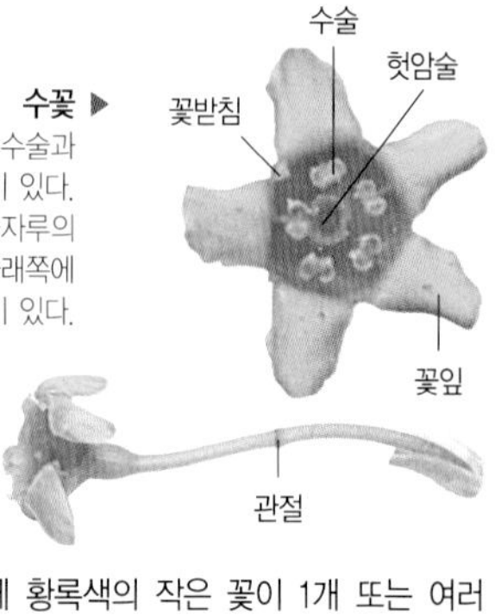

❶ 암수딴그루이며, 4~5월에 전년지의 잎겨드랑이에 황록색의 작은 꽃이 1개 또는 여러 개씩 모여 핀다.

❷ 암술대는 수술과 길이가 비슷하거나 짧으며, 암술머리는 2갈래로 갈라진 원반 모양이다. 꽃잎은 작아서 잘 보이지 않고, 뒤로 젖혀진 꽃받침이 꽃잎처럼 보인다. 꽃자루의 위쪽에 관절이 있다.

❸ 수꽃은 암꽃보다 꽃자루가 길고, 퇴화된 암술(헛암술)과 5개의 수술이 있다. 꽃자루의 아래쪽에 관절이 있다.

암수딴그루이며, 잎겨드랑이에 연자색 꽃이 모여 핀다

# 낙상홍

*Ilex serrata*【감탕나무과 감탕나무속】

- 낙엽관목 • 수고 2~3m • 분포 전국에 조경수 및 정원수로 식재
- 유래 서리(霜)가 내려도(落) 붉은(紅) 열매가 떨어지지 않고 붙어있다고 하여 붙인 이름
- 꽃말 명랑

어긋나며, 달걀꼴 타원형이고 가장자리에 날카로운 톱니가 있다. 잎면의 감촉이 까슬까슬하다.

| 꽃의 성 | 꽃차례 | 수분법 | 개화기 | 기 타 |
|---|---|---|---|---|
|  |  |  |  |  |
| 암수딴 | 취산 | 충매화 | 5~6월 | 밀원 |

▲ **암꽃차례**
새로 나온 잎겨드랑이에서 연자색 꽃이 모여 핀다. 꽃자루가 짧아서 속생한 것처럼 보인다.

**암꽃** ▶
암술머리는 두툰한 원반 무양이며, 헛수술이 4~5개 있다.

500% 헛수술 암술 꽃잎

**수꽃** ▶
수술은 4~5개이고 퇴화된 암술(헛암술)이 있다.

300%

◀ **미국낙상홍**

❶ 암수딴그루이며, 5~6월에 새로 나온 잎겨드랑이에서 지름 3~4mm의 연자색 꽃이 모여 핀다. 꽃잎은 4~5개이고 타원형이다.

❷ 암꽃은 2~4개씩 모여 피며, 헛수술이 4~5개이다. 씨방은 지름 1.5mm 정도의 달걀형이고, 암술머리는 두툼한 원반 모양이다.

❸ 수꽃은 5~20개씩 모여 피는데, 수술은 4~5개이고 퇴화된 암술(헛암술)이 있다.

❹ 미국낙상홍(*Ilex verticillata*) : 꽃잎이 흰색이며 수술이 5~8개이다.

꽃차례가 꽃주머니 속에 숨어 있는 은두꽃차례이다

# 무화과나무

*Ficus carica* 【뽕나무과 무화과나무속】

• 낙엽관목 • 수고 2~5m • 분포 전남, 경남 이남에서 재배 • 유래 꽃이 주머니 모양의 꽃차례 속에 있어서 보이지 않기 때문에 '꽃(花)이 피지 않고(無) 열매(果)가 열리는 나무'라는 뜻으로 붙여진 이름 • 꽃말 다산, 열심, 풍요한 결실

어긋나며, 3~5갈래로 갈라진 포크 모양의 갈래잎이다. 가장자리에 물결 모양의 큰 톱니가 있다.

| 꽃의 성 | 꽃차례 | 수분법 | 개화기 |
| --- | --- | --- | --- |
| 암수딴 | 은두 | 충매화 | 6~7월 |

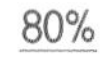

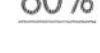



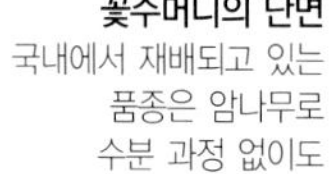

**꽃주머니의 단면 ▶**
국내에서 재배되고 있는 품종은 암나무로 수분 과정 없이도 열매주머니가 성숙한다.

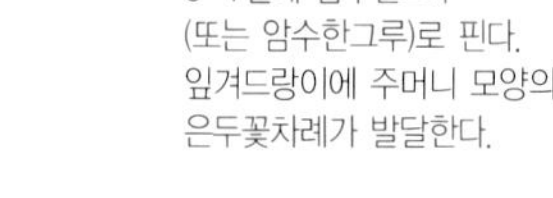

**▲ 개화기의 암꽃주머니**
6~7월에 암수딴그루(또는 암수한그루)로 핀다. 잎겨드랑이에 주머니 모양의 은두꽃차례가 발달한다.

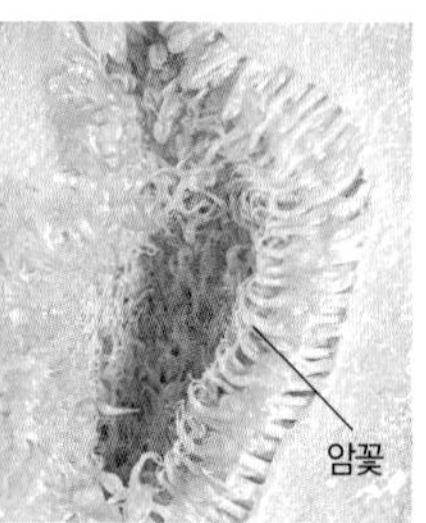



**◀ 꽃의 세부**
무화과의 꽃주머니 속에 여러 개의 작은 꽃들이 밀집해서 붙는다.

❶ 암수딴그루(또는 암수한그루)이며, 6~7월에 잎겨드랑이에서 주머니 모양의 은두꽃차례가 발달한다.

❷ 국내에서 재배되고 있는 것은 암나무로 꽃가루에 의한 수분 과정 없이도 열매주머니가 성숙하는 품종이다.

❸ 꽃주머니는 잎겨드랑이에 하나씩 달리고, 그 속에 여러 개의 작은 꽃들이 밀집해서 붙는다.

암수딴그루이며, 산방꽃차례에 황록색의 작은 꽃이 모여 핀다

# 산초나무

*Zanthoxylum schinifolium*
【운향과 초피나무속】



• 낙엽관목 • 수고 1~3m • 분포 전국의 낮은 산지에서 흔하게 자람
• 유래 산(山)에서 자라고, 향기롭고 매운 맛(椒)이 나는 나무라는 뜻에서 붙인 이름
• 꽃말 온화, 희생

| 꽃의 성 | 꽃차례 | 수분법 | 개화기 | 기 타 |
|---|---|---|---|---|
| 암수딴 | 산방 | 충매화 | 7~8월 | 밀원 |

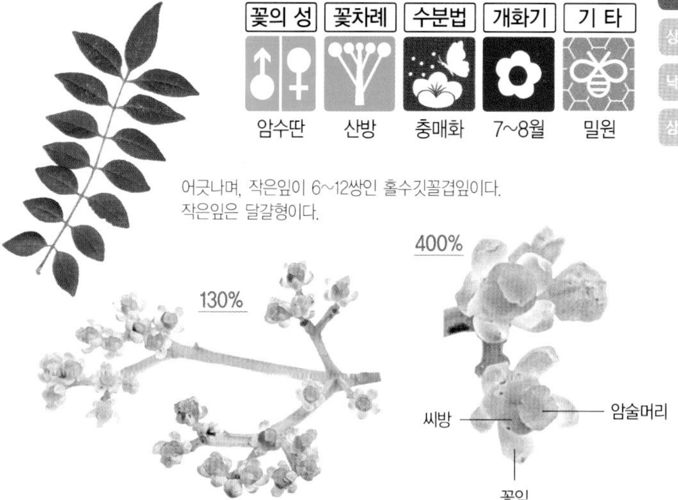


어긋나며, 작은잎이 6~12쌍인 홀수깃꼴겹잎이다. 작은잎은 달걀형이다.

▲ **암꽃차례**
암꽃은 꽃잎이 5개이며, 암술은 3~4개의 심피로 갈라지고 암술머리는 원반 모양이다.

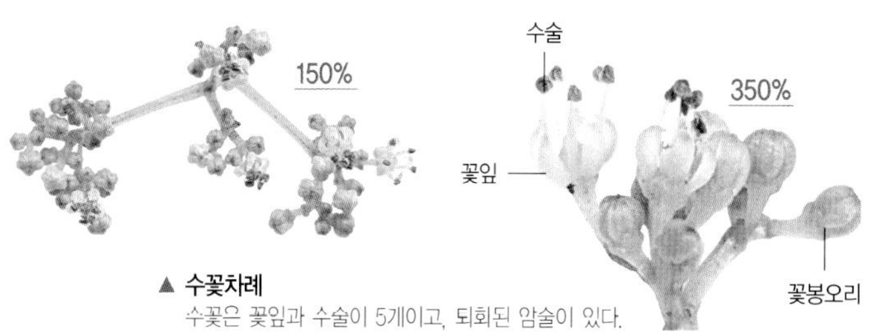


▲ **수꽃차례**
수꽃은 꽃잎과 수술이 5개이고, 퇴회된 암술이 있다.

❶ 암수딴그루이며, 7~8월에 새 가지 끝에서 나온 산방꽃차례에 황록색의 작은 꽃이 모여 핀다.
❷ 암꽃은 꽃잎이 5개이며, 암술은 3~4개의 심피로 갈라지고 암술머리는 원반 모양이다. 수술은 퇴화되었다.
❸ 수꽃은 꽃잎과 수술이 5개이고, 퇴화된 암술(헛암술)이 있다.

암수딴그루이며, 잎이 나기 전에 산형꽃차례에 황색 꽃이 모여 핀다

# 생강나무

*Lindera obtusiloba* 【녹나무과 생강나무속】

• 낙엽관목 • 수고 2~5m • 분포 전국의 산지
• 유래 잎이나 줄기에서 생강 냄새가 난다고 하여 붙인 이름
• 꽃말 매혹, 수줍음, 사랑의 고백

어긋나며, 잎끝이 3갈래로 갈라진 갈래잎이다.
잎의 밑 부분에서 3개의 큰 잎맥이 뻗어 있다.

200%

600%

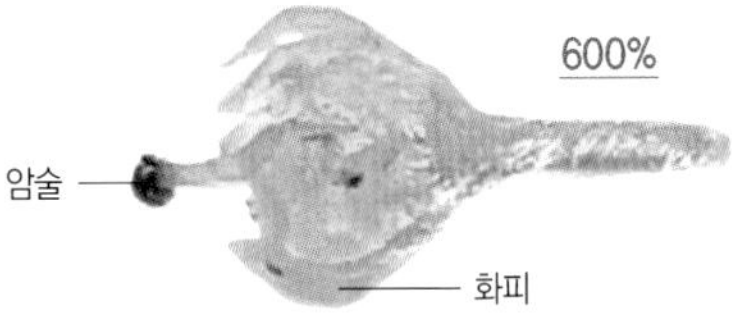

암술

화피

◀ **암꽃차례**
잎이 나기 전에
산형꽃차례에
황색 꽃이 모여 핀다.

▲ **암꽃**
9개의 헛수술과
1개의 암술대가 있다.

500%

200%

수술

화피

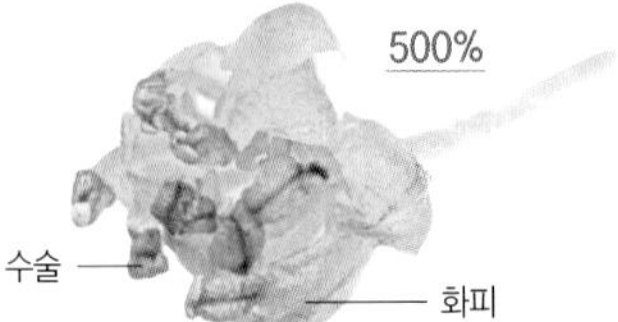

◀ **수꽃차례**
암꽃차례보다 크고
꽃의 수도 많다.

▲ **수꽃**
수술이 9개이고
화피조각이 6개이다.

❶ 암수딴그루이며, 3~4월 잎이 나기 전에 산형꽃차례에 황색 꽃이 모여 핀다.

❷ 암꽃은 꽃밥이 퇴화된 9개의 헛수술과 1개의 암술대가 있다. 수꽃의 수술과 암꽃의 헛수술은 바깥쪽에 6개, 안쪽에 3개가 나란하고, 안쪽의 수술대에는 양측에 황색의 선체가 붙는다.

❸ 수꽃은 수술이 9개이고 화피조각이 6개이다. 수꽃차례는 암꽃차례보다 크고 꽃의 수도 많으며, 꽃 자체도 수꽃이 조금 더 크다.

원추꽃차례에 연한 황록색의 작은 꽃이 모여 핀다

# 초피나무

*Zanthoxylum piperitum*
〔운향과 초피나무속〕

- 낙엽관목 • 수고 1~5m • 분포 황해도 이남의 낮은 산지 숲가장자리
- 유래 산초와 비슷하나 주로 열매의 껍질을 이용한다는 뜻에서 붙인 이름
- 꽃말 온화, 희생

| 꽃의 성 | 꽃차례 | 수분법 | 개화기 | 기 타 |
|---|---|---|---|---|
| 암수딴 | 원추 | 충매화 | 4~5월 | 밀원 |

어긋나며, 4~9쌍의 작은잎을 가진 홀수깃꼴겹잎이다. 잎 가장자리의 톱니와 톱니 사이에 기름샘이 있다.

200%

◀ **암꽃차례**
암수딴그루이며, 새 가지에서 나온 원추꽃차례에 연한 황록색의 작은 꽃이 모여 핀다.

600%

암술대
씨방
화피조각

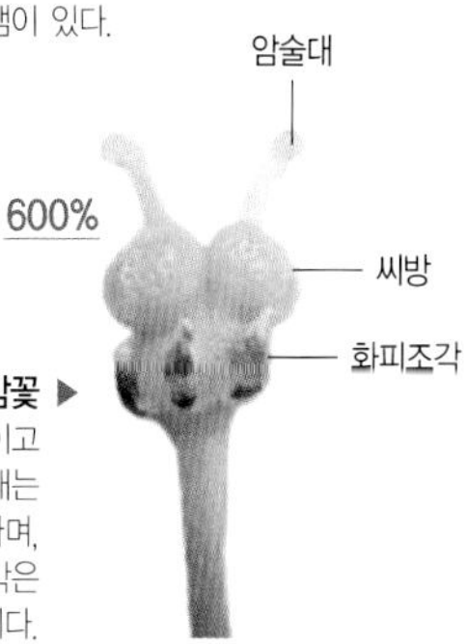

**암꽃** ▶
씨방은 2개이고 암술대는 서로 떨어져 나며, 화피조각은 7~8개이다.

200%

▲ **수꽃차례**

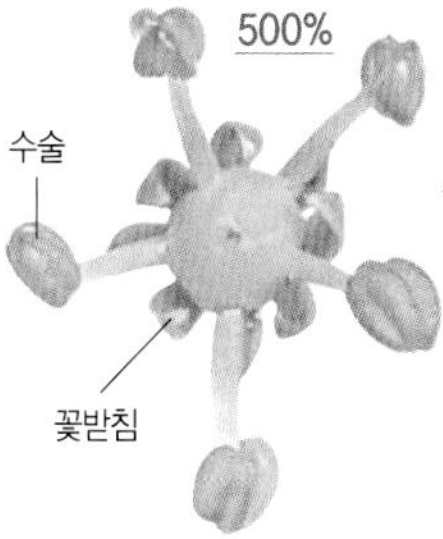

500%

수술
꽃받침

◀ **수꽃**
꽃받침조각이 5~9개이며, 수술은 4~8개이고 꽃받침조각보다 길다.

❶ 암수딴그루이며, 4~5월에 새 가지에서 나온 길이 2~5cm의 원추꽃차례에 연한 황록색의 작은 꽃이 모여 핀다.
❷ 암꽃은 암술대가 서로 떨어져 나며, 화피조각이 7~8개이고 씨방은 2개이다.
❸ 수꽃은 꽃받침조각이 5~9개이며, 수술은 4~8개이고 꽃받침조각보다 길다.

꽃차례의 위쪽에는 양성화, 아래쪽에는 수꽃이 피는 것이 많다

# 두릅나무

*Aralia elata* 【두릅나무과 두릅나무속】

• 낙엽관목 • 수고 2~5m • 분포 전국의 산야 및 하천가
• 유래 우리말 이름 '둘훕'에서 이후 두릅으로 변한 것
• 꽃말 애절, 희생

| 꽃의 성 | 꽃차례 | 수분법 | 개화기 | 기 타 |
|---|---|---|---|---|
| 수양한 | 산형 | 풍매화 | 7~9월 | 밀원 |

어긋나며, 가지 끝에서는 모여 달린다.
잎축과 작은잎에 가시가 많다.

**꽃차례 ▶**
수꽃양성화한그루이며,
꽃차례의 위쪽에 양성화가,
아래쪽에 수꽃이 피는 것이 많다.

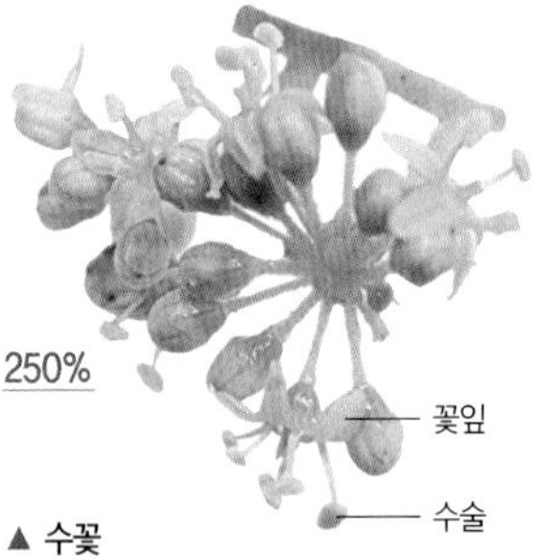

250%

250%

꽃잎

수술

**▲ 수꽃**
수술과 암술대는 각 5개이다.
꽃잎은 5개이고 삼각상 달걀형이며
끝이 뾰족하다.

암술

**양성화(암술기) ▶**
수술이 먼저 성숙하여 화분을 방출하고 난 후
수술과 꽃잎이 떨어진 상태.

250%

❶ 수꽃양성화한그루이며, 7~9월에 꽃차례의 위쪽에 양성화가 피고 아래쪽에 수꽃이 피는 것이 많다.
❷ 꽃은 지름 약 3mm이며, 꽃잎은 5개이고 삼각상 달걀형이며 끝이 뾰족하다.
❸ 수술과 암술대는 각 5개이다. 양성화는 수술이 먼저 성숙하고 꽃잎과 수술이 떨어진 후에 암술이 성숙한다(웅성선숙).

수꽃양성화한그루이며, 주홍색 꽃이 3~5개씩 모여 핀다

# 명자나무

*Chaenomeles speciosa*
【장미과 명자나무속】

• 낙엽관목 • 수고 1~2m • 분포 전국에 조경수로 널리 식재
• 유래 한자 이름 명사(榠樝)가 변한 것으로 명(榠)과 사(樝)는 모두 명자나무라는 뜻
• 꽃말 평범, 조숙, 겸손, 열정

| 꽃의 성 | 꽃모양 | 수분법 | 개화기 |
|---|---|---|---|
|  |  |  |  |
| 수양한 | 장미형 | 충매화 | 4~5월 |

어긋나며, 긴 타원형이고 가장자리에 겹톱니가 있다. 1쌍의 커다란 턱잎이 잎자루를 감싼다.

120%

수꽃양성화한그루이며, 꽃은 4~5월에 잎겨드랑이에 3~5개씩 모여 핀다.

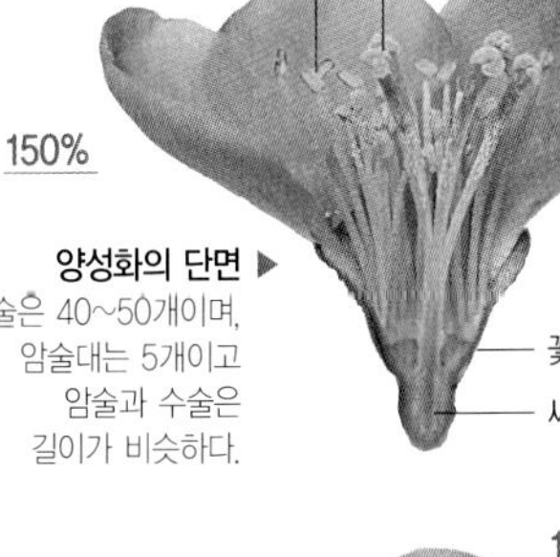


150%

**양성화의 단면 ▶**
수술은 40~50개이며, 암술대는 5개이고 암술과 수술은 길이가 비슷하다.

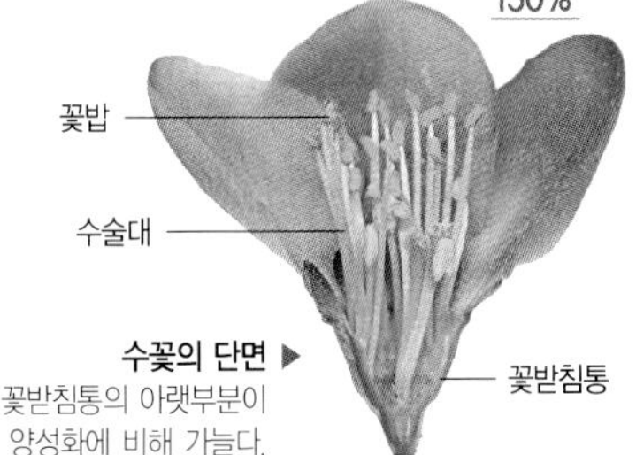


150%

**수꽃의 단면 ▶**
꽃받침통의 아랫부분이 양성화에 비해 가늘다.

❶ 수꽃양성화한그루이며, 4~5월에 잎겨드랑이에 주홍색(간혹 백색 또는 분홍색) 꽃이 3~5개씩 모여 핀다.

❷ 꽃은 지름 3~5cm이며, 꽃잎은 5개이고 아원형이다. 꽃받침조각은 길이 3~4mm의 아원형이고 끝이 둥글다.

❸ 꽃의 수술은 40~50개이며, 암술은 양성화에 5개이고 수꽃에는 없다. 꽃받침통의 아랫부분이 양성화는 굵고 수꽃은 가늘다.

01. 광나무
02. 꽃댕강나무
03. 남천
04. 다정큼나무
05. 마취목
06. 만병초
07. 백량금
08. 백정화
09. 병솔나무
10. 블루베리
11. 뿔남천
12. 사철나무
13. 산호수
14. 서향
15. 영산홍
16. 유자나무
17. 자금우
18. 차나무
19. 치자나무
20. 피라칸다
21. 협죽도
22. 회양목
23. 개비자나무
24. 꽝꽝나무
25. 돈나무
26. 목서
27. 사스레피나무
28. 식나무
29. 호랑가시나무
30. 팔손이

Chapter 06

# 상록관목

주간과 가지의 구별이 확실하지 않고 지면에서부터 여러 개의 가지가 나오며, 수고 0.3~3m이고 겨울에도 잎이지지 않는 나무

원추꽃차례에 향기가 좋은 백색의 양성화가 모여 핀다

# 광나무

*Ligustrum japonicum* 【물푸레나무과 쥐똥나무속】

- 상록관목 • 수고 3~5m • 분포 경남, 전남, 제주도의 해안 가까운 산지
- 유래 잎이 도톰하고 표면에 왁스 성분이 많아서 광택이 나기 때문에 붙여진 이름
- 꽃말 강인한 마음

| 꽃의 성 | 꽃차례 | 수분법 | 개화기 | 기 타 | 기 타 |
|---|---|---|---|---|---|
| 양성화 | 원추 | 충매화 | 6~7월 | 향기 | 밀원 |

마주나며, 넓은 타원형이고 가장자리는 밋밋하다.
잎몸은 두꺼운 가죽질이고 광택이 있다.

120%

◀ **꽃차례**
새 가지 끝에서 나온 원추꽃차례에 백색의 양성화가 모여 핀다.
화관은 4갈래이며, 중간 정도까지 갈라진다.

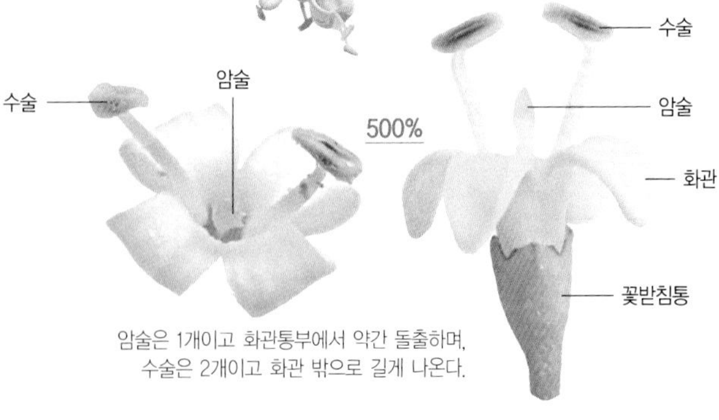

500%

수술
암술
화관
꽃받침통

암술은 1개이고 화관통부에서 약간 돌출하며,
수술은 2개이고 화관 밖으로 길게 나온다.

❶ 6~7월에 새 가지 끝에서 나온 원추꽃차례에 백색의 양성화가 모여 핀다. 꽃에는 좋은 향기가 난다.

❷ 화관은 지름 약 5mm이며, 4갈래이고 중간 정도까지 갈라진다.

❸ 암술은 1개이고 화관통부에서 약간 돌출하며, 수술은 2개이고 화관 밖으로 길게 나온다.

원추꽃차례에서 백색의 양성화를 오랫동안 피운다

# 꽃댕강나무

*Abelia × grandiflora*
【인동과 댕강나무속】

- 상록관목 • 수고 2~3m • 분포 중부 이남의 정원 및 공원에 식재
- 유래 댕강나무속이면서, 희고 향기로운 꽃이 오랫동안 피기 때문에 붙여진 이름
- 꽃말 편안함, 환영

| 꽃의 성 | 꽃차례 | 꽃모양 | 수분법 | 개화기 | 기 타 |
|---|---|---|---|---|---|
| 양성화 | 원추 | 깔때기형 | 충매화 | 6~10월 | 향기 |

마주나며, 따뜻한 곳에서는 푸른 잎을 달고 겨울을 나는 반상록성이다.

200%

200%

▲ 꽃차례
가지 끝이나 잎겨드랑이에서 원추꽃차례를 내고 백색의 양성화를 피운다.

꽃은 깔때기형이며, 화관은 위쪽에서 5갈래로 갈라진다.

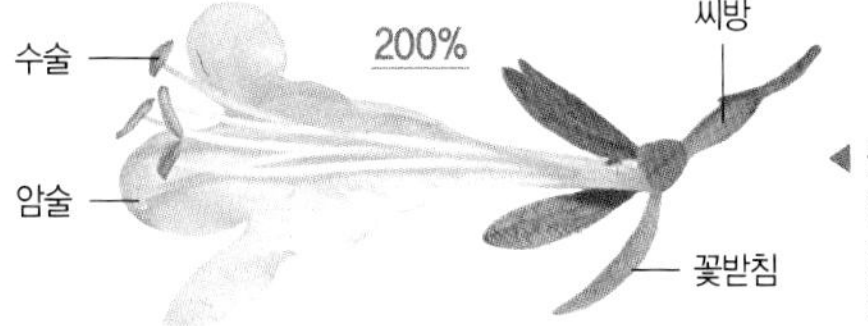


◀ 꽃의 단면
암술은 1개이고 수술은 4개이며, 꽃받침은 아랫부분까지 2~5갈래로 갈라진다.

❶ 6~10월에 가지 끝이나 잎겨드랑이에서 원추꽃차례를 내고 백색의 양성화가 모여 핀다. 꽃에는 향기가 있다.

❷ 꽃은 길이 1.5~2cm의 깔때기형이다. 화관은 위쪽에서 5갈래로 갈라지며, 화관 안쪽에 미세한 털이 있다. 꽃받침은 아랫부분까지 2~5갈래로 깊게 갈라진다.

❸ 암술 1개와 수술 4개가 있다.

줄기 끝에서 나온 대형 원추꽃차례에 백색 양성화가 모여 핀다

# 남천

*Nandina domestica* 【매자나무과 남천속】

• 상록관목 • 수고 1~3m • 분포 전국에 관상용으로 식재
• 유래 남천촉(南天燭) 혹은 남천죽(南天竹)의 줄임말. 열매가 불꽃처럼 붉어서 혹은 줄기가 대나무처럼 곧게 자라기 때문에 붙여진 이름 • 꽃말 전화위복

| 꽃의 성 | 꽃차례 | 수분법 | 개화기 | 기 타 |
|---|---|---|---|---|
| 양성화 | 원추 | 충매화 | 5~6월 | 밀원 |

작은잎이 2~3번 반복되는 2~3회깃꼴겹잎이다. 상록이지만 겨울철에 붉은색으로 변하기도 한다.

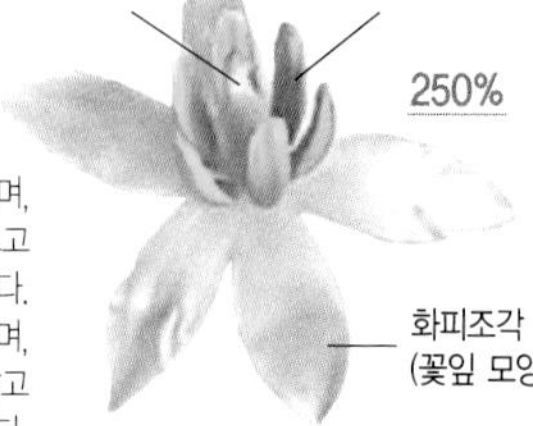

암술 수술

250%

화피조각 (꽃잎 모양)

90%

◀ **꽃차례**
5~6월, 길이 20~35cm의 대형 원추꽃차례에 백색 양성화가 모여 핀다.

화피조각은 3개씩 윤상으로 여러 개가 나란하며, 가장 안쪽에 있는 6개는 꽃잎 모양이다.

암술 수술

250%

수술은 6개이며, 꽃밥은 크고 수술대는 매우 짧다. 암술은 1개이며, 암술대는 짧고 암술머리는 납작하다.

화피조각 (꽃잎 모양)

❶ 5~6월에 줄기 끝에서 나온 길이 20~35cm의 대형 원추꽃차례에 지름 6~7mm의 백색 양성화가 모여 핀다.
❷ 꽃잎과 꽃받침의 구별은 없으며, 화피조각은 3개씩 윤상으로 여러 개가 나란하다. 안쪽에 있는 것일수록 크고 가장 안쪽에 있는 6개는 꽃잎 모양이다.
❸ 수술은 6개이며, 꽃밥은 크고 수술대는 매우 짧다. 암술은 1개이며, 암술대는 짧고 암술머리는 납작하다.

가지 끝에서 나온 원추꽃차례에 백색 양성화가 모여 핀다

# 다정큼나무 *Raphiolepis indica var. umbellata*

【장미과 다정큼나무속】

- 상록관목 • 수고 2~4m • 분포 경남, 전남, 전북, 제주도의 바다 가까운 산지
- 유래 상록의 작은 잎이 가지 끝에서 오밀조밀하고 다정하게 모여 나므로 붙여진 이름
- 꽃말 친밀

| 꽃의 성 | 꽃차례 | 수분법 | 개화기 | 기 타 |
|---|---|---|---|---|
|  |  |  |  | |
| 양성화 | 원추 | 충매화 | 5~6월 | 향기 |

어긋나며, 긴 타원형이고 둔한 톱니가 있다. 가지 끝에 여러 장의 잎이 돌려난다.

70%

꽃차례 ▶ 전년지 끝의 원추꽃차례에서 백색의 양성화가 모여 핀다.

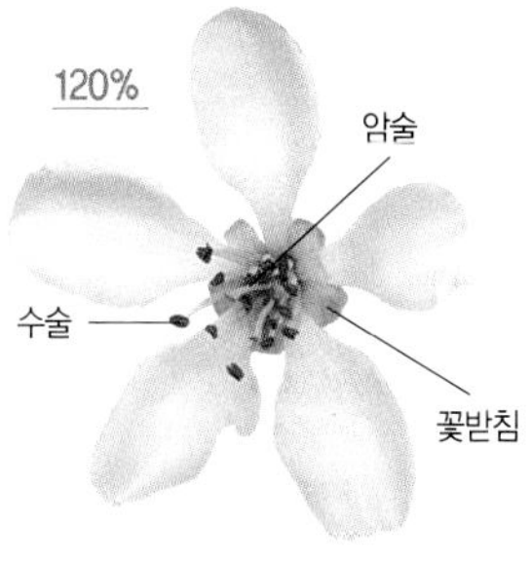


꽃잎은 거꿀달걀형이고 끝이 둥글며, 꽃받침조각은 달걀 모양의 피침형이다.

170%

수술 암술 씨방 꽃받침

▲ **꽃의 단면**
수술은 15개 정도이며, 꽃잎보다 짧다. 암술대는 2~3개이고, 씨방은 털이 없다.

❶ 5~6월, 전년지 끝에서 원추꽃차례를 내고 백색의 양성화가 모여 핀다.
❷ 꽃은 지름 1~1.5cm이며, 꽃잎은 거꿀달걀형이고 끝이 둥글다. 꽃받침조각은 길이 4~5mm의 달걀 모양의 피침형이다. 꽃받침과 꽃차례의 축에는 갈색 털이 밀생한다.
❸ 암술대는 2~3개이고 씨방에는 털이 없다. 수술은 15개 정도이고 꽃잎보다 짧다.

화관은 좁은 항아리 모양이고 끝이 5갈래로 얕게 갈라진다

# 마취목

*Pieris japonica* 【진달래과 마취목속】

- 상록관목 • 수고 1~4m • 분포 관상용으로 재배
- 유래 독이 있어서 말이 먹으면 마취 상태가 된다고 하여 붙여진 이름
- 꽃말 희생, 헌신, 당신과 함께 여행합시다

| 꽃의 성 | 꽃차례 | 꽃모양 | 수분법 | 개화기 |
|---|---|---|---|---|
| 양성화 | 총상 | 항아리형 | 충매화 | 2~4월 |

어긋나며, 가지 끝에 모여 붙는다.
긴 타원형이고 잎끝이 뾰족하다.
가장자리의 중간까지 얕은 톱니가 있다.

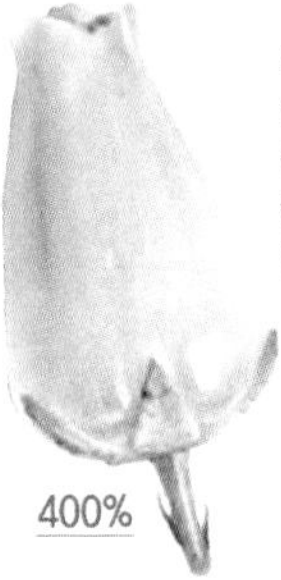

화관은 길이 6~8mm의 좁은 항아리형이고, 끝이 5갈래로 얕게 갈라진다.

400%

**꽃차례 ▶** 새 가지 끝의 잎겨드랑이에서 나온 복총상꽃차례에 백색의 꽃이 모여 핀다.

150%

500%

암술

수술

꽃받침

**꽃의 단면 ▶** 수술은 10개이고 꽃밥에는 까끄라기 모양의 돌기가 2개 있다.

❶ 2~4월에 새 가지 끝의 잎겨드랑이에서 나온 길이 10~15cm의 총상꽃차례에 백색의 꽃이 모여 핀다.

❷ 화관은 길이 6~8mm의 좁은 항아리 모양이고 끝이 5갈래로 얕게 갈라진다. 꽃받침은 5갈래로 갈라지고 녹색이나 적색 등의 변이가 많다.

❸ 암술은 화관과 거의 길이가 같으며, 씨방에는 털이 없다. 수술은 10개이고, 꽃밥에는 까끄라기 모양의 돌기가 2개 있다.

꽃잎 안쪽의 밀표는 수분곤충을 모으는 역할을 한다

# 만병초

*Rhododendron brachycarpum*
【진달래과 진달래속】

- 상록관목 • 수고 1~3m • 분포 지리산 이북의 높은 산지 및 정상부, 울릉도
- 유래 만병에 효능이 있는 풀(사실은 풀이 아니고 나무)이라는 뜻에서 붙여진 이름
- 꽃말 위엄, 존엄

| 꽃의 성 | 꽃차례 | 꽃모양 | 수분법 | 개화기 | 기 타 |
|---|---|---|---|---|---|
| 양성화 | 총상 | 깔때기형 | 충매화 | 6~7월 | 향기 |

어긋나며, 가지 끝에 5~7개씩 모여난다. 잎 모양은 긴 타원형이고 가장자리가 뒤로 말린다.

50%

밀표

꽃잎의 안쪽에는 짙은 초록색의 반점이 있어, 수분곤충에게 꽃의 꿀샘 위치를 알려주는 역할을 한다.

50%

▲ **꽃차례**
가지 끝에서 나온 총상꽃차례에 백색 또는 연홍색의 양성화가 여러 개 모여 핀다.

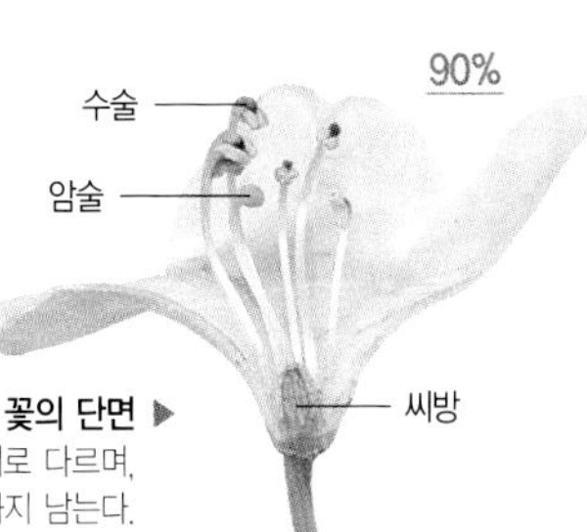


**꽃의 단면** ▶
수술은 10개이고 길이가 서로 다르며, 암술대는 열매가 익을 때까지 남는다.

❶ 6~7월에 가지 끝에서 나온 총상꽃차례에 향기가 좋은 연홍색 또는 백색의 양성화가 5~20개씩 모여 핀다.
❷ 꽃은 지름 3~6cm의 깔때기 모양이며, 꽃잎은 5갈래로 갈라진다. 꽃잎의 안쪽에는 짙은 초록색의 반점(밀표)이 있어, 수분곤충에게 꽃의 꿀샘 위치를 알려주는 역할을 한다.
❸ 암술대는 길이 1~1.5cm이며, 열매가 익을 때까지 남는다. 수술은 10개이고 길이가 서로 다르고 밑부분에 털이 밀생한다.

가지 끝의 산형꽃차례에 백색의 양성화가 10여 개 모여 핀다

# 백량금

*Ardisia crenata* 【자금우과 자금우속】

• 상록관목 • **수고** 0.5~1m • **분포** 제주도 및 전남, 경남 도서의 숲속
• **유래** 중국에 있는 백량금과 비슷한 식물의 이름에서 차용한 것 • **꽃말** 가치, 내일의 행복, 사랑

**▲ 꽃차례**
7~8월에 가지 끝에서 나온 산형꽃차례에 백색의 양성화가 모여 핀다.

**▲ 꽃의 단면**
수술은 5개이고 암술은 1개이며, 씨방은 달걀형이고 털이 없다.

화관은 지름 약 8mm이며, 꽃잎은 5갈래로 갈라지고 뒤로 젖혀져 말린다.

❶ 7~8월에 가지 끝에서 나온 산형꽃차례에 백색의 양성화가 10개 정도 모여 핀다.

❷ 화관은 지름 약 8mm이며, 꽃잎은 5갈래로 갈라지고 뒤로 젖혀져 말린다. 꽃잎과 꽃받에 갈색 반점이 산재해 있다.

❸ 암술은 1개이며, 씨방은 달걀형이고 털이 없다. 수술은 5개이고 꽃잎보다 짧으며, 꽃밥은 삼각상 달걀형이다.

잎겨드랑이에 깔때기 모양의 양성화가 1~3개씩 핀다

# 백정화

*Serissa japonica* 【꼭두선이과 백정화속】

• 상록관목 • 수고 0.5~1m • 분포 남부 지역에 식재
• 유래 주로 흰색(白) 꽃이 피고 화관이 깔때기 같은 정(丁) 자 모양이어서 붙여진 이름
• 꽃말 관심, 순결

| 꽃의 성 | 꽃모양 | 수분법 | 개화기 | 기 타 |
|---|---|---|---|---|
| 양성화 | 깔때기형 | 충매화 | 5~6월 | 밀원 |

마주나며, 좁은 타원형이고 잎면이 구불구불하다. 잎에 노란색 반점이 있는 원예종이 많다.

250%

▲ **꽃차례**
5~6월에 잎겨드랑이에서 백색 또는 연홍색의 양성화가 1~3개씩 핀다.

250%

지름 1cm 정도의 깔때기 모양이며, 화관은 5갈래로 갈라지고 털이 있다.

암술

300%

수술

**꽃의 단면** ▶
암술 1개와 수술 5개가 있다.

❶ 5~6월에 잎겨드랑이에 백색 또는 연홍색의 양성화가 1~3개씩 핀다.
❷ 꽃은 지름 1cm 정도의 깔때기 모양이며, 화관은 5갈래로 갈라지고 안쪽에 털이 밀생한다.
❸ 꽃은 모두 암술이 1개이고 수술이 5개이지만, 수술이 암술보다 긴 것과 암술이 수술보다 긴 2가지 형태가 있다.

꽃 모양이 병을 씻는 솔을 닮아서 병솔나무라고 한다

# 병솔나무

*Callistemon* spp. 【도양금과 병솔나무속】

- 상록관목 • 수고 2m • 분포 남부 지방에서 조경수로 식재
- 유래 꽃 모양이 긴 병을 씻는 솔을 닮았다 하여 붙여진 이름
- 꽃말 결백, 청결, 우정, 사랑의 소식

| 꽃의 성 | 꽃차례 | 수분법 | 개화기 |
|---|---|---|---|
| 양성화 | 수상 | 조매화 | 5~6월 |

어긋나며, 긴 타원상의 피침형이다. 잎면은 뻣뻣하고 광택이 난다.

40%

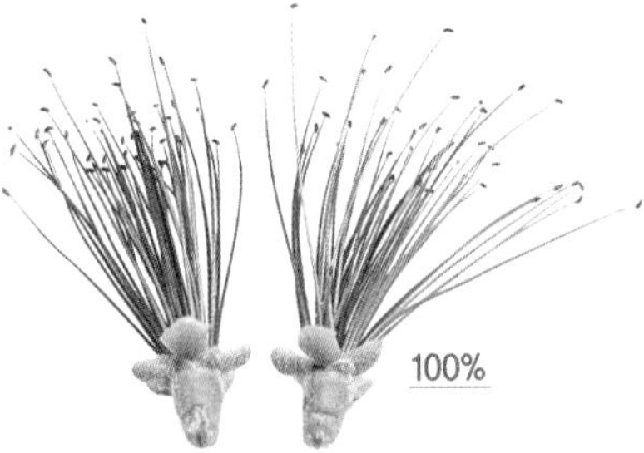

100%

하나의 꽃에는 암술은 1개이고 수술이 많다. 수술대는 적색이고 꽃밥은 황색이다.

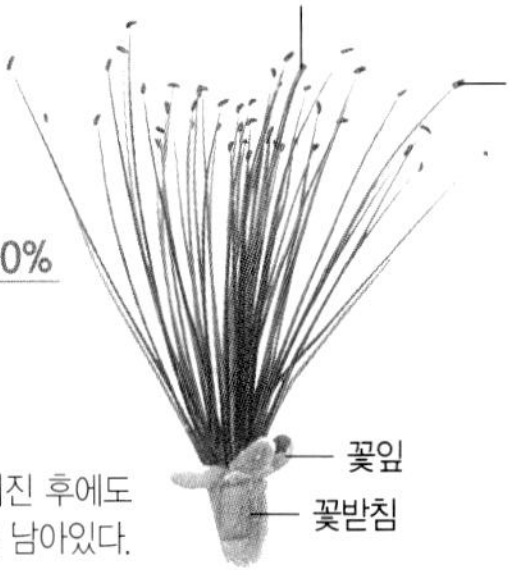

암술

수술

100%

꽃잎

꽃받침

▲ **꽃차례**
새 가지 끝에서 나온 길이 5~10cm의 수상꽃차례에 적색의 양성화가 핀다.

수술이 떨어진 후에도 암술은 남아있다.

❶ 5~6월에 새 가지 끝에서 나온 길이 5~10cm의 수상꽃차례에 적색의 양성화가 핀다.
❷ 개화 후에 꽃잎과 꽃받침은 바로 떨어지고, 다수의 수술이 남아 병을 씻는 솔처럼 보인다.
❸ 수술대는 적색이고 꽃밥은 황색이다. 하나의 꽃에는 암술은 1개이고 수술은 많으며, 수술이 떨어진 후에도 암술은 남아있다.

항아리 모양의 백색의 꽃이 아래를 향해 핀다

# 블루베리

*Vaccinium* spp. 【진달래과 산앵도나무속】

• 상록관목 • 수고 3~5m • 분포 전국적으로 재배
• 유래 베리 종류이면서 푸른빛을 띠기 때문에 붙여진 이름
• 꽃말 현명, 친절

| 꽃의 성 | 꽃차례 | 꽃모양 | 수분법 | 개화기 |
|---|---|---|---|---|
|  |  |  |  |  |
| 양성화 | 총상 | 항아리형 | 충매화 | 4~6월 |

어긋나며, 달걀형이고 가장자리에 잔 톱니가 있다.
잎면에 광택이 있다.

▲ **꽃차례**
가지 끝에 항아리 모양의 백색 꽃이 아래를 향해 핀다.

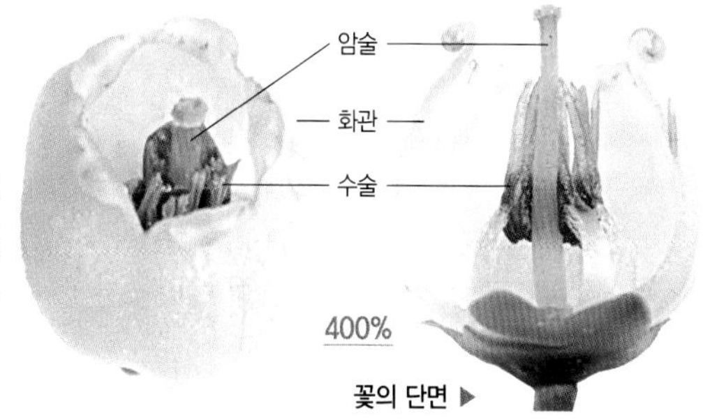


1개의 암술 주위에 10개 정도의 수술이 있다. 화관의 끝은 5~6갈래로 갈라진다.

**꽃의 단면** ▶

❶ 4~6월, 가지 끝에 백색 또는 연홍색의 꽃이 아래를 향해 핀다.
❷ 화관은 항아리 모양이고 끝은 5~6갈래로 갈라진다.
❸ 암술 주위에 10개 정도의 수술이 있다.

가지 끝에서 나온 총상꽃차례에 황색의 양성화가 모여 핀다

# 뿔남천

*Mahonia japonica* 【매자나무과 뿔남천속】

• 상록관목 • 수고 1~3m • 분포 남부 지방에 식재
• 유래 잎에 호랑가시나무의 잎처럼 날카롭고 튼튼한 가시가 뿔처럼 돋아 있어서 붙여진 이름
• 꽃말 격한 감정

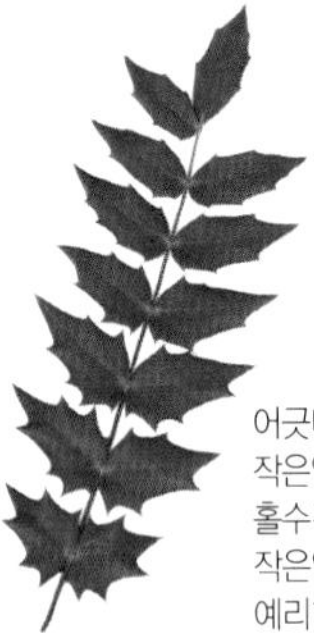

| 꽃의 성 | 꽃차례 | 수분법 | 개화기 | 기 타 |
|---|---|---|---|---|
| 양성화 | 총상 | 충매화 | 3~4월 | 향기 |

어긋나며, 4~6쌍의 작은잎으로 이루어진 홀수깃꼴겹잎이다. 작은잎 가장자리에 예리한 톱니가 있다.

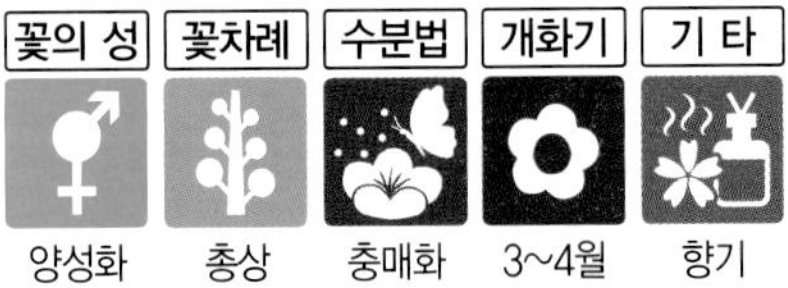

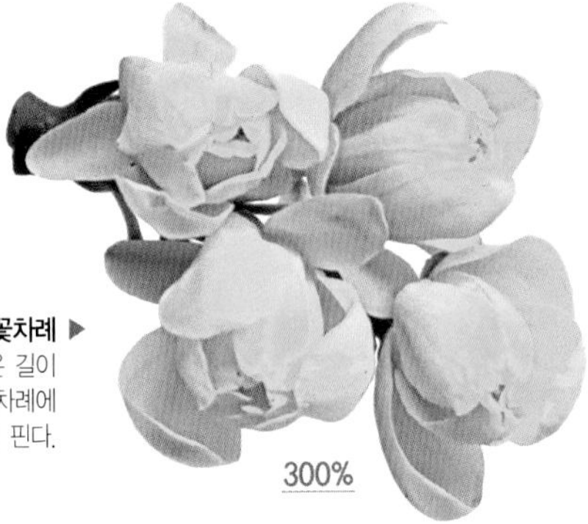

**꽃차례 ▶**
가지 끝에서 나온 길이 10~15cm의 총상꽃차례에 황색의 양성화가 모여 핀다.

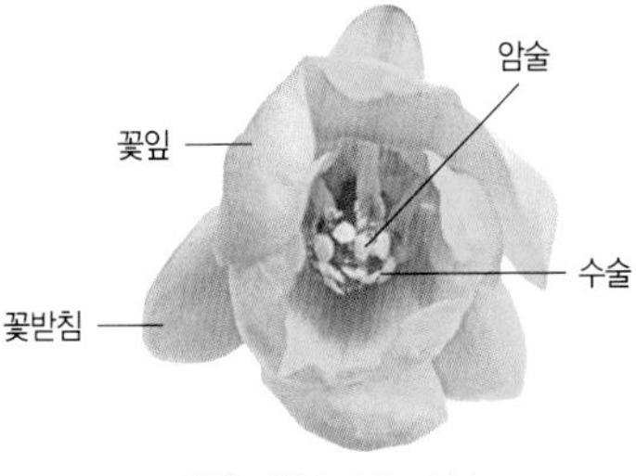

300%



꽃은 지름 1~1.5cm이며, 꽃잎은 6개이고 꽃받침조각은 9개이다.

300%

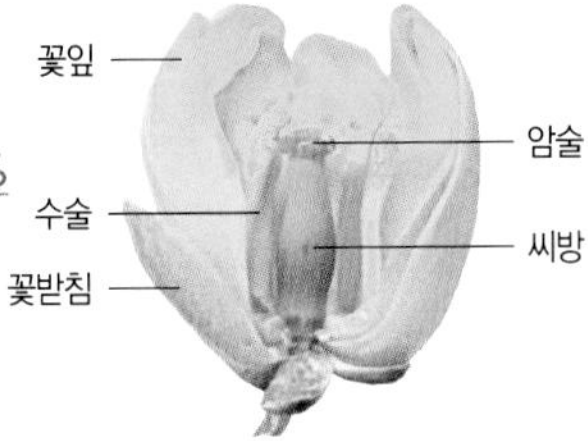

**▲ 꽃의 단면**
수술은 6개이고 암술은 1개이며, 아래쪽에 꿀샘이 2개 있다.

❶ 3~4월에 가지 끝에서 나온 길이 10~15cm의 총상꽃차례에 황색의 양성화가 모여 핀다.
❷ 꽃은 지름 1~1.5cm이며, 꽃잎은 6개이고 꽃받침조각은 9개이다.
❸ 암술은 1개이고 아래쪽에 꿀샘이 2개 있다. 수술은 6개이고 꽃밥은 들창문처럼 터진다.

꽃잎, 꽃받침, 수술이 모두 네 개인 사수성화

# 사철나무

*Euonymus japonicus*
【노박덩굴과 화살나무속】

- 상록관목 • 수고 3~5m • 분포 중남부 지방의 바닷가 및 인근 산지
- 유래 잎이 사철 내내 푸르게 보이기 때문에 붙여진 이름
- 꽃말 변화 없음, 어리석음을 깨달음

| 꽃의 성 | 꽃차례 | 수분법 | 개화기 |
|---|---|---|---|
|  | |  | |
| 양성화 | 취산 | 충매화 | 6~7월 |

마주나며, 타원형이고 가장자리에 둔한 톱니가 있다. 가지 끝에서 잎이 모여난다.

**꽃차례** ▶ 잎겨드랑이에서 나온 취산꽃차례에 황록색 또는 녹백색의 양성화가 7~15개씩 모여 핀다.

300%

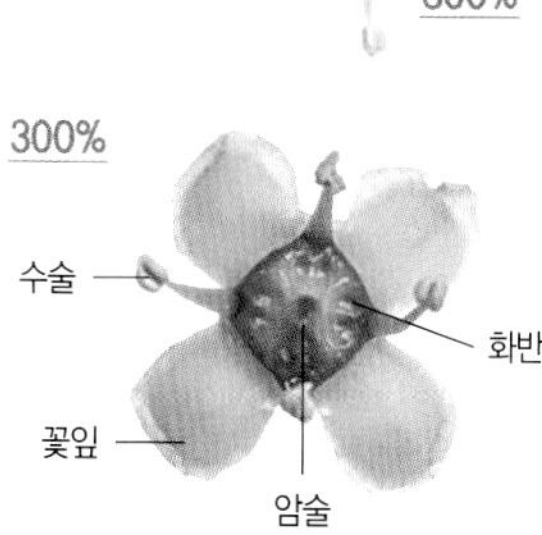


꽃잎, 꽃받침, 수술이 모두 4개이며, 꽃잎은 거의 원형이다. 수술은 화반 가장자리에서 꽃잎 사이로 비스듬하게 붙는다.

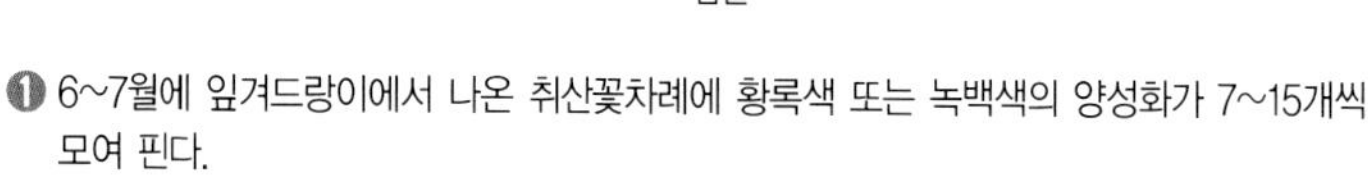

❶ 6~7월에 잎겨드랑이에서 나온 취산꽃차례에 황록색 또는 녹백색의 양성화가 7~15개씩 모여 핀다.

❷ 사수성화이며, 꽃의 지름은 약 7mm이다. 꽃잎은 거의 원형이고, 꽃받침조각은 꽃잎보다 작고 끝이 둥글다.

❸ 수술은 꽃잎과 길이가 비슷하며, 화반의 가장자리에서 꽃잎 사이로 비스듬하게 붙는다.

화관은 5~6갈래로 깊게 갈라지고 뒤로 살짝 젖혀진다

# 산호수

*Ardisia pusilla* 〔자금우과 자금우속〕

- 상록관목 • 수고 15~20cm • 분포 제주도의 숲속 및 계곡 가장자리
- 유래 산호의 가지처럼 여러 갈래로 줄기가 갈라져 자라기 때문에 붙여진 이름
- 꽃말 용감, 총명

마주나며, 타원형이고 잎가장자리에 드문드문 톱니가 있다. 가지 끝에 3~4장의 잎이 모여난다.

| 꽃의 성 | 꽃차례 | 수분법 | 개화기 |
|---|---|---|---|
| 양성화 | 산형 | 충매화 | 7~8월 |

꽃봉오리

**꽃차례** ▶ 잎겨드랑이에서 나온 산형꽃차례에 백색의 양성화가 2~4개씩 모여 아래로 드리워 핀다.

250%

300%

꽃은 지름 6~7mm이며, 화관은 5~6갈래로 깊게 갈라지고 뒤로 살짝 젖혀진다.

암술

수술

씨방

400%

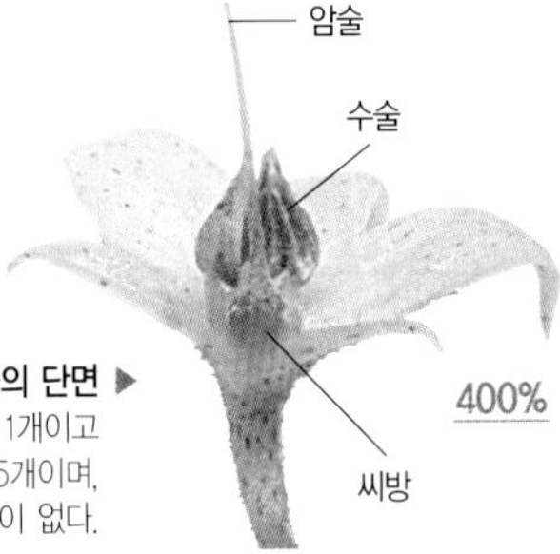

**꽃의 단면** ▶ 암술은 1개이고 수술은 5개이며, 씨방에는 털이 없다.

❶ 7~8월에 잎겨드랑이에서 나온 산형꽃차례에 백색의 양성화가 2~4개씩 모여 아래로 드리워 핀다.

❷ 꽃은 지름 6~7mm이며, 화관은 5~6갈래로 깊게 갈라지고 뒤로 살짝 젖혀진다. 꽃받침 조각에는 자색 선점과 갈색 털이 있다.

❸ 암술은 1개이고, 수술은 5개이다. 수술은 꽃잎과 길이가 비슷하며, 씨방에는 털이 없다.

두상꽃차례에 향기가 강한 자홍색의 꽃이 20개 정도 핀다

# 서향

*Daphne genkwa* 【팥꽃나무과 팥꽃나무속】

- 상록관목 • 수고 1m • 분포 전남과 경남 등 남부 지방에 식재
- 유래 꽃에서 상서로운 향기가 난다고 하여 붙여진 이름
- 꽃말 명예, 불멸, 꿈속의 사랑

| 꽃의 성 | 꽃차례 | 꽃모양 | 수분법 | 개화기 | 기 타 |
|---|---|---|---|---|---|
| |  |  |  |  | |
| 양성화 | 두상 | 통형 | 충매화 | 2~4월 | 향기 |

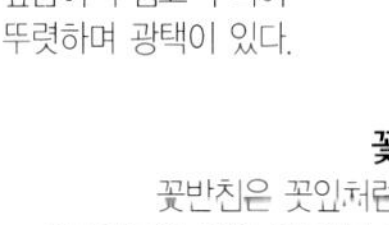

어긋나며, 긴 타원형이고 잎자루는 거의 없다. 잎몸이 두껍고 주맥이 뚜렷하며 광택이 있다.

**꽃의 뒷면 ▶**
꽃받침은 꽃잎처럼 보인다. 꽃받침통의 끝은 4갈래로 갈라지며, 바깥쪽 면은 자홍색이고 안쪽 면은 백색이다.

잎이 나기 전에 향기가 강한 연한 자홍색의 양성화가 20개 정도 두상꽃차례로 핀다.

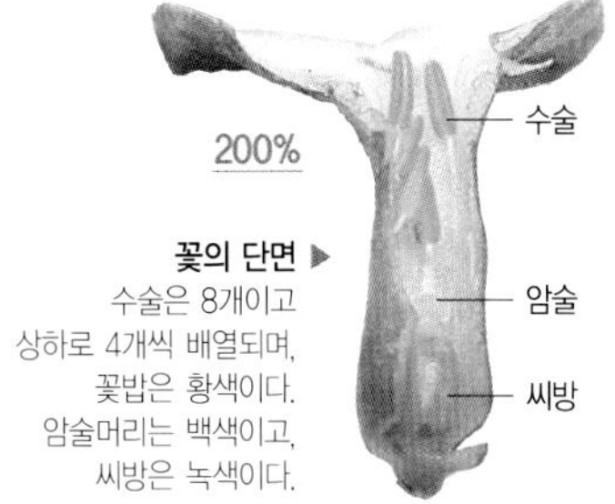


**꽃의 단면 ▶**
수술은 8개이고 상하로 4개씩 배열되며, 꽃밥은 황색이다. 암술머리는 백색이고, 씨방은 녹색이다.

❶ 2~4월에 잎이 나기 전에 전년지의 가지 끝에서 나온 두상꽃차례에 향기가 강한 연한 자홍색의 양성화가 20개 정도 모여 핀다.

❷ 꽃받침은 꽃잎처럼 보인다. 꽃받침통은 길이 7~10mm이고 끝은 4갈래로 갈라진다. 바깥쪽 면은 자홍색이고 털이 없으며 안쪽 면은 백색이다.

❸ 수술은 8개이고 상하로 4개씩 배열되며, 꽃밥은 황색이다. 암술머리는 백색이고, 씨방은 녹색이다.

화관은 깔때기 모양이고, 꽃색은 홍자색 등 다양하다

# 영산홍

*Rhododendron indicum* 【진달래과 진달래속】

- 상록관목 • 수고 1~2m • 분포 중부와 남부 지방에 조경수로 식재
- 유래 붉은(紅) 꽃이 산(山)을 뒤덮을(映) 정도로 아름답게 핀다는 뜻에서 붙여진 이름
- 꽃말 꿈, 열정, 사랑의 기쁨, 첫사랑

어긋나며, 긴 타원형이고 가장자리는 밋밋하다. 잎은 가지 끝에 4~5개씩 모여 난다.

| 꽃의 성 | 꽃모양 | 수분법 | 개화기 |
| --- | --- | --- | --- |
| 양성화 | 깔때기형 | 충매화 | 5~7월 |

70%

▲ **꽃차례**
가지 끝에 꽃이 1~2개씩 피며, 꽃색은 홍자색 등 다양하다.

80%

화관은 깔때기형이고 5개로 갈라지며, 안쪽 면의 윗쪽에 반점이 있거나 없다.

100%

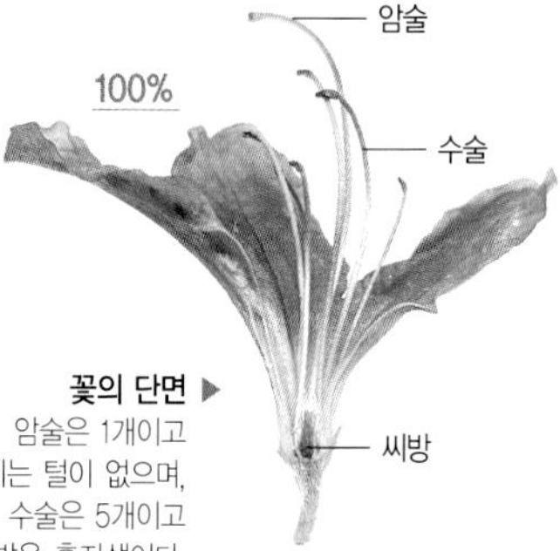

**꽃의 단면** ▶
암술은 1개이고 암술대에는 털이 없으며, 수술은 5개이고 꽃밥은 흑자색이다.

❶ 5~7월에 가지 끝에 꽃이 1~2개씩 피며, 꽃색은 홍자색 등 다양하다.
❷ 화관은 지름 3.5~5cm의 깔때기형이고 5개로 갈라지며, 안쪽 면의 윗쪽에 반점이 있거나 없다.
❸ 암술은 1개이고 길이 3~5cm이다. 암술대에는 털이 없고 씨방에는 백색 털이 밀생한다. 수술은 5개이고 꽃밥은 흑자색이며, 수술대의 아랫부분에 돌기와 짧은 털이 있다.

5~6월에 잎겨드랑이에서 향기가 좋은 백색 양성화가 1개씩 핀다

# 유자나무

*Citrus junos* 【운향과 귤나무속】

- **상록관목** • **수고** 3~5m • **분포** 남해안 및 제주도에서 과수로 재배
- **유래** 유자나무의 열매를 유자(柚子)라 하며, 열매에서 비롯한 이름
- **꽃말** 기쁜 소식

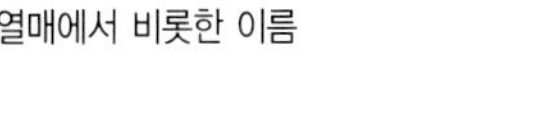

양성화

풍충매화

5~6월

향기

어긋나며,
긴 달걀형의 타원형이고
위로 올라갈수록
폭이 좁아진다.

**꽃차례 ▶**
5~6월에 잎겨드랑이에
향기가 좋은 흰색 양성화가
1개씩 핀다.

130%

150%

꽃은 지름 2~3cm 정도이고,
꽃잎과 꽃받침은 각각 5개이다.

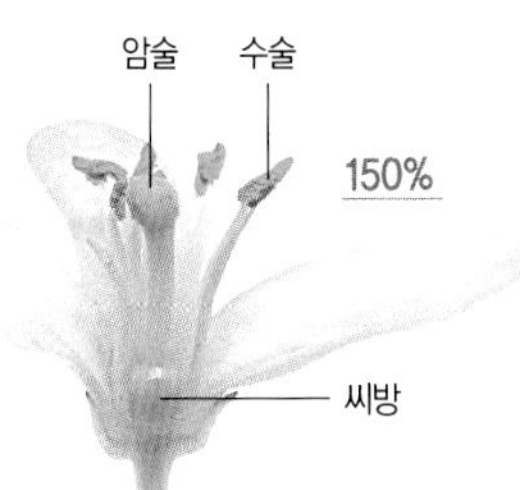


150%

**꽃의 단면 ▶**
수술은 약 20개이며, 5개씩 합쳐지거나
아랫부분에서 통상으로 합쳐진다.

❶ 5~6월에 잎겨드랑이에 향기가 좋은 백색 양성화가 1개씩 핀다.
❷ 꽃은 지름 2~3cm 정도이고, 꽃잎과 꽃받침은 각각 5개이다.
❸ 암술은 1개이고, 수술은 약 20개이며 5개씩 합쳐지거나 아랫부분에서 통상으로 합쳐진다.

산형꽃차례에 연홍색의 양성화가 3~5개씩 모여 핀다

# 자금우

*Ardisia japonica* 【자금우과 자금우속】

• 상록관목 • 수고 10~30cm • 분포 울릉도, 제주도 및 서남해안 도서의 숲속
• 유래 중국 이름 자금우(紫金牛)를 그대로 받아들여 사용한 것
• 꽃말 덕 있는 사람, 부, 재산, 정열

| 꽃의 성 | 꽃차례 | 수분법 | 개화기 |
|---|---|---|---|
| 양성화 | 산형 | 충매화 | 7~8월 |

마주나며, 타원형 또는 달걀형이고 가장자리에 가는 톱니가 있다. 줄기의 윗부분에 3~4장씩 모여 달린다.

**꽃차례** ▶
전년지의 잎겨드랑이에서 나온 산형꽃차례에 3~5개의 양성화가 모여 핀다.

150%

400%

암술

수술

꽃잎

꽃잎은 5갈래로 깊게 갈라지며 넓은 달걀형이고 샘점이 있다.

수술

300%

암술

꽃잎

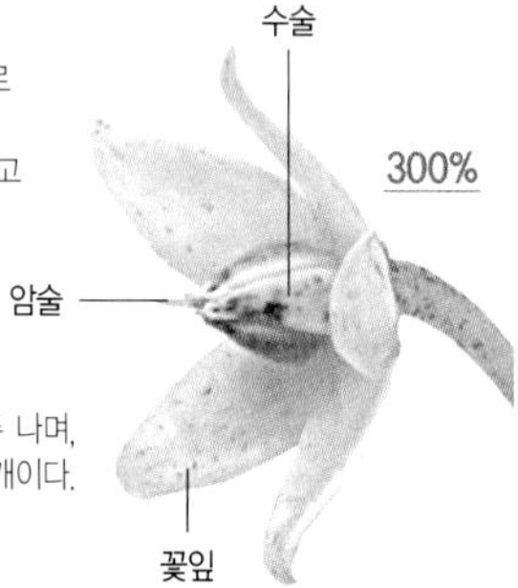

수술은 5개이고 꽃잎과 마주 나며, 암술은 1개이다.

❶ 7~8월에 전년지의 잎겨드랑이에서 나온 산형꽃차례에 백색 또는 연분홍색의 양성화가 3~5개씩 모여 핀다.
❷ 꽃의 지름은 5~8mm이고, 꽃잎은 5갈래로 깊게 갈라지며 넓은 달걀형이고 샘점이 있다. 꽃받침조각은 길이 1.5mm 정도의 달걀형이며 털이 없다.
❸ 수술은 5개이고 꽃잎보다 짧으며, 꽃잎에 마주 붙는다. 씨방에 털이 없다.

잎겨드랑이에 백색의 양성화가 1~3개씩 아래를 향해 핀다

# 차나무

*Camellia sinensis* 〔차나무과 동백나무속〕

- 상록관목 • 수고 1~5m • 분포 경남, 전북 이남에서 재배
- 유래 중국 이름 차수(茶樹)를 그대로 받아들여 사용한 것
- 꽃말 추억

| 꽃의 성 | 수분법 | 개화기 | 기 타 | 기 타 |
|---|---|---|---|---|
| 양성화 | 충매화 | 10~11월 | 향기 | 밀원 |

어긋나며, 타원형이고 가장자리에 물결 모양의 둔한 톱니가 있다. 잎끝이 조금 오목하게 들어간다.

꽃잎은 5~7개이고 거의 원형이며, 끝이 둥글고 끝이 움푹 들어간다.

가지 끝의 잎겨드랑이에서 백색의 양성화가 1~3개씩 아래를 향해 핀다.

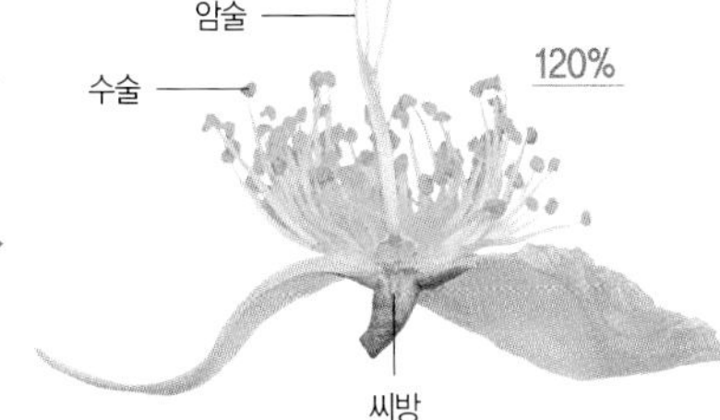


**꽃의 단면** ▶
수술은 여러 개이며, 암술은 1개이고 윗부분에서 3갈래로 갈라진다.

❶ 10~11월에 가지 끝의 잎겨드랑이에서 백색의 양성화가 1~3개씩 아래를 향해 핀다.

❷ 꽃잎은 5~7개이고 거의 원형이며, 끝이 둥글고 끝이 움푹 들어간다. 꽃자루는 길이 1.2~1.4cm이고 아래로 굽는다.

❸ 수술은 길이 8~13mm이고 여러 개이며, 암술은 1개이고 윗부분에서 3갈래로 갈라진다. 씨방은 구형이고 아랫부분에 털이 있다.

가지 끝에 향기가 좋은 백색의 양성화가 핀다

# 치자나무

*Gardenia jasminoides* 〔꼭두선이과 치자나무속〕

• 상록관목 • 수고 1~3m • 분포 남부 지역에서 재배
• 유래 열매의 모습이 고대 중국의 치(卮)라는 작은 술잔과 비슷하며, 여기에 열매를 나타내는 자(子)를 붙여서 만든 이름 • 꽃말 순결, 청결, 행복, 한없는 즐거움

| 꽃의 성 | 꽃차례 | 꽃모양 | 수분법 | 개화기 | 기 타 |
|---|---|---|---|---|---|
| 양성화 | 단정 | 고배형 | 충매화 | 6~7월 | 향기 |

마주나거나 3개씩 돌려난다. 잎 모양은 긴 타원형이며, 가운데 잎은 턱잎이 가지를 감싼다.

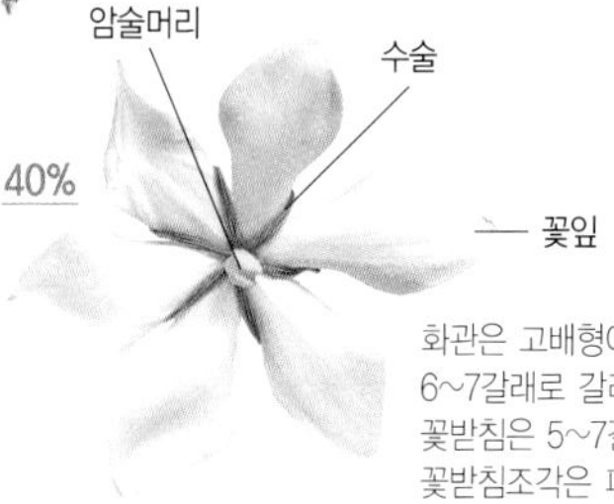

암술머리

수술

40%

꽃잎

화관은 고배형이며, 6~7갈래로 갈라진다. 꽃받침은 5~7갈래로 갈라지며, 꽃받침조각은 피침형이다.

가지 끝에 백색의 양성화가 1개씩 피는데, 향기가 강하다.

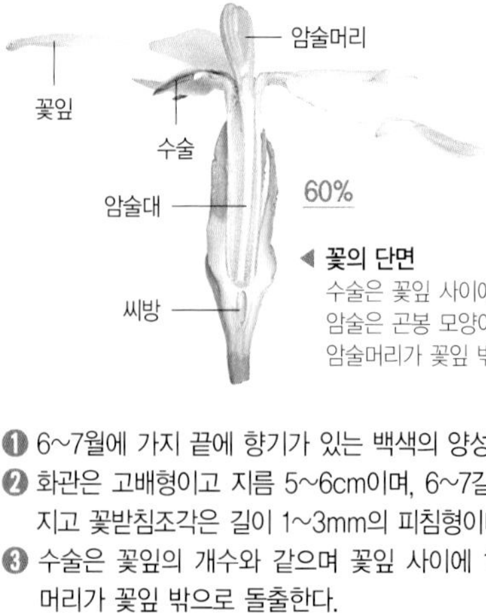

50%

암술머리

꽃잎

수술

암술대

씨방

60%

◀ 꽃의 단면
수술은 꽃잎 사이에 1개씩 달리며, 암술은 곤봉 모양이고 암술머리가 꽃잎 밖으로 돌출한다.

30%

▲ 꽃치자

❶ 6~7월에 가지 끝에 향기가 있는 백색의 양성화가 1개씩 핀다.
❷ 화관은 고배형이고 지름 5~6cm이며, 6~7갈래로 갈라진다. 꽃받침은 5~7갈래로 갈라지고 꽃받침조각은 길이 1~3mm의 피침형이며, 열매가 익을 때까지 남는다.
❸ 수술은 꽃잎의 개수와 같으며 꽃잎 사이에 1개씩 달린다. 암술은 곤봉 모양이고 암술머리가 꽃잎 밖으로 돌출한다.
❹ 꽃치자(*Gardenia jasminoides* var. *radicans*) : 겹꽃이 피는 품종

산방꽃차례에 흰색의 작은 양성화가 빽빽이 모여 핀다

# 피라칸다

*Pyracantha angustifolia*
[장미과 피라칸다속]

• 상록관목 • 수고 1~2m • 분포 전북 및 경북 이남에 식재
• 유래 속명 피라칸타(Pyracantha)를 그대로 사용한 것으로, 불꽃을 의미하는 피로(*pyro*)와 가시를 의미하는 아칸타(*acantha*)의 합성어 • 꽃말 알알이 영근 사랑

어긋나며,
짧은 가지에서는 모여 난다.
잎 모양은
좁고 긴 타원형이다.

| 꽃의 성 | 꽃차례 | 수분법 | 개화기 | 기 타 |
|---|---|---|---|---|
|  |  |  |  |  |
| 양성화 | 산방 | 충매화 | 5~6월 | 향기 |

**꽃차례 ▶**
위쪽 가지의 잎겨드랑이에서 나온
산방꽃차례에 흰색 양성화가 모여 핀다.

120%

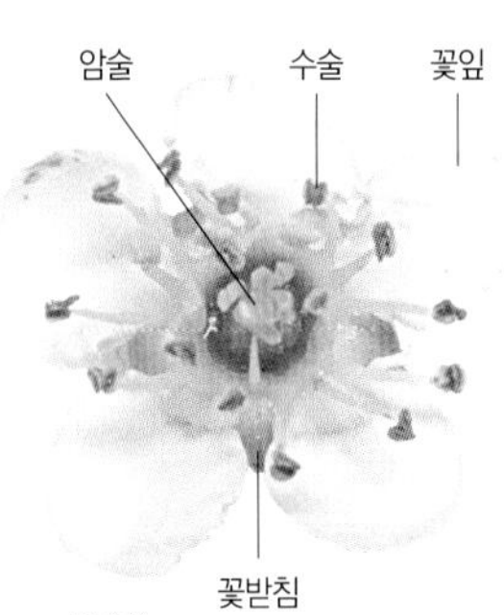


400%

꽃잎은 5장이고
거꿀달갈형이며,
꽃받침은 5갈래로
갈라지고 넓은
삼각형이다.

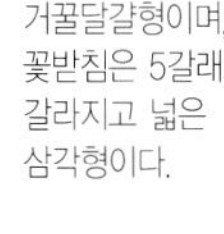

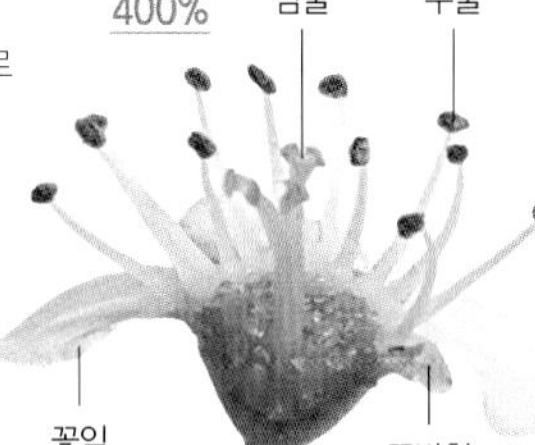


**꽃의 단면 ▶**
암술은 5개이고,
수술은 20개 정도이다.

❶ 5~6월에 위쪽 가지의 잎겨드랑이에서 나온 산방꽃차례에 지름 약 1cm의 흰색 양성화가 모여 핀다.

❷ 꽃잎은 5장이고 거꿀달갈형이며 끝이 오목하게 들어가기도 한다. 꽃받침은 5갈래로 갈라지고, 꽃받침조각은 넓은 삼각형이다.

❸ 암술은 5개이고, 수술은 20개 정도이다.

취산꽃차례에 양성화가 피며, 꽃색은 적색 등 다양하다

# 협죽도

*Nerium indicum* 【협죽도과 협죽도속】

• 상록관목 • 수고 2~3m • 분포 제주도 및 남부 지역에 식재
• 유래 잎이 대나무(竹) 잎처럼 좁고 길쭉하게 생기고, 꽃은 복사(桃) 꽃을 닮았기 때문에 붙여진 이름 • 꽃말 주의, 나를 사랑하지 말아요

| 꽃의 성 | 꽃차례 | 꽃모양 | 수분법 | 개화기 |
|---|---|---|---|---|
| 양성화 | 취산 | 고배형 | 충매화 | 6~9월 |

마주나며, 잎 모양은 대나무 잎처럼 길쭉하다. 하나의 마디에서 3개의 잎이 나온다(삼륜생).

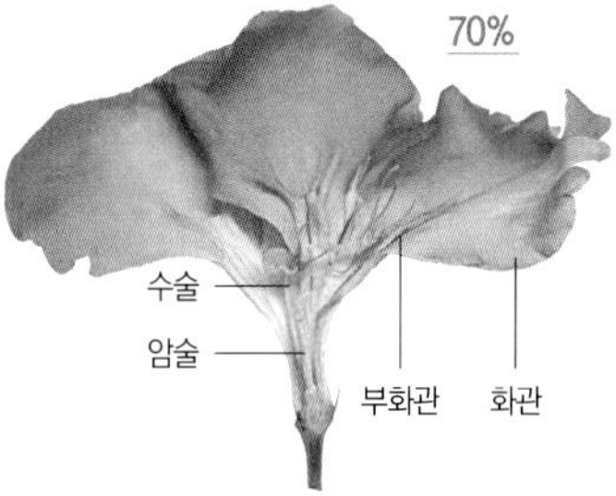

70%

수술
암술
부화관
화관

꽃의 단면 ▶
화관은 고배형이며, 위쪽은 5갈래로 갈라지고 수평으로 퍼진다. 수술 속에 암술이 들어 있다.

부화관
100%
수술의 부속체
화관

가지 끝에서 나온 취산꽃차례에 차례로 꽃이 핀다. 수술은 5개이고, 꽃밥 끝에 털이 달린 실 같은 부속체가 있다.

70%

▲ 겹꽃

❶ 6~9월에 가지 끝에서 나온 취산꽃차례에 차례로 꽃이 핀다. 꽃색은 핑크, 적색, 백색, 황색 등 다양하다.
❷ 화관은 지름 4~5cm의 고배형이며, 위쪽은 5갈래로 갈라지고 수평으로 퍼진다.
❸ 수술은 5개이고 화통에 달리며, 꽃밥 끝에 털이 달린 실 같은 부속체가 있다. 수술 속에 암술이 들어 있다.

꽃차례의 중앙에 암꽃이 있고, 그 주위를 수꽃들이 둘러싸고 있다

# 회양목

*Buxus microphylla var. koreana*
【회양목과 회양목속】



• 상록관목 • 수고 2~3m • 분포 제주도, 남해 도서 지역의 산간 바위지대, 특히 석회암 지대 • 유래 줄기 속이 황색(黃)이고 버드나무(楊)를 닮았다 하여, 황양목(黃楊木)이라 하다가 화양목, 회양목으로 변한 것 • 꽃말 인내, 참고 견뎌냄

| 꽃의 성 | 수분법 | 개화기 | 기 타 |
|---|---|---|---|
|  | |  |  |
| 암수한 | 충매화 | 3~4월 | 밀원 |

마주나며, 거꿀달걀형이고
가장자리는 밋밋하다.
잎끝이 약간 뒤로 말린다.

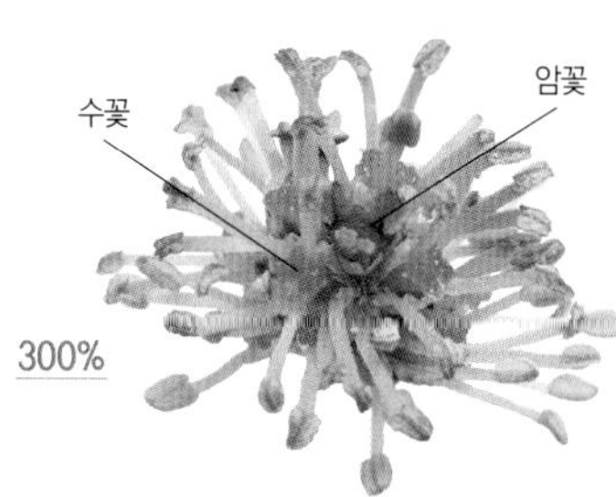


암꽃의 암술머리는 혀 모양(舌狀)이고 3갈래로 갈라진다. 암꽃, 수꽃 모두 꽃잎이 없다.

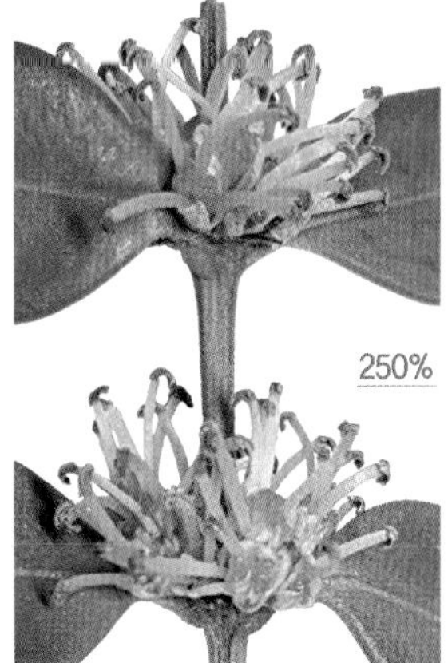

▲ **꽃차례**
암수한그루이며, 잎겨드랑이에 연한 황색의 꽃이 모여 핀다. 중앙에 암꽃이 있고, 그 주위를 수꽃들이 둘러싸고 있다.

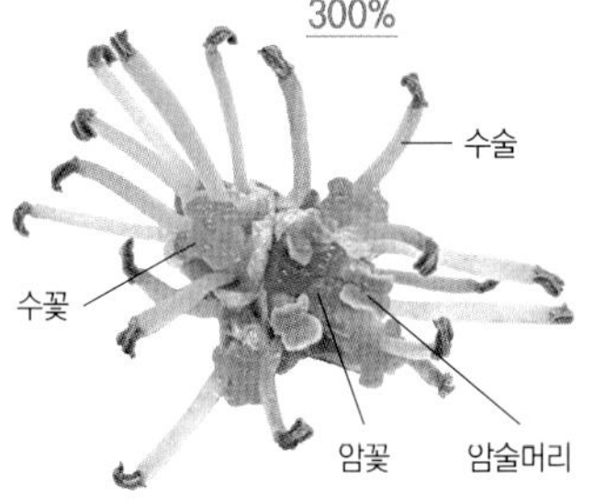


수꽃의 수술은 4개이며 꽃의 바깥으로 길게 나온다.

❶ 암수한그루이며, 3~4월에 잎겨드랑이에 연황색의 꽃이 모여 핀다. 꽃차례의 중앙에 암꽃이 있고 그 주위를 수꽃들이 둘러싸고 있다.
❷ 암꽃, 수꽃 모두 꽃잎이 없다. 꽃받침은 암꽃에는 6개이고, 수꽃에는 4개가 있다.
❸ 암꽃의 암술머리는 혀 모양(舌狀)이고 3개이다. 수꽃은 4개이고, 수술은 길이 6~7mm이고 4개이며 꽃의 바깥으로 길게 나온다.

암꽃은 녹색이고 달걀형이며, 수꽃은 황갈색이고 타원형이다

# 개비자나무

*Cephalotaxus harringtonia*
【개비자나무과 개비자나무속】

- 상록관목 • 수고 2~5m • 분포 경기도 중부 이남의 산지 숲속
- 유래 잎 모양이 비자나무와 비슷하지만, 이보다 조금 뒤처진다 하여 붙여진 이름
- 꽃말 사랑스러운 미소, 소중

잎은 아닐 비(非)자 모양으로 좌우로 나란하다. 뒷면에 2줄의 흰색 숨구멍줄이 있다.

| 꽃의 성 | 수분법 | 개화기 |
|---|---|---|
| 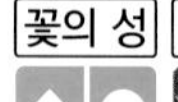 |  |  |
| 암수딴 | 풍매화 | 3~4월 |

400%

**암꽃차례** ▶
암꽃은 가지 끝에 피며, 달걀형이고 녹색을 띤다.

400%

◀ **수꽃차례**
수꽃은 지름 1cm 정도의 황갈색 타원형이며, 전년지의 잎겨드랑이에 6~10개씩 모여 핀다.

❶ 암수딴그루(간혹 암수한그루)이며, 3~4월에 꽃이 핀다.
❷ 암꽃은 가지 끝에 피며, 녹색이고 달걀형이다. 암꽃의 넓은 달걀형 비늘조각(인편) 속에는 2개의 배주가 붙는다.
❸ 수꽃은 전년지의 잎겨드랑이에 6~10개씩 둥글게 모여서 핀다. 크기는 지름 1cm 정도이고 황갈색의 타원형이다.

암수딴그루이며, 잎겨드랑이에 황백색의 작은 꽃이 모여 핀다

# 꽝꽝나무

*Ilex crenata*【감탕나무과 감탕나무속】



• **상록관목** • **수고** 3~5m • **분포** 경남, 전남, 전북, 제주도의 산지 숲속
• **유래** 잎이 두껍고 살이 많아서 불에 태우면 '꽝꽝' 소리가 난다 하여 붙여진 이름
• **꽃말** 참고 견디어 냄

| 꽃의 성 | 꽃차례 | 수분법 | 개화기 | 기 타 |
|---|---|---|---|---|
| 암수딴 | 산형(♂) | 충매화 | 5~6월 | 향기 |

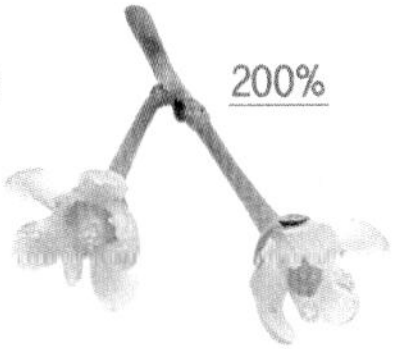

어긋나기. 잎이 두꺼워서 불에 태우면 '꽝꽝' 소리가 난다고 하여 붙여진 이름이다.

200%

400%

헛수술

암술

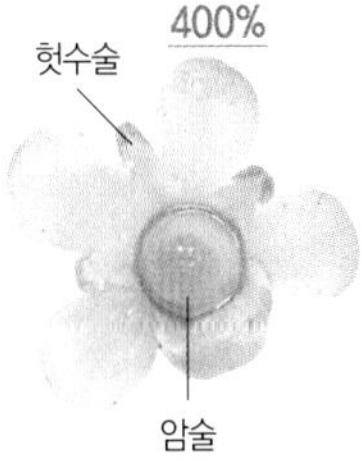

▲ **암꽃**
헛수술이 4개이며, 암술머리는 두툼한 원반 모양이고 4갈래로 갈라진다.

350%

◀ **꽃차례**
암수딴그루이며, 새 가지의 잎겨드랑이에 황백색 또는 녹백색의 꽃이 모여 핀다.

**수꽃** ▶
수꽃은 2~6개씩 모여 핀다. 꽃잎보다 약간 짧은 수술 4개와 헛암술이 있다.

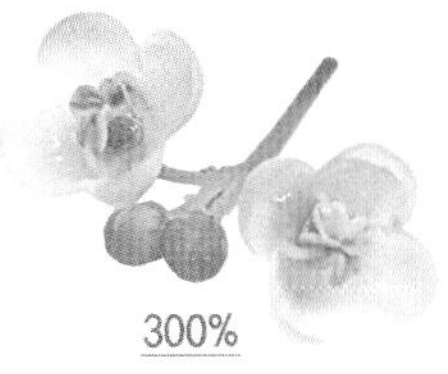

300%

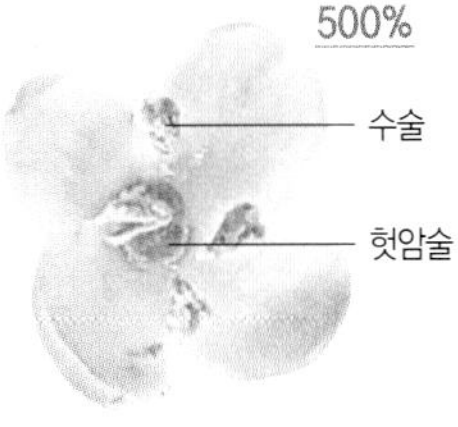

500%

수술

헛암술

❶ 암수딴그루이며, 5~6월에 새 가지의 잎겨드랑이에 황백색 또는 녹백색의 꽃이 모여 핀다. 꽃은 지름 4~5mm이며, 꽃받침조각과 꽃잎은 각각 4개이다.
❷ 암꽃은 1개씩 피며, 꽃잎은 달걀 모양의 원형이다. 암술머리는 두툼한 원반 모양이고 4갈래로 갈라지며, 불임성의 헛수술이 4개 있다.
❸ 수꽃은 산형꽃차례에 2~6개씩 모여 피며, 완전한 4개의 수술과 퇴화된 암술(헛암술)이 있다.

꽃향기가 멀리까지 퍼진다 하여 만리향이라는 별명도 가지고 있다

# 돈나무

*Pittosporum tobira* 〔돈나무과 돈나무속〕

• 상록관목 • 수고 2~3m • 분포 경남, 전남, 전북, 제주도의 바닷가 산지 • 유래 꽃과 열매에서 꿀이 분비되면 벌레가 많이 꼬이므로 지저분하여 '똥나무'라 하다가 돈나무로 변한 것
• 꽃말 꿈속의 사랑, 포용, 한결같은 관심, 번영

| 꽃의 성 | 꽃차례 | 수분법 | 개화기 | 기 타 |
|---|---|---|---|---|
| 암수딴 | 취산 | 충매화 | 4~5월 | 향기 |

어긋나며, 긴 거꿀달걀형이고 가지 끝에 모여 달린다. 햇빛을 많이 받으면 잎이 뒤로 말린다.

200%

▲ 암꽃

헛수술

암술

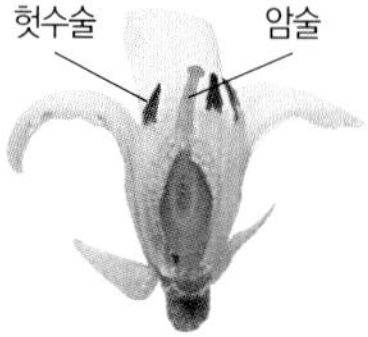

▲ 암꽃의 단면
수술은 암술과 비슷하거나 약간 짧고, 꽃밥의 발달이 빈약하다.

200%

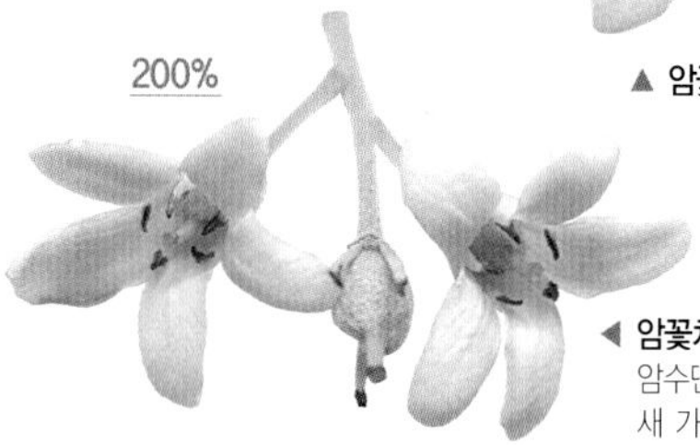

◀ 암꽃차례
암수딴그루이며, 4~5월에 새 가지 끝에 향기가 좋은 백색 꽃이 모여 핀다.

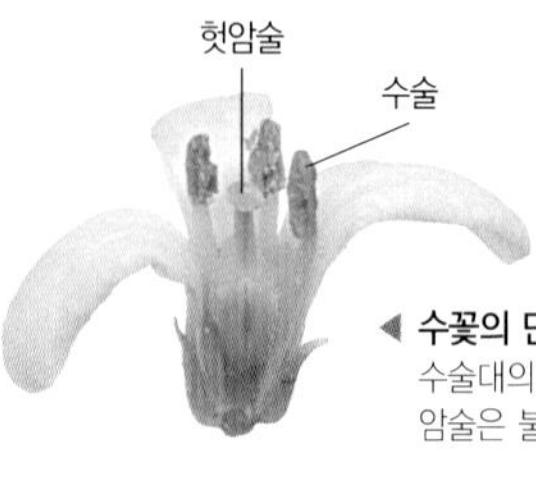

헛암술

수술

◀ 수꽃의 단면
수술대의 길이가 5~6mm이며, 암술은 불임성이고 수술보다 짧다.

200%

▲ 수꽃

❶ 암수딴그루이며, 4~5월에 새 가지 끝의 취산꽃차례에 백색의 꽃이 모여 핀다. 꽃은 지름 2cm 정도이고 향기가 있다.
❷ 암꽃은 수술이 암술과 비슷하거나 약간 짧다. 수술대는 길이가 2~3mm이며, 꽃밥의 발달이 빈약하다. 씨방은 거꿀달걀형이고 털이 밀생한다.
❸ 수꽃은 수술대의 길이가 5~6mm이며, 씨방은 긴 달걀형이다. 암술은 불임성이고 수술보다 짧다.

흰색 꽃이 피므로 은목서라고도 하며, 향기가 매우 강하다

# 목서

*Osmanthus fragrans* 【물푸레나무과 목서속】

• 상록관목 • **수고** 3~5m • **분포** 남부 지방에 식재 • **유래** 수피가 무소(코뿔소)의 뿔 표면과 비슷하고, 잎에 무소의 뿔처럼 단단하고 날카로운 가시가 있어서 붙여진 이름
• **꽃말** 선견, 유혹, 조심

| 꽃의 성 | 꽃차례 | 수분법 | 개화기 | 기 타 |
|---|---|---|---|---|
| 암수딴 | 산형 | 충매화 | 9~11월 | 향기 |

마주나며, 긴 타원형이고 가장자리에 예리한 가시가 있다.
잎면은 두꺼운 가죽질이다.

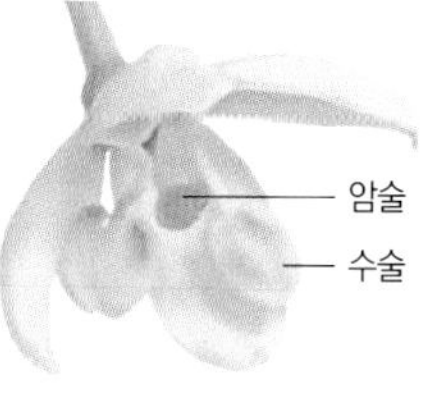


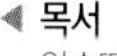

◀ **목서**
암수딴그루이며, 9~11월에 잎겨드랑이에 백색의 작은 꽃이 모여 피는데, 향기가 강하다.

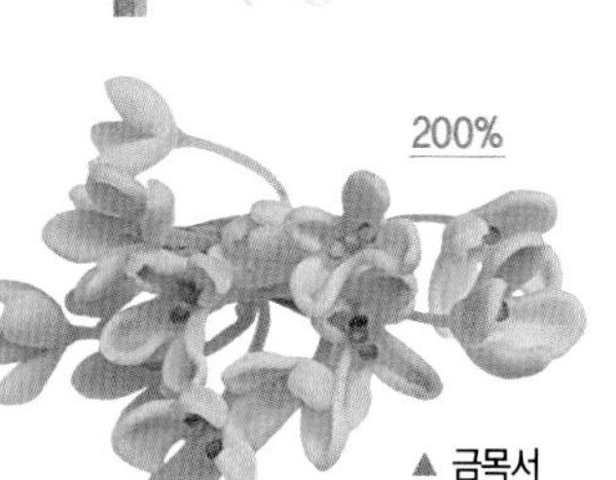

▲ **금목서**
목서의 변종이며, 꽃은 지름 4~5mm이고 등황색이다. 향기가 매우 강하다.

❶ 암수딴그루이며, 우리나라에는 수꽃만 볼 수 있다. 9~11월에 잎겨드랑이에 백색의 작은 꽃이 모여 피는데, 강한 향기가 있다.

❷ 화관은 지름 약 4mm이고 4갈래로 깊게 갈라지며, 화관조각은 타원형이고 위가 둥글다. 꽃자루는 길이 5~10mm이다.

❸ 수꽃에는 2개의 수술과 불완전한 암술이 있다.

❹ 금목서(*Osmanthus fragrans* var. *aurantiacus*) : 은목서의 변종. 꽃은 지름 4~5mm이고 등황색이며, 목서보다 향기가 강하다.

암수딴그루이며, 잎겨드랑이에서 황백색 꽃이 1~3개씩 모여 핀다

# 사스레피나무

*Eurya japonica*

【차나무과 사스레피나무속】

• **상록관목** • **수고** 2~4m • **분포** 경남, 전남, 전북, 남해 도서 및 제주도의 해안가와 산지
• **유래** 나무껍질을 벗겨 씹어보면 약간 떫고 쓴 쌉싸래한 맛이 난다 하여 '쌉싸래'에서 '사스레'가 되고 여기에 껍질을 뜻하는 피(皮)가 붙어서 된 이름 • **꽃말** 당신은 소중합니다

| 꽃의 성 | 꽃모양 | 꽃모양 | 수분법 | 개화기 | 기 타 |
|---|---|---|---|---|---|
| 암수딴 | 종형(♀) | 항아리형(♂) | 충매화 | 2~4월 | 향기 |

어긋나며, 타원형이고 잎 끝이 조금 오목하게 들어간다. 잎면은 두꺼운 가죽질이고 광택이 난다.

200%

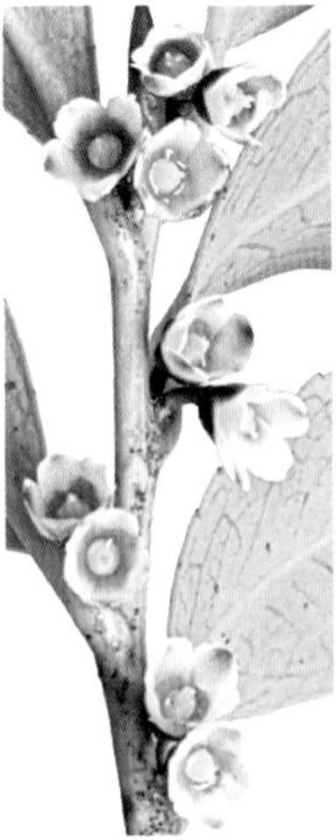

▲ 암꽃차례

200%

▲ 수꽃차례

500%

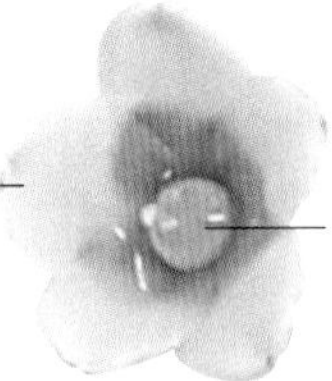

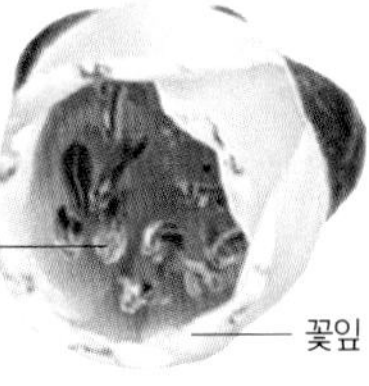

▲ **암꽃**
암술대는 3갈래로 얕게 갈라지고 뒤로 젖혀진다.

500%



▲ **수꽃**
수술은 12~15개이며, 암술은 퇴화되었다.

❶ 암수딴그루이며, 2~4월에 잎겨드랑이에서 황백색 꽃이 1~3개씩 모여 아래를 향해 핀다. 암꽃은 종형, 수꽃은 항아리형이다. 꽃잎과 꽃받침조각은 각각 5개이다.
❷ 암꽃의 암술대는 3갈래로 얕게 갈라지고 뒤로 젖혀지며, 꽃자루는 길이 2mm로 짧다.
❸ 수꽃의 수술은 12~15개이며, 암술은 퇴화되었다.

암수딴그루이며, 원추꽃차례에 자갈색 꽃이 모여 핀다

# 식나무

*Aucuba japonica* 【식나무과 식나무속】

• 상록관목 • 수고 2~3m • 분포 울릉도, 경남, 전남, 제주도의 산지 숲속
• 유래 사철 생생한 잎을 달고 있는 나무라서, '생나무(生木)'이라 불리다가 '싱나무'가 되고 다시 식나무로 변한 것 • 꽃말 젊고 아름답다

| 꽃의 성 | 꽃차례 | 수분법 | 개화기 |
| --- | --- | --- | --- |
|  |  |  |  |
| 암수딴 | 원추 | 충매화 | 3~4월 |

마주나며, 긴 타원형이고 상반부에만 큼직한 톱니가 있다. 잎면은 두꺼운 가죽질이고 광택이 난다.

200%

▲ 암꽃차례

200%

▲ 수꽃차례

암수딴그루이며, 3~4월에 전년지 끝에서 나온 원추꽃차례에 자갈색 꽃이 많이 핀다. 꽃잎은 4개이고, 긴 타원 모양의 달걀형이다.

◀ **암꽃** 가운데 암술대가 1개 있고, 수술은 없다. 꽃잎은 4개이고 끝이 뾰족하다.

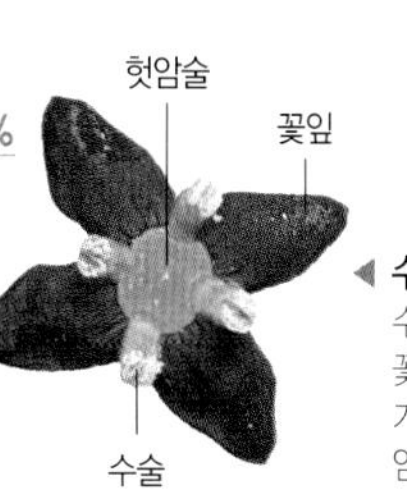


◀ **수꽃** 수술이 4개이고 꽃밥은 연황색이며, 가운데 퇴화된 암술이 있다.

❶ 암수딴그루(간혹 암수한그루)이며, 3~4월에 전년지 끝에서 나온 원추꽃차례에 자갈색 꽃이 모여 핀다.

❷ 암꽃과 수꽃은 모두 지름 약 1cm이며, 꽃잎은 4개이고 긴 타원 모양의 달걀형이다.

❸ 암꽃은 가운데 암술대가 1개 있고, 수술은 없다. 수꽃은 수술이 4개이고 꽃밥은 연황색이며, 가운데 퇴화된 암술이 있다.

암수딴그루이며, 산형꽃차례에 황록색 꽃이 모여 핀다

# 호랑가시나무

*Ilex cornuta*

【감탕나무과 감탕나무속】

- 상록관목 • 수고 2~3m • 분포 전남, 전북, 제주도의 바닷가 가까운 산지
- 유래 잎끝에 호랑이 발톱 같이 날카롭고 단단한 가시가 나 있어서 붙여진 이름
- 꽃말 가정의 행복, 평화

| 꽃의 성 | 꽃차례 | 수분법 | 개화기 | 기 타 |
|---|---|---|---|---|
|  |  | | |  |
| 암수딴 | 산형 | 충매화 | 4~5월 | 향기 |

어긋나며, 잎은 두껍고 윤기가 있다. 잎 모양은 타원상 육각형이고 각 점이 예리한 가시로 되어 있다.

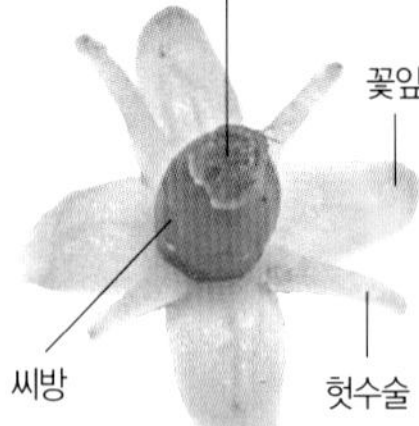


▲ **암꽃**
불임성의 헛수술이 4개 있으며, 암술머리는 두툼한 원반 모양이고 미세하게 4갈래로 갈라진다.

200%

▲ **암꽃차례**

200%

▲ **수꽃차례**

**수꽃** ▶
수술이 4개 있고, 씨방과 암술대는 퇴화되었다. 연황색 꽃밥은 꽃이 핀 후 검게 변한다.

❶ 암수딴그루이며, 4~5월에 전년지의 잎겨드랑이에서 나온 산형꽃차례에 황록색 꽃이 모여 핀다.

❷ 암꽃은 꽃잎보다 약간 짧은 불임성의 헛수술이 4개 있으며, 암술머리는 두툼한 원반 모양이고 미세하게 4갈래로 갈라진다. 씨방은 지름 2mm 정도의 달걀형이다.

❸ 수꽃은 꽃잎보다 약간 긴 수술이 4개 있고, 씨방과 암술대는 퇴화되었다. 연황색 꽃밥은 꽃이 핀 후 흑색으로 변한다.

꽃차례의 위쪽에 양성화가 피며, 수술기에서 암술기로 변해간다

# 팔손이

*Fatsia japonica* 〔두릅나무과 팔손이속〕

• 상록관목 • 수고 2~4m • 분포 경남, 전남 및 제주도에서 자람
• 유래 긴 잎자루 끝에 달린 잎이 손가락을 펼친 곳처럼 8갈래로 갈라진 것이 많기 때문에 붙여진 이름 • 꽃말 교활, 기만, 분별, 비밀

| 꽃의 성 | 꽃차례 | 수분법 | 개화기 | 기 타 |
|---|---|---|---|---|
| 수양한 | 산형 | 충매화 | 9~10월 | 밀원 |

어긋나며, 상록수에서는 보기 드문 잎몸이 7~9갈래로 갈라지는 길래잎이다.

80%

70%

▲ 양성화(수술기)

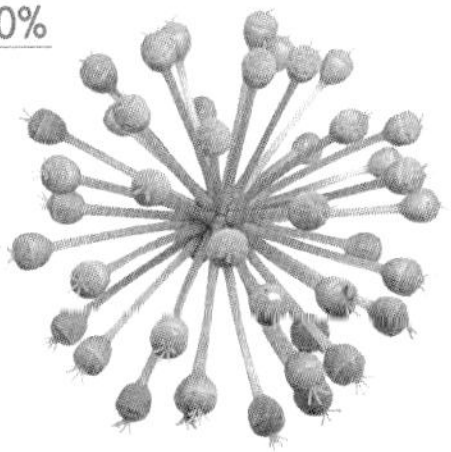

▲ 양성화(암술기)

양성화는 자가수분을 피하기 위해, 수술기에서 암술기로 변해간다.

60%

양성화

수꽃봉오리

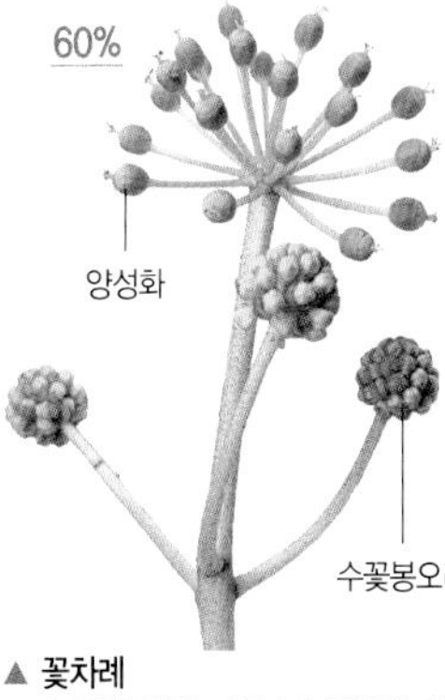

▲ 꽃차례

수꽃양성화한그루이며, 구형의 산형꽃차례를 원추상으로 내고 양성화를 피운다. 꽃차례의 위쪽에는 양성화가 피고, 아래쪽에는 수꽃이 핀다.

100%

▲ 수꽃

꽃차례의 아래쪽에 붙으며, 개화말기에 꽃이 핀다.

❶ 수꽃양성화한그루이며, 9~10월 가지 끝에 구형의 산형꽃차례를 원추상으로 내고 황록색의 양성화를 피운다. 꽃차례의 위쪽에는 양성화가, 아래쪽에는 수꽃이 핀다.

❷ 양성화는 수술기에서 암술기로 변해간다(웅성선숙). 꽃은 지름 1cm 정도이며, 꽃잎은 길이 3~4mm의 달걀형이고 뒤로 젖혀진다. 수술은 5개이고 꽃밥은 백색이며, 암술대는 5개이다.

❸ 수꽃은 꽃차례의 아래쪽에 붙으며, 개화말기에 꽃이 핀다.

| | | | |
|---|---|---|---|
| **01.** 계요등 | **04.** 등 | **07.** 오미자 | **10.** 포도 |
| **02.** 능소화 | **05.** 칡 | **08.** 청가시덩굴 | **11.** 다래 |
| **03.** 담쟁이덩굴 | **06.** 으름덩굴 | **09.** 청미래덩굴 | **12.** 머루 |

# Chapter 07 낙엽덩굴나무

줄기로 서지 못하고 다른
식물이나 물체에 걸치거나
감겨서 생활하며,
겨울에 잎이 지는 나무

화관 통부의 입구와 안쪽은 홍자색의 샘털이 많다

# 계요등

*Paederia foetida* 【꼭두선이과 계요등속】

• 낙엽덩굴나무 • 길이 5~7m • 분포 주로 남부 지방에 흔히 자라지만, 경기도 및 충북에도 자람
• 유래 잎을 따서 손으로 비벼보면 닭(鷄)의 오줌(尿) 냄새가 나며, 덩굴(藤)식물이어서 붙여진 이름
• 꽃말 지혜로움

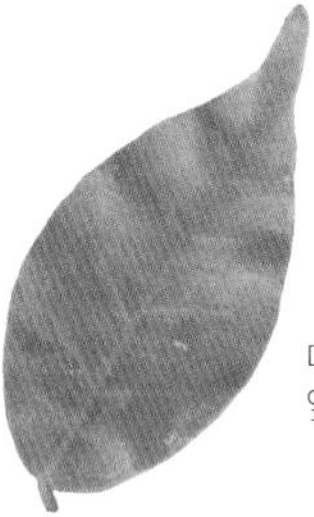

| 꽃의 성 | 꽃차례 | 꽃모양 | 수분법 | 개화기 |
|---|---|---|---|---|
| 양성화 | 원추 | 종형 | 충매화 | 7~8월 |

마주나며, 피침형 또는 달걀형이다.
잎끝이 뾰족하고 가장자리는 밋밋하다.

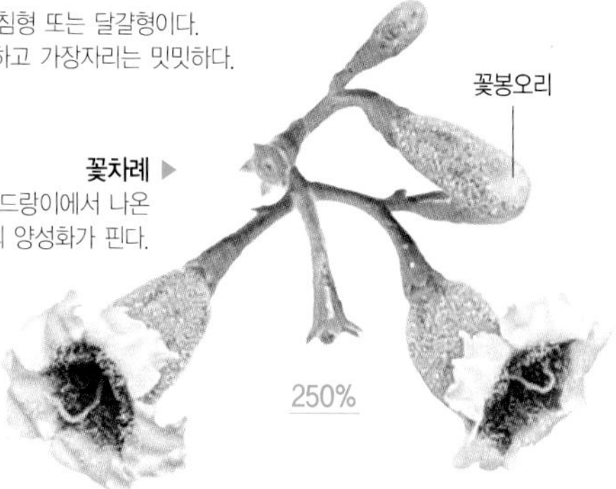

꽃봉오리

**꽃차례** ▶
7~8월에 잎겨드랑이에서 나온
원추꽃차례에 회백색의 양성화가 핀다.

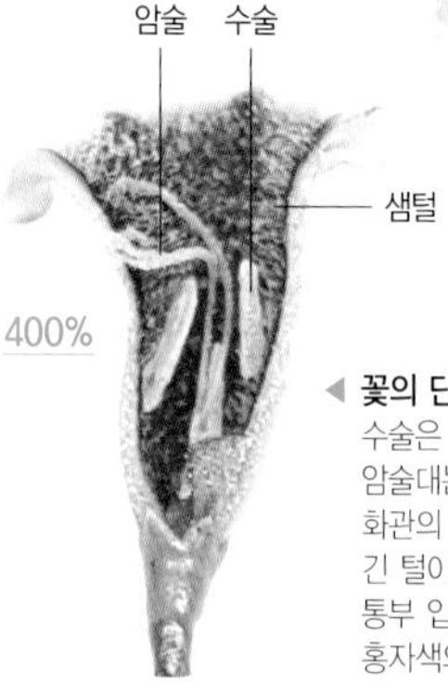

250%

암술 수술

샘털

400%

◀ **꽃의 단면**
수술은 5개이고
암술대는 2개이다.
화관의 외부에 회백색의
긴 털이 밀생하고,
통부 입구와 안쪽은
홍자색의 샘털이 많다.

400%

꽃은 종 모양이며, 화관은
5갈래로 얕게 갈라지고
끝부분이 약간 뒤로 젖혀진다.

❶ 7~8월에 잎겨드랑이에서 나온 원추꽃차례에 회백색의 양성화가 모여 핀다.
❷ 꽃은 길이 7~12mm의 종 모양이며, 화관은 5갈래로 얕게 갈라지고 끝부분이 약간 뒤로 젖혀진다.
❸ 수술은 5개인데 이중에 2개는 길고, 암술대는 2개이다. 화관의 외부에 회백색의 긴 털이 밀생하고, 통부 입구와 안쪽은 홍자색의 샘털이 많다.

한여름 동안 원추꽃차례에 5~15개의 등적색 꽃이 핀다

# 능소화

*Campsis grandiflora* 【능소화과 능소화속】

- 낙엽덩굴나무 • 길이 10m • 분포 중부 이남에 식재
- 유래 능가하다는 능(凌)과 하늘을 뜻하는 소(霄)를 붙여서, 덩굴이 하늘을 가릴 정도로 높이 올라가면서 피는 꽃이라는 뜻 • 꽃말 여성, 그리움, 명예, 자존심

| 꽃의 성 | 꽃차례 | 꽃모양 | 수분법 | 개화기 |
|---|---|---|---|---|
| 양성화 | 원추 | 깔때기형 | 조매화 | 7~8월 |

마주나며, 3~5쌍의 작은잎을 가진 홀수깃꼴겹잎이다. 잎축에 세모로 모가 져 있다.

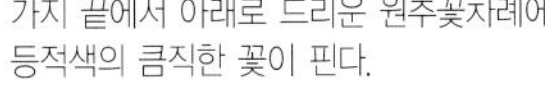

가지 끝에서 아래로 드리운 원추꽃차례에 등적색의 큼직한 꽃이 핀다.

화관의 위쪽은 5갈래로 갈라지며, 끝 부분이 넓게 벌어진 깔때기형이다.

◀ 미국능소화

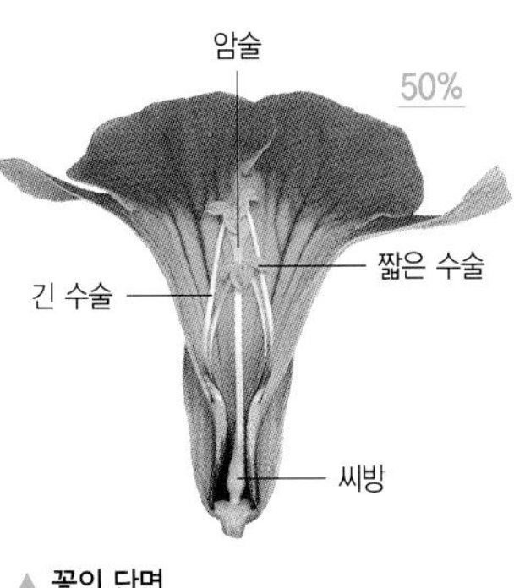


▲ **꽃의 단면**

수술은 4개이고, 그중에서 2개는 길다.

❶ 7~8월에 가지 끝에서 아래로 드리운 원추꽃차례에 5~15개의 등적색 꽃이 핀다.
❷ 화관은 지름 6~7cm의 넓은 깔때기형이며, 위쪽은 5갈래로 갈라진다.
❸ 수술은 4개인데, 그중에서 2개는 길고 2개는 짧다.
❹ 미국능소화(*Campsis radicans*) : 능소화에 비해 화관이 길고 꽃색은 더 붉다.

처음에는 수술기이다가 수분이 이루어지면 암술기로 변한다

# 담쟁이덩굴

*Parthenocissus tricuspidata*

【포도과 담쟁이덩굴속】

• 낙엽덩굴나무 • 길이 10~15m • 분포 전국의 산지
• 유래 담을 기어오르는 덩굴식물이기 때문에 붙여진 이름
• 꽃말 공생, 영원한 사랑, 우정

| 꽃의 성 | 꽃차례 | 수분법 | 개화기 | 기 타 |
|---|---|---|---|---|
| 양성화 | 취산 | 충매화 | 6~7월 | 밀원 |

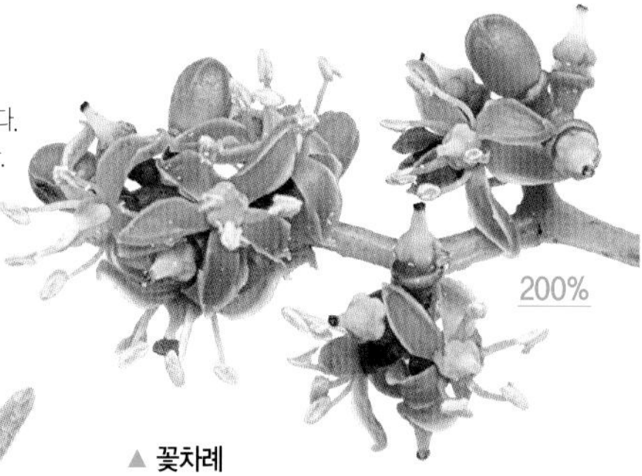

어긋나며, 갈래잎이고 잎몸의 윗부분이 보통 3갈래로 갈라진다. 가을의 붉은색 단풍이 아름답다.

200%

▲ 꽃차례
잎겨드랑이나 짧은 가지에서 취산꽃차례를 내고 연녹색 또는 황록색의 양성화가 모여 핀다.

300%

▲ 수술기
꽃잎과 수술은 각 5개이고, 암술은 1개이다.

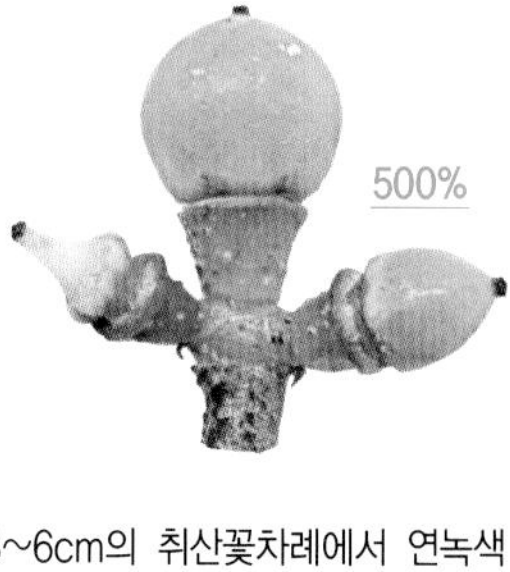

500%

암술기 ▶
수술기에서 수분이 이루어지면 꽃잎과 수술이 떨어지고 암술기가 된다.

❶ 6~7월에 잎겨드랑이나 짧은 가지에서 나온 길이 3~6cm의 취산꽃차례에서 연녹색 또는 황록색의 양성화가 모여 핀다.
❷ 꽃은 지름 3mm 정도이며, 꽃잎은 5개이고 타원형이다. 수술은 5개이며, 암술은 1개이고 암술대가 짧다.
❸ 꽃은 처음에는 꽃잎과 수술이 있는 수술기이고, 수분이 이루어지면 꽃잎과 수술이 떨어지고 암술기가 된다.

나비 모양의 연한 자주색 양성화가 피며, 향기가 진하다

# 등

*Wisteria floribunda* 【콩과 등속】

• 낙엽덩굴나무 • 길이 10m • 분포 경남, 경북의 숲가장자리 또는 계곡에 자생
• 유래 중국 이름을 그대로 빌려서 등(藤)이라고 한다.
• 꽃말 환영

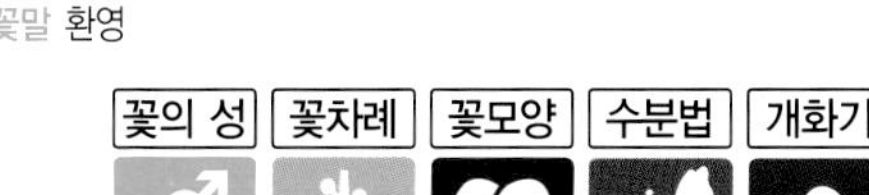

| 꽃의 성 | 꽃차례 | 꽃모양 | 수분법 | 개화기 | 기 타 | 기 타 |
|---|---|---|---|---|---|---|
| 양성화 | 총상 | 나비형 | 충매화 | 4~5월 | 향기 | 밀원 |

어긋나며, 작은잎이 5~9쌍인 홀수깃꼴겹잎이다. 잎자루 밑 부분에 엽침이 있다.

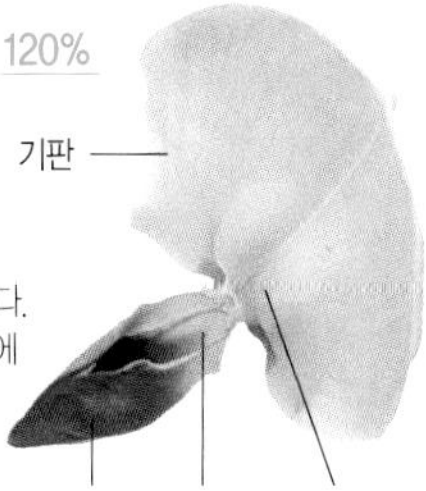

120%

기판

익판 용골판 밀표

꽃은 나비 모양이고, 위에서부터 차례대로 피어 내려가며, 향기가 진하다.

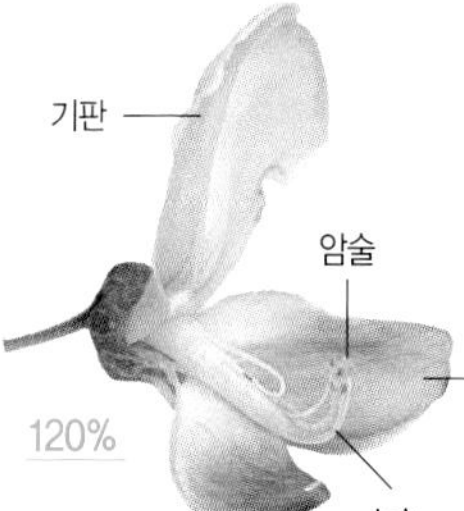

기판

암술

용골판

120%

수술

▲ **꽃의 내부**
익판과 용골판은 짙은 자주색이고, 용골판 속에 암술과 수술이 들어 있다.

**꽃차례** ▶
가지 끝에서 나온 대형의 총상꽃차례에 연한 자주색의 양성화가 모여 핀다.

30%

❶ 4~5월 가지 끝에서 나온 20~100cm의 총상꽃차례에 연한 자주색의 양성화가 모여 핀다.

❷ 꽃은 길이 1.5~2cm의 나비 모양이고 향기가 진하다. 위쪽의 큰 꽃잎(기판)은 중앙부에 노란색 무늬가 있어 곤충의 표지판 역할을 한다(밀표).

❸ 익판과 용골판은 짙은 자주색이고, 용골판 속에 암술과 수술이 들어 있다. 수술은 10개이며, 그중 1개는 분리되어 있다.

나비 모양의 홍자색 양성화가 모여 피며, 향기가 진하다

# 칡

*Pueraria lobata* 【콩과 칡속】

• 낙엽덩굴나무 • 길이 10m • 분포 전국의 산야
• 유래 중국 이름 갈(葛)을 '츩'으로 잘못 읽고 쓴 데서 유래된 이름
• 꽃말 사랑의 한숨, 사랑의 고통

| 꽃의 성 | 꽃차례 | 꽃모양 | 수분법 | 개화기 | 기 타 | 기 타 |
|---|---|---|---|---|---|---|
| 양성화 | 총상 | 나비형 | 충매화 | 7~8월 | 향기 | 밀원 |

어긋나며, 마름모꼴의 작은잎이 3장 모여 달리는 세겹잎이다.

꽃은 나비 모양이며, 향기가 진하다. 기판은 넓은 타원형이고, 중앙에 황색 무늬가 있어 곤충의 표지판 역할을 한다.

밀표

200%

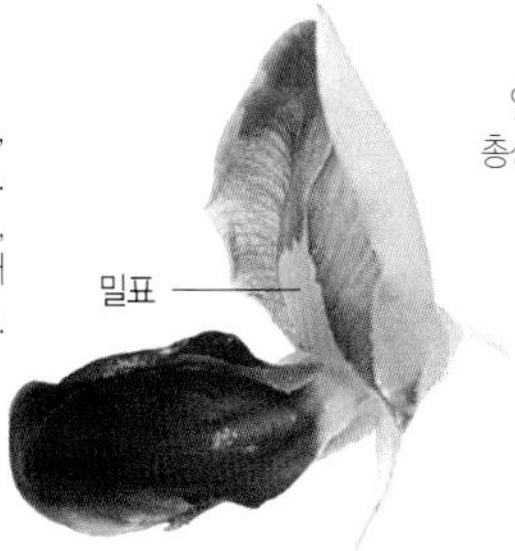

**꽃차례 ▶** 잎겨드랑이에서 나온 총상꽃차례에 홍자색의 양성화가 모여 핀다.

40%

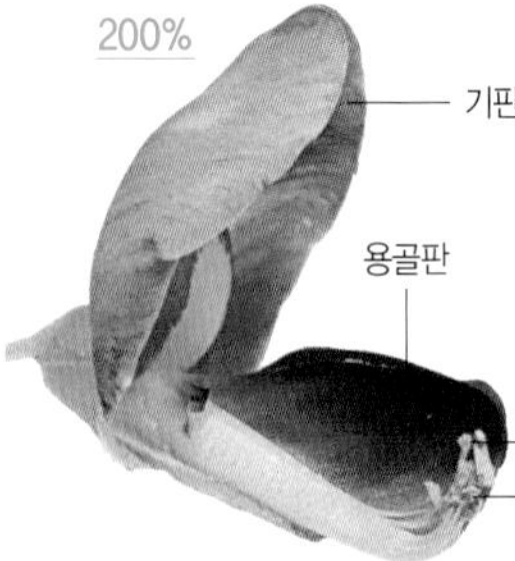

200%

기판

용골판

암술

수술

**◀ 꽃의 내부** 수술은 10개이고 암술은 1개이며, 암술과 수술은 서로 합체되어 있다.

❶ 7~8월에 잎겨드랑이에서 나온 길이 10~25cm의 총상꽃차례에 홍자색의 양성화가 모여 핀다.
❷ 꽃은 길이 15~20mm의 나비형이며, 향기가 진하다. 기판은 넓은 타원형이고 중앙에 황색 무늬(밀표)가 있어 곤충의 표지판 역할을 한다. 용골판은 익판보다 크고 길다.
❸ 수술은 10개이고 암술은 1개이며, 암술과 수술은 서로 합체되어 용골판 속에 들어 있다.

암수한그루이며, 총상꽃차례에 꽃이 피고 암꽃은 수꽃보다 크다

# 으름덩굴 *Akebia quinata* 【으름덩굴과 으름덩굴속】



- 낙엽덩굴나무 • 길이 5~6m • 분포 황해도 이남의 산지
- 유래 덩굴나무이고 열매의 과육이 얼음처럼 차갑고 흰 빛깔이기 때문에 붙여진 이름
- 꽃말 재능

| 꽃의 성 | 꽃차례 | 수분법 | 개화기 |
|---|---|---|---|
| 암수한 | 총상 | 충매화 | 4~5월 |

5~7장의 작은잎을 가진 손꼴겹잎이다. 종소명 콰이나타(*quinata*)는 잎이 5장인 것을 나타낸다.

▲ **꽃차례**
암수한그루이며, 암꽃은 꽃차례의 아랫부분에 1~3개씩 피고 수꽃은 꽃차례의 끝에 4~8개씩 핀다.

◀ **암꽃**
암꽃은 수꽃보다 크며, 원주형의 암술이 3~9개가 있다.

**수꽃** ▶
지름 1~1.6cm이고, 수술은 5~6개이고 꽃잎보다 짧다.

1. 암수한그루이며, 4~5월에 짧은 가지 끝의 잎 사이에서 나온 총상꽃차례에 꽃이 핀다.
2. 암꽃은 꽃차례의 아랫부분에 1~3개씩 피며, 지름 2.5~3cm이고 수꽃보다 크다. 원주형의 암술이 3~9개가 있다.
3. 수꽃은 꽃차례의 끝에 4~8개씩 피며, 지름 1~1.6cm이다. 수술은 5~6개이고, 꽃잎보다 짧다.

암수딴그루(간혹 암수한그루)이며, 약간 붉은 빛이 도는 황백색의 꽃이 핀다

# 오미자

*Schisandra chinensis* 【오미자과 오미자속】

• 낙엽덩굴나무 • 길이 10m • 분포 전국의 낮은 산지 숲속
• 유래 익은 열매에서 신맛, 단맛, 쓴맛, 짠맛, 매운맛의 다섯 가지 맛이 모두 섞여 있다고 하여 붙여진 이름 • 꽃말 다시 만나요, 재회의 약속

어긋나며, 타원형이고 잎끝이 뾰족하다. 가장자리에 물결 모양의 잔 톱니가 있다.

| 꽃의 성 | 수분법 | 개화기 |
|---|---|---|
| 암수딴 | 충매화 | 5~6월 |

암꽃

수꽃

150%

▲ **꽃차례**
새로 나온 짧은 가지의 잎겨드랑이에서 약간 붉은 빛이 도는 황백색의 꽃이 핀다.

200%

200%

화피

암술

▲ **암꽃**
암술은 연녹색이고 둥근 꽃턱 위에 다닥다닥 모여 있으며, 씨방이 14~20개이다.

수술

**수꽃** ▶
화피조각 안쪽에 붉은빛이 돌고 가운데 4~5개의 수술이 모여 있다.

화피

❶ 암수딴그루(간혹 암수한그루)이며, 5~6월에 새로 나온 짧은 가지의 잎겨드랑이에 약간 붉은 빛이 도는 황백색의 꽃이 핀다. 꽃은 지름 15mm이며, 화피조각은 꽃잎 모양이고 6~9개이다.

❷ 암꽃의 암술은 연녹색이고 둥근 꽃턱 위에 다닥다닥 모여 있다. 씨방이 14~20개이다.

❸ 수꽃의 화피조각 안쪽에 붉은빛이 돌고 가운데 4~5개의 수술이 모여 있다.

암수딴그루이며, 산형꽃차례에 황록색 꽃이 3~8개씩 모여 핀다

# 청가시덩굴

*Smilax sieboldii*

【청미래덩굴과 청미래덩굴속】

- 낙엽덩굴나무 • 길이 2~5m • 분포 함경북도를 제외한 전국의 산야
- 유래 청미래덩굴속 덩굴나무이며, 줄기와 가시가 모두 녹색이기 때문에 붙여진 이름
- 꽃말 장난

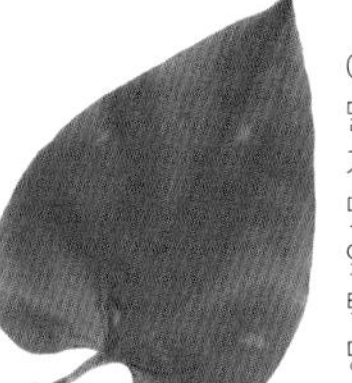

어긋나며, 달걀꼴 타원형이고 가장자리는 밋밋하다. 잎자루 중앙부에 턱잎이 변한 1쌍의 덩굴손이 있다.

| 꽃의 성 | 꽃차례 | 수분법 | 개화기 |
|---|---|---|---|
|  |  |  |   |
| 암수딴 | 산형 | 충매화 | 5~6월 |

▲ 암꽃차례

▲ 수꽃차례

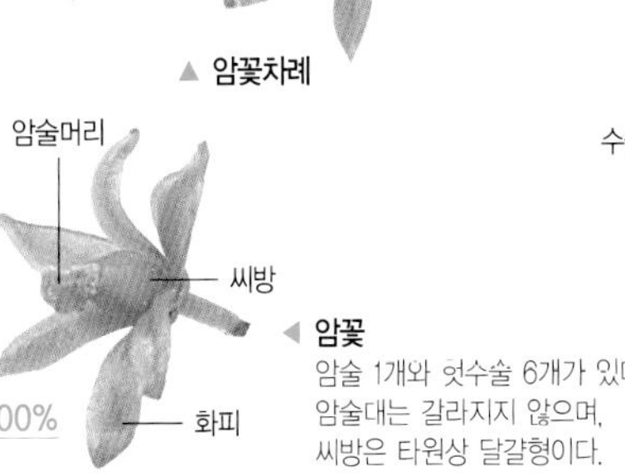


◀ **암꽃**
암술 1개와 헛수술 6개가 있다. 암술대는 갈라지지 않으며, 씨방은 타원상 달걀형이다.

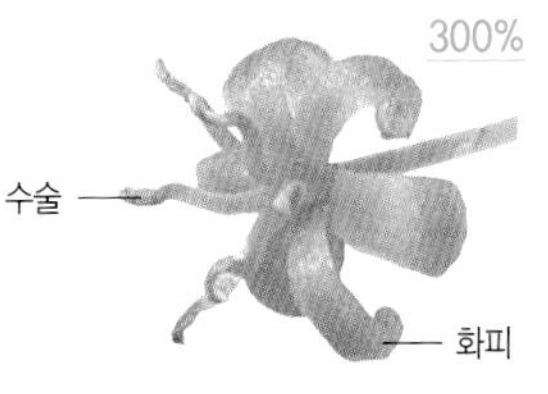


▲ **수꽃**
수술은 길이 2~3mm이고 보통 6개가 있다. 화피조각은 6개이며, 긴 타원형이고 뒤로 젖혀진다.

① 암수딴그루이며, 5~6월에 새 가지의 잎겨드랑이에서 나온 산형꽃차례에 황록색의 꽃이 3~8개씩 모여 핀다. 화피조각은 보통 6개이며, 길이 4~5mm의 긴 타원형이고 뒤로 젖혀진다.

② 암꽃은 화피조각이 수꽃보다 작고, 퇴화된 수술(헛수술)이 6개 있다. 씨방은 타원상 달걀형이며, 암술대는 갈라지지 않는다.

③ 수꽃의 수술은 길이 2~3mm이고 보통 6개가 있다.

암수딴그루이며, 산형꽃차례에 황록색 꽃이 모여 핀다

# 청미래덩굴

*Smilax china* 【청미래덩굴과 청미래덩굴속】

• 낙엽덩굴나무 • 길이 2~5m • 분포 황해도 해안가, 강원도 이남의 산야에서 흔하게 자람
• 유래 청머루와 비슷한 열매가 열리는 덩굴나무이라는 뜻에서 붙여진 이름
• 꽃말 불굴의 정신, 원기

어긋나며, 하트형 또는 원형이고 가장자리는 밋밋하다. 잎겨드랑이에 턱잎이 변한 2개의 덩굴손이 있다.

| 꽃의 성 | 꽃차례 | 수분법 | 개화기 |
|---|---|---|---|
|  |   |  | 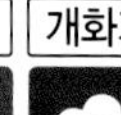 |
| 암수딴 | 산형 | 충매화 | 4~5월 |

▲ 암꽃차례

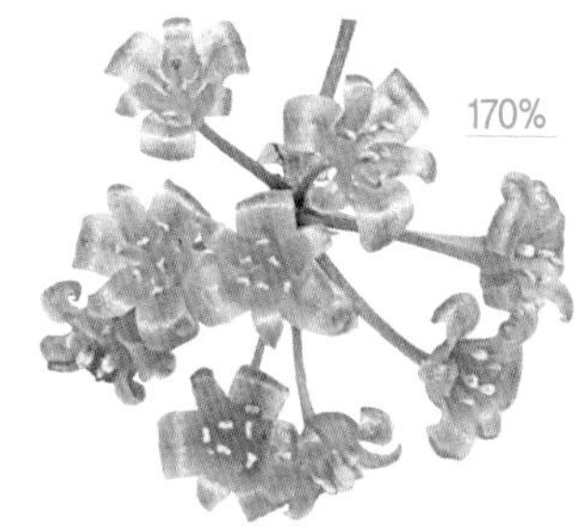


▲ 수꽃차례

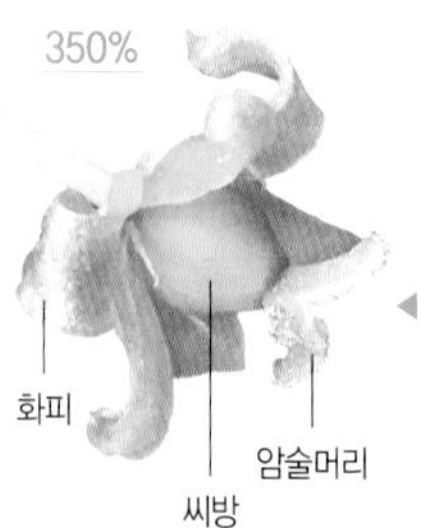


◀ **암꽃**
암술대는 아랫부분에서 3갈래로 갈라지며, 씨방은 달걀형이다.

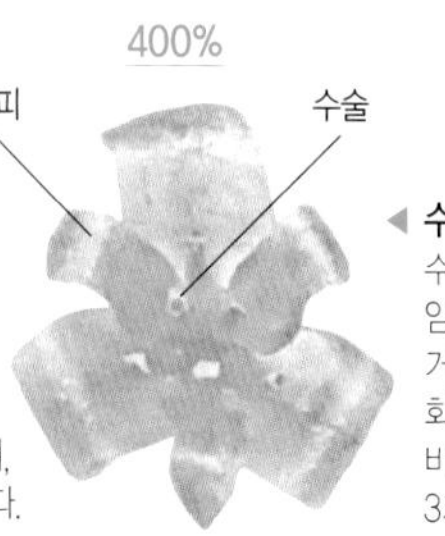


◀ **수꽃**
수술은 6개이고, 암술은 퇴화되어 거의 보이지 않는다. 화피조각은 6개이고 바깥쪽의 화피조각 3개는 크다.

❶ 암수딴그루이며, 4~5월에 새 가지의 잎겨드랑이에서 나온 산형꽃차례에 황록색 꽃이 모여 핀다.
❷ 암꽃은 암술대가 아랫부분에서 3갈래로 갈라지며, 퇴화된 수술(헛수술)이 6개이다. 씨방은 달걀형이다.
❸ 수꽃은 수술이 6개이며, 암술은 퇴화되어 거의 보이지 않는다. 화피조각은 6개이고 뒤로 젖혀지며, 바깥쪽의 화피조각 3개는 크다.

야생종은 암수딴그루이지만, 재배종은 양성화이다

# 포도

*Vitis vinifera* 【포도과 포도속】

• 낙엽덩굴나무 • 길이 재배종은 1~3m, 야생종은 15~35m • 분포 중남부 지방에 널리 재배 • 유래 고대 페르시아어 부도우(budow)가 한나라 때 중국에 전해져서 음역되어 포도(葡萄)가 됨 • 꽃말 기쁨, 박애, 자선

| 꽃의 성 | 꽃차례 | 수분법 | 개화기 | 기 타 |
|---|---|---|---|---|
|  |  |  | |  |
| 양성화 | 원추 | 충매화 | 5~6월 | 밀원 |

어긋나며, 보통 3~5갈래로 갈라진 갈래잎이다. 뒷면에 흰색 솜털이 많다.

200%

꽃잎은 5개가 끝에서 서로 붙어있고, 꽃받침은 끝이 둔하다.

60%

▲ **꽃차례**
원추꽃차례에 황록색의 작은 꽃이 모여 핀다. 야생종은 암수딴그루이지만, 재배종은 양성화이므로 자가수분이 가능하다.

400%

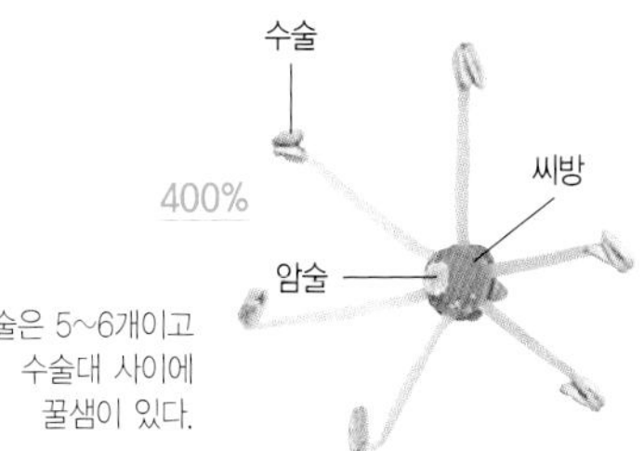


수술은 5~6개이고 수술대 사이에 꿀샘이 있다.

❶ 5~6월에 원추꽃차례에 황록색의 작은 꽃이 모여 핀다. 야생종은 암수딴그루이지만, 재배종은 양성화이므로 자가수분이 가능하다.

❷ 꽃잎은 5개가 끝에서 서로 붙어있고 밑 부분이 갈라져서 떨어진다. 꽃받침은 끝이 둔하다.

❸ 수술은 5~6개이고 수술대 사이에 꿀샘이 있다.

수꽃양성화딴그루이며, 잎겨드랑이에 백색 꽃이 아래를 향해 핀다

# 다래

*Actinidia arguta* 【다래나무과 다래속】

• 낙엽덩굴나무 • 길이 10~15m • 분포 전국의 산지에서 흔하게 자람
• 유래 '열매의 맛이 달다' 라는 뜻에서 유래된 이름
• 꽃말 깊은 사랑

| 꽃의 성 | 꽃차례 | 수분법 | 개화기 | 기 타 |
|---|---|---|---|---|
| 수양딴 | 취산 | 풍매화 | 5~6월 | 밀원 |

어긋나기. 넓은 달걀형이고 가장자리에 작은 가시 같은 잔 톱니가 있다.

100%

암술대
수술

**양성화** ▶
암술대는 선형이고 방사상으로 뻗어있다. 씨방은 호리병 모양이다.

100%

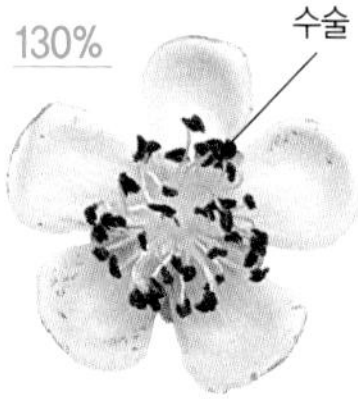

130%

수술

**수꽃** ▶
암술이 퇴화되었으며, 양성화의 수술보다 길이가 길다.

200%

▲ **양성꽃차례**
수꽃양성화딴그루이며, 줄기 윗부분의 잎겨드랑이에 백색의 꽃이 1~7개씩 아래를 향해 핀다.

▲ **수꽃의 단면**
수술은 여러 개이며, 꽃밥은 흑자색이다.

❶ 수꽃양성화딴그루이며, 5~6월에 줄기 윗부분의 잎겨드랑이에 백색의 꽃이 1~7개씩 모여 핀다. 꽃은 지름 1~1.5cm이며, 꽃잎은 5개이고 원형 또는 거꿀달걀형이다.
❷ 양성화의 씨방은 호리병 모양이고, 암술대는 선형이며 방사상으로 뻗는다. 수술은 여러 개이고 꽃밥은 흑자색이다.
❸ 수꽃의 암술은 퇴화되었으며, 수술은 양성화의 수술보다 길이가 더 길다.

수꽃양성화딴그루이며, 원추꽃차례에 황록색의 꽃이 모여 핀다

# 머루

*Vitis coignetiae* 【포도과 포도속】

- 낙엽덩굴나무 • 길이 10m • 분포 울릉도, 전남, 제주도의 숲가장자리 및 바닷가
- 유래 '야생 산포도'를 의미하며, 예전에 열매를 '멀위'라 하다가 머루가 된 것
- 꽃말 기쁨, 박애, 자선

| 꽃의 성 | 꽃차례 | 수분법 | 개화기 | 기 타 |
|---|---|---|---|---|
| 수양딴 | 원추 | 풍매화 | 6~7월 | 밀원 |

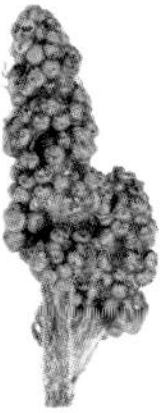

어긋나기. 원형 또는 하트형이고 3갈래 혹은 5갈래로 갈라진다.

100%

꽃봉오리 ▶

▲ 수꽃차례

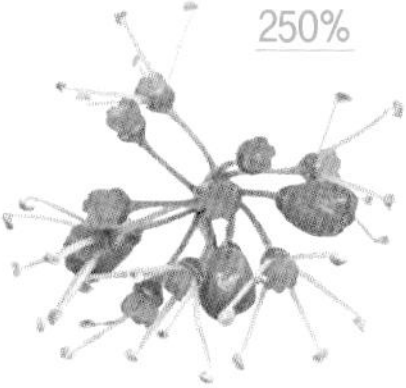

250%

100%

▲ 수꽃
수꽃의 수술은 길고, 암술은 퇴화되었다.

▲ 양성꽃차례
수꽃양성화딴그루이며, 원추꽃차례에 연한 황록색의 꽃이 모여 핀다. 양성화의 수술은 짧고, 씨방은 원추형이다.

❶ 수꽃양성화딴그루이며, 6~7월에 잎과 마주나는 길이 20cm 정도의 원추꽃차례에 연한 황록색의 꽃이 모여 핀다.

❷ 꽃잎, 꽃받침조각, 수술은 각각 5개씩이다. 꽃잎은 위쪽이 합착되어 있어 꽃이 필 때 모자를 벗는 것처럼 떨어져 나간다. 양성화의 수술은 수꽃의 수술보다 짧고, 씨방은 원추형이다.

❸ 수꽃은 수술이 길고, 암술은 퇴화되었다.

01. 마삭줄
02. 보리밥나무
03. 송악
04. 인동덩굴
05. 줄사철나무
06. 멀꿀
07. 남오미자

# Chapter 08 상록덩굴나무

줄기로 서지 못하고 다른 식물이나 물체에 걸치거나 감겨서 생활하며, 겨울에 잎이 지지 않는 나무

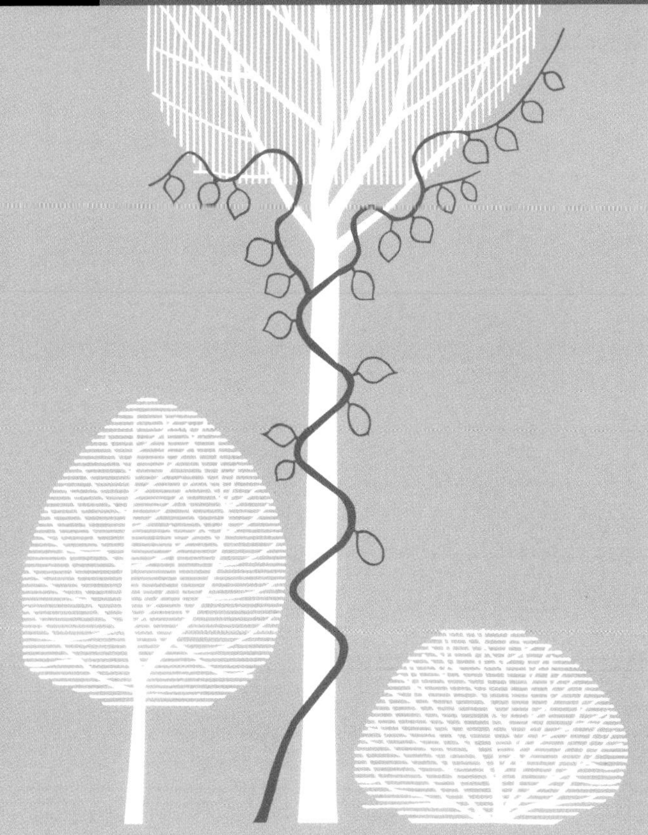

바람개비 모양의 백색 양성화가 피며, 향기가 강하다

# 마삭줄

*Trachelospermum asiaticum* 【협죽도과 마삭줄속】

- 상록덩굴나무 • 길이 5~10m • 분포 경북, 전북 이남 및 제주도의 산지
- 유래 질긴 줄기를 마삭(麻索)처럼 끈이나 밧줄로 사용한 데서 유래된 이름
- 꽃말 매혹, 속삭임, 하얀 웃음

마주나며, 타원형 또는 달걀형이다. 상록성이지만 겨울에는 붉은색으로 단풍 들기도 한다.

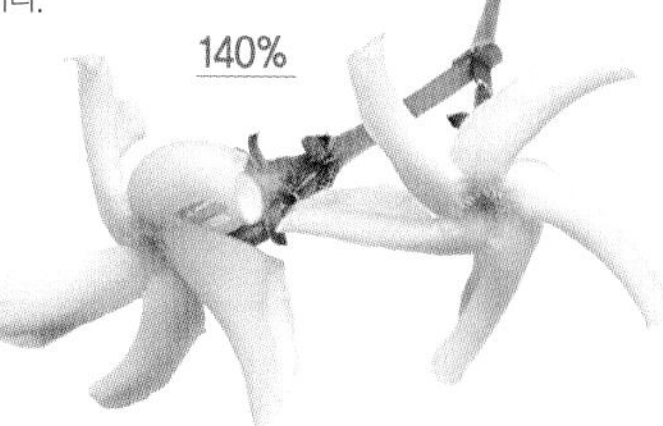


100%

화관은 바람개비 모양의 고배형이며, 위쪽은 끝이 5갈래로 갈라진다.

▲ **꽃차례**
새 가지 끝이나 잎겨드랑이의 취산꽃차례에서 향기가 좋은 백색의 양성화가 핀다.

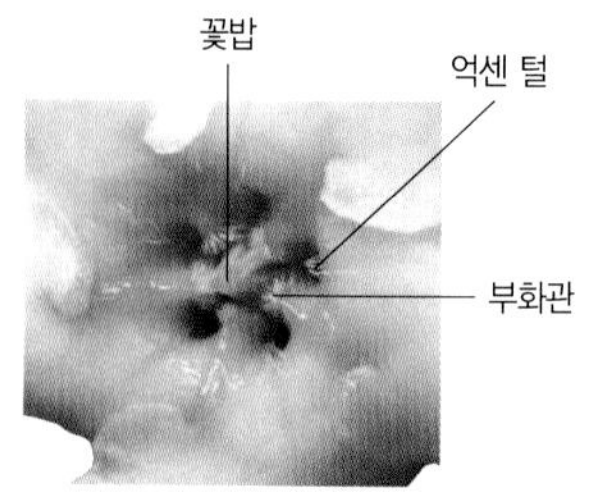


**꽃의 단면** ▶
수술은 5개이고 화관통부 안쪽의 윗부분에 붙어 있으며, 암술대는 1개이고 꽃받침보다 길다.

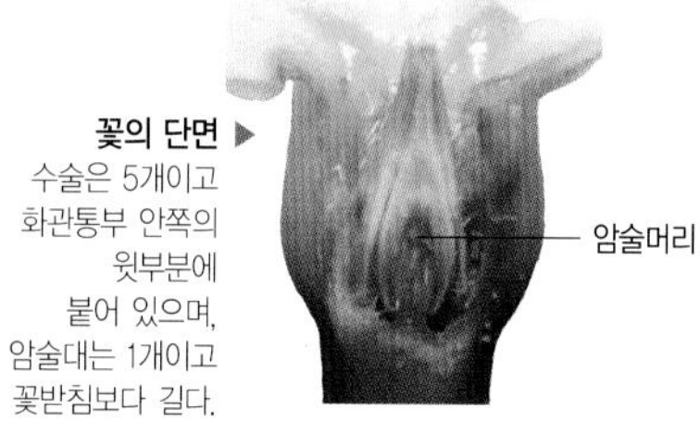


❶ 5~6월에 새 가지 끝이나 잎겨드랑이에서 나온 취산꽃차례에 향기가 좋은 백색의 양성화가 핀다.

❷ 화관은 지름 2~3cm의 바람개비 모양의 고배형(高杯形)이며, 통부는 길이 7~8mm이고 위쪽은 끝이 5갈래로 갈라진다. 화관조각은 약간 뒤틀린다.

❸ 수술은 5개이고 화관통부 안쪽의 윗부분에 붙어 있으며, 끝이 화관 밖으로 약간 돌출한다. 암술대는 1개이고 꽃받침보다 길다.

꽃받침통은 아랫부분에서 급하게 잘록해져서 씨방과 연결되어 있다

# 보리밥나무

*Elaeagnus macrophylla*
【보리수나무과 보리수나무속】

- 상록덩굴나무 • 길이 2~3m • 분포 울릉도 및 황해도 이남의 바닷가 산지
- 유래 열매의 빛깔과 생김새가 보리밥처럼 생겨서 붙여진 이름
- 꽃말 결혼, 부부의 사랑, 해탈

| 꽃의 성 | 꽃차례 | 수분법 | 개화기 |
|---|---|---|---|
|  |  | 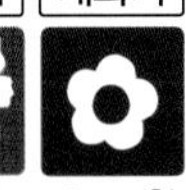 | |
| 양성화 | 산형 | 충매화 | 10~11월 |

어긋나며, 넓은 달걀형이고 가장자리에 물결 모양의 주름이 있다. 잎 뒷면에 은백색 털이 많다.

300%

꽃의 바깥쪽과 꽃자루에는 광택이 나는 은백색의 비늘털이 밀생한다.

300%

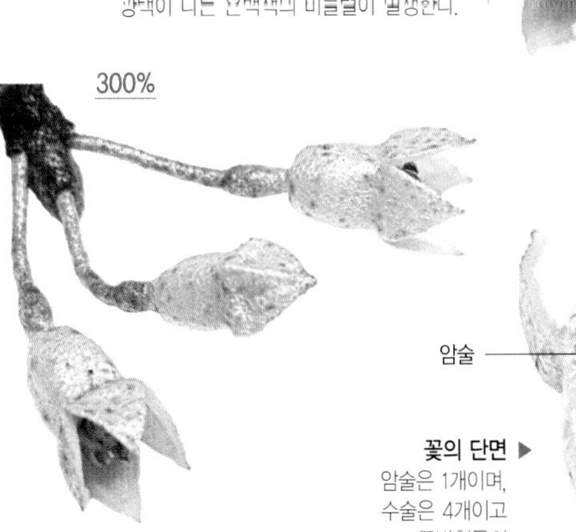

▲ 꽃차례
잎겨드랑이에 백색 또는 연황색의 양성화가 1~3개씩 아래로 드리워 핀다.

수술
암술
꽃받침통
씨방

꽃의 단면 ▶
암술은 1개이며, 수술은 4개이고 꽃받침통의 안쪽에 붙는다.

❶ 10~11월, 잎겨드랑이에서 나온 산형꽃차례에 백색 또는 연황색의 양성화가 1~3개씩 아래로 드리워 핀다.

❷ 꽃받침통은 아랫부분에서 급하게 잘록해져 씨방과 연결된다. 꽃의 바깥쪽과 꽃자루에는 광택이 나는 은백색의 비늘털이 밀생한다.

❸ 암술은 1개이며, 수술은 4개이고 꽃받침통의 안쪽에 붙는다.

황록색의 양성화가 모여 피며, 수술기에서 암술기로 변한다

# 송악

*Hedera rhombea* 【두릅나무과 송악속】

- 상록덩굴나무 • 길이 10m • 분포 전라도, 울릉도 및 제주도의 산지
- 유래 소가 잘 먹는 나무라서 '소밥'이라 불렀는데, 이것이 변해 송악이 되었다.
- 꽃말 매혹, 한결같은 마음

어긋나며, 3~5갈래로 갈라지는 갈래잎이다. 종소명 롬베아(*rhombea*)는 마름모꼴이라는 뜻으로 잎의 모양을 나타낸다.

| 꽃의 성 | 꽃차례 | 수분법 | 개화기 |
|---|---|---|---|
| 양성화 | 산형 | 충매화 | 8~11월 |

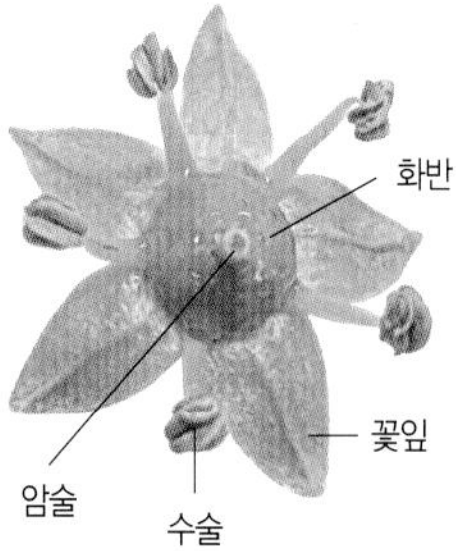

300%

**꽃(수술기)** ▶ 수술은 5개이고, 꽃밥은 황색이다. 암술대는 짧고, 화반은 연녹색이다.



200%

▲ **꽃차례(수술기)** 구형의 산형꽃차례에 황록색의 양성화가 모여 핀다.

150%

500%

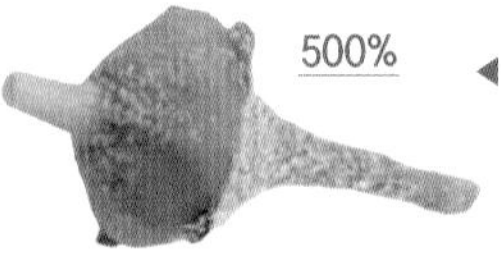

◀ **꽃(암술기)** 꽃이 시들면 꽃잎과 수술은 떨어져 나간다.

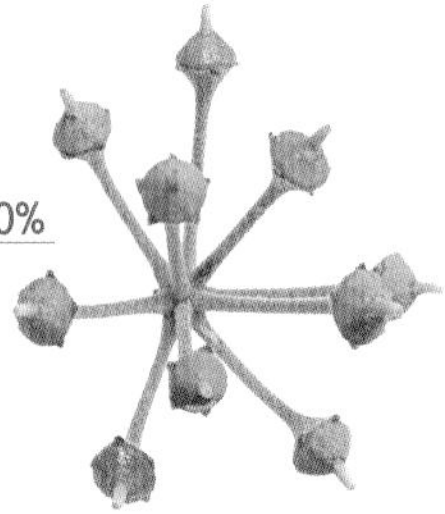

▲ **꽃차례(암술기)** 꽃은 수술기에서 암술기로 변해간다.

❶ 8~11월에 가지 끝에서 나온 지름 2.5~3cm의 산형꽃차례에 황록색의 양성화가 모여 핀다. 양성화는 수술기에서 암술기로 변해간다(웅성선숙).

❷ 꽃은 지름 1cm 정도이다. 꽃잎은 길이 3~4mm의 긴 달걀형이고 5개이며, 뒤로 젖혀진다.

❸ 수술은 5개이며, 꽃밥은 황색이고 열개하면 갈색으로 변한다. 암술대는 짧고, 화반은 연녹색이다.

백색의 양성화가 2개씩 피며, 꽃색은 백색에서 황색으로 변한다

# 인동덩굴

*Lonicera japonica* 【인동과 인동속】

• 상록덩굴나무 • 길이 3~4m • 분포 전국의 숲가장자리, 풀밭 및 길가
• 유래 덩굴나무이며, 추운 겨울을 잘 견디고(忍冬) 봄에 다시 새순을 내기 때문에 붙여진 이름 • 꽃말 사랑의 인연, 헌신적 사랑

| 꽃의 성 | 꽃모양 | 수분법 | 개화기 | 기 타 | 기 타 |
|---|---|---|---|---|---|
|  |  |  |  |  | |
| 양성화 | 입술형 | 충매화 | 5~6월 | 향기 | 밀원 |

마주나며, 긴 달걀형이고 가장자리는 밋밋하다.
따뜻한 곳에서는 겨울에도 잎을 달고 있는 반상록성이다.

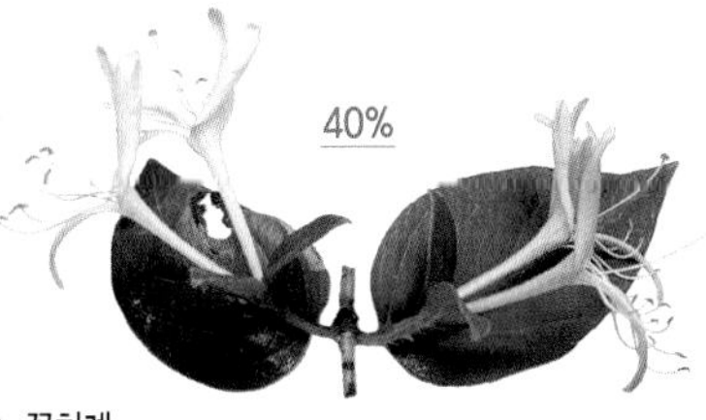


▲ 꽃차례
가지 끝의 잎겨드랑이에 백색의 양성화가 2개씩 모여 핀다.
꽃색은 처음에는 백색이지만 수분 후에는 황색으로 변한다.

화관은 입술형이고 끝이 2갈래로 깊게 갈라진다.
위쪽 조각은 다시 4갈래로 얕게 갈라진다.

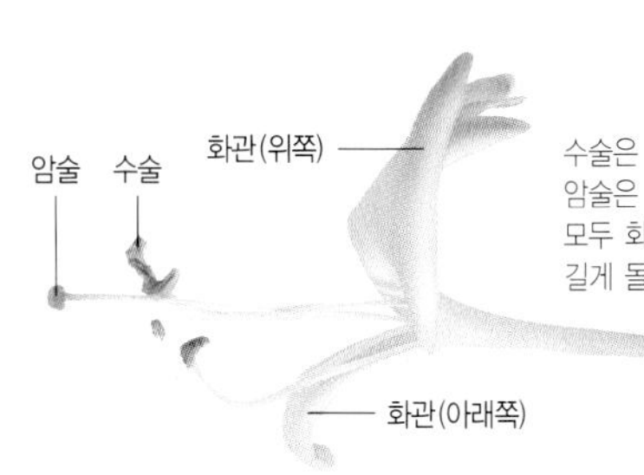


수술은 5개이고
암술은 1개이며,
모두 화관통부 밖으로
길게 돌출한다.

▲ 붉은인동

❶ 5~6월에 가지 끝의 잎겨드랑이에 향기가 있는 백색의 양성화가 2개씩 모여 핀다. 꽃색은 처음에는 백색이지만 수분이 이루어지고 나면 황색으로 변한다.
❷ 화관은 길이 3~4cm의 입술형이며, 끝이 2갈래로 깊게 갈라진다. 위쪽 조각은 다시 4갈래로 얕게 갈라지며, 아래쪽 조각은 넓은 선형이다.
❸ 수술은 5개이고 암술은 1개이며, 모두 화관통부 밖으로 길게 돌출한다.
❹ 붉은인동(*Lonicera sempervirens*) : 붉은색 꽃이 피는 종류

취산꽃차례에 사수성의 황록색 양성화가 7~15개씩 모여 핀다

# 좀사철나무

*Euonymus fortunei*

【노박덩굴과 화살나무속】

• 상록덩굴나무 • 길이 10m • 분포 중부 이남의 숲가장자리 및 바위지대
• 유래 사철나무에 비해 잎이 작고 줄기는 덩굴져서 자라기 때문에 붙여진 이름
• 꽃말 변함없이 꾸준함

마주나며, 달걀형이고 가장자리에는 둔한 톱니가 있다. 잎몸은 가죽질이며, 앞면은 광택이 있다.

| 꽃의 성 | 꽃차례 | 수분법 | 개화기 |
|---|---|---|---|
| 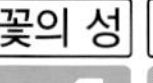 |  |  |  |
| 양성화 | 취산 | 충매화 | 6~7월 |

250%

▲ **꽃차례**
잎겨드랑이에서 나온 취산꽃차례에 황록색의 작은 양성화가 7~15개씩 모여 핀다.

화반이 발달하고 수술은 화반의 가장자리에 붙는다.

❶ 6~7월에 잎겨드랑이에서 나온 취산꽃차례에 황록색의 작은 양성화가 7~15개씩 모여 핀다.

❷ 꽃은 지름 5mm 정도이며 꽃잎, 꽃받침조각, 수술이 각각 4개인 사수성화이다. 꽃잎은 길이 3~4mm이고 달걀형이며, 가장자리가 뒤로 약간 말린다.

❸ 화반이 발달하고 수술은 화반의 가장자리에 붙는다. 암술대는 1개이고 수술보다 짧다.

암수한그루이며, 총상꽃차례에 연한 녹백색 꽃이 모여 핀다

# 멀꿀

*Stauntonia hexaphylla* [으름덩굴과 멀꿀속]

- 상록덩굴나무 • 길이 15m • 분포 전남, 경남의 도서 지역 및 제주도
- 유래 익은 열매의 표면이 멍든 것처럼 보이고 과육은 꿀같이 달기 때문에 '멍꿀'이라 하다가 멀꿀이 된 것 • 꽃말 애교, 즐거운 나날

| 꽃의 성 | 꽃차례 | 수분법 | 개화기 | 기 타 |
|---|---|---|---|---|
| |  |  |  | |
| 암수한 | 총상 | 충매화 | 5~6월 | 밀원 |

어긋나며, 5~7장의 작은잎을 가진 손꼴겹잎이다. 종소명 헥사필라(*hexaphylla*)는 '6장의 잎'이라는 의미이다.

120%

**암꽃차례 ▶**
암수한그루이며, 잎겨드랑이에서 나온 짧은 총상꽃차례에 연한 녹백색의 꽃이 2~7개씩 달린다.

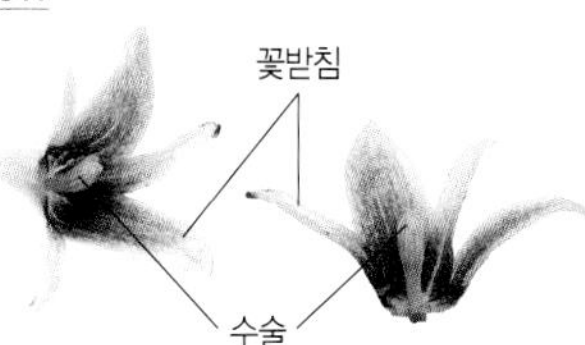


▲ **수꽃**
6개의 꽃잎 모양의 꽃받침조각이 있는데, 그중 3개는 가늘고 작다.

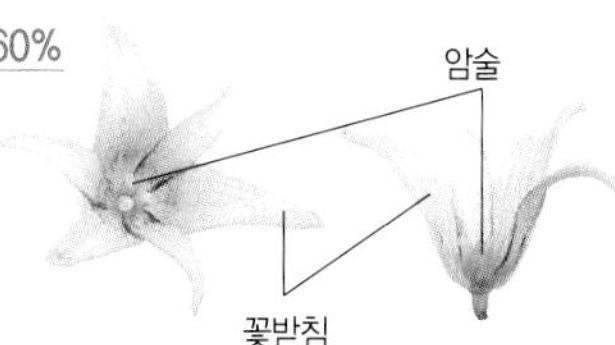


▲ **암꽃**
6개의 꽃받침조각 중에서 3개는 가늘고 작으며, 가운데에 3개의 암술이 있다.

❶ 암수한그루이며, 5~6월에 잎겨드랑이에서 나온 짧은 총상꽃차례에 연한 녹백색의 꽃이 2~7개씩 달린다.

❷ 꽃받침조각은 6개가 2줄로 배열하며, 바깥쪽 3개는 길이 1.3~2cm의 피침형이고 안쪽 3개는 선형이다. 안쪽 면에는 흔히 연한 자황색의 줄이 있다.

❸ 암꽃에는 3개의 암술이 있고, 그 바깥쪽에 퇴화된 수술 6개가 있다. 수꽃에는 합착한 수술 6개가 있고 그 안쪽에 퇴화된 암술 3개가 있다.

암수딴그루이며, 잎겨드랑이 사이에 연황색 꽃이 1개씩 핀다

# 남오미자

*Kadsura japonica* 【오미자과 남오미자속】

- 상록덩굴나무 • 길이 3m • 분포 남해안 도서 및 제주도의 숲가장자리, 길가
- 유래 열매가 오미자와 비슷하며, 제주도 등 따뜻한 남쪽 지방에 자라기 때문에 붙여진 이름
- 꽃말 재회, 다시 만나요

어긋나기.
긴 타원형 또는 넓은 달걀형이고 가장자리에 치아상의 톱니가 드문드문 나 있다.

| 꽃의 성 | 수분법 | 개화기 |
|---|---|---|
| 암수딴 | 충매화 | 7~9월 |

150%

150%

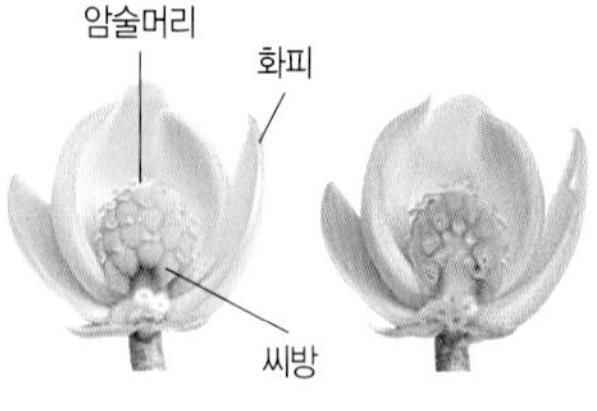

암술머리
화피
씨방

수술
반약
약격

▲ **암꽃**
연한 황색의 꽃이 잎겨드랑이 사이에 1개씩 핀다. 암술은 녹백색의 구형으로 모여 붙으며, 씨방은 30~48개이다.

▲ **수꽃**
화피조각은 8~12개이며, 꽃잎 모양이고 황색이다. 수술은 적색이고 25~50개가 구형으로 모여 달린다.

❶ 암수딴그루(간혹 암수한그루)이며, 7~9월에 잎겨드랑이 사이에서 지름 약 1.5cm의 황백색 꽃이 1개씩 핀다.

❷ 암꽃의 암술은 녹백색이고 구형으로 모여 붙으며, 백색의 암술대(암술대와 암술머리가 뚜렷하지 않음)가 뻗어 있다. 씨방은 30~48개이다.

❸ 수꽃의 수술은 적색이며, 25~50개가 구형으로 모여 달린다. 옆으로 긴 적색을 띠는 것은 약격(葯隔)이며 그 양쪽에 작은 반약(半葯)이 붙어있다.

# Appendix 용어설명 | 찾아보기

# 용 | 어 | 설 | 명

■ 갈래꽃, 통꽃

• 꽃잎이 서로 분리된 꽃을 갈래꽃이라 한다. 이에 대해 꽃잎이 서로 합착한 화관을 가진 꽃을 통꽃이라 한다. 이판화(離瓣花), 합판화(合瓣花)

■ 갖춘꽃, 안갖춘꽃

• 하나의 꽃 속에 암술, 수술, 꽃잎, 꽃받침을 모두 갖춘 것을 갖춘꽃이라 한다. 이 중 한 가지라도 없는 것을 안갖춘꽃이라 한다. 완전화(完全花), 불완전화(不完全花)

■ 꽃

• 꽃은 종자식물에서 생식을 담당하는 기관을 지칭하며, 대부분 암술, 수술, 꽃잎, 꽃받침과 이들이 붙어 있는 꽃턱으로 구성되어 있다.

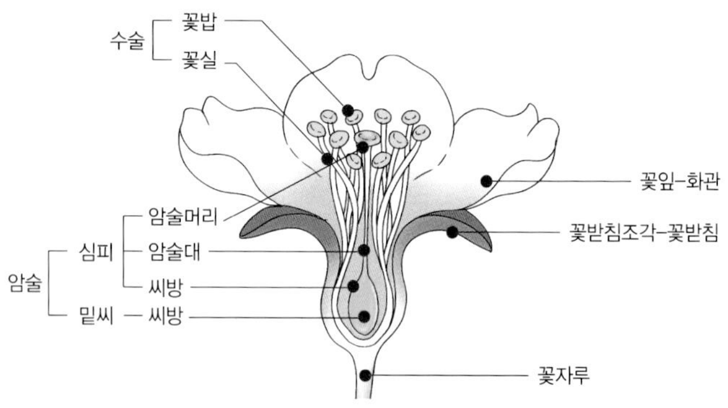


■ 꽃받침

• 꽃의 아랫부분에 있는 푸른 잎 모양의 구조를 말한다. 꽃이 자랄 때 꽃을 덮어서 보호하는 역할을 하며, 꽃이 필 때는 꽃을 받쳐 주는 역할도 한다. 악(萼)

■ 꽃밥, 꽃실

• 꽃밥(수술머리)은 수술에서 꽃가루를 생성하는 자루 모양의 부분으로 수술의 끝에 있다. 꽃실(수술대)은 특별한 기능은 없으며, 단지 꽃밥을 받쳐 올리는 역할을 한다. 약(葯), 화사(花絲)

## ■ 꽃의 성

❶ **양성화** : 하나의 꽃 안에 기능을 다하는 암술과 수술을 갖춘 꽃. 양성화(兩性花)

❷ **암수한그루** : 암꽃과 수꽃이 같은 그루에 피는 나무. 자웅동주(雌雄同株)

❸ **암수딴그루** : 암꽃과 수꽃이 각각 다른 그루에 피는 나무. 자웅이주(雌雄異株)

❹ **수꽃양성화한그루** : 수꽃과 양성화가 같은 그루에 피는 나무. 자웅동주(雄性兩性同株)

❺ **수꽃양성화딴그루** : 수꽃과 양성화가 각각 다른 그루에 피는 나무. 웅성양성동주(雄性兩性異株)

❻ **암꽃양성화딴그루** : 암꽃과 양성화가 각각 다른 그루에 피는 나무. 자성양성이주(雌性兩性異株)

## ■ 꽃차례

• 꽃의 배열방식 또는 꽃이 붙는 줄기부분 전체를 꽃차례라 하며, 식물의 종류에 따라 일정한 양식을 가진다. 화서(花序)

## ■ 꽃차례의 종류

### ❶ 총상꽃차례

• 길게 자란 꽃대에 꽃자루가 있는 꽃이 달리는 꽃차례로 꽃대가 분지하지 않는다. 총상화서(總狀花序)

### ❷ 수상꽃차례

• 가늘고 긴 꽃대에 꽃자루가 없는 꽃이 이삭 모양으로 촘촘히 달리는 꽃차례로 총상화서와 비슷하지만 꽃자루가 없다는 점이 다르다. 수상화서(穗狀花序)

### ❸ 미상꽃차례

• 가늘고 긴 꽃대에 꽃자루가 없는 꽃이 꼬리처럼 아래로 늘어져 달리는 꽃차례로 수상꽃차례의 일종이지만 아래로 늘어져 달린다. 미상화서(尾狀花序)

### ❹ 산방꽃차례

• 줄기에 붙은 꽃자루의 길이가 위로 갈수록 짧아져서 모든 꽃이 거의 비슷한 높이에 모여 달리는 꽃차례를 말한다. 산방화서(繖房花序)

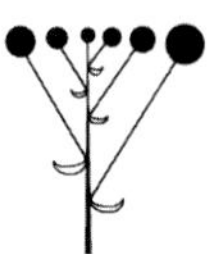

### ❺ 산형꽃차례

• 산방꽃차례와 비슷하지만, 꽃들이 하나의 분지점에서 방사상으로 달리는 꽃차례를 말한다. 산형화서(傘形花序)

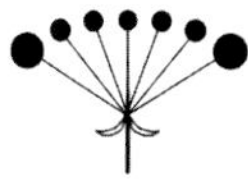

### ❻ 두상꽃차례

• 꽃자루가 없는 꽃이 넓적한 꽃턱에 조밀하게 붙어 머리 모양을 이르는 꽃차례를 말한다. 두상화서(頭狀花序)

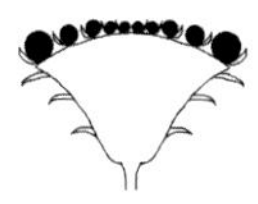

### ❼ 취산꽃차례

• 맨 위나 안쪽의 꽃이 먼저 피고, 그 아래쪽 가지나 곁가지의 꽃들이 피는 꽃차례를 말한다. 취산화서(聚繖花序)

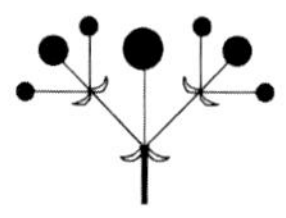

### ❽ 은두꽃차례

• 주머니처럼 생긴 꽃턱의 안쪽에 꽃들이 배열되어 있어서 밖에서는 보이지 않는 꽃차례를 말한다. 은두화서(隱頭花序)

### ❾ 원추꽃차례

• 가지의 분기 횟수나 길이를 불문하고, 아래쪽 가지가 위쪽 가지보다 길어서 꽃차례 전체가 원추형을 이루는 꽃차례를 말한다. 원추화서(圓錐花序)

### ❿ 단정꽃차례

• 가지나 꽃대 끝에 한 개의 꽃만 피는 꽃차례를 말한다. 단정화서(單頂花序)

■ 꽃턱

• 암술, 수술, 꽃잎, 꽃받침 등의 기관이 붙어있는 줄기의 끝부분. 화탁(花托)

■ 단성화

• 하나의 꽃에 기능을 하는 암술 또는 수술 하나만 있는 꽃. 단성화(單性花)

■ 덧꽃부리

• 화관과 수술 사이에 있는 화관 모양의 부속물. 부화관(副花冠)

■ 매개화의 분류

**❶ 풍매화**

• 바람에 의해 꽃가루받이가 이루어지는 꽃. 풍매화(風媒花)

**❷ 충매화**

• 곤충에 의해 꽃가루받이가 이루어지는 꽃. 충매화(虫媒花)

**❸ 조매화**

• 조류에 의해 꽃가루받이가 이루어지는 꽃. 조매화(鳥媒花)

**❹ 풍충매화**

• 바람과 곤충에 의해 꽃가루받이가 이루어지는 꽃. 풍충매화(風虫媒花)

■ 밀선반

• 꿀을 분비하는 꽃받침대로 씨방 아래에 위치한 꽃턱에서 솟아나오며, 원반 또는 도너츠 모양이다. 밀선반(蜜腺盤)

■ 밀표

• 꽃잎에서 한층 짙은 색을 띄는 부분을 말하며, 벌이나 나비가 쉽게 꿀을 찾을 수 있는 길잡이가 된다. 밀표(蜜標)

■ 부속체

• 여러 조직에 붙은 작은 조각 중에서 특별히 그것을 나타내는 전문용어를 만들 필요가 없을 때, 이것을 부속체라고 부른다. 부속체(附屬體)

## ■ 부화관

• 화관의 일부나 꽃밥이 변형하여 된 화관의 부속기관. 부화관(副花冠)

## ■ 삼수성화, 사수성화

• 꽃잎, 꽃받침조각, 수술이 각각 3의 배수인 꽃을 삼수성화, 4의 배수인 꽃을 사수성화라 한다. 삼수성화(三數性花), 사수성화(四數性花)

## ■ 샘점, 샘털

• 분비세포가 있는 점을 샘점, 분비물을 포함하고 있는 털을 샘털이라 한다. 선점(腺点), 선모(腺毛)

## ■ 선체

• 씨방의 밑 부분이나 잎자루 같은 데 있는 작은 샘 모양의 돌기. 선체(腺体)

## ■ 수술

• 꽃을 구성하는 중요한 요소 중 하나로, 꽃가루를 만드는 꽃밥과 그것을 지지하는 꽃실로 구성되어 있다. 웅예(雄蕊)

## ■ 심피

• 암술을 구성하는 화엽(花葉)으로 내부의 밑씨를 싸고 있으며, 종자가 성숙함에 따라 생장하여 열매껍질이 된다. 심피(心皮)

## ■ 씨방

• 암술의 밑씨를 수용하고 보호하는 부분. 밑씨가 씨방 안에 들어 있는 식물은 속씨식물이고, 씨방이 없는 식물은 겉씨식물이다. 자방(子房)

## ■ 암술

• 꽃의 가장 중심부에 위치는 생식기관이며 암술머리, 암술대, 씨방으로 이루어져 있다. 밑씨를 내장하는 씨방은 암술의 아랫부분에 있으며 수정 후에는 열매가 된다. 자예(雌蕊)

## ■ 암술머리, 암술대

• 암술머리는 꽃가루를 받는 기관으로 암술의 윗부분에 있다. 암술대는 암술머리와 씨방을 연결하며, 정받이할 때 꽃가루가 씨방으로 들어가는 길이 된다. 주두(柱頭), 화사(花絲)

■ 약격, 반약

• 수술의 꽃밥을 이루는 2실이 분리되어 있는 경우, 2실 사이를 연결하는 조직을 약격이라 한다. 꽃밥은 약격에 의해 좌우 2개의 반약으로 나뉘어진다. 약격(葯隔), 반약(半葯)

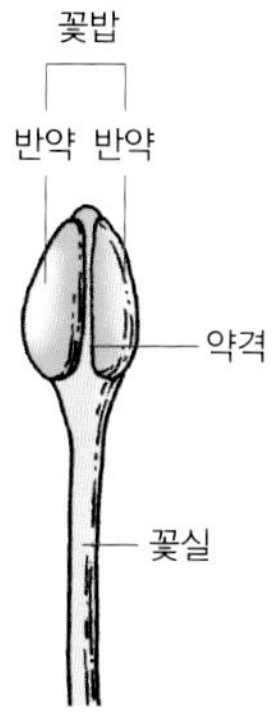


■ 웅성선숙, 자성선숙

• 양성화에서 수술이 암술보다 먼저 성숙하는 현상을 웅성선숙, 이에 대해 암술이 수술보다 먼저 성숙하는 현상을 자성선숙이라 한다. 이는 자가수정을 방지하는 데 도움이 된다. 웅성선숙(雄性先熟), 자성선숙(雌性先熟)

■ 이형예현상

• 양성화이지만, 암술이 수술보다 긴 장주화와 짧은 단주화의 두 가지 형태의 꽃이 있는 것을 말한다. 장주화는 암꽃 역할을 하고, 단주화는 수꽃 역할을 한다. 이형예현상(異型蕊現象)

■ 장주화, 단주화

• 동일한 꽃에서 암술대가 수술대보다 높은 꽃을 장주화라 하며, 그 반대의 경우를 단주화라 한다. 이는 자가수분을 방지하기 위한 것으로 보인다. 장주화(長柱花), 단주화(短柱花)

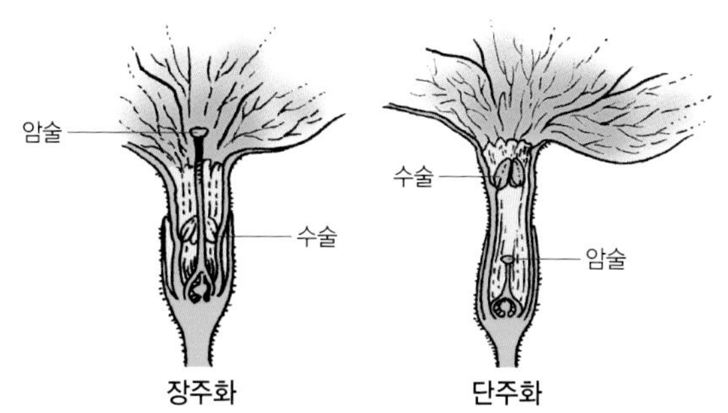

### ■ 중성화, 무성화

• 암술과 수술이 모두 퇴화되어 화피로만 이루어진 꽃을 중성화 또는 무성화라 한다. 중성화(中性花), 무성화(無性花)

### ■ 헛수술

• 수술의 형태는 조금이라도 남아 있지만, 퇴화되어 정상적인 꽃가루를 생성하지 못하고 그 기능을 잃어버린 수술. 가웅예(假雄蕊)

### ■ 홑꽃, 겹꽃

• 꽃에서 꽃잎 또는 꽃잎처럼 보이는 것의 수는 종류에 따라 일정하다. 이들의 수가 정상적인 것을 홑꽃, 정상적인 것보다 많은 것을 겹꽃이라 한다. 단판화(單瓣花), 중판화(重瓣花)

### ■ 화관, 꽃잎

• 화관은 생식에는 직접 관여하지 않지만, 암술과 수술을 보호하며 색채와 냄새로 곤충을 유인하는 역할을 한다. 또 화관의 조각 하나하나를 화관조각 또는 꽃잎이라 한다. 화관(花冠), 화변(花弁)

### ■ 화관의 종류

**❶ 고배형 화관**

• 통꽃부리의 일종이며, 통부가 길고 선단이 접시 모양으로 열려 있는 화관. 고배형화관(高坏形花冠)

**❷ 깔때기형 화관**

• 통꽃부리의 일종이며, 하부는 가늘고 긴 통 모양이고 상부는 점차 넓어져서 깔때기 모양을 하는 화관. 누두형화관(漏斗形花冠)

**❸ 나비형 화관**

• 갈래꽃부리의 일종이며, 5장의 꽃잎이 좌우대칭으로 붙어 나비 모양을 하는 화관으로 콩과 식물에서 흔하게 볼 수 있다. 접형화관(蝶形花冠)

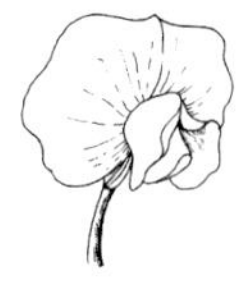

**❹ 통형 화관**

• 통꽃부리의 일종이며, 5장의 꽃잎이 서로 접합하여 통 모양을 이루며 선단이 5개로 갈라진 화관. 통형화관(筒形花冠)

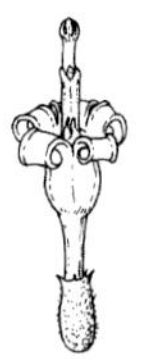

### ❺ 장미형 화관

• 갈래꽃부리의 일종이며, 5장의 꽃잎이 모여 얕은 접시 모양을 이루는 화관. 장미형화관(薔薇形花冠)

### ❻ 종형 화관

• 통꽃부리의 일종이며, 화관조각이 밑부분에서 연결되어 있고 선단만 갈라진 종 모양을 이루는 화관. 종형화관(鐘形花冠)

### ❼ 입술형 화관

• 통꽃부리의 일종이며, 선단이 2갈래로 깊게 갈라져서 입술 모양을 이루는 화관. 순형화관(唇形花冠)

### ❽ 항아리형 화관

• 통꽃부리의 일종이며, 꽃부리의 통부가 부풀어 항아리 모양인 화관. 호형화관(壺形花冠)

## ■ 화반

• 암술대 아래쪽에 있는 원반 모양의 비후한 구조. 화반(花盤)

## ■ 화피

• 화관과 꽃받침의 구별이 없는 경우, 이 둘을 통틀어 이르는 말. 화피(花被)

# 나 | 무 | 이 | 름 찾 | 아 | 보 | 기